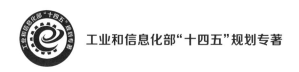

工业和信息化部"十四五"规划专著

往复挤压大塑性变形制备
高性能镁合金

王渠东 著

科学出版社

北 京

内 容 简 介

本书系统介绍了作者科研团队有关往复挤压纯镁、AZ31、AZ61、AZ91、ZK60、Mg-Gd、Mg-10Gd-2Y-0.5Zr 镁合金、n-SiCp/AZ91D 和 CNT/AZ91D 镁基纳米复合材料等的研究结果。主要内容包括：往复挤压镁合金、镁基纳米复合材料过程中的组织结构、织构的演变，第二相的分布，坯料的温度场、应力应变、流动行为，所制备材料的拉伸、硬度、阻尼、摩擦磨损等性能，以及往复挤压工艺参数对镁合金及其复合材料的影响，提出了往复挤压镁合金及其复合材料的组织细化和均匀化机制、强韧化机制，总结了组织结构对所制备复合材料阻尼性能和摩擦磨损性能的影响规律。

本书可供从事镁合金及其成形技术等相关领域研究、开发和应用的学者、科研人员和工程技术人员阅读，也可作为材料科学与工程、冶金类专业研究生及高年级本科生的教学参考书。

图书在版编目(CIP)数据

往复挤压大塑性变形制备高性能镁合金/ 王渠东著. —北京：科学出版社，2024.3
工业和信息化部"十四五"规划专著
ISBN 978-7-03-078097-3

Ⅰ. ①往… Ⅱ. ①王… Ⅲ. ①镁合金—金属加工—研究 Ⅳ. ①TG146.2

中国国家版本馆 CIP 数据核字(2024)第 044296 号

责任编辑：许健 孙月 / 责任校对：谭宏宇
责任印制：黄晓鸣 / 封面设计：殷 靓

科学出版社 出版
北京东黄城根北街 16 号
邮政编码：100717
http://www.sciencep.com

南京展望文化发展有限公司排版
苏州市越洋印刷有限公司印刷
科学出版社发行 各地新华书店经销

*

2024 年 3 月第 一 版 开本：787×1092 1/16
2024 年 3 月第一次印刷 印张：21 1/4
字数：490 000
定价：150.00 元
(如有印装质量问题，我社负责调换)

在实际应用中,镁合金是最轻的金属结构材料,不仅具有高比强、高比模、高阻尼减振和电磁屏蔽性能的优点,还具有优异的铸造、切削加工性能,易于回收,在军工、航空航天、汽车、电子通信等领域具有重要的应用价值,并正得到日益广泛的应用。镁合金是解决资源、能源、环境问题的重要轻量化实现方案,在全世界得到了广泛的研究开发。

尽管变形镁合金具有更高的强韧性、更好的塑性、更多样性的规格,以及更高的生产效率,但是,由于镁是密排六方晶体结构,常温下能够开动的滑移系少、塑性低、变形加工困难,变形产品还很缺乏,因此,发展镁合金的塑性加工技术成为十分重要的现实问题。

晶粒细化是提高密排六方结构镁合金强韧性和塑性变形能力的重要技术途径。大塑性变形(severe plastic deformation, SPD)技术是公认的细化金属材料最有效的塑性成形方法,它不仅可以强烈地细化晶粒,而且可以非常有效地细化第二相,改善第二相和合金元素在基体中的分布,从而提高镁合金的性能。由于镁在拉伸时的塑性很低,在压缩时表现出更好的塑性和变形能力,因此,压缩大塑性变形更有利于发挥镁合金的塑性变形能力,是解决镁合金塑性变形加工困难、提高镁合金强韧性的最有效途径。

本书是在作者十多年来负责完成"往复挤压镁合金超细组织形成机理研究""反复镦挤大塑性变形高性能稀土镁合金制备基础研究""反复镦挤制备 SiC 纳米颗粒增强超细晶镁基纳米复合材料的研究"三项相关国家自然科学基金项目、"反复压缩大塑性变形制备 Mg_2Si 自生增强超细晶镁基复合材料"上海市重点基础研究项目等十余项项目,指导的相关六篇博士论文、六篇硕士论文、两篇博士后出站工作报告,发表的 100 余篇相关论文,获得的几十项相关授权专利等研究成果基础上编著成书的,是作者及其研究团队十多年来在相关研究方向科研成果的结晶。

本书系统地介绍了作者科研团队有关往复挤压纯镁、AZ31、AZ61、AZ91、ZK60、Mg-Gd、Mg-10Gd-2Y-0.5Zr 镁合金、n-SiCp/AZ91D 和 CNT/AZ91D 镁基纳米复合材料等的研究结果。主要内容包括:往复挤压镁合金、镁基纳米复合材料过程中的组织结构、织构的演变,第二相的分布,坯料的温度场、应力应变、流动行为,所制备材料的拉伸、硬度、阻尼、摩擦磨损等性能,以及往复挤压工艺参数对镁合金及其复合材料的影响,提出了往复挤压镁合金及其复合材料的组织细化和均匀化机制、强韧化机制,总结了组织结构对所制备复合材料阻尼性能和摩擦磨损性能的影响规律。这些研究成果为大塑性变形制备超细晶镁合金及镁基复合材料开辟了新途径,对认识镁合金的变形机理和丰富镁合金的塑性变形理论、控制镁合金的组织结构,以及开发高性能镁合金及其复合材料、镁合金及其复合材料的制备成形加工技术具有重要意义。

 本书是压缩大塑性变形技术制备加工镁合金及其复合材料的专著,作者希望本书的出版能够对从事镁合金及其复合材料的研究开发、生产和应用的工程技术人员,以及其他金属材料制备加工和应用的科研人员和工程技术人员提供参考和帮助,也为相关专业的师生提供参考资料。

 由于作者水平有限,书中难免存在不当和疏漏之处,真诚希望读者批评指正。

2023 年 10 月

王渠东

Contents **目录**

第一篇 往复挤压镁合金的组织结构与
力学性能研究

第二篇　往复挤压制备超细晶 n-SiCp/AZ91D 和 CNT/AZ91D 镁基纳米复合材料的研究

第一篇

往复挤压镁合金的组织结构与力学性能研究

第一章 绪 论

1.1 变形镁合金

1.1.1 变形镁合金的研究现状

镁合金是继钢铁和铝合金之后发展起来的第三类金属结构材料,也是迄今在工程中应用的最轻的金属结构材料[1,2]。它具有密度小、比强度和比刚度高、阻尼性和电磁屏蔽性好、资源丰富、适应节能和环保要求等优点,被誉为 21 世纪的绿色工程结构材料[3]。普通镁合金的密度仅为 $1.7×10^3 \sim 1.9×10^3$ kg/m³[4],约为铝的 2/3、钢的 1/4[5],因此在航空航天、国防军工、交通运输、电器壳体等领域得到了日益广泛的应用。特别是近年来对汽车轻量化和环保要求的不断提高以及能源日趋紧张,极大地刺激了镁工业的迅速发展,镁合金在世界范围内的年增长率高达 20%,显示出极大的应用前景[6]。

尽管如此,镁合金的研究和应用发展仍较缓慢,其规模只有铝工业的 1/50、钢铁工业的1/160。其主要原因在于:① 由于镁合金的层错能低,独立滑移系少,因此塑性变形能力差,被长期认为是难以塑性变形的金属材料,导致几十年来,镁合金的生产主要采用单一的压铸工艺;② 常规镁合金的强度和塑韧性有待进一步提高;③ 对镁合金的塑性变形理论研究不足,镁合金的加工成型新技术的研究与开发缺乏理论指导[7];④ 高强度新型镁合金的开发严重滞后。

变形镁合金是指适合于塑性变形工艺如挤压、轧制、冲压、锻造等的一类镁合金。与铸造镁合金相比,变形镁合金具有更细小致密的组织、更高的强度、更好的延展性以及更多样化的力学性能和产品规格[8]。图 1-1 对比了变形镁合金与砂

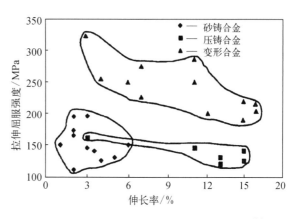

图 1-1 变形镁合金与砂铸、压铸镁合金性能[9]

铸、压铸镁合金的典型力学性能[9]。因此,对变形镁合金的研究和开发将是镁合金进一步满足工业应用的重要发展方向。目前,对变形镁合金技术的研究主要有两种思路:加入合金元素开发新型变形合金;开发新型塑性变形工艺。

变形镁合金的合金设计主要考虑引入固溶强化、弥散强化、沉淀强化以及细晶强化等手段以开发高强、超轻和耐热变形镁合金。Patrick 等采用快速凝固的方法开发出强度高达 600 MPa、伸长率达 16% 的 Mg - 1Zn - 3Y 高强镁合金[10]。Allied Signal 公司也采用快速凝固法制备了 RS Mg - Al - Zn 基 EA55RS 高性能镁合金型材[11],其拉伸屈服强度达 343 MPa,抗拉强度达 423 MPa,压缩屈服强度达 384 MPa,伸长率达 13%。Mg - Li 系合金是变形镁合金中的超轻合金。由于加入了 Li 元素,进一步减轻了合金的重量,并且使镁合金的塑性变形能力大大提高[12]。目前需要解决的问题是如何提高镁合金的强度和耐蚀性。研究表明[13-15],通过在镁合金中添加稀土元素(Ce、La、Nd、Sm、Gd)、碱土元素(Ca、Sr)和个别可形成耐高温相的元素 Si、Ba 等可以有效地提高耐热性。

1.1.2 镁合金的塑性加工技术研究现状

轧制工艺可生产镁合金的板材和带材,生产效率高,适合工业化大批量生产。其主要的技术参数为变形温度和压下量。镁合金的轧制温度范围一般为 225~450℃。AZ31 镁合金的轧制温度为 225~400℃,压下量可达 85.7% 以上不产生裂纹。轧制温度在 200℃ 以下易出现裂纹[16]。为了减少在轧制后镁合金板材强烈的基面织构对强度、塑性和随后的深冲、深拉等的不利影响,Watanabe 等[17]采用异步轧制 AZ31 镁合金使基面织构有效地减弱。采用大压下量以获得大应变的轧制镁合金技术是细化晶粒、提高强度、走向工业化应用的重要思路。Perez-Prado 等[18]研究了 375℃ 大应变热轧 AM60 镁合金,压下量的研究范围为 10%~80%。研究结果表明,在一道次压下量超过 68% 后,再结晶的体积分数不再明显改变。压下量在 68%~80% 时,平均再结晶晶粒尺寸为 1~3 μm。为了解决压下量超过一定值后对组织改变有限性的问题,人们发明了累积轧制(accumulative roll bonding, ARB)技术,详细介绍见 1.2.2.3 节。

挤压工艺可生产镁合金管材、棒材、型材、带材等产品。由于挤压变形区材料处于三向压应力状态,因此特别适合难变形金属(如镁合金等)的塑性变形。挤压工艺的重要参数有挤压温度、挤压速度和挤压比。镁合金的典型挤压温度范围为 225~460℃。为了获得良好的力学性能,降低变形温度以获得更细小的组织是一种重要手段。在有背压的情况下,AZ31 镁合金在 150℃ 以下即可挤压成形[19]。ZK60 镁合金经 150℃ 挤压后抗拉强度上升到 500 MPa 以上[20]。为了获得更大的应变,大比率挤压(high ratio extrusion, HRE)成为当前研究的热点。大比率挤压的基本原理是[1]:通过大的挤压比,使材料在较大的挤压力作用下产生大塑性变形,从而达到细化晶粒的目的。大比率挤压区别于一般挤压工艺的特点是:① 挤压比大,通常大于 50∶1;② 挤压工艺可以分为一次大比率挤压和多次累积大比率挤压。

本书作者团队[21]研究了一次挤压比 70 和两道次挤压(第一次挤压,挤压比为 7,接着进行第二次挤压,挤压比为 10)AZ31 镁合金,挤压温度为 250~350℃。研究结果表明,无论是一道次大比率挤压还是两道次大比率挤压,都具有强烈的细化能力,平均晶粒尺寸为 2~

7 μm。在温度低于 300℃ 时,相同挤压比的两道次大比率挤压比一道次大比率挤压细化能力更强,但获得的伸长率更低。本书作者团队[22]还在较大的挤压比范围内(7~100)研究了挤压比对 AZ31 镁合金组织和性能的影响。研究结果表明,在变形温度为 250℃ 时,随着挤压比的增加,晶粒明显细化,力学性能明显提高。但存在一个临界挤压比,使大于该挤压比的变形对组织和性能无明显影响。Lin 等[23]对 AZ91D 镁合金的研究结果表明,采用一次挤压,挤压温度为 250~350℃、挤压比为 100 以上(最好 150 以上)和采用两次挤压(第一次挤压温度为 250~350℃、挤压比为 20∶1~50∶1;接着进行第二次挤压,挤压温度为 200~300℃,挤压比为 3∶1~8∶1)都可以使铸态 AZ91D 镁合金的初始晶粒由 125 μm 减小到 2.5 μm,同时,细化后的材料在温度为 300℃、应变速率为 $1×10^{-3}$ s^{-1} 时,表现出优异的低温超塑伸长率 1 200%。Wang 等[24]还对纯镁和 AZ31、AZ61、AZ91 等镁合金在温度为 250~350℃ 时采用大比率挤压工艺(挤压比为 10~166),获得了晶粒大小为 2~10 μm 的细晶材料。该细晶材料在温度为 250~300℃ 时,低温超塑伸长率达 1 200%,应变敏感系数为 0.42。

锻造工艺采用冲击力对材料进行塑性变形,因此具有其他塑性变形工艺无法比拟的优点,如对第二相具有强烈的细化能力。锻件的力学性能决定于锻造过程中的应变硬化。温度是决定性参数。温度低应变硬化明显但易开裂,温度高易氧化。Ogawa 等[25]研究 ZK60 镁合金的锻造工艺得出:最佳锻造温度为 300~400℃,400℃ 以上坯料发生严重氧化。为了获得更加均匀细小的组织,多向锻造(multi-direction forging, MDF)技术应运而生。

1.1.3 镁合金的塑性变形机制研究进展

温度对镁合金的塑性变形机制存在重要影响。塑性变形能力的好坏取决于滑移系的多少,而滑移系的开动取决于该滑移系开动所需要的临界分切应力(critical resolved shear stress, CRSS)。镁晶体基面滑移和棱柱面滑移临界剪切应力与温度的关系见图 $1-2$[26]。可见镁基面滑移的 CRSS 在室温下为 0.6~0.7 MPa,而棱柱面滑移的 CRSS 则高达 40 MPa。因此室温下镁多晶体的塑性变形仅限于基面{0001}<11$\bar{2}$0>方向滑移和锥面{10$\bar{1}$2}<10$\bar{1}$1>方向孪晶。200℃ 以上时,第一类角锥面{10$\bar{1}$1}产生滑移;225℃ 以上时,第二类角锥面{10$\bar{1}$2}产生滑移,棱柱面{10$\bar{1}$0}<11$\bar{2}$0>也产生滑移[27]。当温度在 300℃ 附近时,基面滑移和棱柱面滑移的 CRSS 相差不大,此时镁合金的塑性变形能力大大提高。

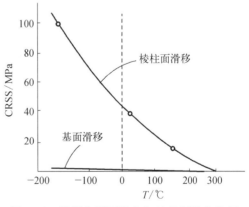

图 $1-2$ 镁晶体基面滑移和棱柱面滑移临界剪切应力与温度的关系[26]

晶粒大小对镁合金的塑性变形机制存在明显的影响。晶粒细化使晶界的塑性变形协调能力大大增强。对于单晶镁,塑性变形机制主要是滑移和孪生。而对于多晶体镁合金,由于相邻晶粒的取向差造成各个晶粒在滑移面上的滑移方向的 Schmid 因子不同,塑性变形在各个晶粒之间不均匀的特点要求晶界协调变形。晶粒越细小,单位体积内的晶界面积就越大,在外部应力作用下,晶粒间发生滑动、转动的可能性就大大增加,晶界的协调能力就越强。晶粒细化容易激发棱柱面滑移。Wang 等[28]的研究认为,超细晶镁合金中,室温时棱柱面滑移与基面滑移的 CRSS 比值为 1.1~5.5。而粗晶镁合金中这一比值为 57.1~66.7。一般而言,经过常规塑性变形的镁合金,伸长率为 10%~15%;经过大塑性变形的细晶、超细晶镁合金,伸长率可达 30%以上。这说明在细晶、超细晶镁合金中滑移、孪生和晶界滑动等多种塑性变形机制并存。

1. 滑移

滑移是指单晶体或者多晶体中的一个晶粒在应力的作用下,其一部分沿一定的晶面上的一定晶向相对于另外一部分发生的相对移动。滑移的本质是通过位错运动实现的,在镁合金中,主要存在以下几种可能的位错[7]:① 运动能力最强的 a 位错,是柏氏矢量为 $a/3<11\bar{2}0>$ 的单位位错,能沿基面、棱柱面及锥面发生滑移;② c 位错,柏氏矢量为 $c<0001>$ 的单位位错;③ $c+a$ 位错,柏氏矢量为 $\sqrt{c^2+a^2}<11\bar{2}3>$ 的全位错。$c+a$ 位错与 a 位错是镁合金中最常见的两种位错,$c+a$ 位错的柏氏矢量大,晶面间距较小,位错芯较窄,运动能力较差而不易发生滑移;④ 不全位错,其实质是相应层错的边界线。

在镁合金中,原子的最密排方向是 $<11\bar{2}0>$,是最容易发生滑移的方向。包含 $<11\bar{2}0>$ 方向的晶面有(0001)基面、三个 $\{10\bar{1}0\}$ 棱柱面和六个 $\{10\bar{1}1\}$ 锥面,棱柱面和锥面等非基面滑移一般只有在应力集中较严重的晶界附近才发生。此外,还有 $<11\bar{2}3>$ 晶向是潜在的滑移方向,包含 $<11\bar{2}3>$ 晶向的晶面有 $\{10\bar{1}1\}$、$\{10\bar{2}1\}$、$\{10\bar{1}2\}$、$\{11\bar{2}2\}$ 等锥面。按照滑移方向分类,镁合金的滑移可以分为 a 滑移和 $a+c$ 滑移;而按照滑移面分类,可以分为基面滑移和非基面滑移(包括棱柱面滑移和锥面滑移),如表 1-1 所示[7]。

表 1-1　镁合金中的独立滑移系[7]

滑 移 系 分 类	滑 移 面	滑 移 方 向	独立滑移系数量
基面滑移	(0001)	$<11\bar{2}0>$	2
棱柱面滑移	$\{10\bar{1}0\}$	$<11\bar{2}0>$	2
	$\{11\bar{2}0\}$		
锥面滑移	$\{10\bar{1}1\}$	$<11\bar{2}0>$	4
	$\{11\bar{2}1\}$	$<11\bar{2}3>$	5
	$\{11\bar{2}2\}$		

从图 1-3 和表 1-1 可以看出,镁合金的基面滑移系和棱柱面滑移系一共只能提供 4 个独立的滑移系。根据 von Mises 判据,晶体必须有至少五个独立的滑移系,才能产生塑性变形,而且基面滑移系和棱柱面滑移系无法协调沿 c 方向的应变。因此,要获得良好的塑性变形能力,必须借助孪晶或开动锥面滑移系。由于镁合金的层错能低、扩展位错宽,大部分镁合金在室温下不易发生交滑移,只有当温度升高或者晶粒细化到一定程度时,才可能发生基面和棱柱面的交滑移。

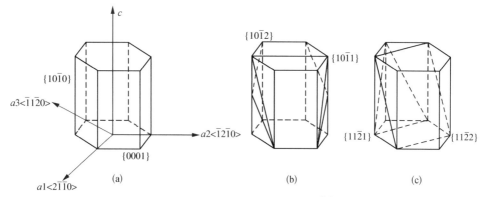

图 1-3　镁晶体的滑移系示意图[7]

（a）主滑移系{0001}<11$\bar{2}$0>和棱柱面滑移系{10$\bar{1}$0}<11$\bar{2}$0>；（b）Burger 矢量为 $a/3$<11$\bar{2}$0>的一级锥面{10$\bar{1}$1}和{10$\bar{1}$2}滑移系；（c）Burger 矢量为 $1/3(c+a)$<11$\bar{2}$3>的一级锥面{11$\bar{2}$1}和二级锥面{11$\bar{2}$2}滑移系

2. 孪生

孪生是晶体在剪切力作用下，晶体的一部分沿着一定的晶面和晶向发生的均匀切变。孪生是通过部分位错的运动来实现的，是一种重要的晶内塑性变形机制，需要的 CRSS 比滑移大。在密排立方镁合金中，由于滑移系少，当金属滑移变形剧烈进行又受到障碍时，在应力集中处会诱发孪生变形，从而改变变形部分的位向，为晶体的滑移创造条件。镁合金中常出现的孪晶是{10$\bar{1}$2}拉伸孪晶和{10$\bar{1}$1}压缩孪晶。

3. 晶界滑动

晶界滑动是在晶界附近一定厚度的区域内沿最大剪切应力的方向进行的剪切变形，是晶粒之间不均匀变形协调的结果。晶界滑动可以通过两种方式实现：一种是晶粒的滑动；另外一种是晶粒的转动。晶界滑动主要由变形温度和晶粒大小决定。在一般情况下，晶界强度在室温时高于晶内强度，而在足够的温度时会低于晶内强度，此时，晶界有一定的黏滞性特点，晶界滑动将起到一定的作用。如果晶粒很大，晶粒间发生相对滑动和转动非常困难，因此，晶界滑动还必须要求晶粒细化到一定的范围。有研究指出，在平均晶粒大小为 50 μm 以上的粗晶粒中，变形机制以滑移和孪生为主，位错运动和增殖会使位错在变形过程中互相缠结、钉扎以及受晶界的阻碍而终止运动，孪生容易发生在不利于滑移的晶粒中促进塑性变形[29]；在 5~20 μm 的细晶粒中，晶界滑动机制将发挥重要作用，它可以协调粗晶粒的变形而对提高镁合金变形能力起有益的补充作用。

1.1.4　变形镁合金的应用发展

1. 航空航天领域[30,31]

由于密度小、比强度和比刚度高、强韧性好和吸振性能良好等优点，变形镁合金最初应用在军事航空业。据资料表明，航天飞行器质量每降低 1 g，发射燃料可以节约 4 kg。航空发动机本身质量降低 40%，比功率可以提高约 30%。早在 20 世纪 20 年代，美国设计的当时世界上最大轰炸机 B-36 使用了 5 555 kg 的镁合金板和 700 kg 镁合金锻件。"德热米奈"飞船起动火箭"大力神"中使用了 600 kg 的变形镁合金，其中直径为 1 m 火箭壳体采用镁合金挤压管材制造。"季斯卡位列尔"卫星中也使用了 675 kg 的变形镁合金。日本用变形镁合金制造"罐式"卫星和空间站上的机器人。1934 年,德国在 Condor 飞机上使用镁合金总质量达到 650 kg,其中 500 kg 是镁合金板材。20 世纪 50 年代,DOW 化学公司在航空和火箭工业采用了大量的镁合金板材,其中包括 Vanguard、Jupiter、Polaries、Thor Able Star 火箭和 Titan、Atlas、Agena 等远程洲际弹道导弹。2000 年,哈尔滨工业大学吕炎教授采用等温精锻工艺成功制备了直升机上机匣。在 2003 年 4 月的伊拉克战争中,美国的主力轰炸机 B‑52 大量采用了镁合金:199 件挤压件、19 件锻件和 127 kg 的板材,使得机动灵活性和载弹量大大增强。最近,新一代高性能镁合金材料的成功开发标志着变形镁合金将在航空航天领域有进一步应用。2001 年,日本东北大学井上明久等采用快速凝固法制成具有 100~200 nm 晶粒尺寸的高强镁合金 Mg‑2at%Y‑1at%Zn(at% 指原子百分比),其拉伸屈服强度可达 600 MPa,在室温下还具有足够的伸长率。以色列获得了强度为 450 MPa 的超高强镁合金来装备 Fdcon 导弹。美国通过压力成型和机械连接,将超高强镁合金用于飞行器推进室冷室的多种关键零件。

2. 汽车等地面交通工具[33-36]

镁合金应用于汽车等地面交通工具领域最具竞争力的优势是:减轻车身自重、降低油耗、较少尾气排放、提高行驶稳定性。汽车每减重 10% 可以节省燃料 5.5%。镁合金在汽车上的应用始于 20 世纪 20 年代,商业化应用始于 20 世纪 30 年代。镁合金板材可应用于汽车的车身零部件,镁合金锻件可应用于汽车底盘承重件。德国大众汽车采用热冲压成型技术成功开发出镁合金汽车内门板。在地面交通工具中使用变形镁合金件,与钢相比可减重 50%,与铝相比可减重 15%~20%。因此,变形镁合金具有极大的应用潜力。目前为止,在英国、德国、意大利、日本和中国等国家生产的摩托车上已经有 50 多种不同的变形镁合金零部件。

3. 其他领域[7, 37, 38]

军工国防领域很早就开始应用变形镁合金产品:从 20 世纪 40 年代开始就采用镁合金挤压件制造航空火箭发射器、地面导弹发射器、T‑31 型 20 mm 加农炮等;采用镁合金板材制造 M113 运输机地板、M113 壳体结构件等;采用镁合金锻件制造迫击炮基板等。在 3C 领域已经广泛应用变形镁合金制备电子器件壳体,如手机外壳、笔记本电脑外壳、数码相机外壳等。采用镁合金挤压件制造的自行车车架具有重量轻、耐冲击、美观等优点。在日常生活领域,镁合金挤压管可以制造水管、扶手、支架等,镁合金板材可以制造房间隔板、办公器件等。

变形镁合金的主要应用见表 1‑2。

表 1‑2 变形镁合金的主要应用 [7,30-38]

应用领域	部件名	变形工艺
航空航天领域	直升机变速箱、座舱架、吸气管、刹车器、壁板、舵面、核燃料箱、方向舵、飞机内框架结构管件、卫星舱体、支架、定位系统	等温锻造、超塑成型、热挤压
汽车等地面交通工具	底盘筐、发动机轴、发动机架、车轮、前后悬臂、仪表盘十字梁、内门板、行李箱盖、行李箱盖板	热冲压、热拉伸、锻造、热压、轧制
军工领域	导弹舱段、弹夹、枪托、导弹尾翼	轧制、锻造
3C* 领域	笔记本电脑外壳、打印机板、硬盘中小件、手机壳、摄像机壳、相机架	热冲压
日常生活领域	渔具卷轴、滑雪橇、网球拍、电动车部件、自行车架、自行车轮、残疾车架、行李架、印刷机械、夹具、房间隔板、水管、扶手、支架	冲压、挤压

* 3C 指计算机(computer)、通信(communication)和消费电子(consumer electronics)。

1.2 大塑性变形技术

从 1.1.2 节可以看出,传统的塑性变形技术已经远远不能满足镁合金提高性能的需要。大应变量是各种塑性变形技术共同的发展方向。例如,传统轧制发展为累积轧制(ARB);锻造发展为多次(向)锻造(multiple forging, MF);常规挤压发展为大比率挤压(HRE),继续演变为等通道转角挤压(equal channel angular extrusion/equal channel angular pressing, ECAE/ECAP)、往复挤压(reciprocal extrusion/cyclic extrusion compression, RE/CEC);扭转变形发展为高压扭转(high pressure torsion, HPT);等等。大应变量的塑性变形技术被称为大塑性变形(SPD)技术。大塑性变形技术,具有强烈的晶粒细化能力,可以直接将材料的内部组织细化到亚微米乃至纳米级,已被国际材料学界公认为制备块体纳米(晶粒大小小于 100 nm)和超细晶材料(晶粒大小为 100 nm~1 mm)最有前途的方法[39]。应用大塑性变形技术,已经成功地制备了纯金属、合金、金属间化合物、陶瓷基复合材料、金属基复合材料、半导体等细晶材料[40]。

1.2.1 大塑性变形技术的特点

大塑性变形技术,主要是指在较低温度[$<0.4T_m$(T_m 为合金的熔点)]、较高的压力条件下,将材料通过一次或者多次累积反复的塑性变形,使其获得相当大的累积真应变。目的在于使常规块体粗晶材料直接细化为具有大角度晶界的超细晶/纳米结构材料。也就是说,要获得超细晶/纳米结构材料,需要以下条件:① 变形温度要低。一般认为,温度越低,获得的晶粒越细小。而且随着变形道次的增加,细化后晶粒具有更好的塑性,所以逐步降低变形温度的大塑性变形技术也是重要的研究方向。② 应变量要大。获得纳米材料的累积应变量一般应大于 10[41,42]。应变量是大塑性变形的本质所在。③ 变形前后材料的形状不改变。塑性变形对模具强度有很高的要求,一次获得大应变比较困难,所以,实现反复的塑性变形是大塑性变形新技术开发和发展的重要条件。④ 每道次应变量要足够大。不只是强调总的累积应变量要大,每道次的应变量也要达到某一临界应变量,才能获得足够多的位错以达到位错的临界密度发生转变,形成亚晶粒、位错单元等,最终获得大角度晶界的超细晶/纳米结构材料。这也就是一个多世纪以来,工业生产中一直采用锻造、轧制、挤压等压力加工方法却得不到超细晶粒的原因[43]。通过大塑性变形技术加工后的材料一般具有以下特征[44]:① 无污染;② 制备的超细晶/纳米结构材料内部无残留孔;③ 整个材料结构均匀;④ 无机械损伤和裂纹。

1.2.2 大塑性变形技术的研究现状

1.2.2.1 等通道转角挤压(ECAP)

ECAP 是大塑性变形技术中发展最为迅速、研究最为广泛的工艺。它的基本原理(图1-4)是:挤压模具内有两个截面相等、以一定角度相交的通道,两通道的内交角为 φ,外接弧角为 ψ,在挤压过程中,试样在冲头的压力作用下向下挤压,当经过两通道的转角处(常见

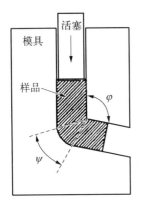

图 1-4 等通道转角挤压
示意图

的内交角为 90°和 120°)时,试样产生局部大剪切塑性变形,然后从另一通道挤出,由于材料的横截面形状和面积不改变,所以多次反复挤压可使各次变形的应变量累积叠加,从而得到相当大的总应变量。通过 N 次横截面后的总应变可用下式计算[45]:

$$\varepsilon_N = \frac{N}{\sqrt{3}}\left[2\cot\left(\frac{\varphi}{2}+\frac{\psi}{2}\right)+\psi\csc\left(\frac{\varphi}{2}+\frac{\psi}{2}\right)\right] \qquad (1-1)$$

由式(1-1)可知,当 $\varphi=90°$、$\psi=0°$ 时,材料每次挤压通过两通道交截处的应变总量约为 1。ECAP 的特点在于:① 可以制备大体积试样,每次挤压通过两通道交截处的应变总量约为 1;② 常见有 3 种不同的挤压路径,采用的挤压试样横截面为圆形或方形,直径或方形对角线一般不超过 20 mm;③ 可以加工塑性差的材料,需采用较高温度或者较大的转角;④ 经过该工艺加工的材料晶粒大小可达 100~200 nm。早在 20 世纪 90 年代初,Valiev 等就开始采用该工艺制备微米和纳米晶粒[46, 47],Berbon 等[48]对纯铝和 Al-Mg-Li-Zr 合金做研究,原始晶粒约为 400 μm,ECAP 后,真应变达到 3.7 时,晶粒细化到 1 μm,屈服强度和抗拉强度均得到提高,在 330℃,可以得到超塑性 550%。del Valle 等[49]对 Al-40%Zn 合金做研究,经过 1 道次挤压后,得到 1 μm 的细晶粒。在温度 673 K、应变速率为 1×10^{-2} s^{-1} 条件下,该细晶材料的伸长率为 640%。Horita 等[50]对 Al-3%Mg-0.2%Sc 合金研究发现,在室温下进行 ECAP,应变量达到 8 时,晶粒从 200 μm 细化到 0.2 μm。细化后的材料在温度为 673 K、应变速率为 3.3×10^{-2} s^{-1} 时,超塑变形量达到最大值 2 280%,应变敏感系数约为 0.5。

ECAP 对塑性变形能力较差的镁合金也有明显的细化效果。Mabuchi 等[51]利用 ECAP 成功开发出在 200℃(0.5% T_m)具有 661%高变形量的低温超塑性 AZ91 镁合金。Yamashita 等[52]也采用 ECAP 对纯镁和 Mg-0.9%Al 合金进行高温(200~400℃)实验,根据实验结果发现,在挤压过程中发生了再结晶,初始晶粒大小为 100 μm 的 Mg-0.9%Al 合金在挤压 2 道次之后,晶粒平均大小减小到 17~78 μm,挤压温度越高,材料的晶粒越大。初始晶粒大小为 400 μm 的纯镁在挤压 2 道次之后,晶粒也显著细化,晶粒大小减小到 100 μm 左右。同时改善了室温强度和延展性。

1.2.2.2 高压扭转(HPT)

HPT 与 ECAP 一样,是大塑性变形技术中研究较早和较为深入的工艺。其细化能力与 ECAP 相当,但主要的缺点是很难制备大块试样。Bridgma 最早研究了静水压力对塑性变形的影响,后来 HPT 逐渐发展成为一种制备纳米结构材料的新方法。其基本原理如图 1-5 所示:工件在冲头与模具之间承受几吉帕的压力作用,同时由于模具的旋转和摩擦力的作用,导致工件受到强烈剪切变形力,使得工件尽管产生大应变塑性变形而不破裂[53]。最大剪切应变值可以用下式计算[54]:

$$\gamma = \frac{2\pi rN}{t} \qquad (1-2)$$

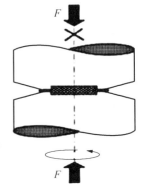

图 1-5 高压扭转示意图

式中,t 为工件的厚度;r 为工件的半径;N 为旋转圈数。HPT 的特点在于:① 工件为盘状,尺寸较小,直径一般为 10~20 mm,厚度为 0.2~0.5 mm;② 细化能力强,可以获得均匀的纳米晶粒,晶粒尺寸可达到 100 nm;③ 工艺参数可调,可以方便地调节累积应变、施加压力和变形速度等。Wadsack 等[55]采用 HPT 加工纯铬,将初始晶粒尺寸为 80 μm 细化到 50～500 nm,对细晶材料的硬度测试表明,细晶材料的硬度是没有变形的相同材料的 4 倍。Li 等[56]也利用 HPT,制备的细晶 Al－7.5%Zn－2.7%Mg－2.3%Cu－0.15%Zr 合金的晶粒尺寸小于 100 nm,抗拉强度达到 800 MPa,伸长率高达 20%。

1.2.2.3 累积轧制

累积轧制由传统轧制大应变发展的需要演变而来。其基本原理是,将板材裁剪、堆垛、

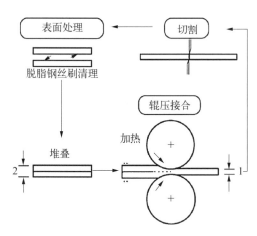

图 1-6 累积轧制的原理示意图

轧制,再裁剪进行下次循环,以获得需要的累积应变量[1, 57],见图 1-6。累积轧制的特点在于:① 轧制温度低于材料的再结晶温度,防止再结晶削弱其累积应变量;② 每道次的压下量不得低于 50%,以保证轧制后板材能够焊在一起;③ 在每次轧制前,需要对板材进行表面处理,使板材在轧制后结合界面有足够的强度;④ 细化能力强,轧制道次越多,组织越均匀。

Perez-Prado 等[57]对 AZ31 和 AZ91 镁合金进行了累积轧制工艺研究,针对镁合金的成形能力较差的情况,探索的工艺参数如下:对 AZ31 镁合金在 400℃下均匀化处理 30 min;AZ91 在 425℃下均匀化处理 1 h 后,在温度为 400℃(高于再结晶温度)下轧制,每次轧制压下量为 80%,裁剪成 5 段,堆垛,在每道次轧制前,在 400℃加热 5 min。研究结果发现:累积轧制工艺对镁合金有强烈的细化能力,晶粒细化主要发生在第一道次,AZ31 镁合金经过第一次累积轧制后的晶粒尺寸为 4.2 μm,4 道次累积轧制(累积应变量达 7.4)后的平均晶粒尺寸约为 3 μm。铝含量越大,相同道次下的晶粒越细,随着道次数的增加,材料的组织均匀性不断提高。

1.2.3 大塑性变形技术的发展与展望

1.2.3.1 挤压类大变形的发展

挤压类大变形的主要发展方向有:研发针对难变形金属的大塑性变形工艺,以及对已有大塑性变形工艺进行改进以增加加工的有效性和技术的放大应用[58]。在 ECAP 工艺的启发下,等通道拐角工艺(equal-cross section lateral extrusion,ECSLE)[59]应运而生(图 1-7)。该工艺的最大特点就是模具制造容易,对模具材料的要求不高。缺点是每道次的应变量远不如 ECAP,要获得和 ECAP 同样的累积应变量,需要更多道次的变形,费时费力。如果能在下方再加上一个冲头,

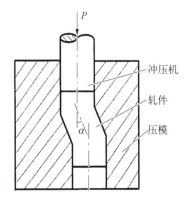

图 1-7 等通道拐角挤压工艺示意图

实现上下来回往复挤压,则变成我们已经获得保护的专利:S 形等通道转角往复挤压模具[60]。旋转模 ECAP(rotary-die ECAP)工艺的最大优点在于不需要每道次挤压后取出和加入试样的烦琐劳动,只需要翻转模具就可实现连续加工。缺点在于受模具体积和挤压吨位影响,不能加工大体积试样,同时,尾部和头部组织不均匀[61],见图 1-8。另外一种与旋转模 ECAP 极其相似的工艺为边挤模 ECAP[62],见图 1-9。相同的优点都是在不取出材料的情况下 ECAP,效率高。它们共同的缺点在于相当于 ECAP 中的路径 A,试样没有旋转,因此细化效果不如 ECAP 中的路径 B、C。区别在于,旋转模 ECAP 实现下一道次挤压时是模具在动,而边挤模实现下一道次时是冲头在动,模具是固定的。

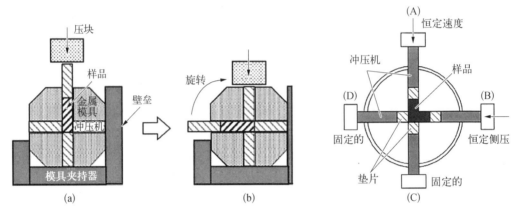

图 1-8　旋转模 ECAP 图　　　　　　图 1-9　边挤模 ECAP 图
(a) 工位 I ;(b) 工位 II

　　为了实现更简单的 ECAP,有研究人员发明了如图 1-10 所示的多道模 ECAP[63]。一次进料就可以研究同一状态下 5 道次 ECAP 的组织和性能的演变(取样的位置见图 1-10 中数字显示),简单方便。但该工艺最大的问题是细长的挤压杆容易断裂、挤压吨位很大、对模具材料要求很高、模具设计困难和材料的取出麻烦等。

　　为了实现连续挤压,可以设计成 U 形循环等通道挤压,其工作原理见图 1-11[64]:在两个通道的两边各放一个压头,一边压头压入时,另外一边压头不动,材料在通过两通道的转

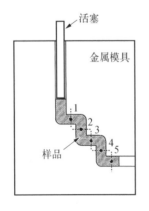

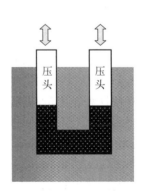

图 1-10　多道模 ECAP　　　　　　图 1-11　循环等通道挤压示意图

角处后充满另外一个通道,材料横截面形状不变;然后反向压回,得到一个动作循环,重复上述过程,就可以达到无限大的应变。

1.2.3.2　轧制类大变形的发展

从图1-7~图1-11来看,挤压类大变形技术制备的材料体积小,技术的放大和工业化生产比较困难。轧制工艺效率高,适合批量生产。如果大塑性变形技术和轧制技术相结合,将很容易走上工业应用之路。图1-12是轧制ECAP工艺的示意图[65]。两轧棍的主要作用是施加导向力使条带(板带)能顺利通过ECAP变形和实现ECAP前的预变形。该工艺的特点是可以生产较长的带状材料。与该工艺非常相似的是连续剪切ECAP工艺[66],见图1-13。连续剪切ECAP工艺使材料获得的导向力更大,变形前材料经过的剪切力也更大,因此对材料施加的累积应变也更大。

图1-12和图1-13中轧棍与ECAP模具是分离的,板带离开轧辊进入ECAP时,如何连接这两部分也是技术难点之一。如果将这两部分合二为一,将可减小该问题的影响,如图1-14所示的连续ECAP[67]。外部为固定模具,中间是转动的轧辊,轧辊中开有槽,线状材料放入槽中,当轧辊转动时,槽壁三面的摩擦力迫使材料通过ECAP,从而获得超细晶材料。最近的研究表明[67],该工艺可连续加工长度超过1 m的线材。对晶粒大小为5~7 μm的纯铝线,在室温加工4道次后,获得了晶粒尺寸小于1 μm的超细晶组织,强度有明显提高。

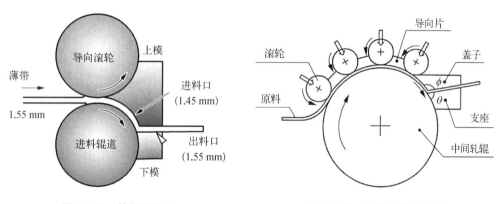

图1-12　轧制ECAP　　　　　图1-13　连续剪切ECAP

从图1-7到图1-14可以看出,大塑性变形发展的主要方向有:① 实现连续加工;② 加强对难变形材料如镁合金等工艺开发,以拓展材料的加工范围;③ 大块材料的加工和生产,为实现工业生产作准备。其中,挤压类大变形技术的发展适合难变形材料的加工,因为变形材料基本处于三向压应力状态,产品类型以棒材和型材为主。而轧制类大变形技术的发展则适合易变形材料如铝合金等的加工,产品类型为带材和条材。另外,大塑性变形工艺与成形设备结合直接制备细晶产品也是大塑性变形技术的重要发展方向[68-70]。

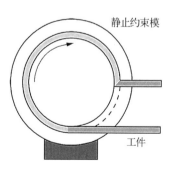

图1-14　连续ECAP

1.3 往复挤压技术的研究现状

1.3.1 往复挤压技术的基本原理

往复挤压的基本原理如图 1 - 15 所示[71-74]：模具由两个模腔、一个缩颈区和放置于两模腔内的冲头构成。两模腔截面积相等，在同一条轴线上，通过中间的缩颈区连接。在挤压过程中，试样在冲头的作用下，到达缩颈区，此时，试样将受到正挤压变形，挤压后的试样在另一个模腔的冲头作用下，发生镦粗变形。然后，另一边冲头将试样按上述过程反向压回，完成一个挤压循环。重复以上过程，直至获得所要的应变为止，这时移去一侧冲头，就可以将试样挤出成型。材料经过往复来回的挤压和压缩，受到很大的应变，从而得到细小、等轴的细晶组织。其累积应变量可用下式计算[71]：

$$\varphi = 2n\ln\frac{d_0^2}{d_m^2} = 4n\ln\frac{d_0}{d_m} \qquad (1-3)$$

式中，n 为变形循环次数；d_0 为模腔直径；d_m 为缩颈区的直径。

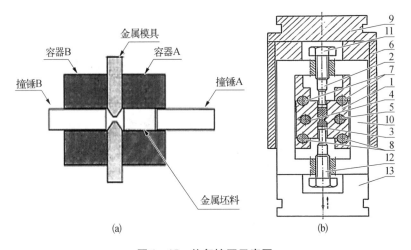

图 1 - 15　往复挤压示意图

（a）J. W. Yeh 式；（b）M. Richert 式

往复挤压主要有两种模具结构，即 J. W. Yeh 式[72,73] 和 M. Richert 式[74]。J. W. Yeh 式的典型特点是整体式，如图 1 - 15(a) 所示，由两个圆柱形模腔、两个冲头和一块夹在其中的整体式凹模构成。M. Richert 式的典型特点是组合式，如图 1 - 15(b) 所示，凹模 1 被平分为两半，依靠螺栓 4、5 连接成一个整体，再通过螺栓 7、8 固定在框架 6 上，框架 6 通过悬臂梁 9 与挤压机的滑块相连接，内框架 10 和悬臂梁 9、13 通过螺栓 11 和 12 连接到挤压机，冲头 2 和冲头 3 将挤压力作用于材料，使材料产生往复挤压。

M. Richert 组合式的优点在于加工容易，模腔和缩颈区的同轴性好，但是由于凹模被平分为两半，在较大的挤压力和较高的挤压温度下，挤压材料可能发生泄漏，沿分型面渗出，在分型面上产生"飞边"。J. W. Yeh 整体式的优点在于将凹模和模腔分开,可以采用不同的材料,节约贵重材料;也可以方便地更换中间的凹模,以获得不同的挤压比,缺点在于较难控制挤压筒和凹模的同轴度。

往复挤压技术具有以下特点[64, 71]: ① 应变量大,晶粒细化能力强;② 挤压与压缩同时进行,可以使金属和合金获得任意大的应变而没有破裂的危险;③ 连续变形,不需要改变试样的原始形状;④ 材料在变形过程中基本处于压应力状态,有利于消除材料初始组织的各种缺陷;⑤ 加工温度范围宽。

1.3.2 往复挤压技术的发展

往复挤压技术因其独特的优势而得到了快速的发展。该工艺最初由波兰的 Richert 等于 1979 年发明,并申请专利[75]。中国台湾的 Yeh 等于 1998 年开始往复挤压技术的研究,提出了往复挤压后可以直接成型的方法和装置,也申请了专利[68]。我国机械科学研究总院于 2000 年开展该工艺研究[76]。往复挤压技术使用范围广泛,可以直接对不同初始状态的材料进行往复挤压;往复挤压铸锭,可以直接得到块体细晶材料,获得最佳的力学性能;往复挤压粉体,可以直接将粉体固化成均匀的块体细晶材料,有效地消除界面氧化膜[77]。

1.3.2.1 往复挤压铸锭

早在 20 世纪 80 年代,Zeng 等[71]研究了往复挤压纯铝的力学性能、剪切带的形成机制、应变硬化行为,以及 Al-5Mg[78]、Al-4Cu-Zr 合金[79]室温往复挤压的组织和力学性能,发现在室温下往复挤压 36 道次、累积真应变达到 15.2 时,晶粒细化到约 200 nm。J. W. Yeh 等[80]在室温对比研究了不同初始状态的 Pb-50vol%Sn 合金(vol%指体积百分比),层片式堆叠和常规的铸锭。结果发现,往复挤压可以成功地"搓揉"和固化堆叠的 Sn 和 Sb 薄片,14 道次后显微组织没有明显的薄片结构,40 道次后,Pb 相和 Sn 相的宽度由初始的 300 μm 减小到 2.9 μm,对铸锭往复挤压也具有与叠片相似的效果。他们对 2024 铝合金[81]和 7075 铝合金[72]的研究表明,往复挤压能够有效细化晶粒、第二相和夹杂物,并使它们重新在基体中均匀分布,从而制备了具有优良强韧性的铝合金。机械科学研究总院[76, 82]也采用往复挤压技术研究了 Zn-Al 合金,应变量为 25 时,材料的组织明显细化,平均晶粒大小为 1 μm。他们认为动态再结晶是组织细化的原因。

1.3.2.2 往复挤压粉体

1992 年,Zughaer 等[83]将铜粉、铜粉与铁粉的混合物热压和烧结,5 道次往复挤压后,晶粒大小为 0.3~1 μm,铜的维氏硬度是初始硬度的 3 倍约为 150。铜铁混合物的硬度是初始硬度的 3.8 倍,高达 190。J. W. Yeh 等[84]研究了快速凝固 Al-12 wt%Si(wt%指质量百分比)合金往复挤压的组织和力学性能,6 道次往复挤压后,叠片界面消失,Si 粒子分布相当均匀、晶粒尺寸减小到 0.8 μm,拉伸强度增加 70%以上,伸长率更是高达 25%。从 2000 年开始,J. W. Yeh 等成功地开创了采用往复工艺制备自生复合材料的先河,采用 6061 铝粉和石墨粉混合热压,往复挤压 15 道次,成功地制备了性能优良的自生 Al_4C_3 增强铝基复合材料[84]。随着道次的增加,碳粒子分布更均匀,尺寸更细小;碳含量越高,获得的硬度越高。采用类似的工艺,他们还成功地开发了 Al_2O_3 颗粒增强铝基复合材料[85, 86]。往复挤压 30 道次后,亚微米尺寸的 Al_2O_3 颗粒均匀地分布于基体中,该复合材料展示了优异的塑性,伸长率达 8.8% ~ 10.6%。

1.3.2.3　往复挤压的研究进展

从以上对 Al、Al － 4Cu － Zr、Al － 5Mg、Zn － Al 合金、2024 铝合金、7075 铝合金、Pb － 50vol%Sn 合金、Al － Si 合金、铜粉与铁粉等材料进行往复挤压结果可以看出,往复挤压可以有效地细化晶粒、第二相和杂质等,并使它们重新在基体中均匀分布,具有较强的细化能力。但是制备材料大多塑性较好,获得小体积的细晶试样。在前人工作的基础上,本书作者团队综合 ECAP、往复挤压和连续挤压的优点,提出了等通道往复挤压模具的设计思想,获得了包括制备超细材料的 C 形、S 形等通道往复挤压模具的 6 项专利[60, 87－91]。图 1 － 16 为 C 形等通道往复挤压模具(C shape equal channel reciprocating extrusion, CECRE)的示意图[91]。对 CECRE 的研究结果表明[92],CECRE 对镁合金具有强烈的细化能力。利用 CECRE 往复挤压 AZ31 镁合金 4 道次,累积应变量可达到 11,平均晶粒尺寸由挤压态的 30 μm 细化到 3.6 μm。同时,显微硬度由挤压态的 62.6 升高到 74.6。通过对往复挤压大塑性变形技术的理解,本书作者团队将往复挤压的技术思想扩展为:往复挤压是将坯料放入挤压筒内,挤压筒两边分别装置一个冲头,挤压筒中间有一变形区(常规往复挤压为缩颈区,发展形式的如 C 形等通道或其他形式的变形区都可称为往复挤压的变形区),坯料经变形区受到反复来回塑性变形获得很大的应变,从而得到超细、等轴的细晶组织。本书作者团队已经成功设计和制造了常规往复挤压模具、C 形等通道往复挤压模具、可加背压的往复挤压模具等。建立了往复挤压实验系统,解决了往复挤压过程中令人棘手的镁合金材料开裂和飞边问题。研究结果表明,镁合金完全能够实现往复挤压,获得晶粒尺寸 1 μm 左右的 AZ 系和 ZK 系细晶镁合金[92－95]。

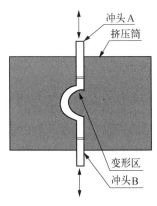

冲头 A
挤压筒
变形区
冲头 B

图 1 － 16　C 形等通道往复挤压模具示意图

1.3.3　往复挤压技术的细化机制

1.3.3.1　再结晶细化

往复挤压是两种操作的结合[81]:挤压与压缩,是一个热加工与短暂退火(正向与反向挤压的间隔时间)反复作用的过程。随着挤压道次的增加,由于挤压过程与压缩过程中应变的不可逆性使应变累积,材料发生强烈变形从而产生大量的位错和晶界的扭曲,这就为动态回复和再结晶提供了驱动力。而往复挤压每道次应变量不大,提供的驱动力不能达到完全动态再结晶所需要的驱动力,所以在往复挤压过程中,可能发生部分动态再结晶,由于挤压反向时存在短暂的停留,因此材料还可能发生部分静态再结晶、部分再结晶的交替累积最终实现完全再结晶。另外,挤压破碎的细小夹杂物也可以充当再结晶晶核,从而加快再结晶形核率和阻止再结晶后晶粒的长大,有利于获得细小均匀的晶粒。

1.3.3.2　粒子细化

挤压使材料中的粒子沿轴向流动,而镦粗使材料中的粒子沿横向流动,往复挤压材料的过程与生活中"揉面"的过程相似,往复挤压塑性变形使粒子在材料中不断地混合和重新分配。晶粒和粒子碰撞、破碎、孔洞闭合,材料中粒子的尺寸逐渐变小。文献[81]根据粒子形状的不同,提出了粒子细化 3 种可能的破碎机制:弯曲机制、短纤维加载机制和剪切机制。对于弯曲状和分枝状粒子如共晶粒子,易产生弯曲破碎;由于高的拉伸应力的转移与纵横比成比例,对于长粒子,容易发生短纤维加载机制而断裂;对于等轴粒子,如果剪切应力足够大时,容易发生剪切机制而破碎成更小的粒子。在一定的挤压力、挤压比作用下,只能获得一定的极限粒子尺寸。Chu 等[84]在研究往复挤压对 Al - 12 wt%Si 组织和性能的影响时,提出粒子细化机制,具体关系可用如下关系表示:

$$\frac{F}{T} \propto Dd^2\sigma^5\varepsilon_p \tag{1-4}$$

式中,F/T 为破碎粒子含量;D 为粒子尺寸;d 为晶粒尺寸;σ 为真应力;ε_p 为真应变。式(1-4)表明,破碎粒子含量与粒子尺寸和晶粒大小成正比。随着道次的增加,粒子和晶粒都变得越来越细小,破碎粒子的含量也相应地减小。这表明,粒子细化的有效性减少,更多的道次将使粒子尺寸达到一个极限值。同时,式(1-4)也表明,通过增加应力和应变,也可以使破碎粒子百分含量增加,而采用大的挤压比能够同时增加应力和应变,所以,在往复挤压中,采用较低的挤压温度和较高的挤压比更易获得更小的粒子极限尺寸。

1.3.3.3　剪切带细化

Richert 等[74]认为往复挤压过程中将形成剪切带。剪切带的交叉、增殖,导致微观组织的破碎,使其逐渐演变成等轴胞和亚晶结构。他们[71,96-99]在研究纯铝的往复挤压时发现,在第 1 道次挤压后,在晶界上形成大量的剪切带,在亚晶界上剪切带相互交叉,这些剪切带有明显的相互成群趋势,形成更宽阔的条带束,沿试样中轴线 65°呈轴对称分布。随着往复挤压累积应变量的增加,剪切带数目增加,导致亚晶的典型结构为平行四边形的斜棋盘状结构。他们认为,由于剪切带比基体硬,纯铝的组织中剪切带数目的增加伴随着纯铝显微硬度的增加,但剪切带存在一个饱和度,当剪切带达到饱和时,就获得了稳定的力学性能。

往复挤压能够有效地细化晶粒,这已经被大量实验证实。但是关于往复挤压过程中组织结构演变、细化机理、变形机制等核心问题的研究还相当不足,研究结果之间存在不少分歧。Chu 等[84]认为,晶粒细化的原因是往复挤压过程中反复再结晶和第二相细化后数量增加促进再结晶,而第二相的细化原因是弯曲机理、短纤维加载机理、剪切机理以及往复挤压过程中的循环塑性流动促使颗粒重新分布。Richert 等[74]认为往复挤压过程中晶粒细化的原因是形成了剪切带,剪切带的交叉、增殖,导致微观组织的破碎,使其逐渐演变成等轴胞和亚晶结构。

1.4　选题意义及研究内容

1.4.1　选题意义

综上所述,镁合金是实际应用中最轻的金属结构材料,被誉为"21 世纪绿色工程金属"。日益成为国防军事、汽车、电子通信等工业领域的重要材料。但是目前,镁合金的强度、伸长率和塑性变形能力等方面还有许多问题亟须研究和改善。特别是应用最为广泛的 Mg - Al -

Zn 系镁合金,缺乏有效的强化相。例如 AZ31 镁合金,第二相 $Mg_{17}Al_{12}$ 数量少,无法通过热处理强化;当 Al 含量增加后,例如 AZ91 镁合金,第二相 $Mg_{17}Al_{12}$ 粒子含量增加,这又使得 AZ91 镁合金的伸长率大大降低,给塑性成形带来了困难。晶粒细化是解决以上问题的有效途径。

晶粒细化是提高六方结构镁合金强韧性的有效途径[100]。根据 Hall-Petch 公式,合金的屈服强度与晶粒尺寸的平方根成正比,而 Hall-Petch 斜率 k 与 Taylor 因子 M 的平方成正比,Taylor 因子 M 与材料滑移系成反比,由于六方结构金属的滑移系少于其他结构金属,因此,六方结构金属的晶粒细化对强度的贡献远大于其他晶体结构金属(镁合金的 Hall-Petch 斜率是铝合金的 4~5 倍)。与铝合金相比,镁合金晶粒细化对强度和塑性的提高更明显,如图 1-17 所示[101]:当 $d \geqslant 2.2\ \mu m$ 时,镁合金的屈服强度小于铝合金;当晶粒尺寸 $d < 2.2\ \mu m$ 时,镁合金的屈服强度大于铝合金。图 1-18[102]是大塑性变形后常用金属材料的比强度比较。从图中可以看出,大塑性变形对镁的比强度提高最大。

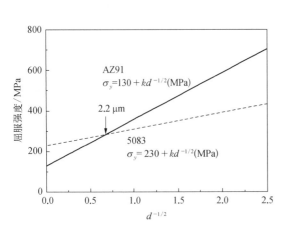

图 1-17 AZ91 和 5083(H321)的屈服强度与晶粒尺寸的关系

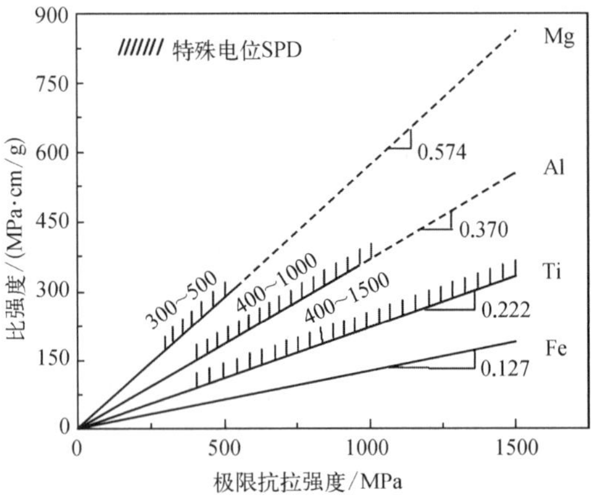

图 1-18 常用金属大塑性变形后的比强度比较

晶粒细化也是提高六方结构镁合金塑性变形能力的重要途径[103]。镁多晶体在室温的塑性变形仅限于基面 $\{0001\}<11\bar{2}0>$ 方向滑移和锥面 $\{10\bar{1}2\}<10\bar{1}1>$ 方向孪晶,因此,塑性变形能力差。镁合金晶粒细化到一定程度后,就可能激活棱柱面滑移甚至锥面滑移而大大提高其塑性变形能力。同时,晶粒细化可以使位错滑移程缩短,变形更分散均匀;而晶界附近容易发生非基面滑移,细晶可能导致非基面滑移贯穿整个晶粒。此外,晶粒细化使晶界发生滑移、移动和转动变得更容易。这些都说明,晶粒细化能够提高镁合金的塑性,甚至可能获得超塑性[103]。

研究细晶镁合金中的织构具有重要意义[7]。镁合金塑性变形过程中,由于晶粒的转动和定向分布将产生强烈的变形织构。镁合金层错能低,在热变形过程中容易发生再结晶,再结晶过程中由于定向形核及核心的选择生长容易形成再结晶织构也是镁合金塑性变形的另一特点。另外,织构对细晶镁合金强度和塑性具有重大影响,其影响甚至可能大于晶粒尺寸的影响[104],因此,研究晶粒细化过程中镁合金织构的演变,对实现细晶镁合金组织和性能的控制具有重要的意义。

1.4.2　研究内容

　　从 1.1.2 节可以看出,常规塑性变形工艺对镁合金的晶粒细化效果有限。因此本书采用非常适合镁合金塑性变形的往复挤压工艺,研究了 AZ31、AZ91 以及 AZ31‑1Si 镁合金的微观组织和力学性能。AZ31 镁合金中第二相含量少,便于研究单相镁合金在往复挤压变形过程中的微观组织演变和微观组织对力学性能的影响。增加 AZ31 镁合金中的 Al 含量,获得第二相 $\beta\text{-}Mg_{17}Al_{12}$ 含量高的 AZ91 镁合金,目的是研究第二相粒子 $\beta\text{-}Mg_{17}Al_{12}$ 对往复挤压过程中微观组织演变和力学性能的影响。在 AZ31 镁合金中添加质量百分比为 1% 的 Si,获得 AZ31‑1Si 合金,元素 Si 可以在合金中形成大块状的 Mg_2Si 强化相,目的是研究大块状第二相对往复挤压过程中微观组织和力学性能的影响。本章以商业牌号为 ZK60 的高强度变形镁合金和新型高强稀土镁合金 GW102K 为研究对象,以往复挤压为主要变形方式,制备超细晶高性能镁合金;优化往复挤压工艺;研究往复挤压镁合金的组织特征、演变规律和细化机制;揭示往复挤压超细晶镁合金的强韧化机制。

　　具体研究内容如下:

　　(1) 研究往复挤压道次和温度对 AZ31 镁合金组织演变、织构演化和力学性能的影响规律。

　　(2) 研究细小第二相 $\beta\text{-}Mg_{17}Al_{12}$ 和大块状第二相 Mg_2Si 对往复挤压镁合金的组织演变、织构演化和力学性能的影响规律。

　　(3) 研究镁合金往复挤压过程中晶粒细化机制,提出往复挤压镁合金的组织复合细化机制。

　　(4) 探讨往复挤压镁合金的断裂机制和室温拉伸过程中的组织演变规律,讨论往复挤压细晶镁合金的强韧化机制。

　　(5) 利用有限元数值模拟技术优化往复挤压模具结构和工艺参数,分析往复挤压过程中的流场、温度场、应力场和应变场的分布规律。

　　(6) 研究不同道次和温度往复挤压后 ZK60 和 GW102K 两种镁合金的组织结构演变和力学性能演变,分析两种合金组织和力学性能变化规律的异同点。

　　(7) 探讨往复挤压 ZK60 和 GW102K 镁合金的组织细化机制。

　　(8) 以纯镁为对照,研究第二相对镁合金在往复挤压过程中组织演变和细化的影响。

　　(9) 研究往复挤压 ZK60 和 GW102K 镁合金的室温变形机制、断裂机制和强韧化机制,考察第二相对镁合金室温变形机制和断裂机制的影响。

参考文献

［1］　陈勇军,王渠东,翟春泉,等.大塑性变形制备高强镁合金的研究与展望［J］.机械工程材料,2006,30
　　　　(3):1‑3,47.
［2］　DECKER R F. The renaissance in magnesium［J］. Advanced Materials & Processes, 1998, 154(3):

31－33.

［3］ WEI J, WANG Q D, EBRAHIMI M, et al. Experimental study on the elastic-plastic transitions of the hetero-structured high pressure die casting Mg－Al－RE Alloy［J］. Experimental Mechanics, 2021, 61 (7)：1143－1152.

［4］ WEI J, WANG Q D, ZHANG L, et al. Microstructure refinement of Mg－Al－RE alloy by Gd addition ［J］. Materials Letters, 2019, 246：125－128.

［5］ XIAO L R, CAO Y, LI S, et al. The formation mechanism of a novel interfacial phase with high thermal stability in a Mg－Gd－Y－Ag－Zr alloy［J］. Acta Materialia, 2019, 162：214－225.

［6］ 吕宜振,王渠东,曾小勤,等. 镁合金在汽车上的应用现状及发展趋势［J］. 材料导报,2000,14(特刊)：57－60.

［7］ 陈振华. 变形镁合金［M］. 北京：化学工业出版社,2005.

［8］ BETTLES C, GIBSON M. Current wrought magnesium alloys：Strengths and weaknesses［J］. Journal of Management, 2005, 57(5)：46－49.

［9］ AGHION E, BRONFIN B. Magnesium alloys development towards the 21st Century［J］. Materials Science Forum, 2000, 350－351：19－30.

［10］ PATRICK P. The SAE international congress & exposition［J］. Automotive engineering international, 1998, 106(11)：76－80.

［11］ ROBERT E, BROWN B. Magnesium alloys and their applications［J］. Light Metal Age, 2001, 59(5/6)：54－56.

［12］ HAFERKAMP H, NIEMEYER M, BOEHM R, et al. Development processing and application range of Mg－Li alloy［J］. Materials Science Forum, 2000, 350－351：31－42.

［13］ FERRO R, SACCONE A, BORZONE G. Rare earth in Al and Mg［J］. Journal of Rare Earths, 1997, 15 (1)：45－53.

［14］ ZHANG L, WANG Q D, LIU G P, et al. Tribological behavior of carbon nanotube-reinforced AZ91D composites processed by cyclic extrusion and compression［J］. Tribology Letters, 2018, 66(2)：1－11.

［15］ 余琨,黎文献,王日初,等. 变形镁合金的研究、开发及应用［J］. 中国有色金属学报,2003,13(2)：277－288.

［16］ HOSOKAWA H, CHINO Y, SHIMOJIMA K, et al. Mechanical properties and blow forming of rolled AZ31 Mg alloy sheet［J］. Materials Transactions, 2003, 44(4)：484－489.

［17］ WATANABE H, MUKAI T, ISHIKAWA K. Differential speed rolling of an AZ31 magnesium alloy and the resulting mechanical properties［J］. Journal of Materials Science, 2004, 39(4)：1477－1480.

［18］ PEREZ-PRADO M T, DEL VALLE J A, CONTRERAS J M, et al. Microstructural evolution during large strain hot rooling of an AM60 Mg alloy［J］. Scripta Materialia, 2004, 50(5)：661－665.

［19］ CHANDRASEKARAN M, JOHN Y M S. Effect of materials and temperature on the forward extrusion of magnesium alloys［J］. Materials Science and Engineering：A, 2004, A381(1/2)：308－319.

［20］ 林金保,王渠东,陈勇军. 镁合金塑性成形技术研究进展［J］. 轻金属,2006(10)：76－80.

［21］ CHEN Y J, WANG Q D, PENG J G, et al. Improving the mechanical properties of AZ31 Mg alloy by high ratio extrusion［J］. Materials Science Forum, 2006, 503－504：865－870.

［22］ 张陆军,王渠东,陈勇军. 大塑性变形制备纳米结构材料［J］. 材料导报,2005,19(Z2)：12－16.

［23］ LIN H K, HUANG J C. Fabrication of low temperature superplastic AZ91 Mg alloys using simple high-ratio extrusion method［J］. Key Engineering Materials, 2003, 233：875－880.

［24］ WANG H, BOEHLERT C J, WANG Q D, et al. In-situ analysis of the tensile deformation modes and anisotropy of extruded Mg－10Gd－3Y－0.5Zr（wt%）at elevated temperatures［J］. International Journal of Plasticity, 2016, 84：255－276.

［25］ OGAWA N, SHIOMI M, OSAKADA K. Forming limit of magnesium alloy at elevated temperatures for precision forging [J]. International Journal of Machine Tools & Manufacture: Design, Research and Application, 2002, 42(5): 607-614.

[26] 余永宁. 金属学原理[M]. 北京: 冶金工业出版社, 2000.

[27] 魏杰, 王渠东, 叶兵, 等. 热处理对真空压铸 NZ30K 镁合金微观组织及力学性能的影响[J]. 材料研究学报, 2019, 33(1): 1-8.

[28] WANG H, BOEHLERT C J, WANG Q D, et al. In-situ analysis of the tensile deformation modes and anisotropy of extruded Mg-10Gd-3Y-0.5Zr (wt.%) at elevated temperatures[J]. International Journal of Plasticity, 2016, 84: 255-276.

[29] 余琨, 黎文献, 王日初. 镁合金塑性变形机制[J]. 中国有色金属学报, 2005, 15(7): 1081-1086.

[30] ROBERT E. Magnesium wrought and fabricated products yesterday, today, and tomorrow [C]. Washington: Magnesium Technology 2002, 2002.

[31] GUO W, WANG Q D, LI X C, et al. Wear properties of hot-extruded pure Mg and Mg-1 wt.% SiC nanocomposite[J]. Journal of Materials Engineering and Performance, 2015, 24(7): 2774-2778.

[32] 杨俊, 王渠东, 汪欢, 等. 半连续铸造 Mg-8Gd-3Y-0.5Zr 合金的组织与性能[J]. 特种铸造及有色合金, 2015(3): 330-333.

[33] 胡茂良, 吉泽升, 王渠东, 等. Mg-Gd-Y-Zr 活塞微观组织及力学性能研究[J]. 精密成形工程, 2016, 7(4): 73-77.

[34] SCHUMANN S. The paths and strategies for increased magnesium applications in vehicles[J]. Materials Science Forum, 2005, 488-489: 1-8.

[35] CAO J, ZHANG Z H, XIANG D, et al. Magnesium motorcycle applications [J]. Materials Science Forum, 2005, 488-489: 915-918.

[36] Li N Y. Magnesium advances and applications in North America automotive industry[J]. Materials Science Forum, 2005, 488-489: 931.

[37] 王渠东, 吕宜振, 曾小勤, 等. 镁合金在电子器材壳体中的应用[J]. 材料导报, 2000, 14(6): 22-24.

[38] 李姗, 王伯健. 变形镁合金的研究与开发应用[J]. 热加工工艺, 2007, 36(6): 65-68.

[39] VALIEV R. Nanomaterial advantage[J]. Nature, 2002, 419(6910): 887-889.

[40] ZHERNAKOV V S, LATYSH V V, STOLYAROV V V, et al. The developing of nanostructured SPD Ti for structural use [J]. Scripta Materialia, 2001, 44(8-9): 1771-1774.

[41] LIN J B, WANG Q G, REN W J, et al. In-situ study on deformation behavior of ZK60 alloy processed by cyclic extrusion and compression[J]. Materials transactions, 2014, 55(8): 1180-1183.

[42] RUSLAN Z V. Recent progress in developing bulk nanostructured SPD materials with unique properties [J]. Diffusion and Defect Data, Solid State Data, Part B. Solid State Phenomena, 2005, 101-102: 3-12.

[43] 许晓嫦, 刘志义, 党朋, 等. 强塑性变形(SPD)制备超细晶粒材料的研究现状与发展趋势[J]. 材料导报, 2005, 19(1): 1-5.

[44] 陈勇军, 王渠东, 李德江, 等. 往复挤压工艺制备超细晶材料的研究与发展[J]. 材料科学与工程学报, 2006, 24(1): 152-155.

[45] YANG F, LV F, YANG X M, et al. Enhanced very high cycle fatigue performance of extruded Mg-12Gd-3Y-0.5Zr magnesium alloy[J]. Materials Science & Engineering A: Structural Materials: Properties, Microstructure and Processing, 2011, 528(6): 2231-2238.

[46] VALIEV R Z, KORZNIKOV A V, MULYUKOV R R. Structure and properties of ultrafine grained materials by severe plastic deformation[J]. Materials Science & Engineering A, 1993, 186: 141-148.

[47] VALIEV R Z, KRASILNIKOV N A, TSENEV N K. Plastic deformation of alloys with submicron grained structure[J]. Materials Science & Engineering A, 1991, 137: 35-40.

[48] BERBON P B, FURUKAWA M, HORITA Z, et al. An investigation of the properties of an Al-Mg-Li-

Zr alloy after equal-channel angular pressing［J］. Materials Science Forum, 1996, 117 - 222: 1013 - 1018.

［49］ DEL VALLE J A, PEREZ-PRADO M T, RUANO O A. Texture evolution during large-strain hot rolling of the Mg AZ61 alloy ［J］. Materials Science & Engineering A: Structural Materials: Properties, Microstructure and Processing, 2003, 355(1/2): 68 - 78.

［50］ HORITA Z, FURUKAWA M, NEMOTO M, et al. Superplastic forming at high strain rates after severe plastic deformation［J］. Acta Materialia, 2000, 48(14): 3633 - 3640.

［51］ MABUCHI M, IWASAKI H, HIGASHI K, et al. Low temperature superplasticity of magnesium alloys processed by ECAE ［C］. Bangalore: International Conference on Superplasticity in Advanced Materials, 1997.

［52］ YAMASHITA A, HORITA Z, TERENCE G, et al. Improving the mechanical properties of magnesium and a magnesium alloy through severe plastic deformation［J］. Materials Science & Engineering A: Structural Materials: Properties, Microstructure and Processing, 2001, 300(1/2): 142 - 147.

［53］ LIN J B, WANG Q D, PENG L M, et al. Effect of the cyclic extrusion and compression processing on microstructure and mechanical properties of as-extruded ZK60 magnesium alloy ［J］. Materials Transactions, 2008, 49(5): 1021 - 1024.

［54］ VALIEV R Z, ALEXANDROV I V, ISLAMGALIEV R K. Bulk nanostructured materials from severe plastic deformation ［J］. Progress in Materials Science, 2000, 45(2): 103 - 189.

［55］ WADSACK R, PIPPAN R, SCHEDLER B. Structural refinement of chromium by severe plastic deformation［J］. Fusion Engineering and Design, 2003, 66/68(0): 265 - 269.

［56］ LI Q, WANG Q D, LI D Q, et al. Effect of Nd and Y addition on microstructure and mechanical properties of extruded Mg - Zn - Zr alloy［C］. Beijing: 2006 Beijing International Materials Week (2006 BIMW): 2nd International Conference on Magnesium (ICM 2006), 2006.

［57］ PEREZ-PRADO M T, DEL VALLE J A, RUANO O A. Grain refinement of Mg - Al - Zn alloys via accumulative roll bonding［J］. Scripta materialia, 2004, 51: 1093 - 1097.

［58］ RUSLAN Z V, TERENCE G L. Principles of equal-channel angular pressing as a processing tool for grain refinement［J］. Progress in Materials Science, 2006, 51(7): 881 - 981.

［59］ WANG Q D, PENG J G, MICHEL S, et al. Effects of aging on the microstructures and mechanical properties of extruded AM50 + xCa magnesium alloys［J］. Rare Metals, 2006, 25(4): 377 - 381.

［60］ 廖文骏,王渠东,郭炜,等.大塑性变形制备铝、镁基颗粒增强复合材料的研究进展［J］.材料导报, 2015,29(9): 44 - 49.

［61］ ZHOU H T, YAN A Q, LIU C M. Dynamic recrystallization behavior of AZ61 magnesium alloy［J］. Transactions of Nonferrous Metals Society of China, 2005(5): 103 - 109.

［62］ AZUSHIMA A, AOKI K. Properties of ultrafine-grained steel by repeated shear deformation of side extrusion process［J］. Materials Science & Engineering A: Structural Materials: Properties, Microstructure and Processing, 2002, 337(1/2): 45 - 49.

［63］ NAKASHIMA K, HORITA Z, NEMOTO M, et al. Development of a multi-pass facility for equal-channel angular pressing to high total strains ［J］. Materials Science & Engineering A: Structural Materials: Properties, Microstructure and Processing, 2000, 281(1/2): 82 - 87.

［64］ 曾小勤,王渠东,丁文江.镁合金熔炼阻燃方法及进展［J］.轻合金加工技术,1999,27(9): 5 - 8.

［65］ LU Y Z, WANG Q D, ZENG X Q, et al. Effects of silicon on microstructure, fluidity, mechanical properties, and fracture behaviour of Mg - 6Al alloy［J］. Materials Science and Technology: MST: A publication of the Institute of Metals, 2001, 17(2): 207 - 214.

［66］ UTSUNOMIYA H, HATSUDA K, SAKAI T, et al. Continuous grain refinement of aluminum strip by conshearing［J］. Materials Science & Engineering A: Structural Materials: Properties, Microstructure and

Processing, 2004, 372(1/2): 199 - 206.

[67] YADOLLAHPOUR M, ZIAEI-RAD S, KARIMZADEH F, et al. A numerical study on the damping capacity of metal matrix nanocomposites [J]. Simulation modelling practice and theory: International Journal of the Federation of European Simulation Societies, 2011, 19(1): 337 - 349.

[68] 叶均蔚. 往复挤压成型方法及其加工装置: 中国, ZL 01104059. 9[P]. 2002 - 09 - 25.

[69] 王渠东, 陈勇军. 螺旋式挤压成型加工装置: 中国, ZL 200510026809. 2[P]. 2005 - 06 - 16.

[70] 陈勇军, 王渠东. 折线式挤压成型装置: 中国, ZL 200510026808. 8[P]. 2005 - 06 - 16.

[71] ZENG X Q, WANG Q D, LU Y Z, et al. Influence of beryllium and rare earth additions on ignition-proof magnesium alloys[J]. Journal of Materials Processing Technology, 2001, 112(1): 17 - 23.

[72] LEE S W, YEH J W, LIAO Y S. Premium 7075 aluminium alloys produced by reciprocating extrusion [J]. Advanced Engineering Materials, 2004, 6(12): 936 - 943.

[73] WANG Q D, CHEN W Z, DING W J, et al. Effect of Sb on the microstructure and mechanical properties of AZ91 magnesium alloy [J]. Metallurgical and Materials Transactions, A. Physical Metallurgy and Materials Science, 2001, 32A(3a): 787 - 794.

[74] RICHERT M, LIU Q, HANSEN N. Microstructural evolution over a large strain range in aluminium deformed by cyclic-extrusion-compression[J]. Materials Science & Engineering A: Structural Materials: Properties, Microstructure and Processing, 1999, 260(1/2): 275 - 283.

[75] RICHERT J, RICHERT M. A new method for unlimited deformation of metals and alloys[J]. Aluminium, 1986, 8: 604 - 607.

[76] 陆文林, 王勇, 冯泽舟, 等. 沙漏挤压镦粗复合加工技术[J]. 塑性工程学报, 2000, 7(4): 1 - 4.

[77] XIAO Q Z, WANG Q D, LÜ Y Z, et al. Behavior of surface oxidation on molten Mg - 9Al - 0. 5Zn - 0. 3Be alloy[J]. Materials Science & Engineering A: Structural Materials: Properties, Microstructure and Processing, 2001, 301(2): 154 - 161.

[78] LIU M P, YUAN G Y, WANG Q D, et al. Superplastic behavior and microstructural evolution in a commercial Mg - 3Al - 1Zn magnesium alloy[J]. Materials Transactions, 2002, 43(10): 2433 - 2436.

[79] LIU Z L, HU J Y, WANG Q D. Evaluation of the effect of vacuum on mold filling in the magnesium EPC process[J]. Journal of Materials Processing Technology, 2002, 120(1/3): 94 - 100.

[80] YUAN S Y, PENG C H, YEH J W. Synthesis of fine Pb - 50 vol. % Sn alloys by a new process of reciprocating extrusion[J]. Materials Science and Technology: MST: A publication of the Institute of Metals, 1999, 15(6): 683 - 688.

[81] WANG Y S, WANG Q D, WU G H, et al. Hot-tearing susceptibility of Mg - 9Al - xZn alloy[J]. Materials Letters, 2002, 57(4): 929 - 934.

[82] 陆文林, 王勇, 冯泽舟, 等. 采用沙漏挤压工艺制备超细晶材料[J]. 热加工工艺, 2001, 1(2): 10 - 12.

[83] ZUGHAER H J, NUTTING J. Deformation of sintered copper and 50Cu - 50Fe mixture to large strains by cyclic extrusion and compression[J]. Materials Science and Technology, 1992, 8(12): 1104 - 1107.

[84] CHU H S, LIU K S, YEH J W. An in situ composite of Al (graphite, Al_4C_3) produced by reciprocating extrusion[J]. Materials Science & Engineering A: Structural Materials: Properties, Microstructure and Processing, 2000, 277(1/2): 25 - 32.

[85] LIU M P, WANG Q D, ZENG X Q, et al. Development of microstructure in solution-heat-CHU H Streated Mg - 5Al - xCa alloys[J]. International Journal of Materials Research, 94(8): 886 - 891.

[86] CHU H S, LIU K S. A study on the 6061 - Al_2O_{3p} composites produced by the reciprocating extrusion process[C]. Wollongong: THERMEC'97 International Conference Thermomechanical Processing of Steels and Other Materials, 1997.

[87] 陈勇军, 王渠东. 制备超细晶材料的 U 形等通道反复挤压装置: 中国, ZL 200510026810. 5[P]. 2005 - 06 - 16.

［88］ 陈勇军,王渠东,翟春泉,等.制备超细晶材料的 S 形转角往复挤压模具: 中国,ZL 200420114968. 9 ［P］. 2004 – 12 – 29.

［89］ 陈勇军,王渠东,翟春泉,等.制备超细晶材料的转角往复挤压模具: 中国,ZL 200420114967. 4［P］. 2004 – 12 – 29.

［90］ 陈勇军,王渠东,翟春泉,等.制备超细晶材料的反复镦粗挤压模具: 中国,ZL 200420114969. 3［P］. 2004 – 12 – 29.

［91］ 王渠东,陈勇军,翟春泉,等.制备超细晶材料的 C 形等通道往复挤压模具: 中国,ZL 200420114966. X［P］. 2004 – 12 – 29.

［92］ WANG Q D CHEN Y J, LIN J B. Microstructure and properties of magnesium alloy processed by a new severe plastic deformation method［J］. Materials Letters, 2007, 61(23/24): 4599 – 4602.

［93］ CHEN Y J, WANG Q D, LIN J B, et al. Fabrication of bulk UFG magnesium alloys by cyclic extrusion compression［J］. Journal of Materials Science, 2007, 42(17): 7601 – 7603.

［94］ ZHANG L J, WANG Q D, CHEN Y J, et al. Microstructure evolution and mechanical properties of an AZ61 mg alloy through cyclic extrusion compression［C］. Beijing: 2006 Beijing International Materials Week (2006 BIMW): 2nd International Conference on Magnesium (ICM 2006), 2006.

［95］ 周海涛,曾小勤,王渠东,等. AZ31 镁合金型材挤压工艺和组织性能分析［J］. 轻合金加工技术, 2003, 31(9): 28 – 30.

［96］ WANG Y S, WANG Q D, MA C J, et al. Effects of Zn and RE additions on the solidification behavior of Mg – 9Al magnesium alloy［J］. Materials Science & Engineering A: Structural Materials: Properties, Microstructure and Processing, 2003, 342(1/2): 178 – 182.

［97］ MEBARKI N, SUERY M, WANG Q D, et al. Microstructural changes during partial remelting of the AZ91 alloy modified with Ca additions［C］. Grenoble: 8th International Conference on Semi-Solid Processing of Alloys and Composites (S2P 2004), 2004.

［98］ WANG H, WANG Q D, BOEHLERT C J, et al. The impression creep behavior and microstructure evolution of cast and cast-then-extruded Mg – 10Gd – 3Y – 0. 5Zr (wt%)［J］. Materials Science & Engineering A: Structural Materials: Properties, Microstructure and Processing, 2016, 649: 313 – 324.

［99］ RICHERT M, STÜWE H P, RICHERT J, et al. Characteristic features of microstructure of AlMg$_5$ deformed to large plastic strains［J］. Materials Science & Engineering A: Structural Materials: Properties, Microstructure and Processing, 2001, 301(2): 237 – 243.

［100］ YUAN G Y, LIU Z L, WANG Q D, et al. Microstructure refinement of Mg – Al – Zn – Si alloys［J］. Materials Letters, 2002, 56(1/2): 53 – 58.

［101］ WANG H, BOEHLERT C J, WANG Q D, et al. Analysis of slip activity and deformation modes in tension and tension-creep tests of cast Mg – 10Gd – 3Y – 0. 5Zr (Wt Pct) at elevated temperatures using in situ SEM experiments［J］. Metallurgical and Materials Transactions, A. Physical Metallurgy and Materials Science, 2016, 47A (5): 2421 – 2443.

［102］ LÜ Y Z, WANG Q D, ZENG X Q, et al. Behavior of Mg – 6Al – xSi alloys during solution heat treatment ［J］. Materials Science & Engineering A: Structural Materials: Properties, Microstructure and Processing, 2001, 301(2): 255 – 258.

［103］ KUBOTA K, MABUCHI M. Review Processing and mechanical properties of fine-grained magnesium alloys［J］. Journal of Materials Science, 1999, 34(10): 2255 – 2262.

［104］ KIM W J, HONG S I, KIM Y S, et al. Texture development and its effect on mechanical properties of an AZ61 Mg alloy fabricated by equal channel angular pressing［J］. Acta Materialia, 2003, 51(11): 3293 – 3307.

第二章 实验过程

2.1 合金制备

2.1.1 原材料

本研究中采用的合金材料是 Mg - Al - Zn 系变形镁合金（商业牌号分别为 AZ31、AZ61 和 AZ91）、纯镁、Mg - 6.0%Zn - 0.5%Zr（ZK60，质量百分比）和 Mg - 10%Gd - 2.0%Y - 0.5%Zr（GW102K）。为了对比研究细小第二相与大块状第二相在往复挤压过程中对组织和性能的影响，在合金 AZ31 成分的基础上加入 1 wt% 的硅，即 AZ31 - 1Si 镁合金。合金的实际成分用全谱直读型电感耦合等离子体发射光谱仪（inductively coupled plasma analyzer, ICP）进行分析，结果如表 2 - 1 所示。

表 2 - 1 原材料的化学成分

商业牌号	化学成分/wt%										
	Mg	Al	Zn	Mn	Si	Fe	Cu	Ni	Gd	Y	Zr
AZ31	其余	3.091	1.023	0.421	—	0.001	0.001	0.0003	—	—	—
AZ31 - 1Si	其余	2.971	0.687	0.377	1.32	0.002	0.005	0.002	—	—	—
AZ91	其余	8.282	0.754	0.223		0.02	0.005	0.001	—	—	—
Mg	其余	—	—	—	0.005	0.005	0.005	0.001	—	—	—
ZK60	其余	—	5.776	—	0.001	0.002	0.003	0.001	—	—	0.41
GW102K	其余	—	—	—	0.004	0.01	0.005	0.001	9.50	1.70	0.36

根据 Mg - Al 二元相图（图 2 - 1）[1]，AZ31 合金中含有少量 $Mg_{17}Al_{12}$ 相，而 AZ91 镁合金中含有较多的 $Mg_{17}Al_{12}$ 相。因此，本书在讨论往复挤压镁合金的组织与性能时，仅就 AZ31 和 AZ91 镁合金中的主要强化第二相 $Mg_{17}Al_{12}$ 作讨论。

AZ31 和 AZ91 镁合金取自上海镁格力有限公司使用的半连续铸锭，直径为 100 mm，AZ31 - 1Si 镁合金分别经过熔炼、浇铸、车皮、常规挤压等实验工序。ZK60 镁合金取自上海镁格力有限公司使用的半连续铸锭，直径为 100 mm，然后直接进行退火、常规挤压等加工。GW102K 镁合金采用纯镁（99.95%）和中间合金 Mg - 25%Gd、Mg - 25%Y、Mg - 30%Zr

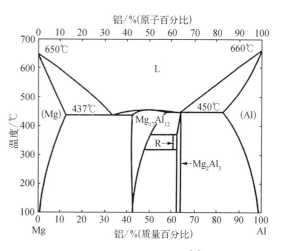

图 2 - 1 Mg - Al 相图[1]

R、L 分别表示 R 相和液相

配制,然后熔炼、浇铸、退火、车皮、挤压等。

2.1.2 合金的熔炼和浇铸

镁合金熔炼过程中,防止氧化、燃烧和镁合金熔体的溅射是该工艺的关键。因此熔炼时必须采取保护措施。本实验熔炼设备由熔炉装置和保护气体送气装置组成。

本实验所用的熔炼炉为SG2-310坩埚电阻炉,其额定功率3 kW,额定温度为1 000℃,炉膛尺寸为Φ150 mm×200 mm。浇勺等工具在使用前,先预热至约150℃,在表面喷一层厚度约为0.1 mm的涂料,然后烘干待用。

对于AZ系镁合金,原材料中采用AZ31铸锭和单晶硅为原料。AZ31铸锭和单晶硅表面打磨至光亮以去除氧化皮或者杂质,然后和精炼剂(质量百分比为1%~2%)在烘箱中200℃保温1~5 h。坩埚喷好涂料后预热至暗红(约500℃),然后将预热好的AZ31铸锭放入,同时开始通0.5%SF6+99.5%CO$_2$保护气。待AZ31金属液在720℃时加入单晶硅。在720~750℃下加入精炼剂精炼,精炼后在保护气体保护下自由冷却20~30 min,待金属液在680~710℃时浇铸到金属模中成Φ100的圆柱形铸锭。

对于GW系镁合金,将纯镁、中间合金等原料预热到180~220℃,先将纯镁放入有0.3% SF6+99.7%CO$_2$气体保护的坩埚炉中熔化,当温度达到720~740℃时,将Mg-Gd中间合金直接加入到熔体中,熔化后熔体温度回升至720~740℃时再加入Mg-Y中间合金,将炉温升至760℃后加入Mg-30%Zr,待其熔化后撇去表面浮渣,搅拌2~3 min,再将炉温升至780℃保温20 min后,降温至750~755℃不断电精炼6~10 min,随后炉温会冲高至760~780℃,随炉冷却至700~720℃后撇去表面浮渣浇铸成Φ105 mm的圆铸锭。浇注用钢制模具预先加热至200~250℃。精炼后的静置时间控制在25~40 min。为了消除熔炼过程中的成分偏析,对铸锭进行500℃×8 h均匀化退火。

2.1.3 热挤压工艺

从1.1.2节可以看出,由于往复挤压属于大塑性变形技术,其实验材料多为塑性较好的材料。而镁合金材料最大的问题就是塑性变形能力较差,于是本节对AZ系(AZ31、AZ91和AZ31-1Si)镁合金进行了预挤压,以提高其变形能力。所有材料在进行预挤压工艺前,均进行了车皮处理,在300℃保温2 h。预挤压设备是上海镁格力有限公司的800吨卧式挤压机。从Φ100 mm挤压到Φ40 mm,挤压比为6,挤压温度为300℃。

将Mg、ZK60和GW102K铸棒车皮后在300℃保温2 h。预挤压设备是上海镁格力有限公司的800吨卧式挤压机。所以材料都是从Φ100 mm挤压到Φ30 mm,挤压比为11。热挤压参数如表2-2所示。

表2-2 原材料的热挤压参数

材　料	温度/℃		应力/MPa	速度/(mm/s)
	模　具	材　料		
Mg	300	300	130	1
ZK60	350	350	160	0.6
GW102K	350	410	180	0.5

2.2　往复挤压技术

2.2.1　往复挤压模具及工艺

图 2‑2 是本节中往复挤压工艺的示意图。模具型腔由三部分组成,分别是上型腔、下型腔和连接上下型腔的中间型腔。三个型腔处于同一中心线上。上、下型腔直径为 $\Phi30$ mm,中间型腔直径为 $\Phi20$ mm。型腔形状为圆柱形。这样每挤压道次的挤压比为 2.25。由于常规挤压过程中应变的不均匀性导致边缘变形量大,因此进行往复挤压前,挤压态的合金均由 $\Phi40$ mm 车皮到 $\Phi30$ mm 以进行往复挤压。

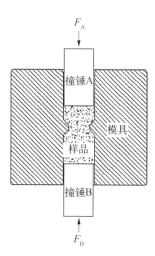

图 2‑2　往复挤压工艺示意图

往复挤压大塑性变形的工艺为:首先将实验材料放入上型腔中,在上冲头的作用下,材料由上型腔经过直径较小的中间型腔进入下型腔,该过程相当于常规挤压变形;其次,进入下型腔的材料在下冲头的作用下镦粗,恢复其原来形状,该过程类似于镦粗变形;最后,下冲头反向挤压,将材料压入上型腔,完成一个循环。理论上,往复挤压可以无限循环下去,直到达到需要的应变量为止。往复挤压大塑性变形可以分为两种变形:施加背压的往复挤压和无背压的往复挤压。如果在材料挤压的同时镦粗,则需要的挤压力更大,镦粗冲头为被动运行,此为施加背压的往复挤压;如果在材料挤压后镦粗,则需要的挤压力小,此为无背压的往复挤压。作者对比了两种变形的实验结果后,发现有背压的往复挤压细化效果更好。本书如果没有特别说明,实验条件都是有背压的往复挤压。

往复挤压大塑性变形模具是挤压变形与镦粗变形的理想结合,材料接近处于三向压应力状态,有利于材料塑性的充分发挥,因此往复挤压大塑性变形是一种非常适合难变形金属如镁合金等的先进加工技术,这也正是本书选择往复挤压的主要原因。

2.2.2　往复挤压道次的定义

国际上对往复挤压道次的定义存在一定的差异。本书为简单起见,将变形材料通过中间型腔的次数定义为变形的道次。本书研究的挤压道次分别为 1、3、7、15、25。

2.2.3　累积应变量的计算

根据本书道次的定义,由于最后一个道次不存在镦粗变形,所以往复挤压过程中累积真应变的计算公式如下:

$$\varphi = 2n \cdot \ln\frac{d_0^2}{d_m^2} - \ln\frac{d_0^2}{d_m^2} = 2(2n-1)\cdot\ln\frac{d_0}{d_m} \tag{2-1}$$

式中,n 为挤压道次;d_0 为上(下)型腔的直径;d_m 为中间型腔的直径。根据本书的模具尺寸和研究的挤压道次,相应的累积应变量分别为 0. 81、4. 1、10. 5、23. 5、39. 7。

2. 2. 4 变形温度

镁合金滑移系的开动受变形温度的制约。镁合金变形能力的高低与变形温度有直接的关系。本书采用了较大的温度范围(225~400℃)研究变形温度对往复挤压镁合金的组织和性能的影响规律。具体工艺参数见表 2 - 3。开始我们选择了中温(300℃)大变形往复挤压,研究了多达 25 道次的组织演变,发现在 7 道次后的组织变化不明显,以后的研究就只研究到 7 道次。在 300℃可以进行往复挤压的经验下,为了能在更低的变形温度下进行大变形往复挤压,选择了 250℃、225℃的变形温度进行研究。发现低温往复挤压组织更加细小,但低于 225℃的往复挤压表面容易开裂,于是在 AZ31 - 1Si 镁合金的研究中选择 225℃研究挤压道次对组织的变化,为了研究不同性质第二相对合金组织和性能的影响,对比研究了三种合金在变形温度为 225℃挤压道次为 7 道次的组织和力学性能。从表 2 - 3~表 2 - 5 可以看出,我们对三种合金都分别研究了在同一道次(3 道次)下变形温度对组织和性能的影响。

表 2 - 3　AZ31 镁合金的往复挤压参数

CEC 道次	CEC 温度				
	225℃	250℃	300℃	350℃	400℃
1	—	—	300℃/1P	—	—
3	225℃/3P	250℃/3P	300℃/3P	350℃/3P	400℃/3P
7	225℃/7P	—	300℃/7P	—	—
15	—	—	300℃/15P	—	—
25	—	—	300℃/25P	—	—

表 2 - 4　AZ91 镁合金的往复挤压参数

CEC 道次	CEC 温度				
	225℃	250℃	300℃	350℃	400℃
1	—	—	300℃/1P	—	—
3	225℃/3P	250℃/3P	300℃/3P	350℃/3P	400℃/3P
7	225℃/7P	—	300℃/7P	—	—

表 2 - 5　AZ31 - 1Si 镁合金的往复挤压参数

CEC 道次	CEC 温度				
	225℃	250℃	300℃	350℃	400℃
1	225℃/1P	—	—	—	—
3	225℃/3P	250℃/3P	300℃/3P	350℃/3P	400℃/3P
7	225℃/7P	—	—	—	—

2.3　力学性能测试

在本书中,结合拉伸测试实验室现有试样夹头和往复挤压后试样的尺寸大小,力学性能的测试样均采用统一尺寸的非标准片状试样,如图2-3所示。拉伸试样取自变形试样的纵截面,取样部位为变形样品的可比较部位。用电火花线切割后,先后采用粒度为300和800号的水砂纸表面抛光。拉伸测试机为Zwiss岛津材料实验机,拉伸速度为1 mm/min。

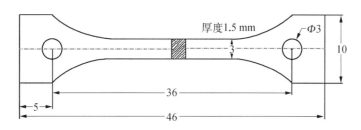

图2-3　拉伸试样尺寸图(单位: mm)

2.4　微观分析

2.4.1　显微组织和相分析

2.4.1.1　光学显微分析

金相样品观察面为纵截面和横截面。观察区域为中心部位和边缘部位的同一可比区域,如果书中没有指明观察区域,则为中心部位,具体的取样位置见图2-4。光学显微分析所用的腐蚀剂见表2-6。虽然研究采用三种材料,但只需要采用两种腐蚀剂。腐蚀时需要用棉花沾上腐蚀剂轻擦试样表面3次左右。腐蚀时间为5~10 s。相机为LEICA MEF4M型显微镜,并选择合适的曝光时间和对比度等参数。

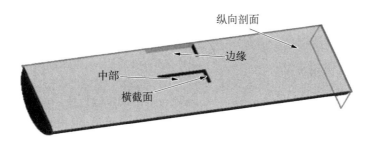

图2-4　微观分析取样示意图

表 2-6 实验合金的金相腐蚀剂

镁合金种类	腐 蚀 液
AZ31	1 ml 硝酸+1 ml 醋酸+ 1g 草酸 +150 ml 水
AZ31-1Si	
ZK60	
AZ91	4.2 g 酒石酸 10 ml 醋酸 +70 ml 乙醇 +10 ml 水
GW102K	4 ml 硝酸+ 96 ml 乙醇

2.4.1.2 相分析

利用 X 射线衍射(X-ray diffraction, XRD)分析合金的相组成,衍射仪为 D/MAX-ⅢA,实验电压为 40 kV,采用 Cu 靶,扫描速度为 1(°)/min。微区的相组成用带有能谱分析(energy dispersive analysis of X-ray, EDAX)的扫描电子显微镜(SEM,PHILIPS SEM515)进行分析。

2.4.2 扫描电子显微镜分析

扫描电子显微镜(scanning electron microscope, SEM)采用 Zeiss Supra 55VP 电子显微镜,用于扫描拉伸断口。加速电压为 5~20 kV;放大倍率为 200~2 000 倍;工作距离为 10~20 mm。

2.4.3 透射电子显微镜分析

本书的透射电子显微镜(transmission electron microscope, TEM)分析分别采用 JEN-2000EX 电子显微镜(加速电压为 160 kV)和 H-800 电子显微镜(加速电压为 200 kV)。

由于 TEM 为微观区域观察,取样的可比较性就非常重要。在本节中,TEM 样品在往复挤压后试样的纵向中部截取(图 2-4),取样厚度为 0.5 mm。试样先用 300 号粗砂纸、再用 800 号细砂纸轻磨至 0.1 mm 以下,最后冲成 3 mm 直径的圆片。将圆片在 TEM 磨样专用工具下继续将样品减薄至 50 μm。制样过程应保证试样变形最小、升温最小的情况下获得最终试样,否则就将改变试样的原有位错结构。试样的最后减薄先采用双喷法[2-4]。双喷的电解液为:500 ml 甲醇(methanol)、100 ml 2-丁氧基乙醇即乙二醇丁醚(2-butoxy-ethanol)、5.3 g 氯化锂(lithium chloride)、11.16 g 高氯酸镁(magnesium perchlorate),温度为 -55~ -35℃,电压为 50~75 V,电流为 30~50 mA。最后在离子减薄仪中小角度减薄 1 h 以除去表面氧化膜。离子减薄的电压为 3 000~3 500 V,掠角约为 10°。制好的样品真空保存,在 3 天内观察。

2.4.4 电子背散射衍射分析

电子背散射衍射(electron backscattered diffraction, EBSD)分析技术是 20 世纪 90 年代初基于扫描电子显微镜(SEM)平台上工作的一项新技术。通过近 30 年的改进与发展,EBSD 技术已经成为晶粒取向测定和取向关系统计分析、相鉴定、孪晶分析、晶粒大小精确测定、晶界结构分析、微织构分析以及塑性应变分析的强有力手段。2004 年 12 月,我国实施 EBSD

分析方法的国家标准[5]。与 TEM 对同类工作的比较可知：EBSD 具有制样相对简单、分析速度快、在对取向分布和晶粒大小等统计方面具有 TEM 无法比拟的优势,更为重要的是,EBSD 技术可以将显微组织与晶体学关系同步分析,因此 EBSD 技术在分析尺度上填补了 X 射线衍射太大和电子衍射太小的空白[6]。EBSD 的空间分辨率一般为 0.5 μm,安装在场发射扫描电镜上的空间分辨率可小于 10 nm[7],角分辨率一般为 0.5°(本书中的分辨率)。

2.4.4.1　EBSD 工作原理

EBSD 的工作原理如图 2－5 所示。入射电子束进入试样,由于非弹性散射,使其在入射点附近发散,成为一点源。在表层几十纳米范围内,非弹性散射引起能量损失一般只有几十电子伏特,这与几万电子伏能量相比是一个小量。因此,电子的波长可以认为基本不变。这些被散射的电子,随后入射到一定的晶面,满足布拉格衍射条件时,便产生布拉格衍射。背散射电子概率随电子入射角减小而增大。将试样高角度倾斜,可以使电子背散射衍射强度增大。图 2－5(b)是电子束在一组晶面上衍射并形成一对菊池线的示意图。发散的电子束在这些平面的三维空间上发生布拉格衍射,产生两个辐射圆锥,当荧光屏置于圆锥交截处,截取一对平行线,每一线对即为菊池线,代表晶体中一组晶面,线对间距反比于晶面间距,所有不同晶面产生菊池衍射构成一幅电子背散射衍射谱,菊池线交叉处代表一个结晶学方向[5],如图 2－5 中荧光屏所示。

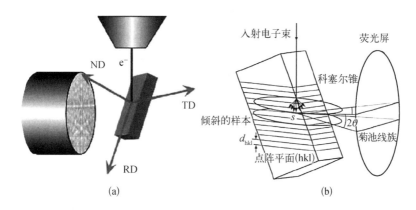

图 2－5　EBSD 工作原理示意图

(a) 试样坐标关系;(b) 电子束在一组晶面上背散射衍射示意图

在 EBSD 参数设置中,有以下重要参数。试样倾斜角为 70°,样品与荧光屏的距离为 20 mm,加速电压为 20 kV,这三个重要参数是经过反复调试后的最佳参数,一般不改变。扫描步长(scan steps)决定了扫描时间的长短和 EBSD 图片的质量。步长如果太小,扫描时间将成倍增加;步长如果太大,EBSD 图片质量不佳。本研究根据合金中的晶粒尺寸大小和软件预估的扫描时间,确定的扫描步长如下:挤压态合金的扫描步长为 0.3 μm;往复挤压后的合金扫描步长为 0.1 μm。扫描面积也是决定扫描时间的重要参数,本研究中采用了较大的扫描面积:挤压态合金的扫描面积为 200 μm×200 μm;往复挤压合金的扫描面积为 80 μm× 80 μm。在该扫描步长和扫描面积下的扫描时间约 8 h。

2.4.4.2　EBSD 样品制备工艺

EBSD 的工作原理中提到,EBSD 收集的样品信息来自试样表层几十纳米的深度范围,因此,试样的制备工艺就尤为重要。经过大塑性变形的镁合金很难制得满意的 EBSD 样品。主要原因有:① 镁合金表面非常敏感,容易在制样过程中和制样后的样品保存过程中氧化和污染;② 镁合金试样的菊池线花样密度低[5];③ 经过大塑性变形的镁合金有大量的残余应力和大应变,导致菊池线花样模糊甚至消失,给分析测试带来很大的困难。

本书的所有 EBSD 制样和测试分析工作全部在合作单位挪威科技大学完成。取样部位为变形后样品的纵向中部的同一可比较部位(图 2-4),与 TEM 样品取样部位一致。样品无须镶嵌,因为镶嵌后的样品在扫描中会在塑料上产生电子形成背底,影响图片质量。样品的制样过程如下:① 分别在 240、800、1200 和 2400 号水砂纸粗磨和细磨;② 分别在粒度为 3 μm 和 1 μm 的金刚石悬浮液磨盘上机械抛光;③ 在 10% 的 OPS 溶液中进行最终机械抛光,时间为 5~20 s。电解抛光采用 AC2 电解液,电压为 15 V,时间为 10~20 s,温度为 -30℃。电解抛光后的样品用冷的甲醇和丙酮清洗,然后用电吹风吹干。采用本法制备的样品不需要在任何溶液中保存,在半小时内放入扫描电镜中观察即可获得高清晰、高质量和高置信指数(confidence index, CI)的菊池线花样。图 2-6 为本法制备的 AZ31 挤压态和往复挤压后的高质量菊池线花样。如前所述,材料的菊池线花样质量常与应变有关,因此常用菊池线花样的质量好坏来判断材料应变量的大小[7]。在本书的研究中发现,应变量对镁合金的菊池线花样的确影响很大。例如,在挤压态的试样中,几乎每个点都可以得到 80% 以上的 CI。但是,随着应变量(挤压道次)的增加,在同样的制样条件下,只有不多的点能得到挤压态的菊池线花样质量。因此,应该准确地说,可以采用平均的菊池线花样质量来定性地评价材料应变量的大小。

例如图 2-6,如果根据菊池线花样质量判断,只能判断出挤压态的应变量小于往复挤压的应变量。而对于往复挤压试样,则很难判断。因为图 2-6 中菊池线花样是用于系统对中,即在本制样条件下的最好质量而不是平均质量。其次,菊池线花样质量还与制样方法有很大的关系。因此,采用菊池线花样质量判断材料应变的说法应该是:在同一制样条件下,可以采用平均的菊池线花样质量来定性判断材料的应变量大小。

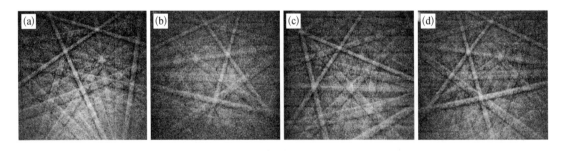

图 2-6 用于系统对中的高质量 AZ31 镁合金 EBSD 花样

(a) 挤压态;(b) CEC1 道次;(c) CEC3 道次;(d) CEC7 道次

2.4.4.3 欧拉角与织构分析

在 EBSD 分析中,常使用晶体取向分布函数(orientation distribution function, ODF)表示在三维欧拉空间中的取向分布概率。ODF 图是目前织构表达方式中最完整的表述。欧拉角在文献中常用的表述有两种：一种是罗氏坐标系（Roe system），另外一种是邦奇坐标系（Bunge system）[8]。本书使用的是 Bunge system，其三个欧拉角的示意图见图 2-7。在图 2-7 中，可以看到静坐标系为 $OXYZ$，动坐标系为 $OX'Y'Z'$，一般静坐标系为试样的外观方向（如本书为挤压方向、挤压法向和横截面方向），动坐标系和晶体一起运动（如表示 c 轴）。通过三个欧拉角的连续旋转，就可以通过式（2-2）、式（2-3）将三个欧拉角（ϕ_1，ϕ，ϕ_2）和晶体的晶体学位向联系起来[8]。本节中织构的定量分析就采用此方法。

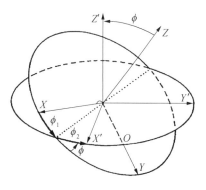

图 2-7 欧拉角示意图（ϕ_1,ϕ,ϕ_2）

$$\begin{bmatrix} h \\ k \\ i \\ l \end{bmatrix} = \begin{bmatrix} \dfrac{\sqrt{3}}{2} & -\dfrac{1}{2} & 0 \\ 0 & 1 & 0 \\ -\dfrac{\sqrt{3}}{2} & -\dfrac{1}{2} & 0 \\ 0 & 0 & \dfrac{c}{a} \end{bmatrix} \begin{bmatrix} \sin\phi_2\sin\phi \\ \cos\phi_2\sin\phi \\ \cos\phi \end{bmatrix} \qquad (2-2)$$

$$\begin{bmatrix} u \\ v \\ t \\ w \end{bmatrix} = \begin{bmatrix} \dfrac{2}{3} & -\dfrac{1}{3} & 0 \\ 0 & \dfrac{2}{3} & 0 \\ -\dfrac{2}{3} & -\dfrac{1}{3} & 0 \\ 0 & 0 & \dfrac{c}{a} \end{bmatrix} \begin{bmatrix} \cos\phi_1\cos\phi_2 - \sin\phi_1\sin\phi_2\cos\phi \\ -\cos\phi_1\sin\phi_2 - \sin\phi_1\cos\phi_2\cos\phi \\ \sin\phi_1\sin\phi \end{bmatrix} \qquad (2-3)$$

2.5 原位 EBSD 拉伸分析

到目前为止，EBSD 原位分析了 1050 铝合金[9]、低碳钢[10]和纯钛[11]等金属在拉伸过程中的组织或者织构演变。理论上讲，EBSD 原位分析是研究在拉伸过程中晶粒转动和滑动、晶界演变和织构演变的一种动态分析的强有力手段，能够真实记录拉伸过程中组织的形貌改变与晶体学位向的改变，对研究材料在拉伸变形中的变形机制、断裂机制等具有重要的意义[12]。但从前面的分析可知，EBSD 对试样表面质量要求极高，而拉伸过程中很明显会大大降低 EBSD 测试的敏感性，因此该项研究只进行了少数几种材料。对于镁合金，在此之前没有相关文献，这可以从前面针对镁合金样品制备的困难程度中找到答案。本书探索性地开展了 EBSD 原位拉伸分析粗晶 AZ31 镁合金和细晶 AZ31 镁合金的研究工作，以期为今后的相关研究提供参考。

本书中 EBSD 原位拉伸装置见图 2－8。试样周围有四个滑动块，可以动态调整试样的位置。试样在电动马达加载载荷的作用下，沿着位移导轨方向拉伸。其应力与应变可通过应力传感器和应变传感器输出到外部计算机记录。试样尺寸见图 2－9。试样长 40 mm，宽 14 mm，厚 1 mm，标距为 9 mm。观察位置为标距中部。

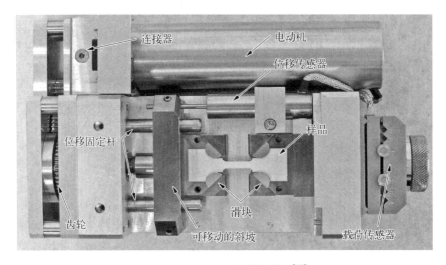

图 2－8　EBSD 原位拉伸装置[13]

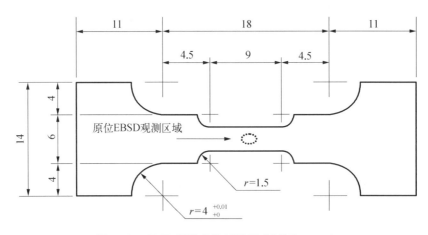

图 2－9　EBSD 原位拉伸试样尺寸(单位: mm)

2.6　本章小结

本章主要说明了本书主要的实验材料、手段和过程，以及通过实验方法澄清了关于采用菊池线花样判断材料应变量的问题。

参考文献

［ 1 ］ MURRAY J L. ASM handbook committee, alloy phase diagrams［M］. Ohio：ASM International, 1992.

［ 2 ］ 刘满平. Mg‐Al‐Ca 合金微观组织、力学性能和蠕变行为研究［D］. 上海：上海交通大学,2003.

［ 3 ］ NIE J F, MUDDLE B C. Characterisation of strengthening precipitate phases in a Mg‐Y‐Nd alloy［J］. Acta Materialia, 2000, 48(8)：1691‐1703.

［ 4 ］ ZENG X Q, LU Y Z, DING W J, et al. Kinetic study on the surface oxidation of the molten Mg‐9Al‐0.5Zn‐0.3Be alloy［J］. Journal of Materials Science, 2001, 36(10)：2499‐2504.

［ 5 ］ 周海涛,曾小勤,王渠东,等. AZ31 镁合金型材挤压工艺和组织性能分析［J］.轻合金加工技术, 2003,31(9)：28‐30.

［ 6 ］ 廖乾初,吴自勤.电子背散射花样分析及其应用［J］.物理,1997,26(3)：167‐172.

［ 7 ］ 陈绍楷,李晴宇,苗壮,等.电子背散射衍射(EBSD)及其在材料研究中的应用［J］.稀有金属材料与工程,2006,35(3)：500‐504.

［ 8 ］ WANG Y, HUANG J C. Texture analysis in hexagonal materials［J］. Materials Chemistry and Physics, 2003, 81(1)：11‐26.

［ 9 ］ HAN J H, JEE K K, OH K H. Orientation rotation behavior during in situ tensile deformation of polycrystalline 1050 aluminum alloy［J］. International Journal of Mechanical Sciences, 2003, 45(10)：1613‐1623.

［10］ WANG Q D, PENG J G, SUERY M, et al. Effects of aging on the microstructures and mechanical properties of extruded AM50 + xCa magnesium alloys［J］. Rare Metals, 2006, 25(4)：377‐381.

［11］ SEWARD G G E, CELOTTO S, PRIOR D J, et al. In situ SEM-EBSD observations of the hcp to bcc phase transformation in commercially pure titanium［J］. Acta Materialia, 2004, 52(4)：821‐832.

［12］ 林金保.往复挤压 ZK60 与 GW102K 镁合金的组织演变及强韧化机制研究［D］.上海：上海交通大学,2008.

［13］ 陈勇军.往复挤压镁合金的组织结构与力学性能研究［D］.上海：上海交通大学,2007.

第三章 往复挤压工艺的数值模拟及优化

3.1 引言

　　SPD 技术具有强烈的晶粒细化能力,可以直接将材料的内部组织细化到亚微米乃至纳米级[1]。但是,SPD 过程非常复杂,是一个涉及几何非线性、材料非线性和边界条件非线性的复杂问题,其影响因素非常多,如变形温度及变形热,变形速度,变形的道次和路径,模具结构,材料的种类、组织结构和性能,润滑情况等,所以,对 SPD 过程的控制十分困难。如果采用传统方法全面系统地研究这些问题,工作量极大,需要耗费大量的人力、物力和时间。随着计算机软、硬件技术的迅速发展及金属塑性变形理论的日趋成熟,市场上涌现了多种能处理高级非线性问题的商业有限元软件,如 DEFORM、DYNAFORM、ANSYS、MSC. Marc、MSC. SuperForm、ABAQUS 等,利用计算机有限元模拟分析金属大塑性变形过程得以实现。

　　目前,有限元模拟技术已经成为研究各种成形工艺过程的重要手段。通过对 SPD 过程的有限元模拟,可以方便地确定 SPD 过程各个阶段所需的变形力,通过定量地研究各个变形参数对试样内部应力应变的大小、分布的影响规律,确定并优化变形工艺参数,评估现有的SPD 技术,进而开发出效率更高、细化能力更强的 SPD 新技术。通过模拟还可以了解材料的流动和相关场量的分布,以及在成形过程中的变化规律,对于理解成形机理、优化模具结构、提高效率及降低成本都有重要意义。近年来,国内外许多学者已经采用有限元方法对 SPD工艺进行了数值模拟研究工作[2-8],但绝大部分模拟工作是围绕 ECAP 展开的,其他 SPD 技术的模拟工作研究相对较少。

　　有关往复挤压数值模拟的文献在此之前仅有一篇,由 Rosochowski 等[9]发表于 2000 年波兰金属成形国际会议。该文献只是针对低碳钢简单介绍了往复挤压 3 道次后应变和模具压力的分布情况。为了更好地理解 CEC 变形机理、优化 CEC 工艺、促进 CEC 技术的工业化应用,急需开展 CEC 工艺的数值分析工作。本章的目的就是利用高级非线性有限元分析软件MSC. SuperForm,对镁合金在往复挤压过程中的应力、应变、流动和温度变化等规律进行研究,优化往复挤压工艺和模具结构,并将模拟结果与实验结果进行比较以验证模拟的准确性。

3.2 往复挤压有限元模型的建立

3.2.1 热-机耦合分析模型

　　在 MSC. SuperForm 中建立分析模型的第一步就是选择问题的类型,即力学问题、热学问题或热-机耦合问题[10]。本次模拟是分析 ZK60 等镁合金在一定温度下进行往复挤压变形的过程,分析往复挤压变形参数、模具结构、摩擦条件等对试样应力场、应变场、温度场等分布规律的影响。由此可见这是一个力学和热学交织的问题。准确分析变形过程中的温度和应力变化通常不应把温度场的求解和应力场的分析分解开来。因为温度变化对材料性质产生影响并进一步影响到材料变形，材料大应变变形也反过来影响热边界条件，塑性变形和摩擦功还将进一步转化为热量并影响温度的变化，即温度与变形两种不同场量之间相互耦合。对于这类问题，如果采用先算温度、后分析热应力的解耦方法会产生较大的误差。比较精确的分析方法是按照热-机耦合场的求解方法，同时处理热传导和力平衡两类不同场方程。本书就是采用了热-机耦合分析模型。

SuperForm 软件提供的热-机耦合分析功能在完全 Lagrangian、更新 Lagrangian 或刚塑性分析中都可以实现。热-机耦合分析可以在两种情况下调用：① 当材料变形引起了热传递规律变化的时候，即当变形较大影响到热边界条件时变形的影响会耦合到热传递的分析中；② 当非弹性变形产生大量热量的时候就会调用耦合分析。热-机耦合计算就是联立求解。例如，在大变形过程中，由于塑性变形量很大，试样形状发生剧烈变化，塑性变形所做的功大部分转化为热（Farren 和 Taylor 经过测量，发现很多材料功-热转换率约为 0.9），记为 Q^I，以及试样与摩擦所产生的热量 Q^F，这在温度场的计算中必须考虑。这时控制矩阵方程式可以表述为

$$C^T(T)\dot{T} + K^T(T)T = Q + Q^I + Q^F \qquad (3-1)$$

式中，C^T 为比热矩阵；K^T 为热传导矩阵。

在计算过程中，变形对温度的影响以内热源的形式加以考虑，而温度场对变形的影响则通过温度对材料本构关系的影响来实现。主要计算过程如下：

（1）由初试温度边界条件获得 $t=0$ 时刻的初始温度场 $\{T_0\}$；

（2）求解与初始温度场相对应的初始速度场 $\{V_0\}$；

（3）利用前面步骤计算的结果计算温度变化率 $\{\dot{T}_0\}$；

（4）求解 $\{\ddot{T}_0\} = -\dfrac{\{T_0\}}{\beta\Delta t} - \dfrac{1-\beta}{\beta}\{\dot{T}_0\}$；

（5）更新节点坐标和单元等效应变以及相关量；

（6）根据新的温度场计算速度场 $\{v_{n+1}\}$ 的近似值；

（7）重复以上步骤，直到获得收敛的结果；

（8）计算新的温度场 $\{\dot{T}_{\Delta t}\}$；

（9）重复以上步骤，直至达到设定的变形条件。

3.2.2　几何模型

根据模拟目的的不同，分别建立了二维和三维往复挤压模型。几何模型是对实体简化处理的一种理想模型。由于往复挤压试样及往复挤压模具和冲头皆为圆形，属于轴对称问题，为减少节点和单元总数、节省 CPU 时间、提高运算效率，对实体模型进行了简化，作为平面轴对称问题来处理。根据往复挤压塑性变形工艺的要求，构建了往复挤压模具及试样的几何模型，如图 3-1 所示。其中 ZK60 镁合金采用了第 10 号四节点等参全积分单元，该单元采用双线性插值函数计算，用于轴对称问题的热-机耦合分析。往复挤压模具和冲头采用

第 40 号四节点等参全积分单元,用于轴对称问题的传热分析。因为试样要发生强烈塑性变形,为保证计算结果收敛,所以划分的网格尺寸较细;模具和冲头因为不发生塑性变形,所以采用较大单元进行划分,同时为保证模具光滑过渡,提高计算精度,模具缩颈区采用了网格加密技术,见图 3-1 的局部放大图。坯料尺寸为 $\Phi29.5$ mm×42 mm,模具缩颈区直径 20 mm。

在模拟往复挤压材料失稳的过程中,主要是分析试样在往复挤压过程中相对中心轴的偏转情况,因而不能使用轴对称问题来处理,只能采用三维模型,见图 3-2。其中 ZK60 镁合金采用了第 7 号八节点六面体等参全积分单元。往复挤压模具和冲头采用第 84 号八节点六面体等参全积分单元,用于传热分析。模具缩颈区同样采用了网格加密技术。往复挤压模具结构尺寸与图 3-1 相同。

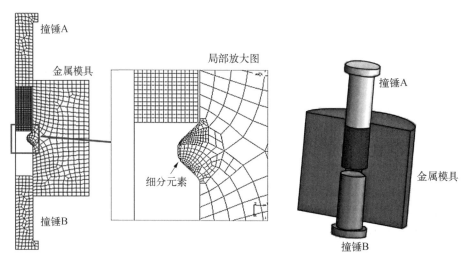

图 3-1　试样及往复挤压模具的　　　　图 3-2　往复挤压三维模型
有限元网格划分示意图

3.2.3　材料模型

3.2.3.1　本构关系

本构关系是金属材料塑性变形有限元模拟的重要依据。在进行往复挤压过程的模拟之前,要对挤压态 ZK60 镁合金的塑性变形行为进行描述。由于 MSC. SuperForm 软件自带的材料库中没有 ZK60 镁合金这种材料模型,因此需要通过实验建立该合金的数值模型。MSC. SuperForm 软件提供了两种输入材料本构关系的方式:一种是利用实验数据计算出材料的本构方程,由软件界面输入本构方程的各个参数;另一种是直接将实验所得材料的流变应力曲线建立一个数据文件,利用数据接口直接读取流变应力数据,在软件内部进行拟合。考虑到现有镁合金材料本构方程均为分段函数,还没有一个比较完善的本构方程。因此本书采用直接导入流变应力数据的方式输入材料的本构关系。

用于往复挤压的挤压态 ZK60 镁合金的高温流变行为测试所采用试样如图 3-3 所示,其尺寸为 $\Phi10$ mm×15 mm。在 Gleeble-3500 型动态材料模拟实验机上进行等温热压缩实验。压缩时在试样两端均匀涂敷石墨+机油润滑剂。选取的变形温度分别为 150℃、

200℃、250℃、300℃、350℃、400℃,加热速度为3℃/s。应变速率分别为0.002 8 s⁻¹、0.05 s⁻¹、0.5 s⁻¹、5 s⁻¹。压缩真应力-真应变曲线如图3-4所示。

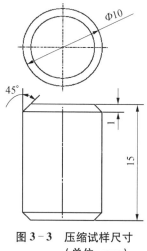

图3-3　压缩试样尺寸（单位：mm）

从流变应力曲线可以看出,在同一变形温度下,应变速率越高,所对应的流变应力越高;在相同的应变速率下,变形温度越高,流变应力越低,即变形流变应力依赖于变形温度和变形速率。在较高的变形温度下,合金的屈服强度随着应变速率的逐步增加而逐步提高。在温度稍低的250℃时,将应变速率从2.8×10^{-3} s⁻¹提高到5×10^{-2} s⁻¹后,屈服强度大幅增加了约30%,而进一步提高应变速率时,屈服强度则基本保持不变。在更低的温度下变形时,在相当大的应变速率变化范围内,合金的屈服强度则基本保持不变。

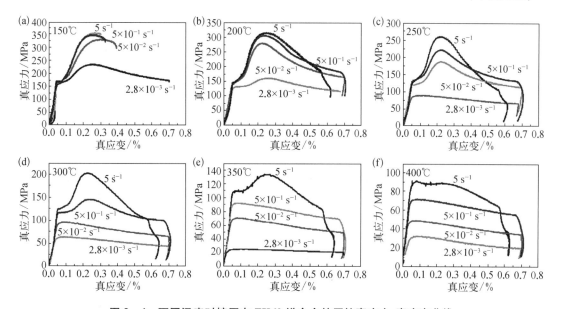

图3-4　不同温度时挤压态ZK60镁合金的压缩真应力-真应变曲线

(a) 150℃;(b) 200℃;(c) 250℃;(d) 300℃;(e) 350℃;(f) 400℃

在较高变形温度和较低的应变速率条件下,材料屈服后应力水平即随应变量的增加而逐渐平稳下降,即动态回复和动态再结晶所引起的软化占主导地位,其作用超过了加工硬化。在较低变形温度和较高应变速率条件下,材料屈服后随即进入硬化阶段,应力水平平稳上升,当应变量达到0.10左右时,硬化率增加,应力水平快速上升,当应变量达到0.23左右时出现应力峰值,随后应力水平快速下降,这和铸态ZK60镁合金的压缩应力应变曲线有很大不同[11]。综上所述,流变应力的变化规律为:达到应力峰值的应变量不随变形温度和应变速率的改变而改变,基本在应变量为0.23时出现;应变速率越高、变形温度越低,应力峰值就越高,达到应力峰值前的硬化率也越高,而应力峰值过后应力水平下降的速率也越快;随着变形温度的降低,不出现应力峰值的临界应变速率也逐渐降低。

3.2.3.2 力学模型

在进行 ZK60 镁合金往复挤压数值模拟之前,还需要对材料模型进行适当的假设和简化。在 MSC. SuperForm 软件中可供选择的有弹塑性有限元法和刚塑性有限元法。弹塑性有限元理论认为,材料在变形过程中的总应变 ε 分为弹性应变 ε^e 和塑性应变 ε^p 两部分。ε^e 是卸载后可以消除的应变;ε^p 是卸载后无法消除的应变。应力-应变服从下述规律[12]:

$$\sigma = \begin{cases} E\varepsilon, & \sigma < \sigma_s \\ f(\varepsilon), & \sigma > \sigma_s \end{cases} \qquad (3-2)$$

式中,E 为弹性模量。弹塑性有限元法不仅能按照变形路径得到塑性区的发展情况,应力、应变的分布规律和变形体形状的变化,而且还能有效地处理卸载问题,计算残余应力和残余应变,进而分析产品缺陷的产生机理并提出防止措施。由于该方法采用弹塑性材料模型,考虑了历史相关性,采用小变形增量加载方式,在每一增量加载步中,都必须做弹性计算,以判断原来处于弹性区域的单元是否进入屈服状态。一旦单元进入屈服状态,就采用弹塑性本构关系,改变单元刚度矩阵。为了保证计算精度,不能一次增量加载中有过多的单元进入屈服,所以增量步不能设置得太大。因此,在分析往复挤压等大塑性变形问题时,弹塑性有限元法往往需要大量的计算时间。

在大塑性变形情况下,弹性变形部分极小,可以忽略,而只考虑塑性变形过程中的体积不变条件。这就是刚塑性有限元法,其理论基础是刚塑性材料变分原理,该原理认为:在所有动可容的速度场中,使能量泛函取得驻值的速度场就是真实的速度场[12],根据这个速度场可以计算出各点的应力和应变速率。刚塑性有限元法采用了率形式的本构方程,避开了几何非线性问题,因而大大简化了有限元列式和计算过程,可以用较大的增量步长,减少计算时间。但是由于忽略了弹性变形,该方法仅适用于塑性变形区域的分析,不能分析弹性变形阶段和区域,也不能处理卸载问题及计算残余应力和残余应变。此外,由于进行了刚塑性假设,对一般的体积不可压缩材料,因为其静水压力与体积应变无关,所以必须做特殊处理才能求出应力张量,否则只能求出偏应力张量。在讨论材料的弹性和塑性时,均认为在一定的外载作用下,物体内的应力和应变的关系是恒定的,而与载荷作用的持续时间无关。这一假设在温度不高、外载作用持续时间不长和加载速度不高的情况下是可靠的,符合材料实际的应力应变关系。

镁合金在往复挤压变形过程中产生了很大的塑性变形量,弹性变形完全可以忽略,基于此,本书采用了效率较高的刚塑性有限元法进行模拟计算。根据刚塑性有限元理论,对材料做以下假设:

(1) 忽略材料的弹性变形和体积力及惯性力的影响;

(2) 材料均质且各向同性,为体积不可压缩的连续体;

(3) 材料的变形流动服从 Levy-Mises 流动理论;

(4) 加载条件(加载面)给出刚性区与塑性区的界限。

3.2.3.3 材料参数

在采用有限元法来模拟金属塑性变形过程中,首先要准确描述往复挤压加工过程的试样、工具的材料热物理性能参数,ZK60 镁合金的材料参数如表 3-1、表 3-2 所示,模具材料 H13 钢的热导率系数如表 3-3 所示。试样与模具之间的摩擦计算采用较常用的库仑摩擦模型。传热边界条件是热-机耦合模型计算的一个重要参量,在模型中充分考虑到模具和试样与周围环境的对流和辐射换热,以及试样与模具接触时存在的热传导和摩擦温升。换热边界条件用式(3-3)计算:

$$q = -\lambda\left(\frac{\partial t}{\partial n}\right) = \alpha(t - t_\infty) \qquad (3-3)$$

式中,t 为工件表面温度;t_∞ 为环境温度;α 为换热系数,α 可写成对流换热系数 h 与等效辐射换热系数 h_r 之和。模拟过程中采用的详细计算条件如表 3-4 所示。

表 3-1 ZK60 镁合金的比热

温度/℃	20	204	260	316	371	427	600
比热/[kJ/(kg·K)]	1.020	1.100	1.146	1.197	1.247	1.301	1.330

表 3-2 ZK60 镁合金的热传导系数

温度/℃	20	50	100	150	200	250	400
热传导系数/[W/(m·K)]	121.0	123.1	124.9	126.6	127.6	130.6	157.1

表 3-3 H13 模具钢热传导系数[12]

温度/℃	215	350	475	605
热传导系数/[W/(m·K)]	28.6	28.4	28.4	28.7

表 3-4 有限元计算条件[13]

试样直径/mm	29.5
试样高度/mm	42
密度/(kg/mm³)	1.83×10^{-6}
试样和模具温度/℃	200,250,300,350
环境温度/℃	20
试样与模具间导热系数/[W/(m²·K)]	1.0×10^4
模具自由面导热系数/[W/(m²·K)]	100
试样自由面导热系数/[W/(m²·K)]	40
试样与模具间摩擦系数	0.20
热-功转换系数	0.9
挤压杆速度/(mm/s)	8

3.3 往复挤压模具结构及工艺的优化

3.3.1 模具结构优化

针对本书所采用的往复挤压模具结构形式,参考常规挤压和 ECAP 挤压模具的研究结论,影响较大的模具参数有挤压比 $R = \left(\dfrac{D}{d}\right)^2$、模具过渡角半径 r、模具入口角 θ 等,如图 3-5 所示。

3.3.1.1 挤压比

挤压比 R 决定了每道次往复挤压的应变量,大的挤压比可以以更少的变形道次获得特定累积塑性应变,效率高。大挤压比组织细化能力强,能更好地破碎第二相并使其均匀分布。但挤压比太大势必缩颈区较薄弱,模具易损坏,且挤压载荷较高。更重要的是,本书所采用的往复挤压工艺中,镦粗变形并不是随挤压同时进行,即镦粗冲头在往复挤压过程中是固定的,而

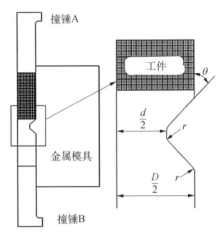

图 3-5 往复挤压模具结构图
θ 为模具入口角;r 为模具过渡角半径

不是被动后退。从往复挤压工艺图(图 2-2)中可看出,当挤压过程进行到一定程度,试样被固定的下冲头阻挡被动镦粗。这时如果试样的长径比过大或镦粗比过大,试样就可能失稳而导致往复挤压失败。本节选定了两个挤压比进行模拟分析,即从 $d30\ mm$ 分别挤压到 $d20\ mm$ 和 $d12\ mm$,重点考察镦粗段的变形情况。由于不是轴对称问题,所以采用了三维立体模型,如图 3-6 所示。可见当缩颈区直径为 12 mm 时,挤压初期试样能很好地挤过缩颈区并保持平直,挤压后期由于材料在模具口流动的不均匀性导致试样发生了弯曲,进一步挤压试样发生断裂,导致往复挤压失败。当模具直径增加到 20 mm 后[图 3-6(b)],大幅提高

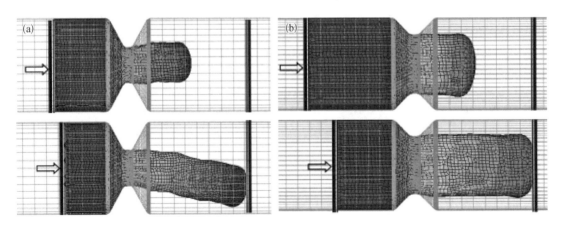

图 3-6 不同挤压比 R 往复挤压过程中试样变形稳定性比较

(a) $d=12\ mm$; (b) $d=20\ mm$

了试样的稳定性,挤过模具后试样保持平直,当遇到对面固定的冲头时材料均匀镦粗。可见虽然大挤压比能提高效率,但很容易导致试样弯曲而挤压失败,所以选择模具直径为 20 mm,挤压比为 2.25。

3.3.1.2　模具入口角

在常规挤压模具设计中,入口角 θ 是一个重要的模具参数,通常取 45°~90°。入口角对挤压力的影响很大,当 $\theta=40°\sim60°$ 时变形抗力最小,但挤压型材的表面质量较差,当 $\theta=90°$ 时型材表面质量最好,变形抗力也最大。在往复挤压中更关注入口角对试样应变分布的影响,这方面在常规挤压中鲜有提及。因此,本节通过有限元模拟,考察入口角 θ 对应变分布的影响规律。

图 3-7 为不同入口角条件下,经 350℃ 往复挤压 4 道次后 ZK60 镁合金试样内总等效塑性应变(简称等效应变)分布云图,云图中颜色越浅则表示应变值越高。因为是轴对称,所以只取了纵截面的一半进行分析。等效应变的分布可从纵向和径向两方面来讨论。为了定量分析入口角对等效应变分布均匀性的影响,将沿着径向(图 3-7 中 $A-B$ 线)和轴向(图 3-7 中 $C-D$ 线)的等效应变数值绘于图 3-8。沿径向分析,从图 3-7 中可看出,当 $\theta=$ 90°时,试样除了两端应变稍低,中间 80% 以上相当大的一部分区域应变分布比较均匀。随着 θ 的增大,等效应变分布的均匀性下降。当 $\theta=90°$ 时,沿径向应变分为四个层次,表层应变高于中心应变一倍以上,应变分布很不均匀。从图 3-8(a) 中也可看出,沿着径向 $A-B$,随着 θ 的增大表层和中心的等效应变差距逐渐增大,$\theta=90°$ 时的最大等效应变为 13.79,约为 $\theta=45°$ 时的两倍左右。图 3-8(b)

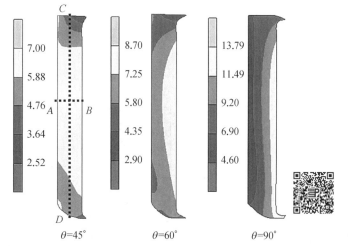

图 3-7　模具入口角 θ 对 ZK60 镁合金经 350℃ 往复挤压 4 道次后等效应变分布的影响

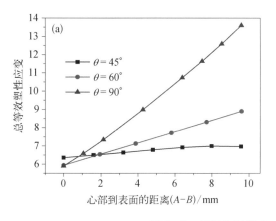
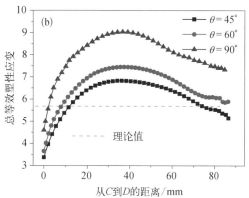

图 3-8　模具入口角 θ 对等效应变分布的影响

(a)沿径向 $A-B$ 从中心到表层;(b)沿轴向 $C-D$

中还将沿轴向 $C-D$ 线分布的等效应变与式(1-3)所得理论值进行了比较,可见沿轴向等效应变呈现两端低中间高的分布规律,$\theta=45°$ 时最接近理论值 5.7。综上所述,可看出当入口角 θ 为 $45°$ 时,往复挤压试样内等效应变的分布最均匀,且 θ 为 $45°$ 时材料抗力也最低,因此本书选择入口角 θ 为 $45°$。

3.3.1.3 模具过渡角半径

往复挤压模具过渡角半径在模具设计中是一个重要的模具参数,类似于 ECAP 模具的通道转角处倒角 ψ,有研究表明 ψ 的大小对变形后等效应变的分布具有较大的影响[14]。按照常规模具设计经验,模具过渡圆角有助于试样的平缓流动,对等效应变分布有利[15]。本节采用有限元法分析了过渡圆角半径的大小对往复挤压等效应变分布的影响。

图 3-9 为不同过渡圆角半径条件下经 350℃ 往复挤压 4 道次后 ZK60 镁合金试样内等效应变分布云图,云图中颜色越浅则表示应变值越高。为了定量分析,同样将 $A-B$ 线和 $C-D$ 线上节点的等效应变数值绘于图 3-10。从图 3-9 可直观看出,过渡圆角半径越大,等效应变分布越均匀,当 $r=2$ mm 时,除两个端部外,试样的等效应变分布非常均匀。从图 3-

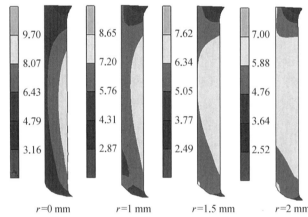

9.70	8.65	7.62	7.00
8.07	7.20	6.34	5.88
6.43	5.76	5.05	4.76
4.79	4.31	3.77	3.64
3.16	2.87	2.49	2.52
$r=0$ mm	$r=1$ mm	$r=1.5$ mm	$r=2$ mm

图 3-9 过渡圆角半径 r 对 ZK60 镁合金往复挤压 4 道次后等效应变分布的影响

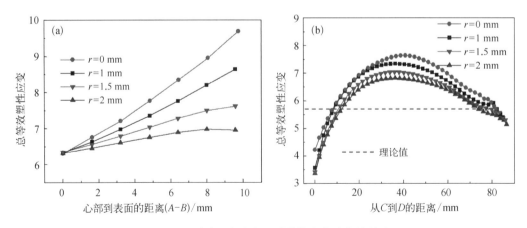

图 3-10 过渡圆角半径 r 对等效应变分布的影响

(a)沿径向 $A-B$ 从中心到表层;(b)沿轴向 $C-D$

10(a)中可看出,当 $r=0$ 时,表层等效应变为9.7,比中心的6.4高出50%。当 r 增加到2 mm 时,表层和中心的等效应变基本相当。r 增大对改善轴向等效应变的分布也有好处[图3-10(b)]。这主要是因为增大过渡圆角可以改善材料的流动情况,降低变形的局部集中,但过渡半径过大,势必增加模具厚度,因此,选定过渡圆角半径为2 mm。

3.3.2　工艺参数优化

3.3.2.1　摩擦条件

摩擦条件是塑性成形中重要的工艺条件,也是大塑性变形中影响较大的参数,这在 ECAP 工艺中做了详细的研究[16,17]。通常情况下摩擦对塑性应变的均匀分布是有害的,但特殊情况也有反例,如文献[17]所述,在室温下适当的摩擦可以促进 ECAP 塑性应变的均匀分布,但高温下的摩擦对应变分布有害。本节即讨论摩擦条件对 ZK60 镁合金在350℃往复挤压中等效应变分布的影响规律。

在不同摩擦条件下,350℃往复挤压4道次后 ZK60 镁合金试样内等效应变分布云图如图3-11所示。图3-12为等效应变沿着 $A-B$ 线和 $C-D$ 线的变化曲线。根据图

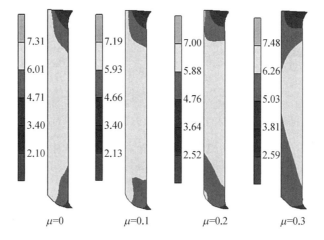

图3-11　摩擦系数 μ 对 ZK60 镁合金往复挤压4道次后等效应变分布的影响

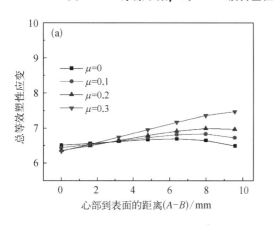

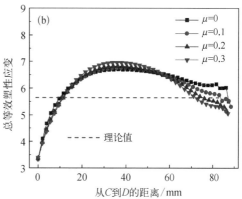

图3-12　摩擦系数 μ 对等效应变分布的影响

(a)沿径向 $A-B$ 从中心到表层;(b)沿轴向 $C-D$

3－11 可知,摩擦系数越低试样中部的等效应变分布越均匀,但试样两端应变分布在 μ = 0.2 时更均匀。从图 3－12 中定量分析可发现,摩擦系数越低,等效应变分布越均匀。虽然与模具结构参数相比,摩擦对等效应变分布的影响相对较小,但在往复挤压试样中还是应该涂敷润滑剂减小摩擦,这样一方面可以改善应变分布,另一方面还能降低挤压力,提高模具寿命。

3.3.2.2　挤压速度

图 3－13 为挤压速度对等效应变分布的影响。由图可见,挤压速度降低,可以稍微改善等效应变的分布,但是效果很不明显。因此,实验研究挤压速度对材料组织的影响意义不大。本书采用了固定挤压速度为 8 mm/s 的四立柱 315 吨双缸液压机完成往复挤压实验。

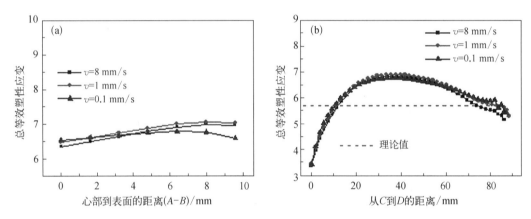

图 3－13　挤压速度对等效应变分布的影响
(a) 沿径向 $A-B$ 从中心到表层;(b) 沿轴向 $C-D$

3.4　往复挤压工艺过程模拟及分析

3.4.1　流场分布及实验验证

3.4.1.1　流场分布的模拟结果

为了解往复挤压过程中材料的流动规律,本节利用有限元法(finite element method, FEM)考察了 CEC 过程中的流场分布。图 3－14 为 2 道次往复挤压过程中流场的分布云图。图中,(a)~(g)分别是不同阶段的金属流动速度场:(a)初始状态材料静止;(b)材料在上冲头的压力下发生常规正挤压变形,冲头运行速度为 8 mm/s,材料流经缩颈区的速度约为 20 mm/s,由于摩擦的存在,试样表层的流速低于中心的流速,使得试样中表层的流线向后弯曲;(c)试样遇到固定的下冲头,开始镦粗,由于靠近模具缩颈区的试样温度较高而首先发生镦粗,材料发生横向分量的流动;(d)~(e)上冲头继续下压,材料继续镦粗并逐渐充满下型腔;(f)~(g)移去上冲头将材料挤出成型。

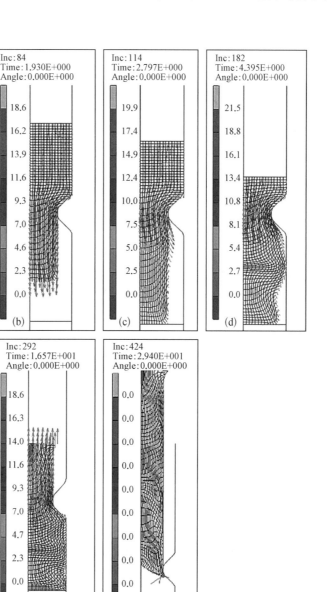

图 3 - 14 350℃往复挤压 2 道次过程中流场的分布(速度单位：mm/s)

(a)初始状态；(b)往复挤压 1 道次；(c)~(e)试样遇到固定下冲头发生镦粗并逐步填满下型
腔；(f)~(g)移去上冲头将材料挤出。Inc、Time、Angle 分别表示增量步数、时间和角度

图 3 - 15 为 350℃往复挤压变形道次对试样中流线分布影响的模拟结果，图中箭头表示
材料流动方向。往复挤压 1 道次后，试样表层材料由于摩擦阻碍而向后流动[图 3 -
14(b)]。随着挤压道次的增加，流线变得紊乱，基本流动规律是试样表层材料背向流动，而
心部相向流动，这样就在试样的上下两部分各形成一个漩涡流动，起到搅拌混合的作用，促
进了材料的均匀变形。图 3 - 16 为不同温度下往复挤压 4 道次后流线分布情况，可见流线
基本不受温度的影响。

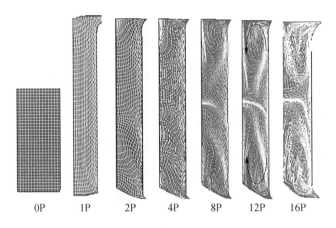

图 3-15 350℃往复挤压不同道次后流线的分布

箭头表示材料流动方向

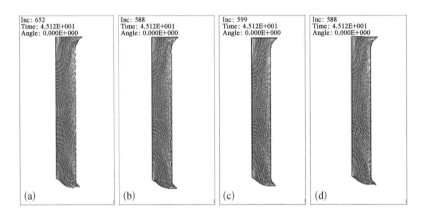

图 3-16 不同温度下往复挤压 4 道次后流线的分布

(a) 200℃；(b) 250℃；(c) 300℃；(d) 350℃

3.4.1.2 实验验证

物理模型实验常用来分析金属材料在真实成形过程中的流动情况[18]，也可用来验证有限元模拟结果的可靠性。本节采用本书实验所使用的往复挤压模具、工具和实验坯料，对往复挤压过程中材料流动的情况进行了物理模型实验。首先用切割机将 $\Phi 29.5\ mm \times 42\ mm$ 的 ZK60 镁合金棒料沿轴线切开，将两个断面抛光，刻上正交网格以记录材料流动情况，如图 3-17 所示。将坯料和模具预热至 350℃，然后将涂敷了润滑剂的两个半圆柱体并拢放入模具进行往复挤压。挤压道次为 1 道次和 12 道次。

图 3-18 为流线的物理模型实验和有限元模拟结果的比较。对比图 3-18(a)、(b)可看出，往复挤压 1 道次后，由于摩擦的阻碍，试样表面流速低于中心流速，表层流线向上弯曲。往复挤压 12 道次后，流线变得非常紊乱，说明材料产生了大应变量变形，在试样的两端都形成了明显的漩涡状流动痕迹。同时也验证了有限元模拟方法是可靠的。

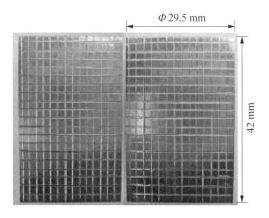

图 3-17　往复挤压物理模型所用半圆柱坯料

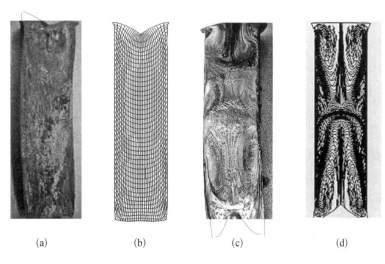

(a)　　　　　(b)　　　　　(c)　　　　　(d)

图 3-18　往复挤压物理模拟半圆柱坯料

(a) 物理实验结果,1 道次;(b) FEM 结果,1 道次;(c) 物理实验结果,12 道次;(d) FEM 结果,12 道次

3.4.2　载荷变化及实验验证

图 3-19 给出了往复挤压实验和有限元模拟计算得到的载荷-时间曲线,变形温度为 350℃,变形量为 2 道次。载荷数据从压力机的油压表上读出,将离散的数据点连线得到载荷-时间曲线。载荷曲线的第一个台阶为正挤压过程,载荷基本稳定在 7~8 t。当试样遇到固定的下冲头时,挤压和镦粗同时进行,上冲头的载荷陡然增加到 12~14 t,即镦粗载荷为 4~7 t,小于挤压所需载荷。变形到 5.2 s 的时候,第一个道次挤压完毕,翻转模具继续变形。从图中可看

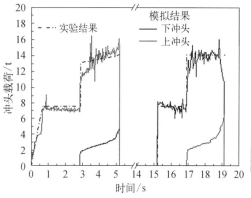

图 3-19　载荷-时间曲线的实验
结果和模拟结果比较

出,模拟结果能很好地反映实际载荷的变化情况,进一步验证了本书有限元模拟的可靠性,也说明本次模拟工作所选用的模拟参数和材料模型是正确的。模拟结果比实验结果更详细地反映了载荷随时间的变化情况。实验结果只能给出上冲头的载荷变化情况,模拟计算还同时给出了下冲头所受到的被动载荷变化。模拟曲线中的波动情况是由计算过程中单元重新划分使得载荷再分配引起的。

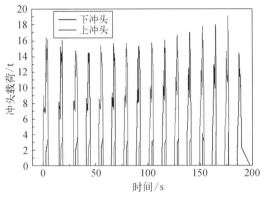

图 3 - 20 往复挤压 1~16 道次冲头载荷随时间变化的模拟结果

图 3 - 20 为 16 道次往复挤压过程中,上下冲头载荷随着时间变化的有限元模拟结果。从图中可看出,冲头的载荷极值随着道次增加先降后升。在 3~4 道次载荷最低,这主要是塑性生热和摩擦生热导致的材料温度升高,变形阻力下降引起的。随着变形道次的增加,模具的温度逐渐下降,塑性和摩擦生热不足以弥补模具温度的降低而使材料变形抗力增加。这将在 3.4.3 节中详细介绍。

3.4.3 温度场分布

往复挤压前,模具和试样在封闭加热炉中加热到实验温度并保温一段时间。在往复挤压过程中模具要不停上下翻转,为了简化工艺及提高工作效率,模具不进行保温处理,在变形一定道次模具出现明显温降后,再将模具回炉补温。即变形期间,模具直接暴露在空气中,与空气之间存在对流和辐射热交换。模具与压力机台面之间用隔热石英棉隔开。试样和模具中温度场分布的有限元模拟结果如图 3 - 21 所示,颜色越深代表温度越低,变形条件为 350℃,1~8 道次。从图中可看出,往复挤压过程中温降最快的是冲头与压力机接触部位,

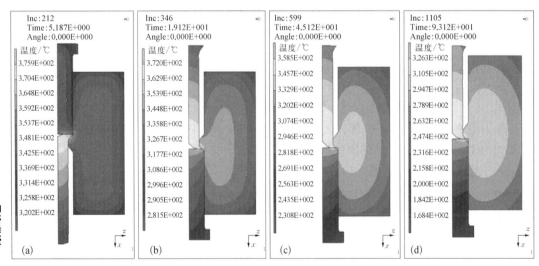

图 3 - 21 350℃往复挤压过程中试样和模具温度场的分布

(a) CEC 1 道次;(b) CEC 2 道次;(c) CEC 4 道次;(d) CEC 8 道次

这时由于冲头和压力机压头直接接触,没有隔热层,其传热系数远高于模具与空气之间的换热系数。虽然没有进行模具保温,但试样温度在 1~4 道次都保持在 350℃左右,这主要是变形生热和摩擦生热弥补了散热引起的温降。模具的温度分布是以缩颈区为最高点以扇形向周围扩散,模具边角的温降最低。8 道次往复挤压后,试样的温度已经下降至 300~326℃,已经明显低于设置的变形温度 350℃。

图 3-22 为 350℃往复挤压 1~16 道次过程中试样温度的极值与变形时间的关系。可以看出试样的极小值较平稳而极大值变化波动较大,总体趋势是随着变形时间延长而逐渐降低,变形 6 道次内试样温度基本在设置的目标温度上下约 20℃波动。变形 6 道次后,材料变形热不足以弥补模具的温降,必须回炉补温。

图 3-23 为试样中温度最高值随往复挤压变形温度和变形道次的变化情况。可见随着变形道次的增加,试样温度不断下降,下降的幅度随变形温度的降低而减缓。这是因为一方面往复挤压温度越低,材料内部摩擦力越大,则变形抗力越大,所需的变形功越多,进而转化的热能也越多,使得塑性变形产生的温升越高,在一定程度上补充了模具的温降;另一方面,由于模具与空气之间温差减小,换热速率降低,也减缓了模具的温降。例如,在 200℃往复挤压时,变形到 16 道次试样温度仍处于目标温度左右,因此变形温度越低,模具回炉补温的道次量可越多。本书实验中采用的回炉补温道次量是:300℃及以上为 4 道次;300℃以下为 6 道次。

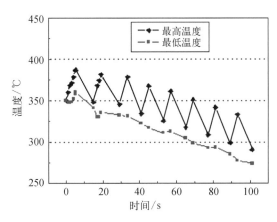

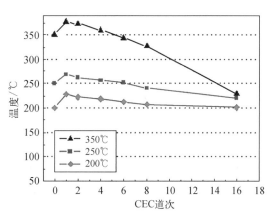

图 3-22　350℃往复挤压过程中试样温度最　　　图 3-23　往复挤压过程中试样最高温度与变形
　　　　高值和最低值随时间的变化情况　　　　　　　　　温度和变形道次之间的关系

3.4.4　应力场分布

模拟中材料屈服行为的判定选用了较常用的 von Mises 屈服准则。von Mises 等效应力由下式求得:

$$\bar{\sigma} = \frac{\sqrt{2}}{2} \sqrt{(\sigma_x - \sigma_y)^2 + (\sigma_y - \sigma_z)^2 + (\sigma_z - \sigma_x)^2 + 6(\tau_{xy}^2 + \tau_{yz}^2 + \tau_{zx}^2)} \qquad (3-4)$$

式中,σ_x、σ_y、σ_z 分别为 x、y、z 方向的正应力分量;τ_{yz}、τ_{zx}、τ_{xy} 为相应平面内的切应力分量。由于为轴对称问题,所以切应力分量 τ_{yz}、τ_{zx} 为零。图 3-24 给出了 ZK60 镁合金往复挤压过

程中的应力场分布云图,其中(a)~(e)为挤压段,(f)~(j)为镦粗段。由图(a)~(c)和(f)~(h)中可看出,除了在挤压段少部分材料在 x 方向处于拉应力状态外,材料的绝大部分在三个方向都处于压应力状态,这对于发挥镁合金的塑性变形能力是非常有利的。在变形过程中由于流速不均匀和流动方向不同,剪切变形总是存在的。如图(d)所示,在挤压变形处存在一对方向相反的剪切区域,图(i)显示在镦粗段有两对剪切区域。剪切变形可有效破碎第二相,细化材料组织。

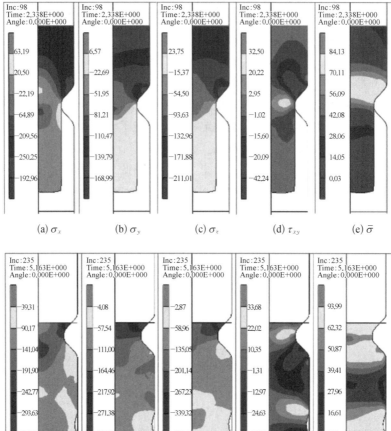

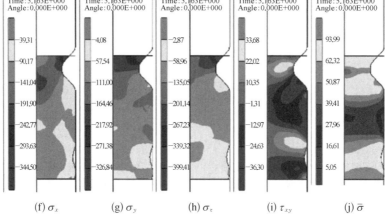

图 3-24　350℃往复挤压过程中 ZK60 镁合金应力场的分布

(a)~(e)为挤压段;(f)~(j)为镦粗段;(a)、(b)为 x 方向应力 σ_x;(c)、(d)为 y 方向应力 σ_y;(e)、(f)为 z 轴应力 σ_z;(g)、(h)为 xy 面切应力 τ_{xy};(i)、(j)为 von Mises 等效应力

3.4.5　应变场分布

大塑性变形技术能强烈细化材料组织,主要靠的是极高的累积塑性应变量。应变分布的均匀与否也在一定程度上影响了材料均匀程度。因此,往复挤压变形过程中应变的分布是一个很重要的参量。图 3-25 为 ZK60 镁合金经 350℃往复挤压不同道次后的等效应变场

分布云图。从图中可看出等效应变量的分布规律为：由表及里应变量逐渐减小；从中心向两端应变量逐渐减小。试样端部应变分布很不均匀，存在端部效应，类似于力学中的 Saint-Venant 效应。试样中间部分的应变量分布比较均匀，而且随着变形道次的增加，均匀性进一步提高。沿着图 3-25 中 A-B 线等效应变的变化曲线绘于图 3-26 中。图中显示在 2~12 道次，试样表层的应变量要比中心应变量高 1 倍左右。应变量模拟值和理论值相差很小。

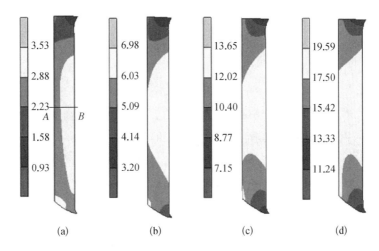

图 3-25　350℃往复挤压不同道次后 ZK60 镁合金中的等效应变的分布

（a）2 道次；（b）4 道次；（c）8 道次；（d）12 道次

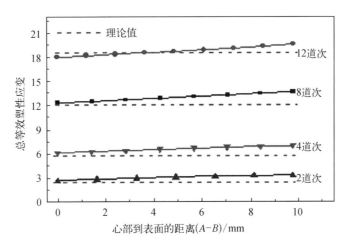

图 3-26　350℃往复挤压不同道次后 ZK60 镁合金中的
径向的等效应变变化

　　图 3-27 为不同长度试样经过往复挤压 8 道次后的等效应变分布模拟结果。图 3-28 为等效应变沿着图 3-27 中 C-D 线的分布情况。可明显看出随着试样长度增加，等效应变均匀段也相应增加。试样端部的应变不均匀区不随长度的变化而变化。因此，为了减少材料浪费，获得更多应变量均匀的材料，应该在条件允许的情况下，使用尽量长的试样。

　　除了变形道次，变形温度也是往复挤压工艺的一个重要参量。图 3-29 为不同变形温度下往复挤压 4 道次后的等效应变分布云图。可见等效应变的分布基本不受变形温度的影响[19]。

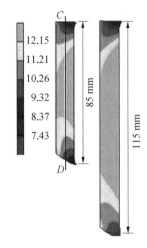

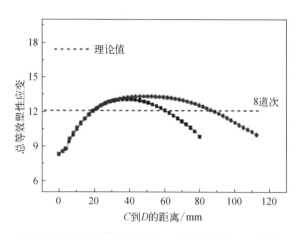

图 3-27 不同长度试样经 350℃往复挤压 8 道次后等效应变分布云图

图 3-28 不同长度试样经 350℃往复挤压 8 道次后等效应变沿轴向 C-D 的变化曲线

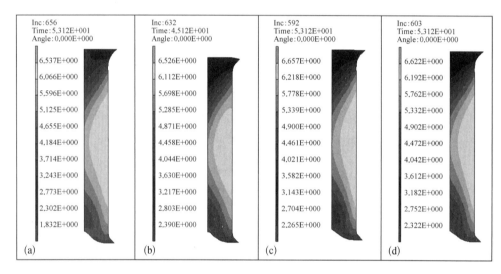

图 3-29 往复挤压温度对 ZK60 镁合金等效应变分布的影响,变形道次为 4

(a) 200℃;(b) 250℃;(c) 300℃;(d) 350℃

3.5 本章小结

本章利用 MSC. SuperForm 高级非线性有限元分析软件,采用热-机耦合的刚塑性有限元分析模型,优化了往复挤压模具结构和工艺参数,分析了 ZK60 合金在往复挤压过程中的温度场、应力场、应变场和流场的分布及变化规律。利用实验方法检验了流线和载荷变化的模拟结果。主要结论如下。

(1)对往复挤压模具结构的优化发现:为了防止材料失稳导致往复挤压失败,挤压比不能太大;模具入口角为 45°时试样中应变分布最均匀,同时载荷最低;模具过渡角半径越大试样应变分布越均匀。

（2）对往复挤压工艺参数的优化发现：小量摩擦有利于促进应变的均匀分布。摩擦系数宜控制在 0.1~0.2，即往复挤压实验过程中应采取润滑措施；挤压速度对应变分布基本不存在影响。

（3）模拟所得到的流线形状与实验结果吻合良好，载荷变化模拟结果与实验结果也基本一致，表明本书建立的数值模型正确，模拟结果可靠。对流场的模拟发现，随着往复挤压道次的增加，流线变得越发紊乱。材料的流动规律是：试样表层的材料背向流动，而心部相向流动，进而在试样的上下两部分各形成一个流动漩涡。

（4）往复挤压过程中模具向环境中散热引起的温降和变形生热、摩擦生热引起的温升，在一定变形道次内保持了变形温度的稳定。而且往复挤压温度越低，塑性变形产生的温升越高，变形温度保持的时间越长。350℃往复挤压 6 道次后模具必须回炉补温，而 200℃往复挤压 8 道次后模具温度仍在目标温度附近。

（5）应力场模拟结果表明，在往复挤压过程中材料主要处于三向压应力状态。在挤压变形段和镦粗变形段各有一对剪切变形区。

（6）塑性应变场模拟发现，往复挤压试样等效应变场的分布强烈依赖于模具结构，如模具入口角、模具过渡角半径等。往复挤压试样等效应变的分布规律为：由表及里应变量逐渐减小，从中心向两端应变量逐渐减小。试样端部应变分布很不均匀，为获得尽量多的应变均匀材料，应使用尽量长的试样。等效应变场的分布与温度场、流场一样基本不受变形温度的影响。

参考文献

［1］ VALIEV R. Nanomaterial advantage［J］. Nature, 2002, 419(6910): 887 - 889.

［2］ LÜ Y Z, WANG Q D, ZENG X Q, et al. Behavior of Mg - 6Al - xSi alloys during solution heat treatment［J］. Materials Science & Engineering A: Structural Materials: Properties, Microstructure and Processing, 2001, 301(2): 255 - 258.

［3］ RAGHAVAN S. Computer simulation of the equichannel angular extrusion (ECAE) process［J］. Scripta Materialia, 2001, 44(1): 91 - 96.

［4］ SUO T, LI Y L, GUO Y Z, et al. The simulation of deformation distribution during ECAP using 3D finite element method［J］. Materials Science & Engineering A: Structural Materials: Properties, Microstructure and Processing, 2006, A432(1/2): 269 - 274.

［5］ ROBERTO B F, IVETE P P, MARIA T P A, et al. The finite element analysis of equal channel angular pressing (ECAP) considering the strain path dependence of the work hardening of metals［J］. Journal of Materials Processing Technology, 2006, 180(1/3): 30 - 36.

［6］ KANG F, WANG J T, SU Y L, et al. Finite element analysis of the effect of back pressure during equal channel angular pressing［J］. Journal of Materials Science, 2007, 42(5): 1491 - 1500.

［7］ WEI J, WANG Q D, YIN D D, et al. Extra strain hardening in high pressure die casting Mg - Al - RE alloy［J］. Metallurgical and Materials Transactions, A. Physical Metallurgy and Materials Science, 2020, 51A(4): 1487 - 1492.

[8] XU S B, ZHAO G Q, MA X W, et al. Finite element analysis and optimization of equal channel angular pressing for producing ultra-fine grained materials[J]. Journal of Materials Processing Technology, 2007, 184(1/3): 209 - 216.

[9] ROSOCHOWSKI A, RODIET R, LIPINSKI P. Finite element simulation of cyclic extrusion-compression [C]. Krakow: Metal Forming 2000, 2000.

[10] LU Y Z, WANG Q D, ZENG X Q, et al. Effects of silicon on microstructure, fluidity, mechanical properties, and fracture behaviour of Mg − 6Al alloy[J]. Materials Science and Technology: MST: A publication of the Institute of Metals, 2001, 17(2): 207 - 214.

[11] GALIYEV A, KAIBYSHEV R, GOTTSTEIN G. Correlation of plastic deformation and dynamic recrystallization in magnesium alloy ZK60[J]. Acta Materialia, 2001, 49(7): 1199 - 1207.

[12] 张先宏. 镁合金变形特性与温挤过程数值模拟和实验研究[D]. 上海: 上海交通大学, 2003.

[13] ZHOU H T, LI D Y, ZENG X Q, et al. Flow stress model development and hot extrusion simulation for liquidus casting ZK60 magnesium alloy[J]. AIP Conference Proceedings, 1904, 712(1): 1302 - 1307.

[14] AOUR B, ZAIRI F, NAIT-ABDELAZIZ M, et al. A computational study of die geometry and processing conditions effects on equal channel angular extrusion of a polymer[J]. International Journal of Mechanical Sciences, 2008, 50(3): 589 - 602.

[15] WANG Y S, WANG Q D, WU G H, et al. Hot-tearing susceptibility of Mg − 9Al − xZn alloy[J]. Materials Letters, 2002, 57(4): 929 - 934.

[16] MEDEIROS N, LINS J F C, MOREIRA L P, et al. The role of the friction during the equal channel angular pressing of an IF-steel billet[J]. Materials Science & Engineering A: Structural Materials: Properties, Microstructure and Processing, 2008, 489(1/2): 363 - 372.

[17] ORUGANTI R K, SUBRAMANIAN P R, MARTE J S, et al. Effect of friction, backpressure and strain rate sensitivity on material flow during equal channel angular extrusion [J]. Materials Science & Engineering A: Structural Materials: Properties, Microstructure and Processing, 2005, A406(1/2): 102 - 109.

[18] LIN J, WANG Q, PENG L, et al. Study on deformation behavior and strain homogeneity during cyclic extrusion and compression[J]. Journal of Materials Science, 2008, 43(21): 6920 - 6924.

[19] 林金保. 往复挤压 ZK60 与 GW102K 镁合金的组织演变及强韧化机制研究[D]. 上海: 上海交通大学, 2008.

第四章　往复挤压镁合金的组织演变

4.1　引言

由于镁合金的密排六方结构和低层错能的特点[1,2]，通常室温强度和塑韧性都不高，很难满足工程领域对镁合金日益增加的多样化性能的需求。自从 20 世纪 90 年代，俄罗斯科学家 Valiev 将 Segal 等发明的 ECAP 技术引入多晶材料，获得细晶结构甚至纳米结构以来[3]，镁合金的强度和塑韧性的同时提高似乎有了新的曙光。基于著名的 Hall-petch 公式，晶粒的显著细化将大大提高材料的强度，同时，由于晶粒的细化，应力集中的情况也将被分散到相邻的晶粒，因此材料的塑性也会明显改善。然而，经过了十多年的镁合金大塑性变形研究后，人们发现以下两方面的新问题：① 大塑性变形技术对密排六方的镁合金的细化能力远不如面心立方金属。对于面心立方金属，晶粒可以细化到 $100 \sim 200$ nm[3]，强度可以提高 $2 \sim 6$ 倍[4]。而对于密排六方金属（如镁合金），通常只有相对较小的晶粒细化效果，在某些情况下出现双峰组织甚至多峰组织[5]。② 即使晶粒细化，但是强度也可能降低，呈现反 Hall-petch 公式的现象[6]。关于哪种类型的组织对强度和塑韧性的提高最有利，迄今还没有一个普遍的定论[7]，即大塑性变形后镁合金的组织对性能的预测机制还不清楚。

往复挤压可以有效地细化晶粒、第二相和杂质等。以往的研究主要集中于对纯 Al、Al 合金、Pb 合金、铜合金等材料的研究。关于往复挤压工艺参数对镁合金的组织演变和性能的影响研究则还很少。

本章分别采用光学显微镜（optical microscope，OM）、SEM、TEM 和 EBSD 等分析方法，研究了挤压道次和温度等对镁合金组织演变的影响。同时，考虑到往复挤压中心应变小于边缘应变的变形特点，本章还分别对往复挤压试样的组织均匀性进行了系统研究。

4.2　往复挤压工艺对 AZ31 镁合金组织的影响

4.2.1　背压对往复挤压 AZ31 镁合金组织的影响

根据第二章的定义，往复挤压分为两种：有背压的往复挤压和无背压的往复挤压。图 4-1 是两种往复挤压工艺下 AZ31 镁合金往复挤压 7 道次、温度为 300℃后的纵向和横向中部组织的对比。从图 4-1 可以看出，无论是纵向组织还是横向组织，在施加背压与无背压的组织中的细晶粒的大小几乎是相等的，不同之处有两点：① 细晶粒在组织中的比例不同，有背压的细晶粒的面积百分比明显比无背压的更大；② 粗晶粒的晶粒大小不同，有背压的组织中，粗晶的晶粒大小明显比无背压的小。以上说明，有背压的往复挤压具有更强的细化能力,特别是对粗晶粒的细化能力。背压使粗晶粒的细化速度加快,同时也增加了组织的均匀性。因此,本书后面章节只对施加了背压的往复挤压进行研究。

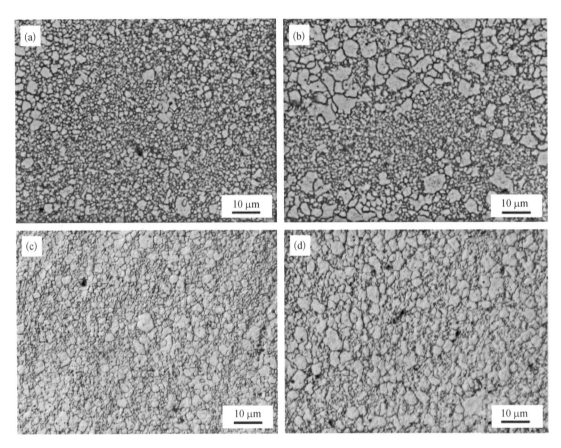

图 4-1　往复挤压温度为 300℃、挤压道次为 7 道次的 AZ31 镁合金的中部组织

(a) 横截面有背压;(b) 横截面无背压;(c) 纵向有背压;(d) 纵向无背压

4.2.2　往复挤压道次对 AZ31 镁合金晶粒大小与形貌的影响

图 4-2 是 300℃往复挤压 AZ31 镁合金前后的金相组织。观察部位为纵向中心部位。从图 4-2(a)中可以看出,在挤压态 AZ31 镁合金中,原始晶粒粗大,呈长条状分布,最大宽度为 120 μm。细小的再结晶晶粒被原始晶粒隔离,占据了约 30% 的面积,并沿着挤压方向呈长带状排列。说明在挤压态 AZ31 镁合金组织中,变形量小,再结晶不完全。往复挤压 1 道次后[图 4-2(b)],不论是原始的粗晶粒还是细小的再结晶晶粒,都有显著的细化。原始的粗晶细化到沿挤压方向 10 μm、宽度方向 5 μm,原始的细晶粒被细化到等轴晶 1 μm 左右。但是粗晶与细晶的分布并没有在往复挤压 1 道次之后有显著的改变,这是因为往复挤压的 1 道次,相当于二次挤压。变形方式没有改变。在往复挤压 3 道次后,由于镦粗变形的引入,材料的变形方式改变。从图 4-2(c)可以明显地看到,进一步细化的细晶粒晶粒尺寸小于 1 μm,聚集在一起形成链状分布,并且链与链之间有相互交叉形成网状的趋势。粗晶粒被细晶粒隔离和孤立。这种情形在图 4-1(d)中更明显,往复挤压 7 道次后,细晶粒呈链形网状

分布。并且,在累积真应变从 4.1(3 道次)增加到 10.5(7 道次)的过程中,细晶粒链的宽度增加,晶粒链网状分布更均匀。细晶粒链中的晶粒在金相显微镜下较难用肉眼分辨。粗晶粒平均尺寸为 3 μm,随着应变的增加,粗晶粒的尺寸改变不大,只是体积分数有了一定的减少。

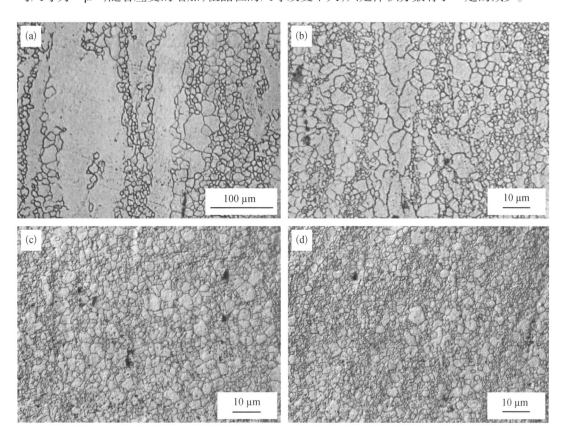

图 4-2 往复挤压温度为 300℃时往复挤压前后 AZ31 镁合金的纵向中部组织

(a)挤压态;(b)往复挤压 1 道次;(c)往复挤压 3 道次;(d)往复挤压 7 道次

为了考察更高挤压道次对镁合金组织的细化能力,研究了与图 4-2 相同条件下 15 道次和 25 道次的组织,见图 4-3。从图 4-3 中可以发现,更大的应变量(累积应变量分别达到 23.5 和 39.7)并没有像预想的那样随着道次增加,AZ31 镁合金组织继续细化。在 AZ31 镁合金 15 道次和 25 道次往复挤压的组织中,7 道次后残留的粗晶[图 4-2(d)]依然清晰可见。粗晶粒的晶粒尺寸并没有变小。从粗晶粒的面积分数来看,也没有太大的变化。对细晶粒的观察也没有发现明显改变。据此可以认为,在一定的变形条件下,存在一个临界道次(临界累积应变量),超过这个临界道次(临界累积应变量)的变形组织不再有明显变化。这与大比率挤压中的临界挤压比对 AZ31 镁合金的组织和性能的作用一样[8]。很明显,本实验条件下的临界道次为 7 道次。因此,在本书的研究中,重点研究了往复挤压的 1、3 和 7 道次的组织演变和力学性能。

AZ31 镁合金往复挤压前后的纵向边部金相组织见图 4-4。由于边部变形量大,因此在挤压道次比较少的时候,边部组织明显细于中部组织。见图 4-4(a)~(c)。挤压态 AZ31 镁合金中[图 4-4(a)],动态再结晶细晶粒占据了大部分的面积,约 80%。同样地,沿着挤压方向分布,余下的原始晶粒也被挤压变形拉长。往复挤压 1 道次和 3 道次后[图 4 - 4(b)、(c)],细晶的比例明显高于相应的中部组织[图 4 - 2],而粗晶粒的分布没有太大的区别。但在往复挤压 7 道次后,边部与中部的组织趋于均匀,在晶粒大小和晶粒分布上没有明显的区别,见图 4 - 4(d)和 4 - 2(d)。

图 4 - 3　往复挤压温度为 300℃时往复挤压 AZ31 镁合金的纵向中部组织

(a) 往复挤压 15 道次;(b) 往复挤压 25 道次

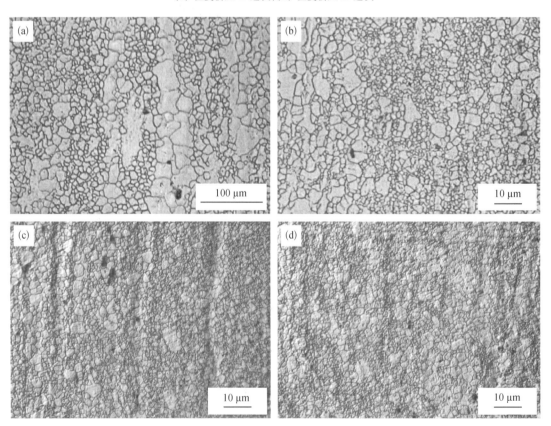

图 4 - 4　往复挤压温度为 300℃时往复挤压 AZ31 镁合金的纵向边部组织

(a) 挤压态;(b) 往复挤压 1 道次;(c) 往复挤压 3 道次;(d) 往复挤压 7 道次

为了立体地了解挤压道次对镁合金组织的影响,本章考察了横截面中部往复挤压前后的 AZ31 镁合金的金相组织,如图 4-5 所示。图 4-5(a) 为 AZ31 镁合金挤压态组织,与纵截面组织不同,横截面组织中细小的再结晶晶粒产生于原始粗晶粒晶界,特别是三叉晶界的交叉处。细晶粒的比例与纵截面中部组织相同,约为 30%。往复挤压 1 道次的晶粒细化非常明显,但晶粒分布与挤压态相似。往复挤压 3 道次后,组织中呈现明显的细晶粒链形网状结构。随着应变从 3 道次增加到 7 道次,粗晶粒的体积分数明显减少,但是粗晶粒的平均晶粒尺寸改变不大,约为 3 μm。同时,链形网状结构的宽度明显增加。

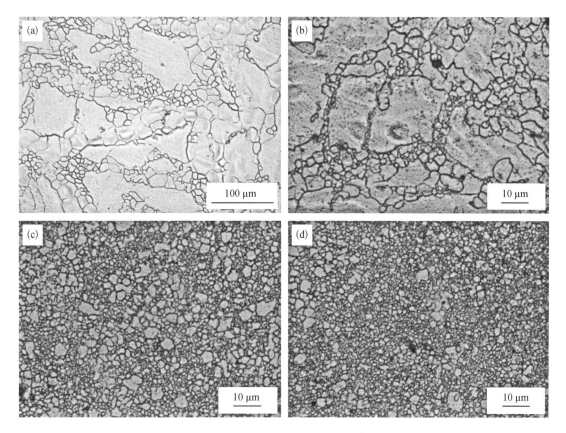

图 4-5　往复挤压温度为 300℃时横截面中部

(a) 挤压态;(b) 往复挤压 1 道次;(c) 往复挤压 3 道次;(d) 往复挤压 7 道次

图 4-6 显示了往复挤压过程中 AZ31 镁合金粗晶随挤压道次的变化图。由于细晶粒在往复挤压 3 道次和 7 道次后在金相显微镜下无法正确分辨,只能采用其他的高分辨分析测试手段。由图 4-6 可知,往复挤压 1 道次的细化能力很强。其次是 3 道次,之后晶粒大小改变不明显,这表明在一定的变形条件下,由于临界道次的影响,存在一个临界晶粒大小。这个临界晶粒大小不随着挤压道次的增加而减小。由于往复挤压必然存在中心与边缘的应变差异性,因此也必然导致组织的不均匀性。但问题是,这种组织的不均匀性是随着挤压道次的增加而消失,还是与挤压道次无关? 从图 4-6 可以看出,这种中心组织与边缘组织的不均匀性在挤压态镁合金中比较明显,经过往复挤压 1 道次后,组织的差异性缩小;在往复挤压 3 道次后,组织

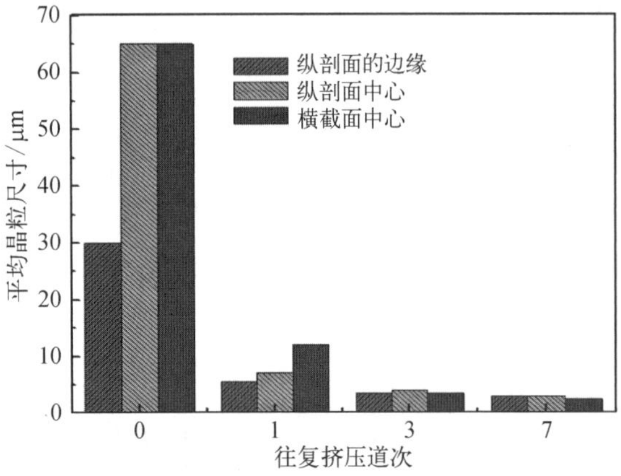

的差异性相差不大;在往复挤压 7 道次后,这种中部与边部差异性基本消失。

由于金相观察的分辨率低,不能清楚地分析和研究细晶的大小和形貌。因此采用 TEM 对往复挤压后的镁合金组织进行了观察。图 4-7 是往复挤压 AZ31 镁合金在 1 道次、3 道次和 7 道次后的微观组织演变图。图 4-7(a)表明,往复挤压 1 道次,组织中已经出现了大小为 400 nm 的细晶粒,但数量不多。晶粒与晶粒之间黑白分明,说明晶粒间位向差较大,晶界类型为大角度晶界。往复挤压 3 道次后[图 4-7(b)],在粗晶粒间出现了大量的细晶,晶粒大小为 200 nm 左右。当道次增加到 7 道次,见图 4-7(c),从暗场像可以清楚地看到细晶粒的分布范围为 150±50 nm。

图 4-6 AZ31 镁合金组织中粗晶晶粒大小随往复挤压道次的演变图(T=300℃)

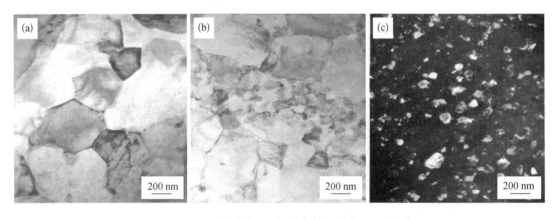

图 4-7 AZ31 镁合金 300℃往复挤压后的 TEM 照片
(a) 往复挤压 1 道次;(b) 往复挤压 3 道次;(c) 往复挤压 7 道次

图 4-8 是采用 SEM 设备上的 EBSD 附件扫描出的 AZ31 镁合金往复挤压前后的晶粒大小。图中不同的颜色不代表位向,而只是为了晶粒间的相互区别。挤压态组织的扫描区域为 200 μm×200 μm。往复挤压后的扫描区域为 80 μm×80 μm。从图 4-8(a)中可以看出,挤压态组织极不均匀,粗晶粒尺寸达到 80 μm。往复挤压 1 道次后,晶粒明显细化,粗大的原始晶粒和挤压态中产生的再结晶晶粒同时被细化,许多晶粒尺寸小于 1 μm 的细晶出现。往复挤压 3 道次后,晶粒进一步细化,但是组织的细化能力减小。从 3 道次到 7 道次晶粒大小变化较小,但是组织的均匀性增强。

通过 TSL 公司提供的 OIM 4.5 Analysis 软件可精确进行各晶粒尺寸所占的面积和数量统计,根据晶粒分布面积比的变化可以考察往复挤压变形过程中粗晶的演变情况,根据晶粒分布数量比可以分析往复挤压变形过程中平均晶粒尺寸的演变情况。图 4-9 和图 4-10 分别是 AZ31 镁合金往复挤压前后的晶粒尺寸面积分布图和数量分布图。与挤压态晶粒分布

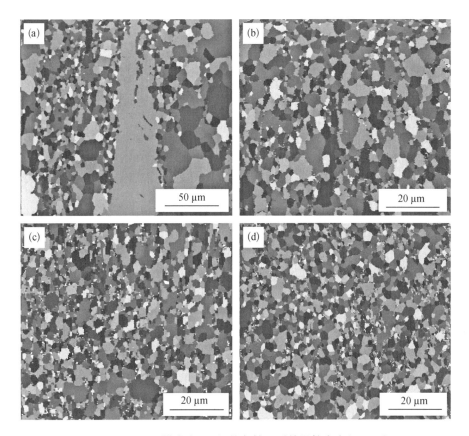

图4-8 AZ31镁合金300℃往复挤压后的晶粒大小(EBSD)
(a)挤压态;(b)往复挤压1道次;(c)往复挤压3道次;(d)往复挤压7道次

相比[图4-9(a)和图4-10(a)],往复挤压的晶粒细化主要发生在往复挤压1道次,在随后的道次中,晶粒细化能力逐渐减小。往复挤压1道次的平均晶粒尺寸为2.17 μm[图4-9(b)和图4-10(b)]。往复挤压3道次后晶粒分布趋向于更均匀,平均晶粒尺寸接近1.89 μm[图4-9(c)和图4-10(c)],随着应变增加到7道次,平均晶粒尺寸达1.77 μm[图4-9(d)和图4-10(d)]。即使在往复挤压7道次的AZ31镁合金组织中,仍然残留有晶粒大小约6.4 μm的粗晶粒,如图4-9(d)和图4-10(d)所示。

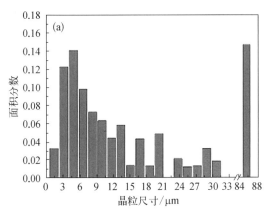
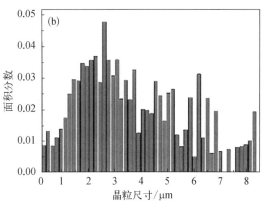

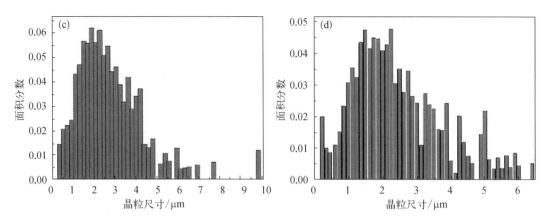

图 4-9 AZ31 镁合金 300℃往复挤压后的晶粒大小面积分布图

（a）挤压态；（b）往复挤压 1 道次；（c）往复挤压 3 道次；（d）往复挤压 7 道次

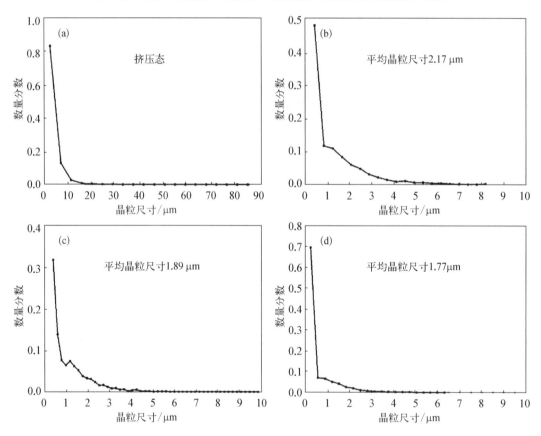

图 4-10 AZ31 镁合金 300℃往复挤压后的晶粒大小数量分布图

（a）挤压态；（b）往复挤压 1 道次；（c）往复挤压 3 道次；（d）往复挤压 7 道次

  需要指出的是，由于选取的 SEM 扫描步长的影响（挤压态合金的扫描步长为 0.3 μm，往复挤压合金的扫描步长为 0.1 μm），在扫描步长左右的晶粒大小将无法统计。因此，OM 和 EBSD 可以认为是大范围的观察而 TEM 为微区观察，综合 OM、EBSD 和 TEM 的分析结果，300℃ 往复挤压 AZ31 镁合金 7 道次后，获得了平均晶粒尺寸为 1.77 μm、细晶粒分布范围为

150±50 nm 的细晶组织。

4.2.3　往复挤压温度对 AZ31 镁合金晶粒大小与形貌的影响

图 4-11 为 AZ31 镁合金往复挤压 3 道次,温度分别为 225℃、250℃、350℃、400℃的组织演化图(温度为 300℃的金相组织见图 4-1～图 4-5)。从图 4-11 可以看出,往复挤压镁合金组织受温度的影响很大。随着温度的降低,晶粒细化效果非常明显。在高温区[图4-11(c)、(d)],细晶粒沿着挤压方向聚集分布,粗晶粒占多数面积。在低温区[图4-11(a)、(b)],不论细晶还是粗晶都随着温度的降低明显细化,细晶粒占据大多数面积。细晶粒呈网状分布在基体中,将粗晶粒隔开。从图 4-11 中已经较难区别细晶粒的大小,但是可以区别粗晶粒的变化趋势。

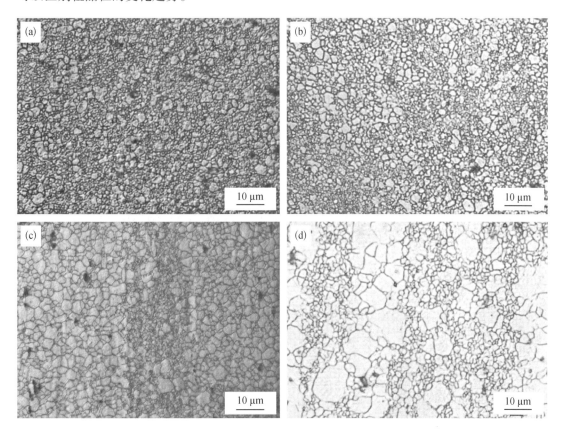

图 4-11　AZ31 镁合金往复挤压 3 道次纵向中部组织

(a) 225℃;(b) 250℃;(c) 350℃;(d) 400℃

为了研究在变形程度更大的情况下温度对往复挤压镁合金组织的影响,本章考察了往复挤压 AZ31 镁合金 7 道次随温度变化的金相组织,如图 4-12 所示。同样地,温度的降低能够获得更细小的晶粒。在变形程度高的情况下,相同温度下,组织更细小。图 4-12(a)表明,变形程度大而温度低的情况下,细晶粒的分布极不均匀。细晶粒聚集程度更严重。说明该区域的应力集中大,由于在温度极低的情况下,原子的扩散能力低,在往复挤压过程中产生的不均匀应变无法通过扩散消耗。如果温度继续降低,在这些地方有可能出现严重的不均匀应变而导致裂纹的产生。因此,温度是往复挤压晶粒细化的重要参数,但是应该合理地优化变形程度和温度。

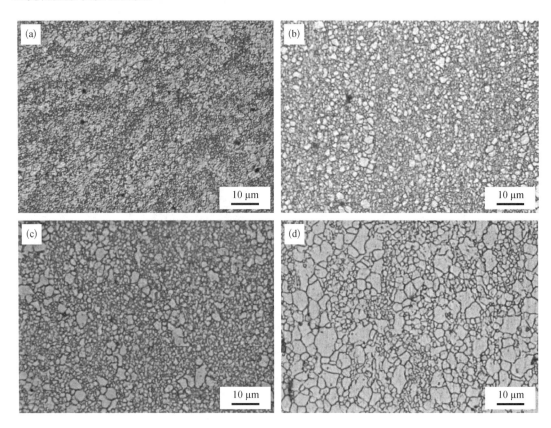

图 4‑12 AZ31 镁合金往复挤压 7 道次纵向中部组织

(a) 225℃;(b) 250℃;(c) 350℃;(d) 400℃

图 4‑13 为往复挤压温度对平均粗晶大小的影响。从图 4‑13 中可以发现,随着温度的升高,晶粒大小增加的幅度是增加的。特别是当温度从 350℃升高到 400℃,往复挤压 7 道次的平均粗晶粒大小从 4 μm 突变到 8 μm,而往复挤压 3 道次的平均粗晶大小也从 5 μm 增加到 10 μm。因此,高温下不可能获得良好的晶粒细化效果。从图 4‑13 中还可以发现,温度越低,往复挤压的晶粒细化能力越强,但从低温区变缓的曲线和图 4‑12(a)中模糊的晶粒可以看出,在本实验条件下的极限低温为 225℃,继续降低温度追求晶粒细化已经没有意义。

通过 EBSD 分析软件,可以用不同的颜色区别晶粒。同时,由于 SEM 分辨率的大大提高,可以分析到纳米尺度的晶粒尺寸。

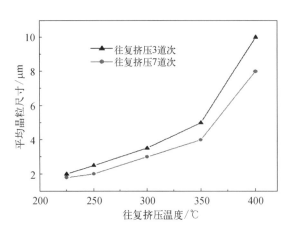

图 4‑13 AZ31 镁合金中粗晶随着变形温度的演化图

图 4 - 14 是 SEM 中 EBSD 软件分析 AZ31 镁合金往复挤压 3 道次,温度分别为 225℃、300℃、350℃ 和 400℃后的晶粒大小。从图 4 - 14 可以看出,细晶粒聚集在一起,呈网络状分布于基体中。随着温度的降低,晶粒尺寸明显减小。

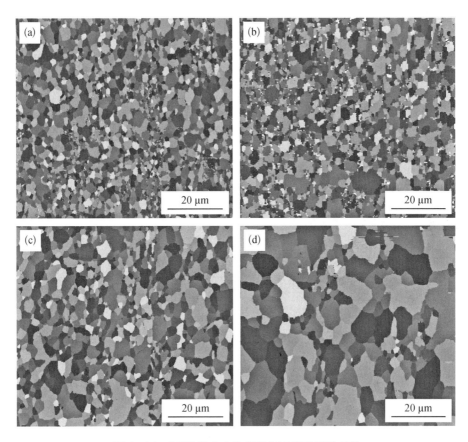

图 4 - 14　AZ31 镁合金往复挤压 3 道次后的晶粒

(a) 225℃;(b) 300℃;(c) 350℃;(d) 400℃

　　对图 4 - 14 中的晶粒尺寸定量分析,可以得到图 4 - 15 中所示的不同晶粒尺寸所占的面积比。图 4 - 15(a)表明,AZ31 镁合金的最大晶粒尺寸为 6.09 μm,最小晶粒尺寸为 0.159 μm,峰值晶粒尺寸为 2.05 μm。随着温度增加到 300℃,晶粒的分布范围扩大,尺寸小于 0.5 μm 的晶粒面积明显减少。当温度进一步增加到 350℃,最大晶粒尺寸为 8.038 μm,最小晶粒尺寸为 0.361 μm,峰值晶粒尺寸为 2~4 μm。当温度达到 400℃时,晶粒奇异长大,最大晶粒尺寸达到 14.9 μm,最小晶粒尺寸也增加到 0.537 μm,晶粒尺寸的相对面积比呈现多峰分布:即 7.5~9.5 μm 为最强峰,表明基体中这一晶粒尺寸的面积最大;其次为 9.5~11.5 μm 的晶粒尺寸;然后是 2.5~5.5 μm 的晶粒尺寸。甚至晶粒尺寸大于 14 μm 的晶粒也有增加的趋势。以上实验数据说明,当温度减小的时候,往复挤压对粗晶粒和细晶粒同时细化,其中粗晶粒的细化能力大于细晶粒。

　　对晶粒尺寸相对面积比的分析可以准确地反映晶粒中粗晶粒随往复挤压温度的变化趋势。因此,晶粒尺寸相对面积比是衡量温度对往复挤压组织影响的重要参数。而对晶粒尺寸的相对数量比统计分析可以反映细晶粒随温度的变化趋势,同时也可准确地定量测定平均晶粒尺寸。图 4 - 16 为 AZ31 镁合金往复挤压 3 道次,温度分别为 225℃、300℃、350℃和400℃后的晶粒尺寸相对数量比。从图 4 - 16(a)中可以看出,温度为 225℃时,平均晶粒尺寸为 1.72 μm。当温度增加到 300℃时,平均晶粒尺寸达到 1.89 μm,见图 4 - 16(b)。图 4 - 16(c)表示温度升高到 350℃时,平均晶粒尺寸达到 2.53 μm。温度达 400℃时,平均晶粒尺寸迅速长大到 3.36 μm。从图 4 - 16 中可以发现,温度对往复挤压有重要的影响,随着温度的升高,平均晶粒大小增加的幅度逐渐增加。

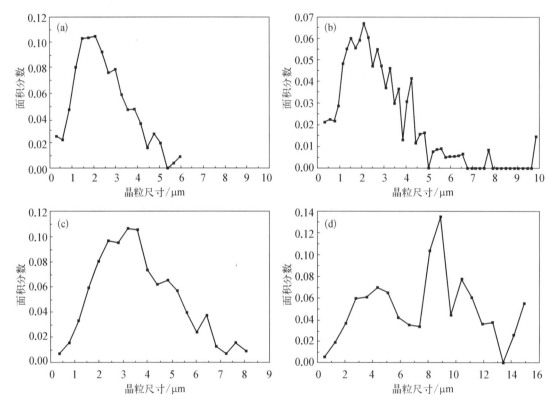

图 4 - 15 AZ31 镁合金往复挤压 3 道次后的晶粒大小面积分布图

(a) 225℃;(b) 300℃;(c) 350℃;(d) 400℃

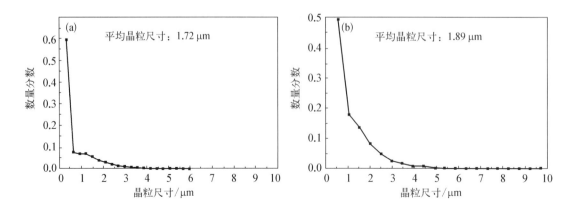

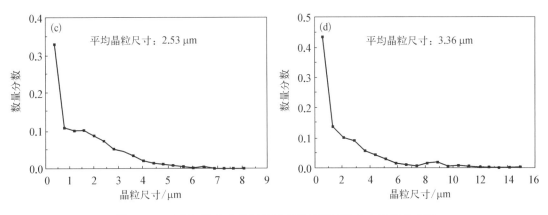

图4-16 AZ31镁合金往复挤压3道次后晶粒大小数量分布图

(a)225℃;(b)300℃;(c)350℃;(d)400℃

4.2.4 往复挤压道次对AZ31镁合金晶界结构的影响

往复挤压道次对AZ31镁合金的晶界结构的影响如图4-17所示。小角度晶界(low angle grain boundaries, LAGB)用细实线表示,而位向差大于15°的大角度晶界(high angle

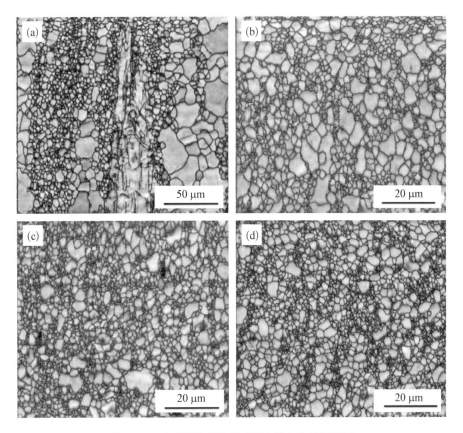

图4-17 300℃往复挤压AZ31镁合金的晶界图

(a)挤压态;(b)往复挤压1道次;(c)往复挤压3道次;(d)往复挤压7道次

grain boundaries，HAGB)用粗实线表示。考虑到 EBSD 的分辨率问题,图中小于 2°的晶界被除去。晶界间位向差随挤压道次的改变情况列于表 4 - 1 中。在挤压态 AZ31 镁合金中[见图 4 - 17(a)和表 4 - 1],小角度晶界占 28.7%。许多亚晶粒在粗晶中,沿着挤压方向被拉长。图 4 - 17(b)表明亚晶界演化为大角度晶界,细晶粒趋向于聚集在一起形成链形网状结构,小角度晶界减小到 9.4%。随着应变的增加[图 4 - 17(c)],小角度晶界有减小的趋势;细晶粒的比例明显增加,原有的链形网状结构被分割和重新划分,使其分布更均匀,见图 4 - 17(d)。

表 4 - 1　AZ31 镁合金 300℃往复挤压前后的晶界结构统计

晶界角度	比例/%			
	挤压态	CEC 1 道次	CEC 3 道次	CEC 7 道次
LAGB(2°~15°)	28.7	9.4	10.6	7
HAGB(>15°)	71.3	90.6	89.4	93

采用 EBSD 软件对图 4 - 17 中的晶界间取向差进行了分布统计,见图 4 - 18。从图 4 - 18 中同样可以看出,挤压态 AZ31 镁合金中小角度晶界占有很大的比例,其平均取向差为 34.6。往复挤压 1 道次后,平均取向差明显增加,达到 50.9,见图 4 - 18(b)。随着道次的增加,其平均取向差有增加的趋势,见图 4 - 18(b)~(d)。从往复挤压后的取向差分布可以看出,在 30°和 90°的位向处呈现峰值分布。

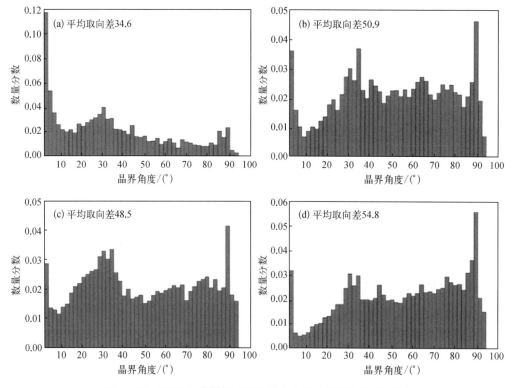

图 4 - 18　300℃往复挤压 AZ31 镁合金的晶界取向差分布图

(a) 挤压态;(b) 往复挤压 1 道次;(c) 往复挤压 3 道次;(d) 往复挤压 7 道次

4.2.5 往复挤压温度对 AZ31 镁合金晶界结构的影响

往复挤压温度对往复挤压 AZ31 镁合金晶界结构的影响见图 4-19。对图 4-19 晶界结构进行统计的数据列于表 4-2 中。结合图 4-19 和表 4-2 可以看出,在往复挤压过程中,温度的升高有利于小角度晶界的形成,特别有利于 5°~15° 的小角度晶界的形成。说明温度在小角度晶界形成的过程中提供了位错运动的能量,使得位错的运动、反应变得更加容易。

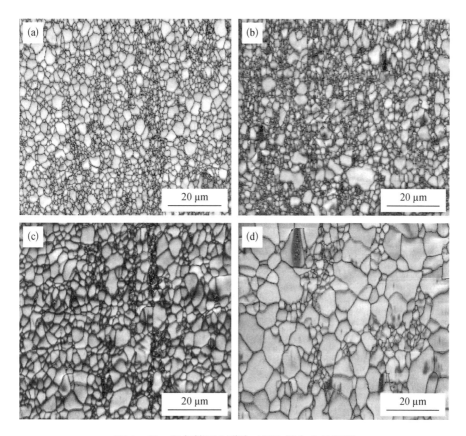

图 4-19 往复挤压 3 道次 AZ31 镁合金晶界图

(a) 225℃;(b) 300℃;(c) 350℃;(d) 400℃

表 4-2 AZ31 镁合金 3 道次往复挤压后的晶界结构统计

温　　度	晶界角度		
	2°~5°	5°~15°	15°~180°
225℃	2.5	2.9	94.6
300℃	3.5	7.2	89.3
350℃	5.9	7	87.1
400℃	8.7	11.1	80.2

温度对 AZ31 镁合金晶界取向差分布的影响见图 4-20。随着温度从 225℃ 升高到 400℃,

晶粒间的平均取向差从 51.3 逐渐减少到 40.7。从图 4-20 也可以看出,随着温度的增加,小角度晶界比例明显增加,而大角度晶界比例持续减小。晶粒取向分布在 30°和 90°附近出现峰值。

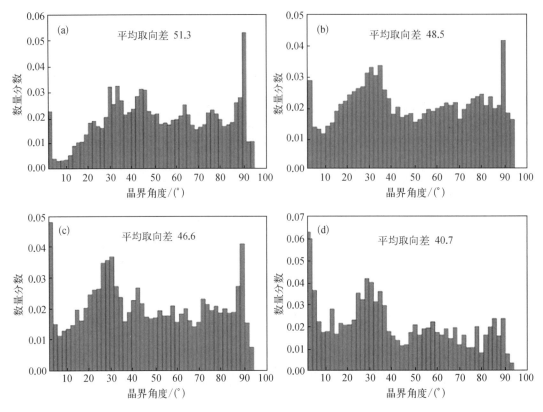

图 4-20 AZ31 镁合金往复挤压 3 道次后的晶界取向差分布

(a) 225℃;(b) 300℃;(c) 350℃;(d) 400℃

图 4-21 为对图 4-19 中晶界密度进行的统计分布。图 4-21 表明,在任一往复挤压温度下,当位向角从 0°增加到 100°时,晶界密度随着位向角的增加而接近正比例增加,当位向角在 100°~180°的范围内,晶界密度达到饱和。图 4-21 还表明,随着温度从 225℃增加到 400℃,饱和晶界密度从 3.42 连续降低到 0.68。晶界密度的降低也说明随着温度的增加,晶粒尺寸明显增加。细晶粒只有在低温区才能获得。

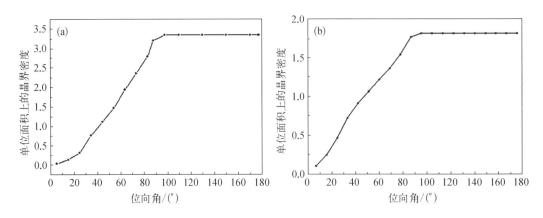

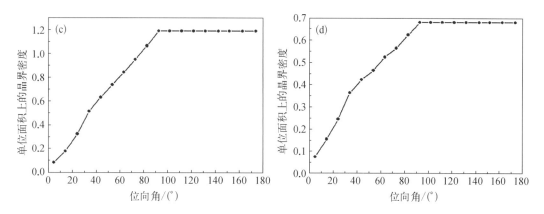

图 4 - 21　AZ31 镁合金往复挤压 3 道次的晶界密度分布

（a）225℃；（b）300℃；（c）350℃；（d）400℃

4.2.6　往复挤压道次对 AZ91 镁合金组织影响

为了考察第二相 $Mg_{17}Al_{12}$ 的含量对往复挤压过程中镁合金组织的影响，本节研究了挤压道次对第二相 $Mg_{17}Al_{12}$ 含量高的 AZ91 镁合金组织的影响。图 4-22 是挤压态 AZ91 镁合

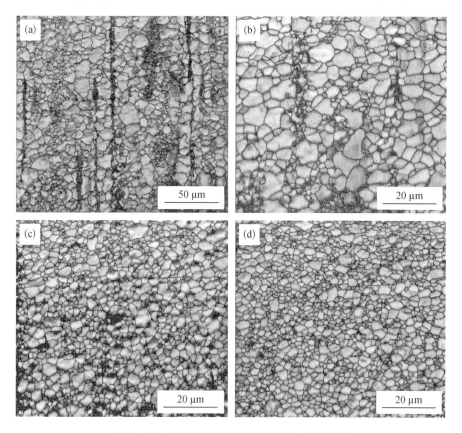

图 4 - 22　300℃往复挤压 AZ91 镁合金的晶界

（a）挤压态；（b）往复挤压 1 道次；（c）往复挤压 3 道次；（d）往复挤压 7 道次

金和300℃往复挤压1、3、7道次后的晶界图。图4-22表明,挤压态的细晶沿着挤压方向排列,部分粗晶粒沿着挤压方向被拉长。往复挤压后,细晶粒聚集在一起,呈网络状分布在基体中。随着挤压道次的增加,细晶粒构成的网络状分布越来越均匀。对比图4-17中在相同温度下往复挤压AZ31镁合金后的组织可以发现,AZ91镁合金中细晶粒聚集程度没有AZ31镁合金严重。网络状分布也没有AZ31镁合金明显。表4-3是图4-22的晶界结构的统计结果。表4-3表明,常规挤压态AZ91镁合金的小角度晶界占比很高,达到12.3%。往复挤压后的小角度晶界占比一直保持在低于10%的范围内。这是大塑性变形往复挤压和常规挤压最主要的区别。

表4-3 AZ91镁合金300℃往复挤压前后的晶界结构统计(%)

错位角度	镁合金状态			
	挤压态	CEC 1道次	CEC 3道次	CEC 7道次
LAGB（2°~5°）	8.8	3.3	2.2	3.6
LAGB（5°~15°）	3.5	4.8	2.9	4.9
HAGB（>15°）	87.7	91.9	94.9	91.5

图4-23是根据图4-22采用EBSD分析软件自动生成的往复挤压AZ91镁合金的晶粒大小面积分布图。从AZ91镁合金挤压态的面积分布图[图4-23(a)]可以看出,晶粒大小的分布范围为0.989~23.420 μm。往复挤压1道次后,晶粒的分布范围为0.477~9.510 μm。这表明往复挤压后,晶粒的分布范围明显缩小。粗晶粒从23.420 μm减小到9.510 μm;细晶粒从0.989 μm减小到0.477 μm。说明往复挤压对粗晶粒和细晶粒都有明显的细化能力。往复挤压3道次后,晶粒分布范围为0.278~6.553 μm。往复挤压7道次后的晶粒分布范围为0.315~6.220 μm。对比往复挤压各道次后的晶粒分布范围可以发现,细化能力最强的是往复挤压1道次,然后依次递减。比较往复挤压3道次和7道次后的晶粒面积分布图[图4-23(c)、(d)]可以看出,从往复挤压的3道次到7道次,粗晶粒和细晶粒的晶粒大小没有太大的变化。但是从面积分布上可以发现,晶粒还是被明显细化,因为面积分数曲线的峰值明显向左移动。这说明往复挤压7道次对晶粒的尺寸分布范围改变较小,但是在提高组织均匀性方面具有明显的作用。

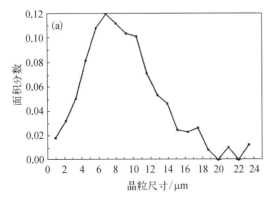

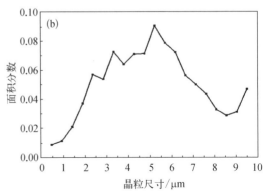

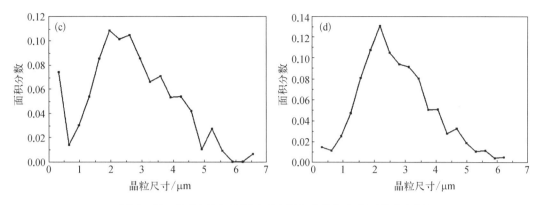

图 4 - 23　300℃往复挤压 AZ91 镁合金晶粒大小面积分布图
（a）挤压态；（b）往复挤压 1 道次；（c）往复挤压 3 道次；（d）往复挤压 7 道次

图 4 - 24 是根据图 4 - 22 统计的晶粒尺寸的数量分布图。从图 4 - 24 可以看出，挤压态 AZ91 镁合金的晶粒大小极不均匀，分布范围比较大。往复挤压 1 道次后，分布范围明显缩小，平均晶粒尺寸为 2.58 μm；往复挤压 7 道次后，AZ91 的平均晶粒尺寸达到 1.86 μm。以上数据表明，往复挤压的最强细化能力发生在第 1 道次，然后细化能力依次递减。

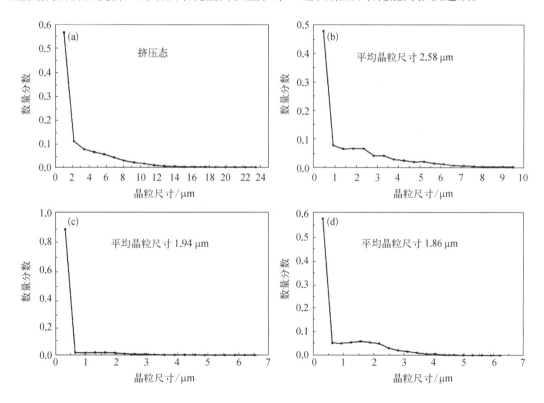

图 4 - 24　300℃往复挤压 AZ91 镁合金晶粒大小数量分布图
（a）挤压态；（b）往复挤压 1 道次；（c）往复挤压 3 道次；（d）往复挤压 7 道次

对图 4 - 22 的晶粒进行位向统计，可以得到如图 4 - 25 所示的晶界取向差分布图。图 4 - 25 表明，往复挤压后的晶粒在位向差为 30°与 90°附近形成峰值。挤压态 AZ91 镁合金平均位向角为 45.6°,往复挤压后合金的平均位向角随着挤压道次的增加而增加,然后保持在一定值附近。从图 4-25 中也可以观察到小角度晶界的分布比例,结论与表 4-3 一致。

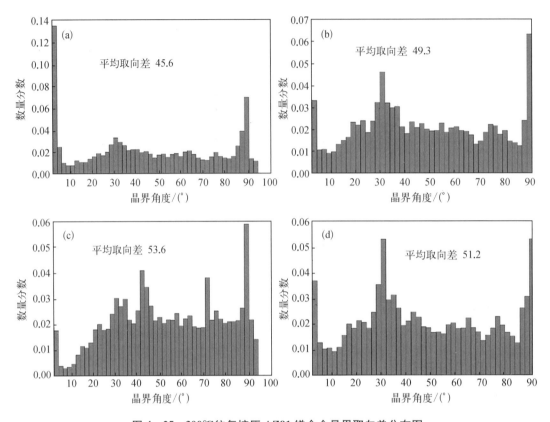

图 4-25 300℃往复挤压 AZ91 镁合金晶界取向差分布图
(a) 挤压态;(b) 往复挤压 1 道次;(c) 往复挤压 3 道次;(d) 往复挤压 7 道次

4.2.7 往复挤压过程中第二相的分布与对镁合金组织的影响

4.2.7.1 往复挤压过程中第二相的分布

图 4-26 表明了 AZ31 镁合金中第二相粒子 $Mg_{17}Al_{12}$ 在往复挤压变形过程中的演变情况。在挤压态和往复挤压 1 道次,由于金属的流动方向几乎都是挤压方向,因此,第二相粒子以沿着挤压方向分布为主。在往复挤压 3 道次后,第二相粒子由于镦粗力的影响,改变了流动方向,不再单一沿着挤压方向分布,有形成网状分布的趋势。在图 4-26(d)中,往复挤压 7 道次后,第二相粒子明显呈现网状分布,这与往复挤压过程中金属交替的轴向流动和横向流动有关,最终使粒子混合得比较均匀。以上数据说明,往复挤压对第二相粒子 $Mg_{17}Al_{12}$ 有重新混合和分布的作用。

往复挤压 AZ31 镁合金中第二相粒子 $Mg_{17}Al_{12}$ 的细化见图 4-27。挤压态 AZ31 镁合金和往复挤压 1 道次后,在 $Mg_{17}Al_{12}$ 中形成了明显的裂纹;往复挤压 3 道次后,$Mg_{17}Al_{12}$ 粒子在裂纹的作用下分开,同时裂纹处的基体焊合,完成粒子的细化;往复挤压 7 道次后,$Mg_{17}Al_{12}$ 粒子有重新分布的趋势,见图 4-27(c),细化后的 $Mg_{17}Al_{12}$ 大小在 1 μm 左右。

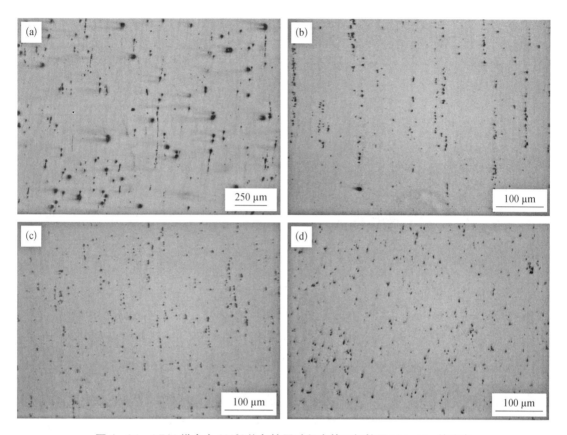

图 4‑26　AZ31 镁合金 300℃往复挤压过程中第二相粒子 Mg₁₇Al₁₂ 的演变

（a）挤压态；（b）往复挤压 1 道次；（c）往复挤压 3 道次；（d）往复挤压 7 道次

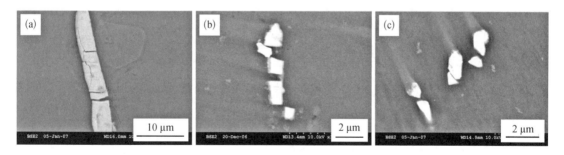

图 4‑27　AZ31 镁合金 300℃往复挤压过程中第二相粒子 Mg₁₇Al₁₂ 的细化

（a）往复挤压 1 道次；（b）往复挤压 3 道次；（c）往复挤压 7 道次

　　为了考察粗大的第二相在往复挤压过程中的演变情况，在 AZ31 镁合金中加入 1%（质量百分比）的 Si，于是获得了第二相为 Mg_2Si 的复合材料。图 4‑28 为铸态 AZ31‑1Si 镁合金的 XRD 图，由图可知，AZ31‑1Si 镁合金中含有 Mg_2Si 相和少量的 $Mg_{17}Al_{12}$ 相。图 4‑29 为挤压态 AZ31‑1Si 镁合金中 Mg_2Si 相的背散射电子像与 EDAX 分析结果。可以看到大块状相为 Mg_2Si，在挤压态就出现大量裂纹。

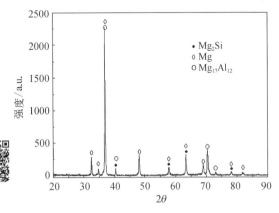

图 4-28　铸态 AZ31-1Si 镁合金的 XRD 图

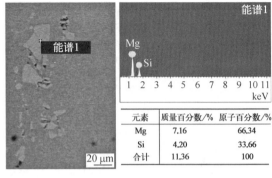

图 4-29　挤压态 AZ31-1Si 镁合金中 Mg₂Si 相的背散射电子像与 EDAX 分析结果

图 4-30 所示为往复挤压 AZ31-1Si 镁合金过程中 Mg_2Si 粒子演变的低倍形貌。从图 4-30 可以看出,不论是挤压态还是往复挤压后,AZ31-1Si 镁合金中 Mg_2Si 都沿挤压方向排列。在往复挤压 7 道次后[图 4-30(d)],相对细小的 Mg_2Si 更多,但 Mg_2Si 的分布情况并没有明显改变。说明往复挤压对粗大的 Mg_2Si 有一定的细化效果,但对大块状 Mg_2Si 的均匀分布作用很小。

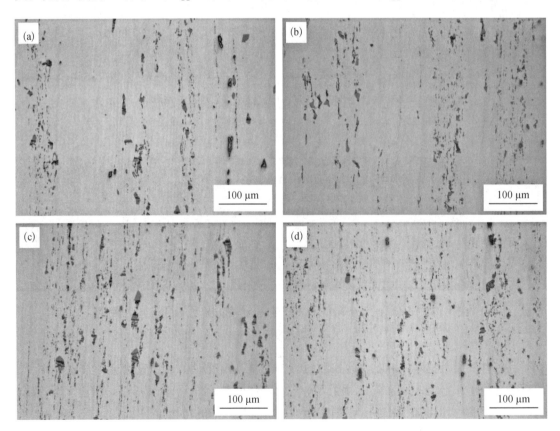

图 4-30　225℃往复挤压 AZ31-1Si 镁合金中 Mg₂Si 粒子的低倍形貌

(a) 挤压态;(b) 往复挤压 1 道次;(c) 往复挤压 3 道次;(d) 往复挤压 7 道次

图 4-31 展示了往复挤压 AZ31-1Si 镁合金过程中 Mg_2Si 粒子演变的高倍形貌,以便观察 Mg_2Si 粒子在往复挤压过程中的演化细节。在挤压态 AZ31-1Si 镁合金中,Mg_2Si 粒子中产生很多裂纹,多数 Mg_2Si 中的裂纹贯穿整个粒子。在挤压力的作用下,部分 Mg_2Si 中裂纹分裂的两部分沿挤压方向发生了一定距离的相对位移。往复挤压 1 道次后,相对位移的 Mg_2Si 两部分间的位移进一步扩大,在基体中形成了一道黑色的裂纹带,见图 4-31(b)。往复挤压 3 道次和 7 道次后[图 4-31(c)、(d)],某些扩大的裂纹带局部焊合,从而完成了 Mg_2Si 粒子在往复挤压过程中的细化。

图 4-31 225℃往复挤压 AZ31-1Si 镁合金中 Mg_2Si 粒子的高倍形貌

(a) 挤压态;(b) 往复挤压 1 道次;(c) 往复挤压 3 道次;(d) 往复挤压 7 道次

结合图 4-30 和图 4-31 可以得出,往复挤压过程中,粗大的 Mg_2Si 粒子中容易产生裂纹,继续变形导致裂纹的继续扩大,扩大的裂纹在 Mg_2Si 两部分分离后在随后的变形中有可能焊合,就完成了 Mg_2Si 粒子在往复挤压过程中的细化过程。Mg_2Si 粒子在往复挤压过程中也有重新分布的趋势,但是由于其体积粗大,均匀分布的效果远没有细小的 $Mg_{17}Al_{12}$ 理想。

4.2.7.2 第二相对往复挤压镁合金组织的影响

图 4-32 是 AZ31、AZ31-1Si 和 AZ91 三种镁合金在温度为 225℃往复挤压 7 道次后的晶界结构图。从图 4-32(a)、(b)可以看出,与 AZ31 镁合金相比较,AZ31-1Si 镁合金组织中粗晶的晶粒和数量明显更大、更多,AZ31 镁合金组织中细晶粒数量最多,网络状分布程度

最严重。从图4-32(c)中可以发现,AZ91镁合金组织中的粗晶尺寸明显小于AZ31镁合金和AZ31-1Si镁合金中的粗晶。虽然细晶也呈网络状分布,但晶粒分布趋于均匀,呈现等轴晶。说明细小的$Mg_{17}Al_{12}$相对组织中粗晶的细化具有促进作用,而粗大的Mg_2Si相对组织的细化影响较小,这一结论与文献[9]认为微米尺度范围(2 μm左右)第二相在大塑性变形中具有加速晶粒细化作用的结论一致。

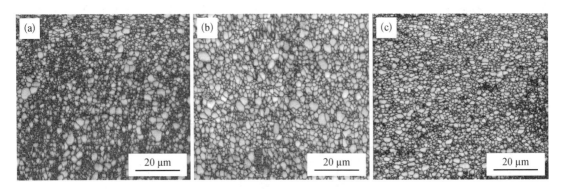

图4-32 225℃往复挤压7道次后镁合金的晶界图

(a) AZ31镁合金;(b) AZ31-1Si镁合金;(c) AZ91镁合金

表4-4是对图4-32中三种合金的晶界结构的统计①。从表4-4中可以看出,往复挤压后镁合金组织的小角度晶界含量较少,均低于10%。Mg_2Si相对往复挤压后的晶界结构影响较小,而细小的$Mg_{17}Al_{12}$相促进了大角度晶界的形成。

表4-4 AZ31、AZ31-1Si和AZ91镁合金在225℃往复挤压7道次后的晶界结构比较(%)

位 错 角 度	镁 合 金 种 类		
	AZ31	AZ31-1Si	AZ91
LAGB (2°~5°)	1.5	3.2	1.7
LAGB (5°~15°)	5.5	5.8	2.3
HAGB (>15°)	93.0	90.9	96.0

晶粒尺寸的面积分布图可以真实地反映晶粒的细化程度,图4-32中晶粒大小的面积分布统计结果见图4-33。从图4-33中得知,AZ31镁合金的最大晶粒尺寸为5.243 μm,晶粒的面积分布峰值在小于0.5 μm和1~2 μm这两个晶粒范围最大。AZ31-1Si镁合金的最大晶粒尺寸为5.631 μm,最小晶粒尺寸为0.160 μm,峰值晶粒尺寸为1.752 μm。而AZ91镁合金的最小晶粒尺寸为0.133 μm,最大晶粒尺寸为3.81 μm,峰值晶粒尺寸为1.314 μm。因此,细小$Mg_{17}Al_{12}$相对组织影响较大。

对图4-32中的晶粒进行数量分布统计可以得出平均晶粒尺寸的演变趋势,见图4-34。由图可见,相同条件下,AZ31镁合金的平均晶粒尺寸最小,AZ31-1Si镁合金最大。对比AZ31和AZ91镁合金的晶粒尺寸数量分布曲线可以发现,在AZ91镁合金中,最大晶粒尺寸比AZ31镁合金的小,但由于小于1 μm的晶粒数量明显少于AZ31镁合金,导致平均晶粒尺寸较大。

---

① 本书中部分数据存在一定舍入误差。

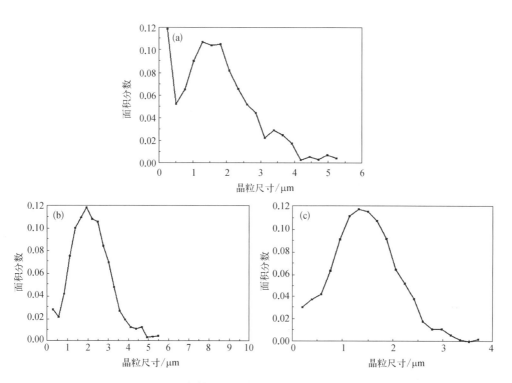

图 4-33 225℃往复挤压 7 道次后镁合金的晶粒大小面积分布图

（a）AZ31 镁合金；（b）AZ31-1Si 镁合金；（c）AZ91 镁合金

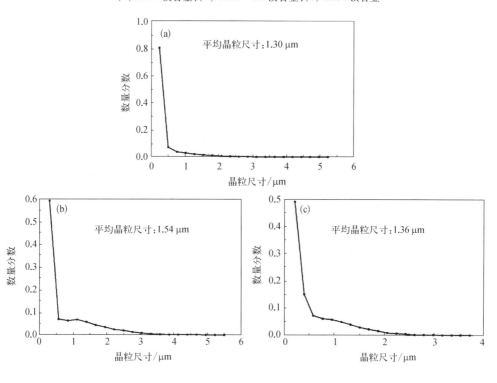

图 4-34 225℃往复挤压 7 道次后镁合金的晶粒大小数量分布图

（a）AZ31 镁合金；（b）AZ31-1Si 镁合金；（c）AZ91 镁合金

说明第二相 $Mg_{17}Al_{12}$ 对促进粗晶粒的细化效果很好,但是对细晶进一步细化到比自身尺寸更小的范围不再起作用($Mg_{17}Al_{12}$ 在往复挤压 7 道次的尺寸为 1 μm 左右,见图 4－27)。对比图 4－17、图 4－22 和图 4－32 等晶界图和图 4－10、图 4－24 和图 4－34 等晶粒大小分布图可以发现,在 300℃往复挤压后,AZ91 镁合金的细化效果没有同道次的 AZ31 镁合金强,但从 300℃降低到 225℃往复挤压,AZ91 镁合金的细化速度大于 AZ31 镁合金,说明温度降低使第二相 $Mg_{17}Al_{12}$ 的细化能力增加,但大块状 Mg_2Si 相的细化能力明显不如细小第二相 $Mg_{17}Al_{12}$ 。

图 4－35 是对图 4－30 中晶界取向差分布的统计。图 4－35(a)、(b)表明,AZ31 镁合金和 AZ31－1Si 镁合金中晶粒间取向差在 30°和 90°附近形成峰值,其平均取向差在 50°左右,说明粗大的第二相 Mg_2Si 对取向角影响较小。而 AZ91 镁合金中[图 4－35(c)],晶粒间位向差在 30°的峰值较弱,而在 90°的峰值突出。其平均取向差为 57.4°,说明细小的 $Mg_{17}Al_{12}$ 相促进了晶粒间取向差的增加。

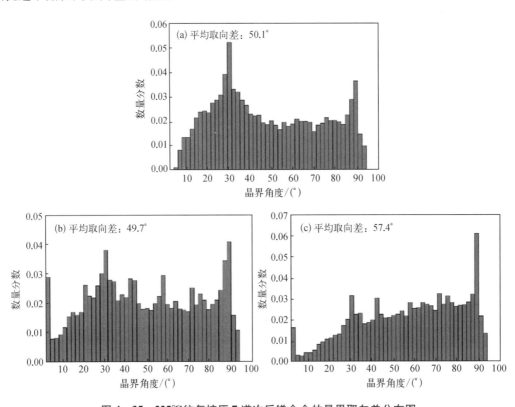

图 4－35　225℃往复挤压 7 道次后镁合金的晶界取向差分布图

(a) AZ31 镁合金;(b) AZ31－1Si 镁合金;(c) AZ91 镁合金

4.3　往复挤压工艺对 ZK60 镁合金组织的影响

4.3.1　往复挤压过程中组织的演变

为了解镁合金在往复挤压过程中的实时组织演变,在 300℃往复挤压 4 道次过程中,实验进行到 3 道次的镦粗段时停止挤压,将试样取出后从中间切开,如图 4-36 所示。对试样的挤压段中心(A 区)、过渡段中心(B 区)、过渡段表层(D 区)、镦粗段中心(C 区)的组织进行观察,光学显微组织照片如图 4-37 所示。从图中可看出,在挤压段试样显微组织沿挤压方向呈条带状分布,由于高温下挤压和剪切的共同作用,产生了许多细小均匀的再结晶小晶粒带。进入镦粗段后,材料产生横向流动,流线打折、弯曲,再结晶小晶粒带被分散成团簇分布的小晶粒群,数量也进一步增多。由于摩擦的作用,试样表层剪切变形比中心严重,材料组织也更细小,如图 4-37(d)所示。进入下挤压腔的试样继续发生镦粗变形,更多晶粒发生动态再结晶,团簇分布的小晶粒群面积逐渐扩大,大晶粒数量逐渐减少,组织进一步细化。由此可见,材料在往复挤压过程中是逐渐细化的,在挤压段材料纵向流动,形成条带状组织;在镦粗段材料横向流动,条带组织变得弯曲紊乱。

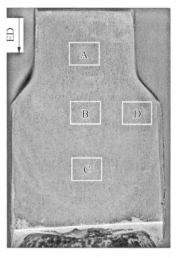

图 4-36　300℃往复挤压过程中 3 道次镦粗段的 ZK60 镁合金试样,挤压方向向下

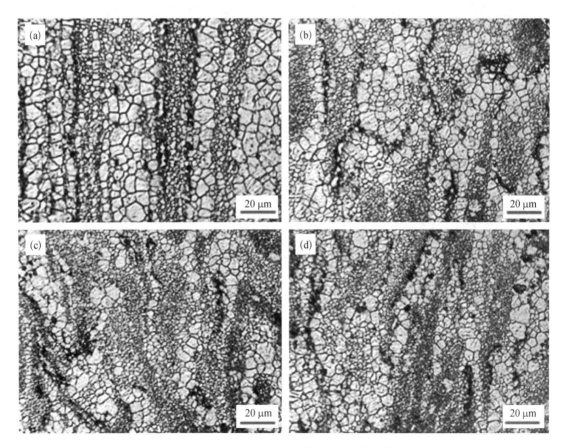

图 4-37　对应图 4-36 中试样不同位置的显微组织

(a) A 区;(b) B 区;(c) C 区;(d) D 区

4.3.2　往复挤压变形量对微观组织的影响

由第三章的数值模拟结论,往复挤压过程中试样表面的塑性应变量大于试样中心的应变量,因此本节首先考察了往复挤压后试样内组织分布的均匀性。图4-38为200℃往复挤压4道次后试样纵截面表层[图4-38(a)]与中心[图4-38(b)],以及横截面表层[图4-38(c)]与中心[图4-38(d)]的金相组织。经过仔细测量,发现表层晶粒尺寸略小于中心晶粒。对比纵截面和横截面的组织可发现,经往复挤压4道次后ZK60镁合金组织分布非常均匀,在晶粒大小和晶粒分布上基本没有区别。在AZ31镁合金的往复挤压中也发现[10],当变形量较大的时候,试样中心和表层的组织分布比较均匀,只有当变形量较小时(如小于3道次),表层组织才会明显细于中心组织。因此后续的研究所用试样都取自试样中心,取样位置参见图4-36。

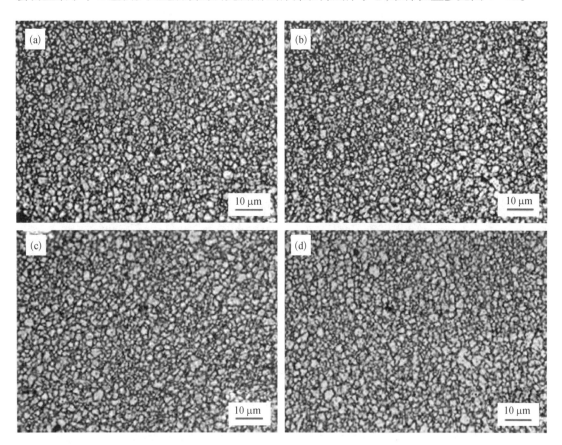

图4-38　200℃往复挤压4道次后ZK60镁合金金相组织

(a) 纵截面表层;(b) 纵截面中心;(c) 横截面表层;(d) 横截面中心

图4-39为ZK60镁合金经230℃往复挤压不同道次后的金相组织。由图4-39(a)可看出,挤压态ZK60镁合金原始晶粒粗大,分布很不均匀,大晶粒呈长条状分布,宽15~30 μm,长30~100 μm。平均尺寸为5 μm的细小再结晶晶粒分布在大晶粒周围,占据了约30%的面积。往复挤压1道次后[图4-39(b)],组织显著细化,但仍存在少量超过30 μm的粗大长条状晶粒,平均晶粒尺寸从挤压态的约20 μm细化到了约8 μm,可见由于第一道次往复挤

压只是坯料的二次挤压,材料流动方向没有改变,组织仍然呈条带状分布。往复挤压 2 道次后,产生了一次镦粗变形,材料在镦粗段变形方式由挤压变形的纵向流动改为横向流动,坯料的流线被打乱,材料组织显著均匀化,粗大的原始晶粒已经消失,平均晶粒尺寸约 3.5 μm。往复挤压 4 道次后,组织进一步细化到约 1.8 μm,并出现了尺寸小于 1 μm 的超细晶区域,如图 4-39(d)中标注的椭圆区域。8 道次后平均晶粒尺寸已细化到了约 1 μm,且组织非常均匀。14 道次后由于光学显微镜分辨能力的不足,已不能清楚地分辨出晶粒分布了。

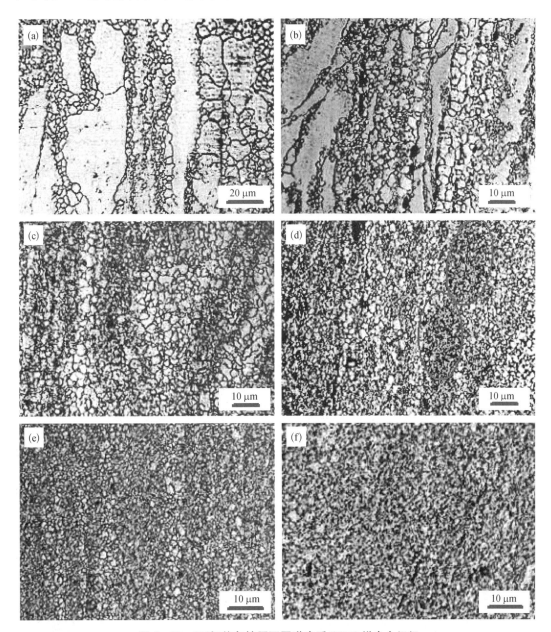

图 4-39　230℃往复挤压不同道次后 ZK60 镁合金组织

(a) 挤压态;(b) 往复挤压 1 道次;(c) 往复挤压 2 道次;(d) 往复挤压 4 道次,椭圆区域为超细晶组织;(e) 往复挤压 8 道次;(f) 往复挤压 14 道次为了观察高变形量的组织特征,采用 TEM 对 230℃往复挤压 8 道次和 14 道次后的 ZK60 镁合金组织进行了进一步观察,如图 4-40 所示。图 4-40(a)表明,往复挤压 8 道次后,组织发生了完全再结晶,出现了大量尺寸小于 500 nm 的小晶粒。晶粒间衬度较大,晶界清晰平直,说明晶粒间位向角较大,晶界以大角度晶界为主。往复挤压 14 道次后,组织进一步细化,平均晶粒尺寸约为 300 nm。

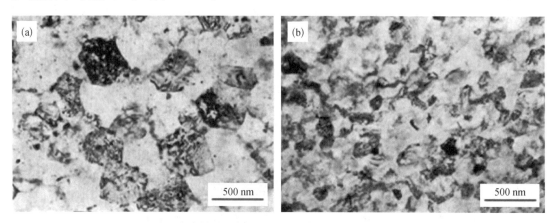

图 4-40　ZK60 镁合金经 230℃往复挤压后的 TEM 照片
(a) 往复挤压 8 道次;(b) 往复挤压 14 道次

4.3.3　往复挤压变形温度对微观组织的影响

图 4-41 所示为 ZK60 镁合金经 350℃、300℃、250℃和 180℃往复挤压 4 道次后的组织,230℃往复挤压 4 道次组织见图 4-39,200℃往复挤压 4 道次组织见图 4-38。经比较可发现,往复挤压温度对往复挤压镁合金微观组织的影响非常明显。在较高的 350℃下往复挤压时,组织由约 2 μm 细晶和 5~10 μm 的粗晶组成,粗晶和细晶都呈条带状分布,但皆为等轴状。降低往复挤压温度后,粗晶和细晶都逐渐细化,但直到 250℃材料组织仍不太均匀。温度继续降到 230℃后(图 4-39),经往复挤压 4 道次后,组织进一步细化,而且由均匀分布的细小等轴晶组成。再进一步降低温度则晶粒继续细化,并保持均匀分布。可见,往复挤压温度也是决定往复挤压后镁合金微观组织的决定性因素。随着变形温度的降低,晶粒尺寸显

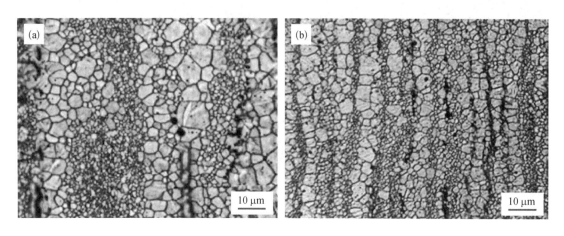

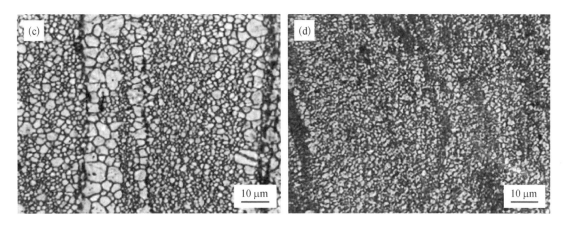

图 4 - 41　不同温度下往复挤压 4 道次后的 ZK60 镁合金组织

(a) 350℃；(b) 300℃；(c) 250℃；(d) 180℃

著细化,均匀度也不断提高。因此,为获得超细晶组织应采用尽量低的往复挤压温度,但在本实验条件下,ZK60 镁合金经低于 180℃ 的往复挤压皆因试样破碎而失败。

4.4　往复挤压 GW102K 镁合金的组织演变

4.4.1　变形量对微观组织的影响

为了直观了解往复挤压对 GW102K 稀土镁合金组织的影响,同时观察了经 450℃ 往复挤压前后试样的纵截面和横截面微观组织,如图 4 - 42 所示。从图中可看出,GW102K 镁合金初始晶粒粗大且分布不均,横向为大小不等的等轴晶,纵向晶粒沿挤压方向拉长,存在平行于挤压方向的流线,平均晶粒尺寸约为 20 μm。往复挤压 1 道次后[图 4 - 42(b)],晶粒显著细化,均匀性也明显提高,由于第 1 道次往复挤压没有镦粗变形,所以流线仍平行于挤压方向,尺寸较大的晶粒在纵向被拉长,平均晶粒尺寸约为 10 μm。往复挤压 2 道次后,随着晶粒的细化,流线变得弯曲、模糊,组织也进一步均匀化。进行到 8 道次后[图 4 - 42(e)],组织已非常均匀,晶粒呈等轴状,流线数量减少且分布非常分散,平均晶粒尺寸约为 4 μm。进一步往复挤压到 14 道次后[图 4 - 42(f)],由于光学显微镜分辨能力的不足,已不能清楚地分辨出晶粒分布了,但可发现第二相的分布非常均匀,流线基本消失。

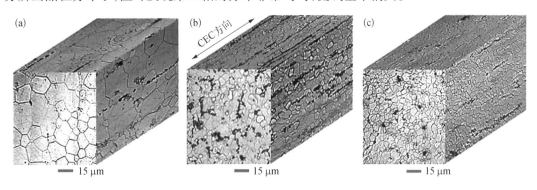

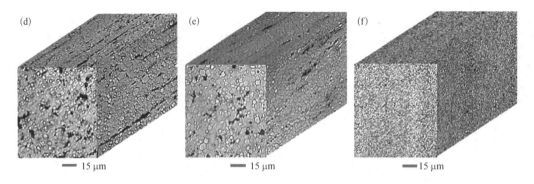

图 4-42 GW102K 镁合金经 450℃往复挤压前后的纵向和横向组织照片

(a) 挤压态;(b) 往复挤压 1 道次;(c) 往复挤压 2 道次;(d) 往复挤压 4 道次;(e) 往复挤压 8 道次;(f) 往复挤压 14 道次

**图 4-43 GW102K 镁合金经 450℃往复挤压
14 道次后的 TEM 照片**

为了考察高变形量的组织特征,采用 TEM 对 450℃往复挤压 14 道次后的 GW102K 镁合金组织进行了进一步观察,如图 4-43 所示。可见,往复挤压 14 道次后,组织由尺寸小于 1 μm 且分布均匀的等轴晶组成。晶粒间衬度较大,晶界清晰平直,证明晶粒间位向角较大,晶界以大角度晶界为主。

利用 EBSD 分析软件可以方便地给出晶粒尺寸及相应的数量或面积的比例。由于晶粒尺寸的面积分布图可以真实地反映晶粒的细化程度,因此利用 EBSD 分析软件分析了往复挤压 GW102K 镁合金的晶粒大小面积分布情况,如图 4-44 所示。从挤压态 GW102K 镁合金的晶粒尺寸分布图[图 4-44(a)]可以看出,晶粒尺寸的分布范围为 1.0~26.2 μm,面积最多的是直径为 16~19 μm 的晶粒。450℃往复挤压 2 道次后[图 4-44(b)],晶粒尺寸的分布范围为 0.5~10.5 μm,面积最多的是直径为 2.0~4.5 μm 的晶粒。这表明往复挤压后,晶粒尺寸显著细化,分布范围明显缩小。粗晶粒从大于 26 μm 减小到约 10.5 μm。说明往复挤压对 GW102K 稀土镁合金也具有较高的细化能力。往复挤压 4 道次后,晶粒尺寸分布范围为 0.3~6.3 μm,直径为 2~3 μm 的晶粒最多。往复挤压 8 道次后的晶粒尺寸分布范围为 0.3~4.5 μm,以直径为 1.0~1.5 μm 的晶粒为主。由此可见,随着往复挤压道次增加,晶粒细化的同时均匀化逐渐提高;晶粒尺寸并不随着变形量的增加而线性降低,细化能力是随着道次的增加而逐渐降低的。

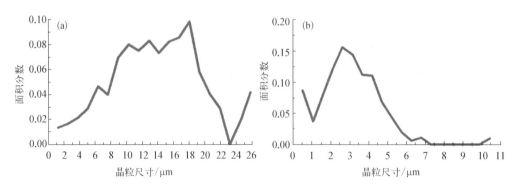

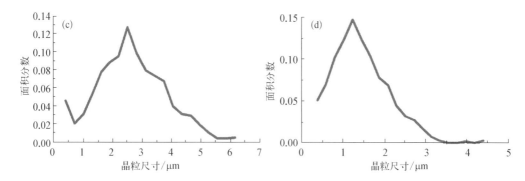

图 4-44　450℃往复挤压前后 GW102K 镁合金的晶粒尺寸面积分布图

(a) 挤压态;(b) 往复挤压 2 道次;(c) 往复挤压 4 道次;(d) 往复挤压 8 道次

4.4.2　往复挤压变形温度对微观组织的影响

图 4-45 为利用 EBSD 得到的 GW102K 镁合金经不同温度往复挤压 4 道次后的晶粒形貌图。由于 GW102K 为高稀土含量镁合金,含有大量难变形的第二相粒子,在较低温度下变

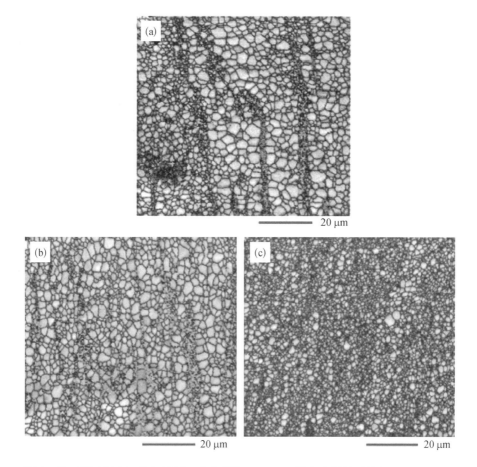

图 4-45　不同温度下往复挤压 4 道次后的 GW102K 镁合金晶粒形貌(SEM-EBSD)

(a) 450℃;(b) 400℃;(c) 350℃

形很容易发生开裂现象。通过实验发现,300℃及以下温度往复挤压变形后,很难保证试样不破裂,而过高温度下变形又会导致组织粗大,因此本书只考察了350℃、400℃和450℃往复挤压对 GW102K 镁合金组织的影响。由图 4-39(a)可发现,在较高的温度(450℃)下往复挤压 4 道次后组织中仍然有较明显的流线,流线附近的晶粒比较细小,而其他部分的晶粒则比较粗大,平均晶粒尺寸约为 6 μm。随着往复挤压温度的降低,组织逐渐细化,400℃往复挤压 4 道次后,组织的均匀度明显提高,尤其是流线数量大幅减少。温度降低到 350℃后除少数晶粒尺寸较大外,组织基本上已经显著细化了。同时发现,同样是温度降低 50℃,从400℃降低到 350℃产生的细化效果要明显好于从 450℃降到 400℃所产生的细化效果。

4.5 本章小结

本章研究了背压对往复挤压 AZ31 镁合金组织的影响规律;挤压道次与温度对 AZ31 镁合金晶粒大小、形貌与晶界结构的影响规律;分析了往复挤压过程中第二相粒子的分布与不同性质第二相粒子对往复挤压组织的影响规律。并且研究了往复挤压过程中 ZK60 和GW102K 镁合金的组织结构和织构的演变,考察了往复挤压变形温度和变形量对晶粒尺寸和形貌、晶界类型、织构类型和强度的影响。分析了第二相的种类和数量对 ZK60 和GW102K 镁合金在往复挤压过程中晶粒、晶界和织构的影响。根据组织演变特征,讨论了往复挤压镁合金的细化机制,得出如下结论。

(1) 在相同条件下(温度为 300℃,7 道次),无论是横向组织还是纵向组织,加背压往复挤压对 AZ31 镁合金具有更强的细化能力,特别是对粗晶粒的细化能力。背压使粗晶粒的细化速度加快,同时也增加了组织的均匀性。

(2) 往复挤压对镁合金具有强烈的细化能力。在 300℃对 AZ31 镁合金往复挤压 1~25 道次,发现初始道次的细化作用最强,然后随着道次的增加细化作用减小。存在一个临界道次(临界累积应变量,在本研究中为 7 道次),超过这个临界道次后,往复挤压的晶粒大小不再有明显变化。

(3) 对 AZ31 镁合金 300℃往复挤压后试样纵向中部、边部和横向中部的组织均匀性研究发现,无论挤压道次如何改变,横截面中部和纵向中部组织没有明显的差别;而纵向中部和边部组织在往复挤压初始道次之后,中部晶粒明显大于边部晶粒。随着往复挤压累积应变的增加,组织差异性明显减小直到不能明显区别。

(4) 随着挤压道次的增加,晶粒逐渐细化,组织均匀性逐渐增加,小角度晶界有减小的趋势,平均取向差有增加的趋势。挤压态 AZ31 镁合金平均晶粒尺寸为 25 μm,小角度晶界占 28.7%,平均取向差为 34.6°。300℃往复挤压变形 7 道次平均晶粒尺寸为 1.77 μm,其中细晶粒分布范围为 150±50 nm,小角度晶界占 7%,平均取向差为 54.8°。往复挤压细晶粒趋向于聚集在一起形成链形网状结构,随着累积应变量的增加,细晶粒的比例明显增加,原有的链形网状结构被分割和重新分布后,组织更加均匀。细小第二相增加,细晶的聚集程度减小。

(5) 往复挤压温度的降低有利于小角度晶界含量和晶粒尺寸减小,平均取向差和晶界密度增加。对 AZ31 镁合金往复挤压 3 道次，温度从 400℃降低到 225℃时，小角度晶界从19.8%连续减小到 5.4%；平均晶粒尺寸从 3.36 μm 降低到 1.72 μm；晶粒间的平均取向差从40.7 连续增加到 51.3；晶界密度从 0.68 一直增加到 3.42。

（6）比较在 225℃往复挤压 7 道次的 AZ31、AZ31-1Si 和 AZ91 镁合金发现，往复挤压对数量少、细小的第二相粒子 $Mg_{17}Al_{12}$ 具有细化和重新分布的作用，$Mg_{17}Al_{12}$ 粒子趋向于网络状分布。$Mg_{17}Al_{12}$ 能促进往复挤压镁合金晶粒间位向差的增加、大角度晶界的形成和粗晶粒的细化。往复挤压对大块状 Mg_2Si 也有一定的细化效果而基本没有重新分布的作用。Mg_2Si 对往复挤压镁合金的晶粒大小、晶粒形貌和晶界结构影响很小。

（7）往复挤压对 ZK60 和 GW102 镁合金都具有强烈的细化能力。晶粒尺寸随着往复挤压道次增加而逐渐细化，细化效率随道次增加逐渐降低。在相同道次下，往复挤压温度越低组织晶粒越细。组织均匀性随着往复挤压道次增加和温度降低而逐渐提高。镁合金中的第二相与晶粒一样随着往复挤压道次的增加或往复挤压温度的降低逐渐细化，分布均匀性逐渐提高。

（8）第二相的种类、数量和分布对往复挤压镁合金的组织产生重要影响。GW102K 镁合金中主要的第二相 $Mg_{24}(Gd,Y)$ 的含量为 5%~9%，而 ZK60 镁合金中主要第二相 MgZ_2的含量仅为 2%~4%。因此在相同往复挤压条件下，GW102K 镁合金组织最细，不含第二相的纯镁组织最粗。ZK60 镁合金中的第二相尺寸小，主要分布在晶内，而 GW102K 镁合金中第二相尺寸较大，且主要分布在晶界上或附近，阻碍了变形过程中晶粒的转动。因此，虽然往复挤压后织构类型相同，但 GW102K 镁合金织构强度明显低于 ZK60 镁合金。

参考文献

［1］ TAN J C, TAN M J. Dynamic continuous recrystallization characteristics in two stage deformation of Mg-3Al-1Zn alloy sheet［J］. Materials Science & Engineering A：Structural Materials：Properties, Microstructure and Processing, 2003, 339(1/2)：124-132.

［2］ ZHENG J, WANG Q D, JIN Z L, et al. The microstructure, mechanical properties and creep behavior of Mg-3Sm-0.5Zn-0.4Zr (wt. %) alloy produced by different casting technologies［J］. Journal of Alloys and Compounds：An Interdisciplinary Journal of Materials Science and Solid-state Chemistry and Physics, 2010, 496(1/2)：351-356.

［3］ VALIEV R Z, ISLAMGALIEV R K, ALEXANDROV I V. Bulk nanostructured materials from severe plastic deformation［J］. Progress in Materials Science, 2000, 45(2)：103-189.

［4］ WANG Y M, CHEN M W, ZHOU F H, et al. High tensile ductility in a nanostructured metal［J］. Nature, 2002, 419(6910)：912-915.

［5］ FIGUEIREDO R B, LANGDON T G. The development of superplastic ductilities and microstructural homogeneity in a magnesium ZK60 alloy processed by ECAP［J］. Materials Science & Engineering A：Structural Materials：Properties, Microstructure and Processing, 2006, A430(1/2)：151-156.

［6］ KIM W J, HONG S I, KIM Y S, et al. Texture development and its effect on mechanical properties of an AZ61 Mg alloy fabricated by equal channel angular pressing［J］. Acta Materialia, 2003, 51(11)：3293-3307.

［7］ LAPOVOK R，THOMSON P F，COTTAM R，et al. Processing routes leading to superplastic behaviour of magnesium alloy ZK60［J］. Materials Science & Engineering A：Structural Materials：Properties，Microstructure and Processing，2005，410/411：390－393.

［8］ WANG H B，HONG Y，LIANG Y X，et al. Effect of extrusion ratio on mechanical properties of AZ31B alloy［J］. Transactions of Nonferrous Metals Society of China，2005，15（Special 3）：23－27.

［9］ APPS P J，BOWEN J R，PRANGNELL P B. The effect of coarse second-phase particles on the rate of grain refinement during severe deformation processing［J］. Acta Materialia，2003，51(10)：2811－2822.

［10］ 陈勇军.往复挤压镁合金的组织结构与力学性能研究［D］.上海：上海交通大学,2007.

第五章　往复挤压镁合金的织构演变

5.1　引言

多晶材料的性能由单晶性能和多晶的组织结构、织构状态参数决定。织构强烈地影响金属的强度[1]和塑性[2]。Toshiji 等[3]通过 ECAP 变形 AZ31 镁合金调整(0001)基面分布,使伸长率增加到 50%。Kim 等[1]采用 ECAP 变形 AZ61 镁合金后认为,织构对细晶镁合金强度和塑性具有重大影响,其影响甚至可能大于晶粒尺寸的影响。通常情况下,影响织构组分的因素很多,主要为变形方式、温度和变形量。一般来讲,挤压或者拉拔形成{0001}基面纤维织构,即{0001}基面平行于挤压或者拉拔方向[4]。压缩形成的{0001}基面纤维织构使{0001}基面垂直于压缩方向[5]。轧制时形成(0001)基面板织构[6]。ECAP 变形使镁合金基面平行于挤压方向或者沿剪切面成一定角度(具体角度与 ECAP 的路径有关)[6]。在室温下,非基面滑移是基面滑移临界分切应力(CRSS)的 100 倍[7]。当温度升高后(225℃以上),锥面和柱面等潜在滑移系被激活,两者的比值大大降低,导致各滑移系对塑性应变的贡献发生复杂的变化,从而对织构组分产生强烈影响。变形量对织构的影响表现在大变形中各个道次的织构组分演变。

往复挤压是挤压与压缩的循环往复变形复合技术,与 ECAP 等大塑性变形技术具有截然不同的变形方式,必然对镁合金的织构组分产生复杂而强烈的影响。在此之前,还没有关于往复挤压合金织构研究的文献资料。本章的目的是研究:① 往复挤压过程中的织构演变;② 往复挤压温度对织构的影响规律;③ 往复挤压过程中第二相对织构的影响规律。以期揭示往复挤压获得的细晶镁合金织构特征和织构与力学性能的联系。

织构的常用表示方法有:极图(pole figure,PF)、反极图(inverse pole figure,IPF)和取向分布函数(ODF)。但是,极图和反极图都是采用二维信息表示三维晶体空间,因此,极图和反极图表达的信息是不完整的或者半定量的。而 ODF 图采用三维 Euler 位相空间表示具体位相的分布,克服了以上缺点。对于密排六方的镁合金,考虑到晶体对称性,ODF 图只需要采用上限分别为{90°,90°,60°}来表达{ψ,θ,φ}[8]。具体三种织构的表示与分析方法见表 5 - 1。

表 5 - 1　织构的表示与分析方法[8,9]

表示名称	表　示　方　法	分　析　方　法	优　缺　点
极图	采用特殊外观方向(轧向、横向、法向)作为参考坐标系,表示某种晶面(hkl)在此参考系中的分布概率的极射赤面投影图	定性对照法:用相同点阵的单晶标准极图与待分析极图对照,待分析极图中最强极密度与标准极图相对应的区域即为取向织构(hkl)[uvw]	适用于表示比较集中和简单的织构。分析较复杂,信息不完整

表 示 名 称	表 示 方 法	分 析 方 法	优 缺 点
反极图	以试样内特定的晶体学方向(常用主晶轴<001>、<011>、<111>)作为参考轴,表示多晶体各晶面法向相对于主晶轴的分布概率	定性分析方法	适用于表示比较集中和简单的织构。比极图更直观,简单但信息量更少
取向分布函数	采用三维 Euler 位向空间表示具体位向的分布	采用三个欧拉角数值定量计算	信息全面,简单

5.2　往复挤压工艺对 AZ31 镁合金织构的影响

5.2.1　往复挤压变形程度对 AZ31 镁合金织构的影响

5.2.1.1　宏观织构

宏观织构采用 X 射线衍射仪测定镁合金中 {0002} 和 {10$\overline{1}$0} 极图,分析往复挤压后 AZ31 镁合金的宏观织构分布情况。取样部位与微观织构的分析完全一致,以便对比分析。测试结果见表 5-2,由表可知,往复挤压由于应力应变比较复杂,导致织构集中程度低,织构散漫度较大。为简化研究,在分析时主要选取织构组分最强的组分进行分析。

表 5-2　300℃往复挤压 AZ31 镁合金的宏观极图列表

样 品	{0002} 极图	{10$\overline{1}$0} 极图
往复挤压 1 道次 {0001}<10$\overline{1}$0>	max=6.00	max=2.00
往复挤压 3 道次 {10$\overline{1}$1}<$\overline{1}$5$\overline{4}$3>	max=6.00	max=6.00

续　表

样　品	{0002} 极图	{10\bar{1}0} 极图
往复挤压 7 道次 {1450}<3\bar{2}\bar{1}3>	max=6.00	max=6.00

从前面的分析可知,常规挤压镁合金中形成了 {0001} 基面纤维织构,{0001} 基面平行于挤压方向。本书中往复挤压的原材料为挤压态合金,往复挤压 1 道次后,相当于二次挤压,织构类型还是基面纤维织构,即 {0001} 基面平行于观察面。见表 5-2,往复挤压 3 道次后,{0001} 基面与观察面的夹角增加,达 62°,{10\bar{1}0} 面与观察面平行。往复挤压 7 道次后,{0001} 基面与观察面的夹角继续增加到 90°,观察面与 {1450} 面平行。

5.2.1.2　微观织构

微观织构通过 SEM 上的 EBSD 附件测试,简单方便。可以同时获得晶粒大小、晶界结构、晶粒位向、织构分布和比例等信息。图 5-1 为挤压态和往复挤压后 AZ31 镁合金的位向

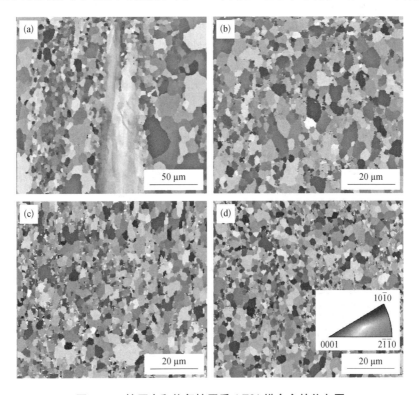

图 5-1　挤压态和往复挤压后 AZ31 镁合金的位向图

(a) 挤压态;(b) 往复挤压 1 道次;(c) 往复挤压 3 道次;(d) 往复挤压 7 道次

图。图 5 - 1(d)中插入的反极图表示图中不同颜色所代表的晶面。由图可知,从图 5 - 1(a)~(d),红色的比例逐渐减小,说明(0001)晶面在往复挤压过程中逐渐旋转,偏离观察平面。晶体的定量织构分析见表 5 - 3。与宏观织构对比可以看出,在织构组分上,两者差异性较小。ODF 图真实记录了全部织构信息,从 ODF 图的强度改变来看,随着挤压道次的增加,织构强度逐渐减小。挤压态合金具有非理想的基面纤维织构。往复挤压 1 道次后,(0001)平面平行于观察平面。此时镁合金的<0001>方向(即 c 轴),与挤压方向相垂直。往复挤压 3 道次后,织构分布接近于 $\{1\bar{2}1\bar{1}\}<3\bar{1}23>$,(0001)平面与观察平面的夹角增加到 68°,而织构对应晶体的 c 轴与挤压方向的夹角减小到 43°。往复挤压 7 道次后,组织中形成了 $\{14\bar{5}0\}<3\bar{1}23>$ 织构。此时,(0001)面与观察平面的夹角增加到 90°,即(0001)面与观察平面相垂直。织构对应晶粒的 c 轴与挤压方向的夹角没有变化,还是 43°。

表 5 - 3 不同变形程度的 AZ31 镁合金 ODF 图、$\{0002\}$ 极图和 $\{10\bar{1}0\}$ 极图

样品和织构	ODF 图	$\{0002\}$ 极图	$\{10\bar{1}0\}$ 极图
挤压态 $\{01\bar{1}1\}<2\bar{1}\bar{1}0>$	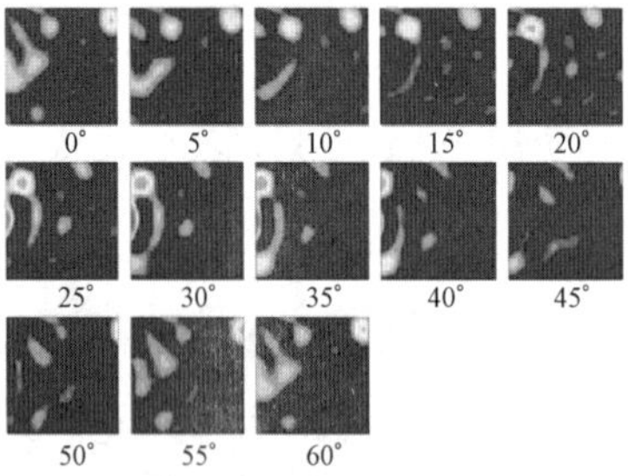 max=13.6	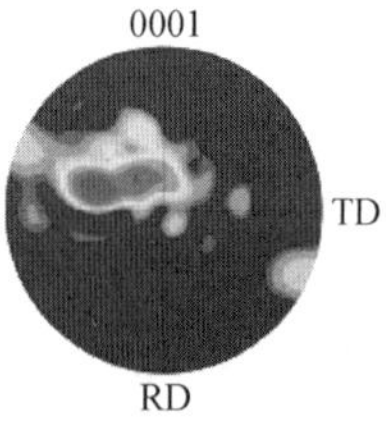 max=14.8	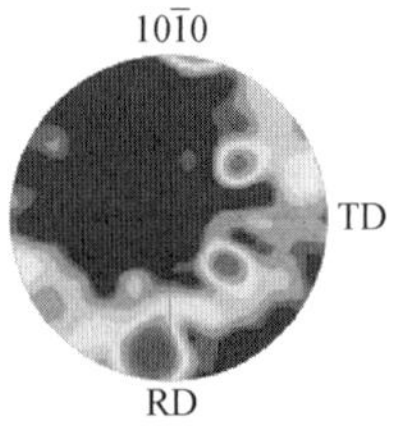 max=7.7
往复挤压 1 道次 $\{0001\}<1\bar{1}00>$	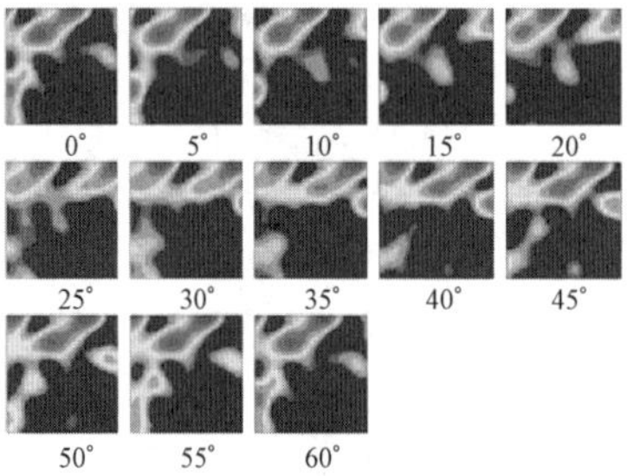 max=5.9	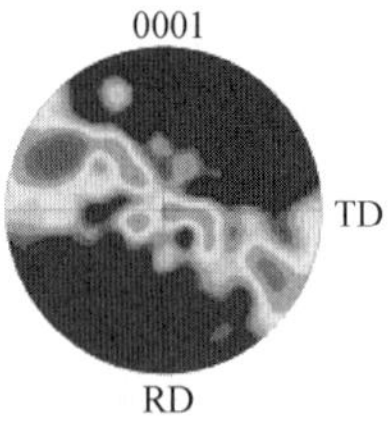 max=5.0	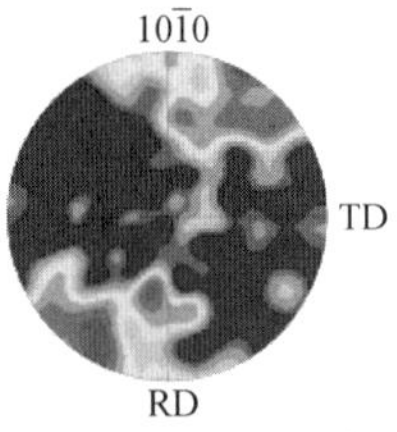 max=2.6
往复挤压 3 道次 $\{1\bar{2}1\bar{1}\}<3\bar{1}23>$	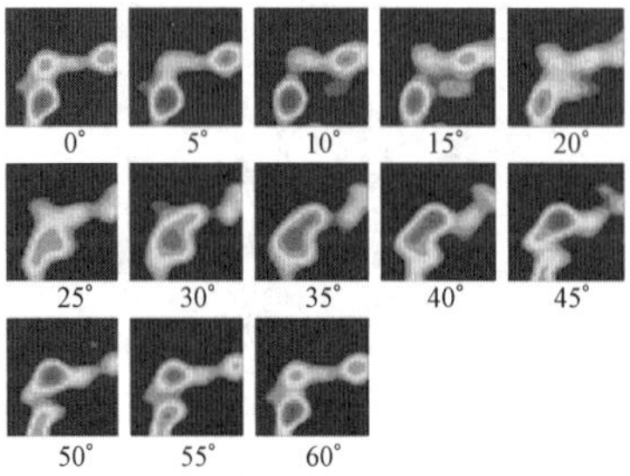 max=4.5	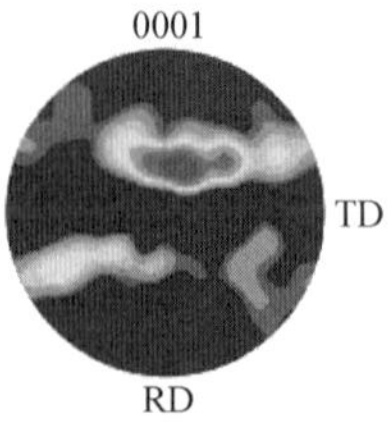 max=9.8	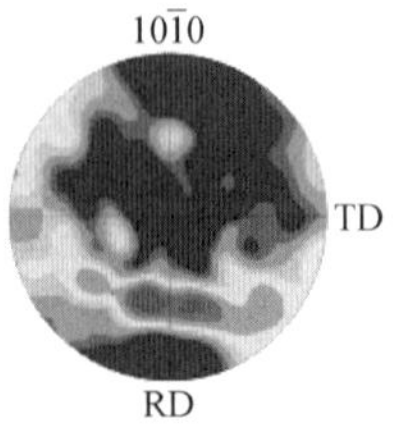 max=3.3

样品和织构	ODF 图	{0002} 极图	{10$\bar{1}$0} 极图
往复挤压 7 道次 {1450}<3$\bar{2}$1$\bar{3}$>	 max=4.5	max=3.8	max=2.0

表 5－4 是挤压态与往复挤压 AZ31 镁合金的主要织构和对应的 Schmid 因子统计。由表 5－4 可知，挤压态和往复挤压 1 道次后，大多数晶粒在各滑移系统上的 Schmid 因子为 0，处于硬取向位置，说明滑移不容易开动。此时，镁合金的强化作用明显，但伸长率较低。往复挤压 3 道次和 7 道次后，基面最大 Schmid 因子达到 0.49，说明镁合金的大多数晶粒处于滑移的有利位向，大多数晶粒为软取向位置，滑移容易开动和通过晶界传播到相邻晶粒，变形均匀性增加。此时，镁合金伸长率高，但强化作用不高。

表 5－4　挤压态与往复挤压 AZ31 镁合金的主要织构和对应的 Schmid 因子

样　品	织　构	施密特因子（基面{0001}）		
		<2$\bar{1}$$\bar{1}$0>	<$\bar{1}$2$\bar{1}$0>	<$\bar{1}$102>
AZ31 镁合金挤压态	{01$\bar{1}$1}<2$\bar{1}$$\bar{1}$0>	0	0	0
AZ31 镁合金 300℃往复挤压 1 道次	{0001}<1$\bar{1}$00>	0	0	0
AZ31 镁合金 300℃往复挤压 3 道次	{1$\bar{2}$11}<3$\bar{1}$2$\bar{3}$>	0.490	0.163	0.327
AZ31 镁合金 300℃往复挤压 7 道次	{1450}<3$\bar{2}$1$\bar{3}$>	0.490	0.327	0.163

5.2.2　变形温度对 AZ31 镁合金织构的影响

图 5－2 是 AZ31 镁合金在不同温度往复挤压 3 道次后的位向图。由图可知，在温度为 300℃和 400℃时，组织中{10$\bar{1}$0}晶面平行于观察平面的晶粒数目明显减少，(0001)晶面平行于观察平面的晶粒明显增加。晶体的织构组分定量分析见表 5－5。

表 5－5 是不同往复挤压温度的 AZ31 镁合金 ODF 图、{0002}极图和{10$\bar{1}$0}极图列表。由 ODF 图中的织构强度可知，温度升高，织构强度有增加的趋势。从{0002}和{10$\bar{1}$0}极图中织构强度的变化也可反映这一规律。在低温区 225℃变形时，织构组分为{1$\bar{2}$11}<1101>。(0001)晶面与观察平面的夹角为 73°，镁合金中织构对应晶体的 c 轴与挤压方向的夹角为 32°。温度增加到 300℃，(0001)晶面与观察平面的夹角变化较小，但织构对应晶体的 c 轴与挤压方向的夹角增加到 43°。温度为 350℃时，(0001)晶面与观察平面的夹角依然是 73°，但

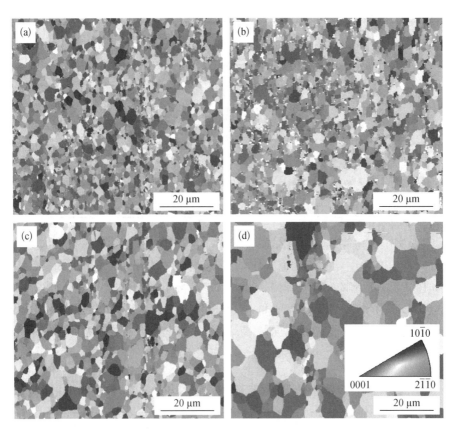

图 5 - 2　AZ31 镁合金往复挤压 3 道次的位向图

(a) 225℃；(b) 300℃；(c) 350℃；(d) 400℃

织构对应晶体的 c 轴与挤压方向的夹角减小到 225℃ 变形时的 32°。往复挤压变形温度升高到 400℃，织构强度达到最大值。织构组分改变为 <$1\bar{2}33$><$1\bar{1}23$>。(0001)晶面与观察平面的夹角减小到 59°，织构对应晶体的 c 轴与挤压方向的夹角保持在 32°。

表 5 - 5　不同往复挤压温度的 AZ31 镁合金 ODF 图、{0002} 极图和 {10$\bar{1}$0} 极图

样　品	ODF 图	{0002} 极图	{10$\bar{1}$0} 极图
225℃ 往复挤压 3 道次 {$1\bar{2}\bar{1}1$}<$110\bar{1}$>	0°　5°　10°　15°　20° 25°　30°　35°　40°　45° 50°　55°　60° max=6.9	0001 TD RD max=4.3	10$\bar{1}$0 TD RD max=1.8

续　表

样　品	ODF 图	{0002}极图	{101̄0}极图
300℃ 往复挤压 3 道次 {1̄2̄11}<31̄2̄3>	0° 5° 10° 15° 20° 25° 30° 35° 40° 45° 50° 55° 60° max=4.5	0001 TD RD max=9.8	101̄0 TD RD max=3.3
350℃ 往复挤压 3 道次 {1̄2̄11}<011̄1̄>	25° 30° 35° 40° 45° 50° 55° 60° max=15.8	0001 TD RD max=12.7	101̄0 TD RD max=4.0
400℃ 往复挤压 3 道次 {12̄3̄}<1̄1̄23>	0° 5° 10° 15° 20° 25° 30° 35° 40° 45° 50° 55° 60° max=17.8	0001 TD RD max=11.2	101̄0 TD RD max=4.3

表 5-6 是不同挤压温度下往复挤压 AZ31 镁合金中的主要织构和对应的 Schmid 因子统计。由表 5-6 可得,随着温度的增加,织构组分在不断改变,锥面滑移有了一定程度的开动。在 300℃往复挤压变形后基面上的最大 Schmid 因子最高,达 0.49,其余往复挤压温度的最大 Schmid 因子也达到 0.447。说明往复挤压大塑性变形调整了基面分布,使滑移系的开动更容易。温度对 Schmid 因子的影响不如往复挤压道次明显。

表 5-6　不同挤压温度下往复挤压 AZ31 镁合金中的主要织构和对应的 Schmid 因子

温　度	织　构	施 密 特 因 子				
		基面{0001}			棱锥面{101̄1}	棱柱面{101̄0}
		<21̄1̄0>	<1̄21̄0>	<1̄1̄20>	<1̄21̄0>	<1̄21̄0>
225℃	{1̄2̄11} <11̄01̄>	0.223	0.223	0.447	0.154	0.069

温　度	织　构	施 密 特 因 子				
		基面$\{0001\}$			棱锥面$\{10\bar{1}1\}$	棱柱面$\{10\bar{1}0\}$
		$<2\bar{1}\bar{1}0>$	$<\bar{1}2\bar{1}0>$	$<\bar{1}\bar{1}20>$	$<\bar{1}2\bar{1}0>$	$<\bar{1}2\bar{1}0>$
300℃	$\{\bar{1}2\bar{1}1\}$ $<3\bar{1}\bar{2}3>$	0.490	0.163	0.327	0.218	0.151
350℃	$\{\bar{1}2\bar{1}1\}$ $<011\bar{1}>$	0.447	0.223	0.223	0.262	0.138
400℃	$\{12\bar{3}3\}$ $<\bar{1}\bar{1}23>$	0.223	0.223	0.447	0.154	0.069

5.2.3　第二相对往复挤压镁合金织构的影响

图 5-3 是 AZ31、AZ31-1Si 和 AZ91 镁合金在 225℃往复挤压 7 道次后的晶粒位向图。从图 5-3 可以看出，$\{10\bar{1}0\}$ 晶面平行于观察面的晶粒在 AZ91 镁合金中明显减少。对图 5-3 的织构组分定量分析见表 5-7。由表 5-7 可得，第二相的数量增加，使织构强度降低。AZ31 镁合金在 225℃时往复挤压 7 道次后的织构组分为 $\{01\bar{1}1\}$ $<4\bar{3}\bar{1}2>$。（0001）晶面与观

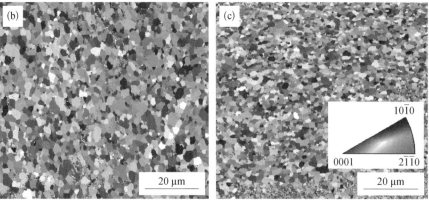

图 5-3　含不同第二相的镁合金在 225℃往复挤压 7 道次后的晶粒位向图

（a）AZ31 镁合金；（b）AZ31-1Si 镁合金；（c）AZ91 镁合金

察平面的夹角为 $62°$。织构对应晶体的 c 轴与挤压方向的夹角为 $55°$。当 $Mg_{17}Al_{12}$ 含量增加,见表 5－7 中的 AZ91 镁合金,织构强度降低,织构组分演变为 $\{11\bar{2}2\}$ $<1\bar{3}23>$。此时(0001) 晶面与观察平面的夹角降低到 $58°$,织构对应晶体的 c 轴与挤压方向的夹角也相应地降低到 $43°$。当增加 AZ31 镁合金中的 Mg_2Si 含量,织构组分演变为 $\{12\bar{3}1\}$ $<1\bar{1}01>$。此时基面与观察平面的夹角增加到 $79°$,织构对应晶体的 c 轴与挤压方向的夹角也相应地降低到 $47°$。

表 5－7　含不同第二相镁合金的 ODF 图、$\{0002\}$ 极图和 $\{10\bar{1}0\}$ 极图列表

样　品	ODF 图	$\{0002\}$ 极图	$\{10\bar{1}0\}$ 极图
AZ31 镁合金挤压 7 道次后的 $\{01\bar{1}1\}$ $<4\bar{3}\bar{1}2>$	0° 5° 10° 15° 20° 25° 30° 35° 40° 45° 50° 55° 60° max=8.1	0001 TD RD max=6.5	10$\bar{1}$0 TD RD max=3.1
AZ31－1Si 镁合金挤压 7 道次后的 $\{12\bar{3}1\}$ $<1\bar{1}01>$	0° 5° 10° 15° 20° 25° 30° 35° 40° 45° 50° 55° 60° max=6.3	0001 TD RD max=5.9	10$\bar{1}$0 TD RD max=2.3
AZ91 镁合金挤压 7 道次后的 $\{11\bar{2}2\}$ $<1\bar{3}23>$	0° 5° 10° 15° 20° 25° 30° 35° 40° 45° 50° 55° 60° max=4.1	0001 TD RD max=3.0	10$\bar{1}$0 TD RD max=1.7

对表 5－7 中的织构组分进一步分析,就获得表 5－8 中三种镁合金的主要织构分布和对应的 Schmid 因子。由表 5－6 可知,在往复挤压 7 道次后,虽然第二相的成分和含量不同,三种镁合金都具有较高的 Schmid 因子。说明在往复挤压 7 道次后,镁合金组织变得细小,镁合金的塑性变形能力大大提高。

表 5-8 含不同第二相镁合金的主要织构分布和对应的 Schmid 因子

样　品	织　　构	施密特因子（基面 {0001}）		
		$<2\bar{1}\bar{1}0>$	$<\bar{1}2\bar{1}0>$	$<\bar{1}\bar{1}20>$
AZ31 镁合金	$\{01\bar{1}1\}<4\bar{3}\bar{1}2>$	0.393	0.295	0.098
AZ31-1Si 镁合金	$\{12\bar{3}1\}<1\bar{1}01>$	0.432	0.432	0
AZ91 镁合金	$\{11\bar{2}2\}<1\bar{3}23>$	0.163	0.490	0.327

5.3　往复挤压工艺对 ZK60 镁合金织构和晶粒位向差的影响

5.3.1　往复挤压 ZK60 镁合金的宏观织构演变

宏观织构分析采用 X 射线衍射仪测定镁合金中的 {0002} 和 {10$\bar{1}$0} 极图，取样部位。挤压态 ZK60 镁合金经 230℃往复挤压不同道次后的 {0002} 和 {10$\bar{1}$0} 极图列于表 5-9。将实验所得极图与镁的单晶标准极图相叠加，把极图上极密度大的区域对准标准投影图上的相应的（0002）极点，即可确定出该织构组分的面指数，进而结合 {10$\bar{1}$0} 极图确定出该织构组分的晶向指数。

表 5-9　ZK60 镁合金经 230℃往复挤压前后的 {0002} 和 {10$\bar{1}$0} 极图

样　品	{0002} 极图	{10$\bar{1}$0} 极图	晶 体 取 向
挤压态	最高强度=12.1	最高强度=10.1	
230℃往复挤压 2 道次	最高强度=9.1	最高强度=7.9	

样　品	{0002}极图	{10$\bar{1}$0}极图	晶 体 取 向
230℃往复挤压 4 道次	最高强度 = 7.8	最高强度 = 6.0	CEC轴向 (0002) 20°~30°
230℃往复挤压 8 道次	最高强度 = 7.0	最高强度 = 5.2	CEC轴向 (0002) 20°~30°

　　从表 5 - 9 中可得出,挤压态 ZK60 镁合金中{0002}晶面和<10$\bar{1}$0>晶向都平行于挤压方向(ED)(见表 5 - 9 中晶体取向示意图),这就是典型的<10$\bar{1}$0>丝织构[10]。这种织构类型在多种镁合金中被发现[1,3],是挤压态镁合金的典型织构。经过 2 道次往复挤压后晶体的择优取向发生了改变,{0002}晶面的最大极密度区域从往复挤压前的赤道带方向向两极偏转了20°~30°。对照 Mg 单晶极图,可标定该织构的组分有:{10$\bar{1}$3}<30$\bar{3}$2>+{10$\bar{1}$1}<15$\bar{4}$3>。另外,{0002}极图的最大极密度从往复挤压前的 12.1 降到了 9.1,<10$\bar{1}$0>极图的最大极密度也下降了 2.2,说明织构改变的同时,织构的集中度降低。往复挤压道次增加到 4 和 8 道次后,织构类型并没有发生改变,只是织构强度逐渐降低。在 AZ31 镁合金的往复挤压中也得到了非常类似的极图,织构标定为{1$\bar{4}$50}<3$\bar{2}$13>+{10$\bar{1}$1}<1$\bar{5}$43>[11],从极图直观来看,织构类型也没有随着往复挤压道次的增加而变化,而且最大极密度也随着往复挤压道次的增加而降低。因此可以推断,采用相同往复挤压模具,不同的镁合金经过不同的往复挤压道次都会得到类型相似的织构,只是织构的强度有所不同。

　　采用 X 射线衍射仪测定镁合金的极图时只能采集到 0~75°的晶体取向数据,即为不全极图。为了提高织构标定的准确度,利用实验测定的{0002}、{10$\bar{1}$0}、{1$\bar{2}$10}、{10$\bar{1}$1}和{10$\bar{1}$2}5 个不全极图的数据采用计算法得到三维取向分布函数(ODF),再利用 ODF 数据重新计算出全极图。图 5 - 4 为根据230℃往复挤压 2 道次的{0002}不全极图重新计算得到的

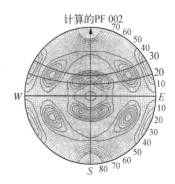

图 5 - 4　利用 ZK60 镁合金 230℃往复挤压 2 道次的不全极图计算得到的{0002}全极图

{0002}全极图。由于往复挤压是轴对称变形行为,那么{0002}晶面在绕往复挤压轴的分布应该是随机的。从图5-4中也可见最大极密度基本都分布于维度为20°~30°的范围内。因此,可以说往复挤压后镁合金仍为一种丝织构,根据优先选择低指数的原则,可以得到织构类型为<2201>的丝织构。

5.3.2 ZK60镁合金往复挤压中的微观织构演变

相对宏观织构而言,微观织构从较小范围、较少数量晶粒获得晶体取向分布。微观织构通过 SEM 电镜上的 EBSD 附件测试。其优点是可以直接得到材料的全极图,并可进行各种形式的定量分析,也能与晶粒大小、晶界结构、晶粒位向、第二相等信息共同分析。图5-5是 ZK60 镁合金在230℃往复挤压至3道次时试样不同部位的{0002}和{10$\bar{1}$0}晶面全极图,图5-5(a)、(b)、(c)分别对应图4-36中的 A 区、B 区和 C 区,图中等值线衍射越深表示极密度值越高。从挤压段(A 区)到镦粗段(B 区),可看出极图的分布都呈现绕往复挤压轴向旋转对称,这主要是因为往复挤压和常规挤压一样,变形方式为轴对称。从挤压段到镦粗段{0002}极图演变规律是:最大极密度区域从靠近赤道分布逐渐向两个极点偏转,即多数{0002}晶面与往复挤压轴的夹角越来越大;最大极密度从 A 区5.34 降到 B 区的3.55,到镦

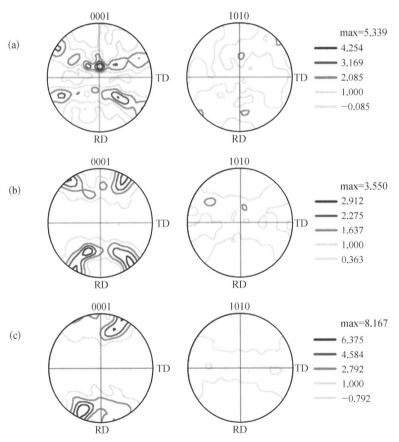

图5-5 ZK60 经230℃往复挤压3道次时试样不同部位的{0002}和{10$\bar{1}$0}全极图

(a)、(b)、(c)分别为图4-36中的 A 区、B 区和 C 区

粗段 C 区又上升到了 8.17,即从挤压段到镦粗段,最大极密度先下降后上升。说明晶体取向的集中度在过渡段最低而镦粗段最高。

为了定量地描述 ZK60 镁合金在往复挤压过程中织构的演变情况,利用 EBSD 分析软件统计了{0002}极图绕往复挤压轴一周的总强度与挤压轴夹角的关系,见图 5 - 6,图 5 - 6(a)、(b)、(c)分别对应图 4 - 36 中的 A 区、B 区和 C 区。可明显看出从挤压段到镦粗段{0002}极图密度极值从靠近赤道面向极点偏转,极图密度极值处的晶体取向示意图也标于图 5 - 6 中,可见从挤压段到镦粗段,(0002)晶面法向与赤道的夹角从 A 区的 26.1°到 B 区的 54.4°,进而上升到 C 区的 63.1°。

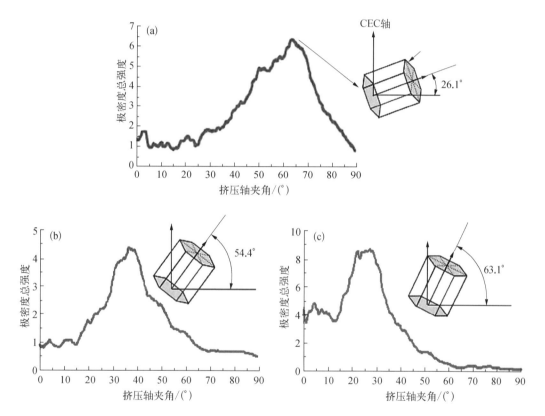

图 5 - 6　从图 5 - 5 中{0002}极图绕挤压轴的极密度总强度与挤压轴夹角的关系

图(a)、(b)、(c)分别对应图 4 - 36 中的 A 区、B 区和 C 区

5.3.3　变形量和变形温度对 ZK60 镁合金微观织构的影响

图 5 - 7 是挤压态和 230℃往复挤压 8 道次后 ZK60 镁合金的位向图。图中晶粒的不同颜色代表不同的晶体取向,具体取向可从图中插入的小三角中对照查出,其中红色代表{0002},蓝色代表{10$\bar{1}$0},绿色代表{2$\bar{1}$$\bar{1}$0}。从图中可直观地看出,挤压态镁合金大部分晶粒呈红色,即{0002}晶面平行于观察平面,这是镁合金丝织构的特点。往复挤压 8 道次后,晶粒颜色发生了很大变化,红色晶粒数量大大减少,晶粒颜色变得非常均匀。说明丝织构已经分解,织构类型发生了改变,且集中度显著下降。

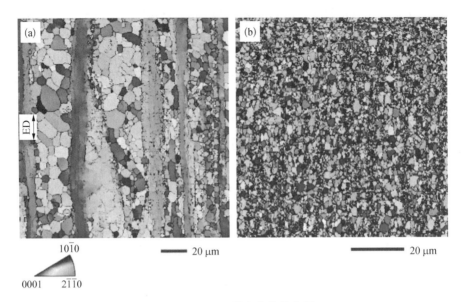

图 5-7　ZK60 镁合金的位向图

（a）挤压态；（b）230℃往复挤压 8 道次

图 5-8 是利用 EBSD 计算得到的 ZK60 镁合金挤压态和经 230℃往复挤压不同道次后的｛0002｝和｛10$\bar{1}$0｝全极图。可见往复挤压前,挤压态 ZK60 镁合金呈典型丝织构。往复挤压后丝织构分解。由于微观织构测试范围较小,织构分布不能体现充分的对称性,但可以看出其分布规律与宏观织构基本一致,从 2 道次到 8 道次,极密度较高的区域都落在与赤道夹角为 20°~30°的范围内。除了织构类型相似外,微观织构的｛0002｝和｛10$\bar{1}$0｝极图的最大极密度也和宏观织构一样随着变形道次的增加而逐渐降低。往复挤压 8 道次后,｛0002｝极图的最大极密度从往复挤压前的 15.1 降到了 6.2,降幅要比宏观织构大一些。

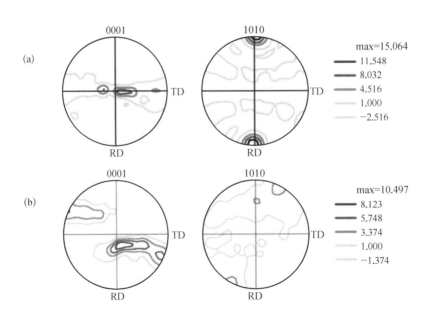

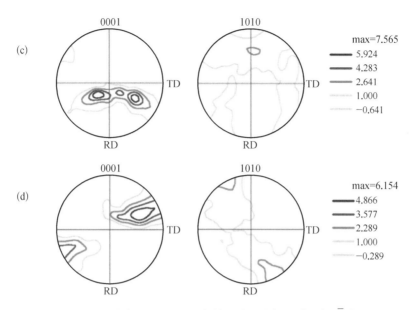

图 5-8 ZK60 镁合金经 230℃往复挤压前后的{0002}和{1010}全极图

（a）挤压态；（b）往复挤压 2 道次；（c）往复挤压 4 道次；（d）往复挤压 8 道次

  ZK60 镁合金往复挤压前后织构的定量分析见图 5-9,图 5-9(a)、(b)分别为往复挤压道次和往复挤压温度对{0002}取向集中度的影响。从图 5-9(a)可看出,往复挤压前有 67%的晶粒的{0002}与挤压轴的夹角小于 10°,夹角为 10°～20°的晶粒有 18%,夹角为 20°～90°的晶粒仅有 15%,可见挤压态 ZK60 镁合金呈现高集中度的丝织构。往复挤压 2 道次后集中度大幅下降,在极密度最大的 60°～70°范围内的晶粒占 31%。随着往复挤压道次的增加,织构的集中度小幅下降,峰宽略微增加,最大极密度都集中于 60°～70°。从图 5-9(b)可看出,随着往复挤压温度的下降,织构集中度小幅下降。在 AZ31 镁合金的往复挤压研究中也发现[11],随着往复挤压变形道次的增加和往复挤压温度的降低,织构强度逐渐降低。由此可以推测,随着往复挤压道次的增加和往复挤压温度的降低,不同镁合金的织构强度都会逐渐降低。

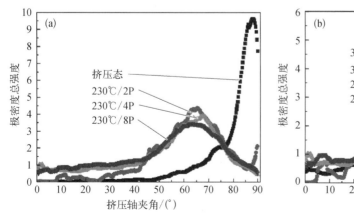
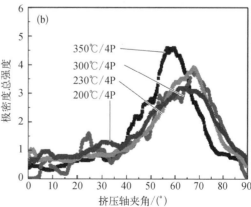

图 5-9 ZK60 镁合金{0002}极图绕挤压轴的极密度总强度与挤压轴夹角的关系

（a）往复挤压道次的影响；（b）往复挤压温度的影响

5.3.4 往复挤压过程中 ZK60 镁合金晶间位向差的演变

利用 EBSD 分析软件统计了 ZK60 镁合金在 300℃往复挤压过程中试样不同部位的晶界位向角分布,如图 5 - 10 所示,图 5 - 10(a)~(c)分别对应图 4 - 36 中的区域 A、B 和 C。考虑到精度问题,位向角小于 2°的晶界不做统计。从图 5 - 10 可看出,晶界类型以大于 15°的大(高)角度晶界为主,2°~15°的小(低)角度晶界分布不均匀,从 2°至 15°数量逐渐增多。在大角度区域,靠近 30°和 90°位置存在两个峰,这种现象也存在于 AZ31 和 AZ91 镁合金的往复挤压以及等通道角挤压中[11-13],两个峰值是由镁合金的孪生变形所形成的。镁合金中最常见的孪生变形为 $\{10\bar{1}2\}<10\bar{1}1>$ 孪生,其可使晶粒旋转 86.3°[14, 15];另一种常见的孪生变形为 $\{10\bar{1}1\}-\{10\bar{1}2\}$ 双孪生,其使晶粒旋转约 30°[14]。本书中还发现了可使晶粒转动约 34°的 $\{11\bar{2}1\}$ 孪生,这就使晶界位向角分布在 30°和 90°位置出现了两个峰值。

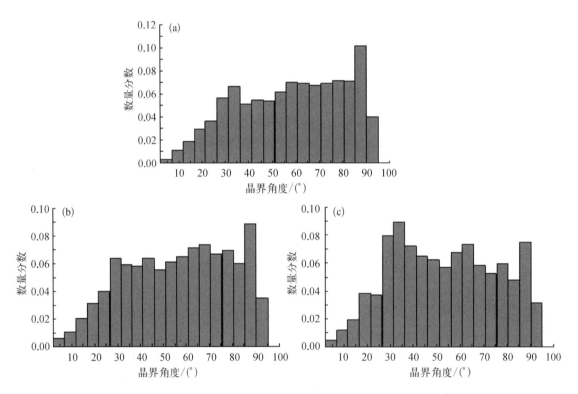

图 5 - 10 ZK60 经 300℃往复挤压至 3 道次时试样不同部位位向角统计图

图(a)、(b)、(c)分别对应图 4 - 36 中的 A 区、B 区和 C 区

表 5 - 10 为图 5 - 10 中晶界位向夹角的分布情况。从表中可看出,由挤压段到镦粗段(A 区→B 区→C 区),小角度晶界逐渐减少,同时平均位向角却随着大角度晶界分量增多而逐渐下降。图 5 - 10 可以很好地解释位向角的这种变化,即虽然大角度晶界逐渐增多,但高度数的晶界逐渐减少,而 30°左右的大角度晶界逐渐增多,导致了平均位向角的下降。

表 5－10 ZK60 镁合金 300℃往复挤压过程中晶粒间位向角统计

样　　品	角度分布/%		平均角度/(°)
	2°~15°	15°~180°	
图 4－36 中的 A 区	13.0	87.0	58.07
图 4－36 中的 B 区	10.9	89.1	56.46
图 4－36 中的 C 区	9.0	91.0	53.49

5.3.5　往复挤压变形量和变形温度对 ZK60 镁合金晶粒间位向差的影响

　　ZK60 镁合金坯料和经 230℃往复挤压不同道次后晶界类型分布如图 5－11 所示,小角度晶界用细实线表示,大角度晶界用粗实线表示。对图 5－11 中所有晶界的位向角进行了统计,见图 5－12 所示。并将大、小角度晶界所占比例和平均位向角列于表 5－11。结合图 5－11 和表 5－11 可以看出,在挤压态 ZK60 镁合金中,小角度晶界占有相当大的比例,其主要分布于粗大的条状晶内部,以及其他未完全再结晶的粗晶内,而细小的再结晶晶粒的晶界

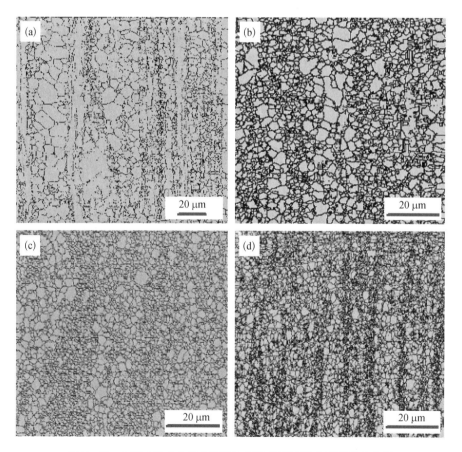

图 5－11　ZK60 镁合金经 230℃往复挤压不同道次后晶界分布图

(a) 挤压态;(b) 往复挤压 2 道次;(c) 往复挤压 4 道次;(d) 往复挤压 8 道次

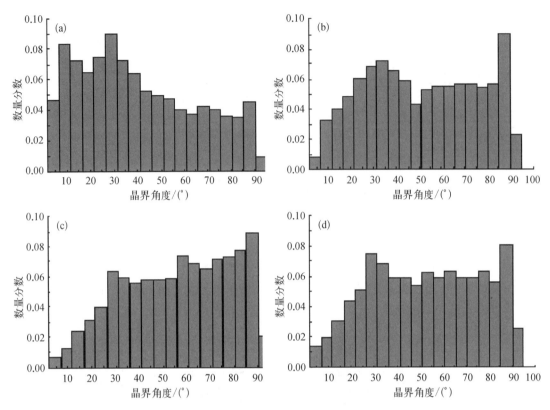

图 5 - 12 ZK60 经 230℃往复挤压不同道次后晶粒位向角统计图

(a) 挤压态；(b) 往复挤压 2 道次；(c) 往复挤压 4 道次；(d) 往复挤压 8 道次

以大角度晶界为主。往复挤压 2 道次后,小角度晶界的份额从往复挤压前的 41.9% 急剧下降到了 12.0%,小角度晶界还是主要分布在较粗大的晶粒内部。平均位向角也从挤压态的40.77° 上升到了 51.48°。随着挤压道次的增加,大角度晶界份额不断增加,平均位向角也逐渐上升,说明随着变形量的增大,晶粒间位向角上升,亚晶界逐渐演化为大角度晶界。

表 5 - 11 ZK60 镁合金 230℃往复挤压前后晶粒间位向角统计

样 品	角度分布/%		平均角度/(°)
	2°~15°	15°~180°	
挤压态	41.9	58.1	40.77
往复挤压 2 道次	12.0	88.0	51.48
往复挤压 4 道次	7.1	92.9	55.32
往复挤压 8 道次	4.4	95.6	57.74

ZK60 镁合金经不同温度往复挤压 4 道次后晶粒间位向角统计列于表 5 - 12。可见随着往复挤压变形温度的降低,大角度晶界所占的比例和平均位向差都逐渐升高,类似于变形道

次增加对位向角产生的影响。这主要是因为随着变形温度的升高,布满亚晶界的粗晶粒逐渐增多,导致小角度晶界所占比例逐渐增加。

表 5-12　ZK60 镁合金经不同温度往复挤压 4 道次后晶粒间位向角统计

样　品	角度分布/%		平均角度/(°)
	2°~15°	15°~180°	
350℃往复挤压 4 道次	11.0	89.0	50.13
300℃往复挤压 4 道次	10.7	89.3	52.44
230℃往复挤压 4 道次	7.1	92.9	55.32
200℃往复挤压 4 道次	5.9	94.1	57.61

往复挤压变形温度和变形道次对 ZK60 镁合金位向角分布的影响与 AZ31 和 AZ91 镁合金类似[1]。可以推测,位向角的这种变化趋势是往复挤压镁合金所固有的,对于其他镁合金可能都适用。

5.4　往复挤压工艺对 GW102K 镁合金织构和晶粒位向差的影响

5.4.1　织构演变

利用 EBSD 分析软件给出了 GW102K 镁合金 450℃往复挤压前后的位向图,如图 5-13 所示,晶粒不同颜色代表不同的晶体取向,具体取向可从图中插入的小三角中对照查出。由于往复挤压后镁合金织构类型相似,所以本节只选择了往复挤压 2 道次的情况与往复挤压前进行比较。从图 5-13(a)可看出,挤压态 GW102K 镁合金中有较多的晶粒呈红色或紫红色,即这些晶粒的{0002}晶面与观察面夹角很小,但这样的晶粒比挤压态 ZK60 镁合金要少得多。往复挤压 2 道次后[图 5-13(b)],红色晶粒减少,尤其是大红色晶粒几乎已经看不到,证明往复挤压过程中晶体的择优取向发生了改变。各色晶粒分布比较均匀,说明择优取向并不明显。

图 5-14 是利用 EBSD 计算得到的 GW102K 镁合金挤压态和经 450℃往复挤压不同道次后的{0002}和{1010}全极图。由图 5-14(a)可见,常规挤压态 GW102K 镁金呈典型丝织构,但{0002}极图最大极密度仅为 3.6,而挤压态 ZK60 镁合金{0002}极图最大极密度则为15.1,说明虽然挤压态 GW102 合金为丝织构,但其集中度比 ZK60 镁合金要低得多。往复挤压 2 道次后[图 5-14(b)],丝织构消失,最大极密度向两极偏转了 20°以上,与往复挤压 ZK60 镁合金相似,但不同的是:往复挤压 2~8 道次后,GW102K 镁合金{0002}极图的极密度都较低,最大极密度在 2 左右波动,而在 ZK60 镁合金中,{0002}极图的最大极密度为 4~10,且随着变形道次的增加而降低。由于 GW102K 镁合金晶体取向集中度很低,{0002}极图最大极密度分布在 20°~60°的较宽范围内,而往复挤压 ZK60 镁合金{0002}极图的最大极密度主要集中在 20°~30°的小范围内。

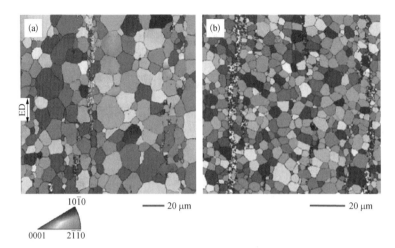

图 5-13　GW102K 镁合金的位向图

（a）挤压态；（b）450℃往复挤压 2 道次

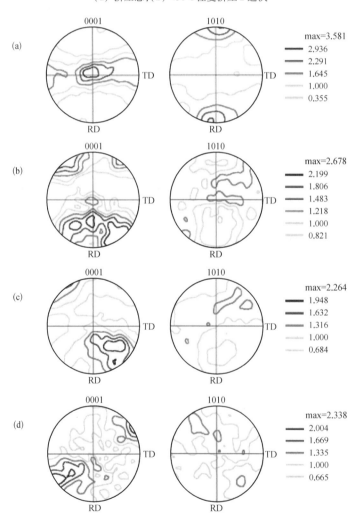

图 5-14　GW102K 镁合金 450℃往复挤压前后的{0002}和{1010}全极图

（a）挤压态；（b）往复挤压 2 道次；（c）往复挤压 4 道次；（d）往复挤压 8 道次

GW102K 镁合金往复挤压前后织构的定量分析如图 5-15 所示,图 5-15(a)、(b)分别为变形道次和变形温度对{0002}取向集中度的影响。从图 5-15(a)可看出,GW102K 镁合金往复挤压前后的织构集中度都比 ZK60 镁合金低得多,挤压态 GW102K 镁合金中{0002}晶面与挤压轴夹角小于 20°的晶粒占 46.6%,而在 ZK60 镁合金中这个数值是 85%。往复挤压后,GW102K 镁合金{0002}极密度的分布比 ZK60 要均匀得多,峰值分布在 20°~60°的宽泛范围内。从 2 道次增加到 14 道次,{0002}极密度分布的变化很小。图 5-15(b)为温度对织构的影响,可见随着温度的降低,织构集中度有增加的趋势,{0002}最大极密度从450℃的 2.26 波动到 350℃的 2.74,可见变化并不明显。

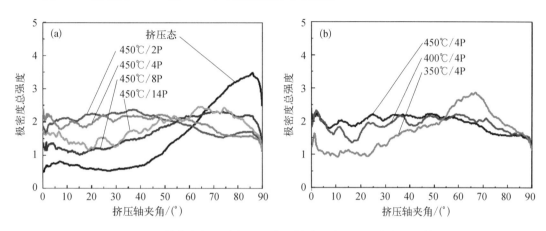

图 5-15　GW102K 镁合金{0002}极图绕挤压轴的极密度总强度与挤压轴夹角的关系

(a)往复挤压道次的影响;(b)往复挤压温度的影响

5.4.2　晶粒间位向差的演变

GW102K 镁合金挤压态坯料和经 400℃往复挤压不同道次后晶界类型分布如图 5-16 所示,小角度晶界用细实线表示,大角度晶界用粗实线表示。对图中所有晶界的位向角进行统计,如图 5-17 所示。同时统计了大、小晶界所占比例和平均位向角列于表 5-13。结合图表可看出,与挤压态 ZK60 镁合金不同的是,挤压态 GW102K 镁合金再结晶比较完全[图5-17(a)],没有尺寸异常拉长的晶粒,晶界主要以大角度晶界为主,平均位向角比挤压态 ZK60 镁合金高出约 30°。与 ZK60 镁合金往复挤压相似的是,随着道次增加,大角度晶界中的较低角度晶界数量减少,大角度晶界在 15°~90°分布比较均匀。平均位向角和大角度晶界的份额逐渐增多,但没有 ZK60 镁合金的明显。这主要是因为,由于变形温度较高,组织发生了完全再结晶,位错的活动能力强,亚晶界和小角度晶界很容易转化成大角度晶界。

GW102K 镁合金经不同温度往复挤压 4 道次后晶粒间位向角统计列于表 5-14。与ZK60 镁合金不同的是,随着变形温度的升高,大角度晶界的比例和平均位向差成波动变化,并未出现随变形温度升高而逐渐降低的情况。其主要原因是,在较高温度下变形时,GW102K 镁合金由于第二相的钉扎,没有出现异常长大的晶粒,因而也就没有像 ZK60 镁合金中出现的那类含有大量亚晶界的沿挤压方向伸长的粗大晶粒。

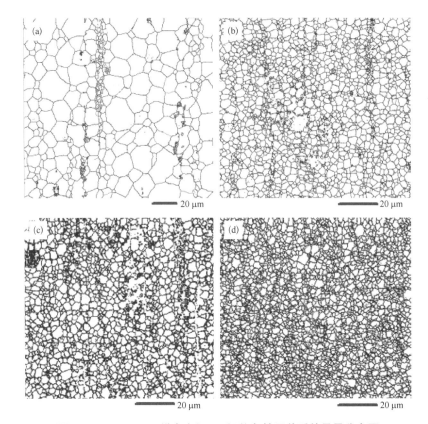

图 5-16　GW102K 镁合金经 400℃往复挤压前后的晶界分布图

（a）挤压态；（b）往复挤压 2 道次；（c）往复挤压 4 道次；（d）往复挤压 8 道次

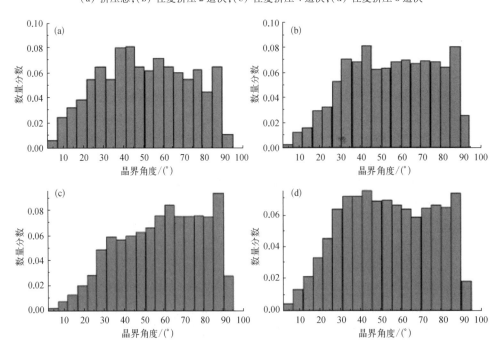

图 5-17　GW102K 镁合金经 400℃往复挤压前后晶粒位向角统计图

（a）挤压态；（b）往复挤压 2 道次；（c）往复挤压 4 道次；（d）往复挤压 8 道次

表 5‑13　GW102K 镁合金 400℃往复挤压不同道次晶粒间位向角统计

样　品	角度分布/%		平均角度（°）
	2°~15°	15°~180°	
挤压态	12.2	87.8	51.27
往复挤压 2 道次	10.2	89.8	56.14
往复挤压 4 道次	6.4	93.6	57.09
往复挤压 8 道次	7.4	92.6	56.15

表 5‑14　GW102K 镁合金经不同温度往复挤压 4 道次后晶粒间位向角统计

样　品	角度分布/%		平均角度/(°)
	2°~15°	15°~180°	
450℃往复挤压 4 道次	7.1	92.9	56.04
400℃往复挤压 4 道次	6.4	93.6	57.09
350℃往复挤压 4 道次	7.8	92.2	54.16

5.5　本章小结

本章研究了 AZ31、ZK60 和 GW102K 镁合金不同道次宏观织构和不同道次、温度与第二相的微观织构，得出如下结论。

（1）往复挤压镁合金织构组分受往复挤压道次、温度和第二相的综合影响。随着挤压道次的增加，织构强度逐渐减小。温度升高，织构强度有增加的趋势。第二相的数量增加，使织构强度降低。宏观织构与微观织构分析结果基本一致。

（2）随着挤压道次的增加，AZ31 镁合金组织中多数晶粒（0001）平面与观察面的角度逐渐增加。往复挤压 1 道次，织构类型为基面纤维织构，{0001}基面平行于观察面；往复挤压 3 道次，织构组分为{$\bar{1}211$}<$3\bar{1}23$>，（0001）平面与观察平面的夹角增加到 68°；往复挤压 7 道次，织构组分为{1450}<$3\bar{2}\bar{1}3$>织构，（0001）平面与观察平面垂直。

（3）挤压态和往复挤压 1 道次，AZ31 镁合金中大多数晶粒在各滑移系统上的 Schmid 因子为 0，处于硬取向位置，滑移不容易开动。往复挤压 3 道次和 7 道次，晶面最大 Schmic 因子升高到 0.49，大多数晶粒处于滑移的有利位向，滑移容易开动和通过晶界传播到相邻晶粒，变形均匀性增加。

（4）往复挤压能显著改变镁合金的晶界类型。随着往复挤压道次增加，完全再结晶晶粒逐渐增多，使得小角度晶界数量减少，大角度晶界逐渐增多，平均位向角增加。提高变形温度可使晶粒粗化，粗晶内亚晶界的增多导致小角度晶界数量增加，平均位向角降低。镁合金中的主要孪晶界位向角多分布在 30°和 90°附近，导致位向角的分布在 30°和 90°附近出现两个峰值。

（5）往复挤压能显著改变镁合金的晶界类型。随着往复挤压道次增加，完全再结晶晶粒逐渐增多，使得小角度晶界数量减少，大角度晶界逐渐增多，平均位向角上升。提高变形温度可使晶粒粗化，粗晶内亚晶界的增多导致小角度晶界数量增加，平均位向角降低。镁合金中的主要孪晶界位向角多分布在30°和90°附近，导致位向角的分布在30°和90°附近出现两个峰值。

（6）晶体取向在往复挤压变形过程中不断变化，挤压变形时{0002}基面向平行于挤压轴方向转动，镦粗段向垂直于挤压轴转动。往复挤压后原始挤压态镁合金的 丝织构消失，进而转变为一种{0002}基面与挤压轴夹角20°~30°的织构类型，可标定为 丝织构。增加往复挤压道次或降低变形温度，织构强度趋于下降，但织构类型不变。

参考文献

［ 1 ］ KIM W J, HONG S I, KIM Y S, et al. Texture development and its effect on mechanical properties of an AZ61 Mg alloy fabricated by equal channel angular pressing［J］. Acta Materialia, 2003, 51(11): 3293 – 3307.

［ 2 ］ AGNEW S R, MEHROTRA P, LILLO T M, et al. Crystallographic texture evolution of three wrought magnesium alloys during equal channel angular extrusion ［ J ］. Materials Science & Engineering A: Structural Materials: Properties, Microstructure and Processing, 2005, A408(1/2): 72 – 78.

［ 3 ］ TOSHIJI M, MASASHI Y, HIROYUKI W, et al. Ductility enhancement in AZ31 magnesium alloy by controlling its grain structure［J］. Scripta Materialia, 2001, 45(1): 89 – 94.

［ 4 ］ LÜ Y Z, WANG Q D, ZENG X Q, et al. Behavior of Mg – 6Al – xSi alloys during solution heat treatment ［J］. Materials Science & Engineering A: Structural Materials: Properties, Microstructure and Processing, 2001, 301(2): 255 – 258.

［ 5 ］ WANG Q D, CHEN W Z, DING W J, et al. Effect of Sb on the microstructure and mechanical properties of AZ91 magnesium alloy［J］. Metallurgical and Materials Transactions, A. Physical Metallurgy and Materials Science, 2001, 32A(3a): 787 – 794.

［ 6 ］ 陈振华,夏伟军,程永奇,等.镁合金织构与各向异性［J］.中国有色金属学报,2005,15(1): 1 – 11.

［ 7 ］ WANG Y S, WANG Q D, MA C J, et al. Effects of Zn and RE additions on the solidification behavior of Mg – 9Al magnesium alloy［J］. Materials Science & Engineering A: Structural Materials: Properties, Microstructure and Processing, 2003, 342(1/2): 178 – 182.

［ 8 ］ WANG Y, HUANG J C. Texture analysis in hexagonal materials ［J］. Materials Chemistry and Physics, 2003, 81(1): 11 – 26.

［ 9 ］ 曾小勤,王渠东,丁文江.镁合金熔炼阻燃方法及进展［J］.轻合金加工技术,1999,27(9): 5 – 8.

［10］ LIN J B, WANG Q D, PENG L M, et al. Effect of the cyclic extrusion and compression processing on microstructure and mechanical properties of as-extruded ZK60 magnesium alloy ［ J ］. Materials Transactions, 2008, 49(5): 1021 – 1024.

［11］ 陈勇军.往复挤压镁合金的组织结构与力学性能研究［D］.上海:上海交通大学,2007.

［12］ 靳丽.等通道角挤压变形镁合金微观组织与力学性能研究［D］.上海:上海交通大学,2006.

［13］ LI J, LIN D L, MAO D L, et al. An electron back-scattered diffraction study on the microstructure evolution of AZ31 Mg alloy during equal channel angular extrusion［J］. Journal of Alloys and Compounds:

An Interdisciplinary Journal of Materials Science and Solid-state Chemistry and Physics, 2006, 426(1/2):148 - 154.

[14] KLIMANEK P, POTZSCH A. Microstructure evolution under compressive plastic deformation of magnesium at different temperatures and strain rates[J]. Materials Science & Engineering A: Structural Materials: Properties, Microstructure and Processing, 2002, 324(1 - 2): 145 - 150.

[15] MIURA H, YANG X, SAKAI T, et al. High temperature deformation and extended plasticity in Mg single crystals[J]. Philosophical Magazine: Structure and Properties of Condensed Matter, 2005, 85(30): 3553 - 3565.

第六章 第二相在往复挤压镁合金组织演变中的作用

6.1 往复挤压过程中第二相形貌及分布演化

往复挤压镁合金组织的细化一方面取决于变形工艺参数,另一方面也受到第二相种类、数量和分布的影响。目前关于第二相种类、数量和分布对往复挤压镁合金组织演化影响的详细研究还很少[1,2]。本节利用 EBSD 分析镁合金中第二相的在往复挤压过程中形貌、分布的演变,以及其对镁合金组织演变的影响。

ZK60 镁合金 350℃往复挤压 4 道次后的 XRD 图谱分析结果见图 6－1。可见往复挤压态 ZK60 镁合金是由 $\alpha-Mg$ 和 $MgZn_2$ 相两种相组成,从标准 PDF 卡片上可知 $MgZn_2$ 相结构信息(表 6－1),并将其输入 EBSD 进行计算。何上明[1]详细研究了 Mg－Gd－Y－Zr 系列合金中的第二相种类,发现可能存在的相有 $Mg_{24}Y_5$、$Mg_{24}(Gd,Y)_5$、Mg_5Gd 等,结构参数见表 6－1。

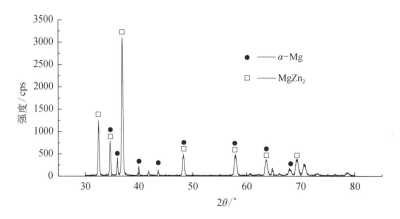

图 6－1 ZK60 镁合金 350℃往复挤压 4 道次后的 XRD 图谱

表 6－1 ZK60 和 GW102K 镁合金中所存在的第二相的结构[2]

化 合 物	晶体结构	晶胞尺寸/Å		
		a	b	c
$MgZn_2$	hcp	5.233	—	8.566
Mg_5Gd	fcc	22.3	—	—
$Mg_{24}Y_5$	bcc	11.2	—	—
$Mg_{24}(Gd,Y)_5$	bcc	11.2	—	—

为便于比较,在相同的温度和变形量下,利用 EBSD 考察了 ZK60 和 GW102K 镁合金中

的第二相在往复挤压前后的变化情况，如图 6‑2 所示。需要说明的一点是，在 GW102K 镁合金中所检测到的 $Mg_{24}Y_5$ 和 Mg_5Gd 相的含量微乎其微，基本上都少于 0.1%。因此本书只讨论数量较多的 ZK60 镁合金中的 $MgZn_2$ 相和 GW102K 镁合金中的 $Mg_{24}(Gd,Y)_5$ 相。由图 6‑2 可见，第二相的分布与镁合金晶粒的分布有相似之处，其演变主要是由材料的流动方式决定的。往复挤压前 [图 6‑2(a)、(d)]，第二相在挤压态 ZK60 和 GW102K 镁合金中呈平行于挤压方向的条带状分布，第二相粒子在基体中聚集程度很高，尤其是 GW102K 镁合金。往复挤压 2 道次后 [图 6‑2(b)、(e)]，由于材料镦粗过程中产生横向流动，第二相分布开始变得弯曲、宽化，但其分布仍不均匀。往复挤压 8 道次后 [图 6‑2(c)、(f)]，对于两种镁合金第二相粒子都得到明显细化，分布均匀性显著提高。可见往复挤压不但可以细化第二相粒子，还可以使其在基体内重新均匀分布。同样在 AZ31 镁合金中也发现往复挤压变形可以充分细化 $Mg_{17}Al_{12}$ 相，并使其在基体中均匀分布[3]。

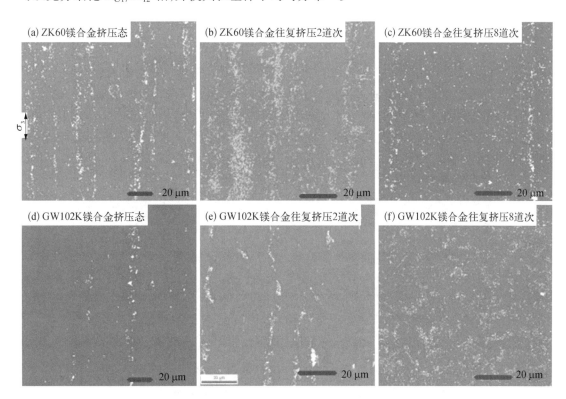

图 6‑2 ZK60 和 GW102K 镁合金中第二相在 350℃往复挤压前后的演变

图中浅色的为第二相；深色的为基体

6.2 第二相对镁合金在往复挤压过程中组织演变的影响

6.2.1 纯镁在往复挤压过程中的组织演变

为研究第二相在镁合金往复挤压过程中的作用，进行了不含第二相的纯镁的往复挤压研

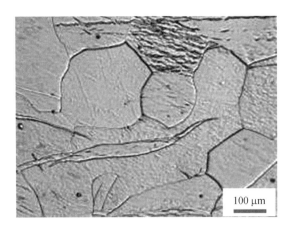

图 6-3　挤压态纯镁的金相组织

究来作为对比,挤压态纯镁金相组织如图6-3所示。往复挤压温度选择为ZK60和GW102K镁合金都适合变形的350℃,变形道次同样为2、4和8,晶粒尺寸及形貌和晶体取向如图6-4所示。从图中可看出往复挤压后纯镁组织得到了明显细化,组织比较均匀,晶粒主要呈等轴状。组织细化程度随变形量的增加而增加,但降低变形温度产生的细化效果更明显。与镁合金对比可发现,纯镁往复挤压后没有发现挤压流线,这可能是它没有第二相的原因。从取向分布来看,纯镁往复挤压后晶体取向比较均匀,择优取向不明显。

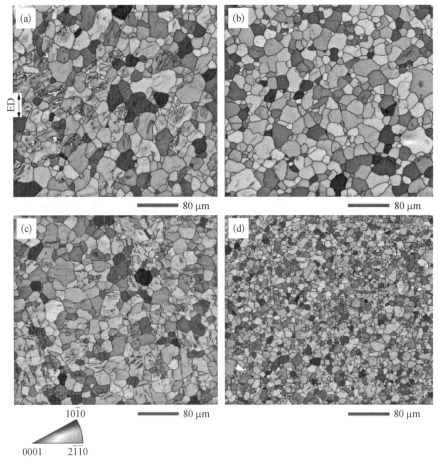

图 6-4　纯镁在往复挤压变形过程中组织和晶体取向的演变

（a）350℃往复挤压2道次；（b）350℃往复挤压4道次；（c）350℃往复挤压8道次；（d）200℃往复挤压4道次

纯镁往复挤压后{0002}极图绕挤压轴的极密度总强度与挤压轴夹角的关系如图6-5

所示。在 350℃和 200℃往复挤压时,纯镁{0002}极图最大极密度分布在与挤压轴夹角的60°~70°,与 ZK60、GW102K 镁合金相同。随着往复挤压变形道次的增加,{0002}极密度变化不大。比较图 6-4(a)、(b)可见,极密度随变形温度的降低而小幅下降,这与 ZK60 和AZ31 镁合金相似,而在 GW102K 镁合金中无明显变化。

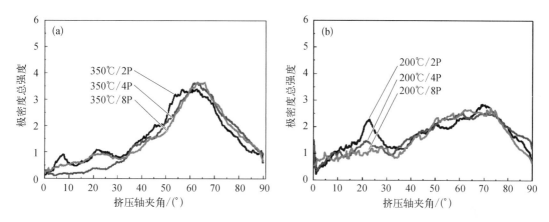

图 6-5　纯镁{0002}极图绕挤压轴的极密度总强度与挤压轴夹角的关系

(a) 350℃往复挤压;(b) 200℃往复挤压

6.2.2　第二相对往复挤压镁合金晶粒细化的影响

为了解第二相对往复挤压镁合金组织的影响,对比了 350℃往复挤压 4 道次后纯镁、ZK60 和 GW102K 镁合金的晶粒尺寸面积分布情况,如图 6-6 和 6-4(b)所示。可见在相同的变形条件下,晶粒尺寸的差异性是非常明显的。挤压态纯镁经往复挤压后,虽然组织大幅细化,但相对于镁合金而言,仍非常粗大[图 6-6(a)],晶粒的分布范围为 3.0~55.4 μm,峰值为 20~30 μm,平均晶粒尺寸约 28 μm。相同条件变形后 ZK60 镁合金组织要细得多[图6-6(b)],晶粒的分布范围为 0.3~9.3 μm,面积最多的是直径约 4 μm 的晶粒,平均晶粒尺寸为 3.7。对比图 4-44(c)可发现,相同变形条件下 GW102K 镁合金组织最细,晶粒分布范围也最窄,为 0.3~6.3 μm,峰值为晶粒尺寸为 2.5 μm,平均晶粒尺寸为 2.81 μm。

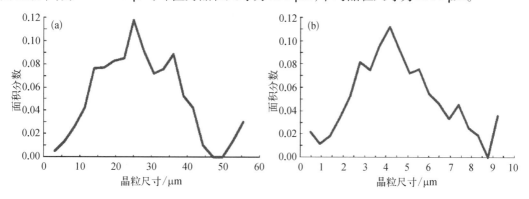

图 6-6　350℃往复挤压 4 道次后纯镁和 ZK60 镁合金晶粒大小面积分布图

(a) 纯镁;(b) ZK60 镁合金

　　往复挤压纯镁及镁合金之间这种组织的差异性应该是由第二相的种类和数量引起的。根据相应的二元相图和时效温度,可以估算出 GW102K 镁合金和 ZK60 镁合金强化相元素峰时效后固溶体仍有 0.6at% 残余浓度,则可计算出在铸造+固溶+时效状态下,ZK60 镁合金中 MgZn$_2$相的总体积分数计算值为 2.6%[4]。由于 GW102K 镁合金中强化相较为复杂,假设全部为 Mg$_{24}$(Gd,Y)$_5$,根据实测的 Gd、Y 元素的含量可估算出其 Mg$_{24}$(Gd,Y)$_5$ 相的体积分数为 9%。由于本实验材料为往复挤压态,其第二相含量应该少于峰值时效状态。EBSD 也可方便地测出镁合金中第二相的含量,结果为:ZK60 镁合金中 MgZn$_2$ 含量为 2%~4%;GW102K 镁合金中 Mg$_{24}$(Gd,Y)$_5$ 含量为 5%~9%[2]。由此可见,第二相数量较多应该是相同条件往复挤压后 GW102K 镁合金组织最细的主要原因。

　　综合 OM 和 EBSD 的统计结果,将挤压态和相同条件往复挤压变形后纯镁、ZK60 和 GW102K 镁合金的平均晶粒尺寸与累积塑性变形量的关系绘于图 6-7,往复挤压温度为 350℃,变形道次为 2、4 和 8。由图 6-7(a)所示,纯镁和镁合金的晶粒尺寸都是随着变形道次的增加而降低,细化能力随着道次增加而逐渐降低。因此,对于一定的往复挤压温度,三种材料都应有一个临界变形量,当超过这个临界值后,组织即达到稳定状态而不再细化。图 6-7(b)为晶粒尺寸与应变量对数之间的关系。由图可见,在变形初期(≤2 道次),纯镁的细化速度最快,ZK60 和 GW102K 镁合金则稍慢,这主要是因为纯镁初始态组织非常粗大。大于 2 道次后细化速度则基本一致。由于 GW102K 镁合金第二相最多,所以自始至终都是 GW102K 镁合金的晶粒尺寸最小,由此可见,第二相对于促进镁合金在往复挤压过程中的组织细化非常有效。

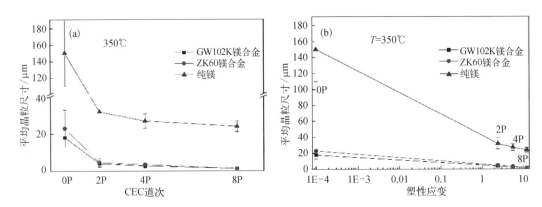

图 6-7　纯镁、ZK60 和 GW102K 镁合金平均晶粒尺寸随 350℃往复挤压道次的演变图
(a)线性坐标;(b)对数坐标

6.2.3　第二相对往复挤压镁合金位向角的影响

　　图 6-8 为纯镁、ZK60 和 GW102K 镁合金经 350℃往复挤压 4 道次后晶粒位向角的分布比较。各种材料的大、小晶界所占比例和平均位向角列于表 6-2。由图 6-8 可见,纯镁往复挤压后小角度晶界比例仍然较高,而且大角度晶界也是以相对较低角度晶界为主,平均晶粒位向角仅为 42.58°。而 ZK60 和 GW102K 镁合金往复挤压后的位向角分布则非常相近,为 15°~30°,晶界数量逐渐增多;在 30°~90°,晶界分布比较均匀。但 GW102K 镁合金的大角度晶界和平均位向角都要比 ZK60 镁合金高。由此可见,第二相越多,往复挤压后大角度晶界越多,这主要是第二相在镁合金塑性变形过程中促进了再结晶的进行,有更多的小角度晶界转化成了大角度晶界。

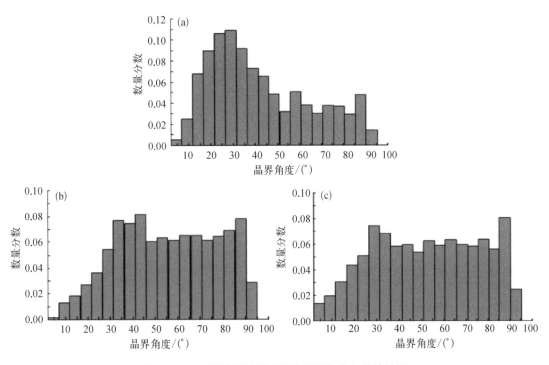

图 6-8　350℃往复挤压 4 道次后晶粒位向角统计图

（a）纯镁；（b）ZK60 镁合金；（c）GW102K 镁合金

表 6-2　纯镁、ZK60 和 GW102K 镁合金经 350℃往复挤压 4 道次后晶粒间位向角统计

样　品	角度分布/%		平均角度/(°)
	2°~15°	15°~180°	
纯镁	11.5	88.5	42.58
ZK60 镁合金	11.0	89.0	50.13
GW102K 镁合金	7.8	92.2	54.16

6.2.4　第二相对往复挤压镁合金织构的影响

图 6-9 是利用 EBSD 测得的纯镁、ZK60 和 GW102K 镁合金经 350℃往复挤压 4 道次后的{0002}和{10$\bar{1}$0}全极图。可见三种材料往复挤压后织构类型基本类似，{0002}极图最大极密度仍然分布在与赤道夹角 20°~30°内。而{0002}极图的最大极密度从纯镁、ZK60 镁合金到 GW102K 镁合金依次降低。这一方面是因为往复挤压坯料织构不同，例如，挤压态 ZK60 镁合金{0002}最大极密度为 15.1，而 GW102K 镁合金的仅为 3.6；另一方面应该是与第二相的数量和种类有关。GW102K 镁合金中第二相较多导致其织构强度较低，在 AZ 系列镁合金的往复挤压中也发现，随着 Al 含量的增多，织构的强度是下降的[3]。这是因为在镁合金塑性变形过程中，合金中的第二相粒子阻碍了位错的滑移和晶界的滑移，进而阻碍了晶粒向着容易塑性变形的方向转动。而在纯镁中，在 350℃塑性变形过程中，位错滑移和晶界

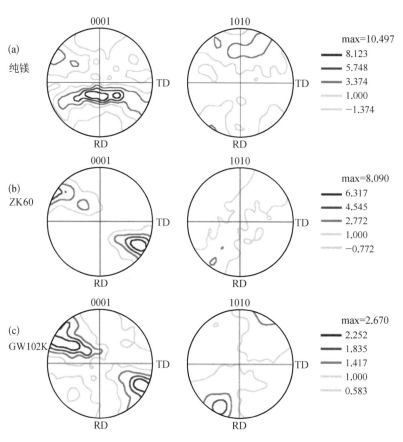

图 6 - 9 纯镁、ZK60 和 GW102K 镁合金经 350℃往复挤压
4 道次后的{0002}和<10$\bar{1}$0>全极图

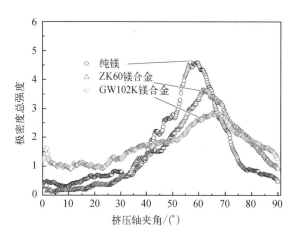

图 6 - 10 纯镁、ZK60 和 GW102K 镁合金经 350℃
往复挤压 4 道次后{0002}极图绕挤压轴
的极密度总强度与挤压轴夹角变化的
关系

滑移都很容易,大部分晶粒都能轻易随着塑
性变形转动到一个特定取向,因而其织构强
度较高。虽然 ZK60 镁合金中也有一定量的
第二相粒子,但 MgZn$_2$ 较高温度下强度较
低,位错很容易切过第二相粒子而使晶粒
旋转到特定取向。

　　三种材料经 350℃往复挤压 4 道次后
{0002}极图绕挤压轴的极密度总强度与挤
压轴夹角的关系如图 6 - 10 所示。可见绕
挤压轴的总强度比图 6 - 9 所给出的
{0002}极图最大极密度要小,但其真实度
则更高。可见规律和图 6 - 9 一样,极密度
随着第二相的增加而降低,同时峰值角度
向赤道方向偏离。这也体现出了第二相对
晶粒转动的一种阻碍作用。

6.3　往复挤压镁合金组织细化机制讨论

在此之前,关于往复挤压变形组织细化机制的研究主要是针对铝合金等材料,Lee 等[5]认为晶粒细化的机制是反复再结晶和第二相化后数量增加促进再结晶。第二相的细化原因是弯曲机理、短纤维加载机理、剪切机理以及往复挤压过程中的循环塑性流动促使颗粒重新分布。Liu 等[6]认为铝合金晶粒细化是剪切带细化,剪切带的交叉、增殖,导致微观组织的破碎,使其逐渐演变成等轴胞和亚晶结构。而往复挤压镁合金的细化机制研究刚刚起步。

相对于铝合金而言,在温热塑性变形过程中镁合金更容易发生动态再结晶。这主要是因为[7,8]:首先,密排六方结构的镁合金容易启动的滑移系较少,即便棱面滑移系和锥面滑移系在高温下可启动,相对于 fcc 结构的铝合金滑移系仍非常有限,因而晶界处应变协调能力较差,极易出现位错塞积;其次是镁及镁合金的层错能较低,根据公式

$$d = \frac{G(b_1 \cdot b_2)}{2\pi\gamma} \tag{6-1}$$

可知,扩展位错宽带 d 与晶体的单位面积层错能 γ 成反比,层错能越低,则扩展位错越宽。最后,与铝合金相比,镁合金的晶界扩散速度较高,因此,在亚晶界附近堆积的位错能够很容易地被这些晶界吸收,从而加速动态再结晶过程。

再结晶可分为发生在变形过程中的动态再结晶(dynamic recrystallization, DRX)和发生在变形完成之后的静态再结晶(static recrystallization, SRX)。由于本书实验过程是往复挤压变形后迅速将试样浸入水中冷却,因此静态再结晶可忽略不计,只讨论动态再结晶的影响。

自从 Ion 等首次开展镁合金的 DRX 研究工作以来,关于 DRX 的文章日益增多。基于不同的温度和变形条件,提出了很多动态再结晶机制,这些研究也揭示了 DRX 过程的复杂性。动态再结晶根据是否有形核过程又可分为通过小角度晶界吸收位错形成大角度晶界的无形核过程的连续动态再结晶(continuous dynamic recrystallization, CDRX)和通过形核和长大形成新晶粒的非连续动态再结晶(discontinuous dynamic recrystallization, DDRX)[9-11]。此外,Ion 等[8]基于实验还提出了一种旋转动态再结晶(rotation dynamic recrystallization, RDRX)机制,包括连续的孪生、基面滑移和晶格旋转,在晶界上形成亚晶粒并最终形成具有大角度晶界的再结晶晶粒。因为这种机制包含了亚晶粒的旋转,所以称其为旋转再结晶。del Valle 等[12]在分析 AZ61 镁合金热轧工艺中的晶粒细化时丰富和拓展了 RDRX 机制。

文献[3]详细研究了往复挤压 AZ31 镁合金的组织演变,认为组织细化机制是以 CDRX 和 RDRX 为主、DDRX 为辅的复合细化机制。文献[13]、[14]研究了 AZ91D 镁合金和 Mg_2Si 镁铝基复合材料的往复挤压后发现,材料的细化机制为动态再结晶、动态回复以及破碎。然而,组织细化机制是与其变形机制紧密相连的。镁合金的变形机制非常复杂,受到变形温度、变形速率、变形方式等多种因素的影响,而且还与材料初始的晶粒尺

寸、织构状态都有关系。因此整个往复挤压过程中镁合金的细化机制很难用一个固定模型去描述,不同变形条件下应该有不同的机制起作用。为了揭示镁合金在不同条件下往复挤压过程中组织的细化机制,利用 OM、TEM 等手段考察了纯镁、ZK60 和 GW102K 镁合金晶粒的再结晶机制和第二相细化机制,以期对文献[3]提出的复合细化机制进行补充。

图 6 - 11   纯镁经 350℃往复挤压 8 道次后的晶粒形貌(SEM - EBSD)

白色箭头所指为孪晶;黑色箭头所指为细小的等轴再结晶晶粒

图 6 - 11 为纯镁经 350℃往复挤压 8 道次后的微观组织。由图中可看出,纯镁经往复挤压后组织中布满孪晶,与往复挤压前类似,经 EBSD 标定属于 $\{10\bar{1}2\}<10\bar{1}1>$ 拉伸孪晶。可见孪生分割晶粒细化为纯镁往复挤压过程中主要的晶粒细化机制。同时,在图 6 - 11 中还发现了一些分布于晶界上,尤其是三叉晶界上细小的等轴再结晶晶粒。可以推测,在多道次往复挤压过程中,晶界上累积了大量畸变能,为再结晶形核创造了条件。

图 6 - 12 为 ZK60 镁合金 230℃往复挤压 1 和 2 道次的形貌。由于 ZK60 坯料晶粒粗大,在往复挤压初期,粗大的晶粒很难通过小角度晶界转化为大角度晶界形式的 DDRX 机制而细化。从图 6 - 12 中可明显看出,大晶粒首先发生孪生,而后新晶粒在孪晶界上形核,随着变形的进行不断有新晶粒形核并逐渐长大,直到将原始粗晶粒逐渐吞没,形成组织均匀的细晶材料,这就是典型的 CDRX 细化机制。随着晶粒的细化,孪生产生的难度增加,孪晶数量逐渐减少,这种以孪晶界为形核点的 CDRX 机制逐渐减弱,逐渐转变为由小角度晶界通过吸收位错转变为大角度晶界的 DDRX 机制。图 6 - 13 就是 GW102K 镁合金中典型的亚晶界分割大晶粒而细化的例子。

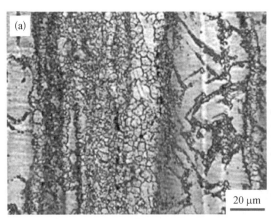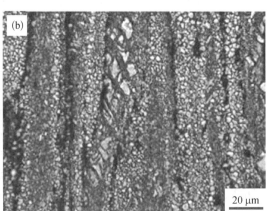

图 6 - 12   ZK60 镁合金经 230℃往复挤压 1 道次和 2 道次后的光学组织

(a) 1 道次;(b) 2 道次

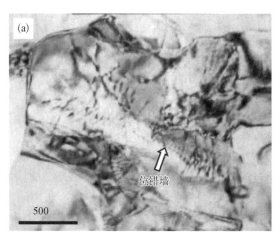
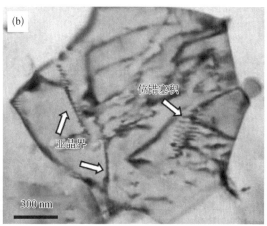

图 6 - 13　GW102K 镁合金经 450℃往复挤压 8 道次和 14 道次后的位错塞积和亚晶界

(a) 8 道次；(b) 14 道次

往复挤压过程中镁合金动态再结晶的产生机制和微结构随温度的变化有所不同,导致其细化机制也有所不同。在低温(≤200℃)时,DRX 与孪晶的开动、基面滑移和(a+c)位错滑移有关,邻近孪晶界的高位错区域的孪晶和晶格渐进扭转激发细小的非连续动态再结晶晶粒产生。在中温(200~250℃)时,再结晶与大量的交滑移有关,交滑移和攀移产生的位错重组导致在原始晶界附近产生小角度晶界网络。在小角度晶界上,位错的连续吸收引发连续动态再结晶,形成新晶粒。在高温(300~450℃)时,再结晶机制为原始晶界的弓出和亚晶长大,由位错攀移控制[15]。

变形温度不但影响再结晶发生机制,还影响再结晶后的晶粒尺寸。随着变形温度升高,晶界扩散和晶界迁移能力增加,晶粒长大容易,导致晶粒粗化。热变形组织的再结晶晶粒平均尺寸(d)可通过 Zener-Hollomon 公式计算[16]:

$$Z = \dot{\varepsilon}\exp\left(\frac{Q}{RT}\right) \tag{6-2}$$

$$\ln d = k\ln Z + b \tag{6-3}$$

式中,$\dot{\varepsilon}$ 为应变速率;Q 为镁的晶格扩散激活能(135 kJ/mol);R 为气体常数[8.31 J/(mol·K)];T 为变形温度。

在往复挤压镁合金基体细化的同时,第二相也得到了显著细化(图 6 - 2)。由于第二相与基体具有截然不同的物理性质,所以其细化机制也不相同。图 6 - 14 为 GW102K 镁合金经 450℃往复挤压 4 道次后第二相变形情况。从图中可看出,第二相的细化机制主要是断裂破碎机制,与文献[14]一致。

综上所述,纯镁的细化机制与孪生分割晶粒细化有关,再结晶细化作为补充。第二相可促进镁合金的再结晶,镁合金在往复挤压过程中的主要的细化机制为动态再结晶细化,但在不同条件下往复挤压具有不同的再结晶发生机制。在低温低变形量的粗晶镁合金中,变形以孪生为主,组织细化以形核于孪晶界的非连续动态再结晶(DDRX)为主,以连续动态再结晶(CDRX)和旋转动态再结晶(RDRX)为辅;在中高温条件下,镁合金变形以滑移为

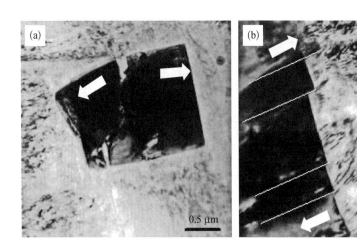

图 6 - 14   450℃往复挤压 4 道次 GW102K 镁合金中第二相的破碎机制

(a) 拉伸破碎;(b) 剪切破碎

主,组织细化以 CDRX 和 RDRX 为主,以 DDRX 为辅。镁合金中第二相的细化机制主要是机械破碎。

6.4   本章小结

(1)第二相的种类、数量和分布对往复挤压镁合金的组织产生重要影响。GW102K 镁合金中主要的第二相 $Mg_{24}(Gd,Y)_5$ 的占比为 5%～9%,而 ZK60 镁合金中主要第二相 $MgZn_2$ 的占比仅为 2%～4%。因此在相同往复挤压条件下,GW102K 镁合金组织最细,不含第二相的纯镁组织最粗。ZK60 镁合金中的第二相尺寸小,主要分布在晶内,而 GW102K 镁合金中第二相尺寸较大,且主要分布在晶界上或附近,阻碍了变形过程中晶粒的转动。因此,虽然往复挤压后织构类型相同,但 GW102K 镁合金织构强度明显低于 ZK60 镁合金。

(2)纯镁的细化机制与孪生分割晶粒细化有关,再结晶细化作为补充。第二相可促进镁合金的再结晶。往复挤压镁合金的主要细化机制为动态再结晶细化,但在不同变形条件下具有不同的再结晶产生机制。在低温低变形量的粗晶镁合金中,以形核于孪晶界的非连续动态再结晶为主,以连续动态再结晶和旋转动态再结晶为辅;在中高温条件下以连续动态再结晶和旋转动态再结晶为主,以非连续动态再结晶为辅。第二相的细化机制主要是机械破碎。

参考文献

[1]   何上明. Mg - Gd - Y - Zr(- Ca)合金的微观组织演变、性能和断裂行为研究[D].上海:上海交通大学,2007.

[2]   WANG H, WANG Q D, BOEHLERT C J, et al. The impression creep behavior and microstructure

evolution of cast and cast-then-extruded Mg－10Gd－3Y－0.5Zr（wt%）［J］. Materials Science & Engineering A：Structural Materials：Properties, Microstructure and Processing, 2016, 649：313－324.

［3］　陈勇军.往复挤压镁合金的组织结构与力学性能研究［D］.上海：上海交通大学,2007.

［4］　LEE S W, WANG H Y, CHEN Y L, et al. An Mg－Al－Zn alloy with very high specific strength and superior high-strain-rate superplasticity processed by reciprocating extrusion［J］. Advanced Engineering Materials, 2004, 6(12)：948－952.

［5］　LEE S W, YEH J W, LIAO Y S. Premium 7075 aluminium alloys produced by reciprocating extrusion ［J］. Advanced Engineering Materials, 2004, 6(12)：936－943.

［6］　LIU Q, HANSEN N, RICHERT M. Microstructural evolution over a large strain range in aluminium deformed by cyclic-extrusion-compression［J］. Materials Science & Engineering A：Structural Materials：Properties, Microstructure and Processing, 1999, 260(1/2)：275－283.

［7］　WANG H, BOEHLERT C J, WANG Q D, et al. In-situ analysis of the slip activity during tensile deformation of cast and extruded Mg－10Gd－3Y－0.5Zr（wt.%）at 250℃［J］. Materials Characterization, 2016, 116：8－17.

［8］　ION S E, HUMPHREYS F J, WHITE S H. Dynamic recrystallisation and the development of microstructure during the high temperature deformation of magnesium［J］. Acta Metallurgica, 1982, 30：1909－1919.

［9］　ZHOU H, CHENG G M, MA X L, et al. Effect of Ag on interfacial segregation in Mg－Gd－Y－(Ag)－Zr alloy［J］. Acta Materialia, 2015, 95：20－29.

［10］　GOURDET S, MONTHEILLET F. A model of continuous dynamic recrystallization［J］. Acta Materialia, 2003, 51(9)：2685－2699.

［11］　张陆军,王渠东,陈勇军.大塑性变形制备纳米结构材料［J］.材料导报,2005,19(z2)：12－16.

［12］　DEL VALLE J A, PEREZ-PRADO M T, RUANO O A. Texture evolution during large-strain hot rolling of the Mg AZ61 alloy［J］. Materials Science & Engineering A：Structural Materials：Properties, Microstructure and Processing, 2003, 355(1/2)：68－78.

［13］　徐春杰,郭学锋,张忠明,等.往复挤压及正挤压 AZ91D 镁合金丝材的组织及性能［J］.稀有金属材料与工程,2007,36(3)：500－504.

［14］　张忠明,马莹,徐春杰,等.往复挤压 Mg₂Si 增强镁铝基复合材料的组织与性能［J］.铸造技术,2007,28(6)：808－811.

［15］　ZHANG X, HUANG L K, ZHANG B, et al. Enhanced strength and ductility of A356 alloy due to composite effect of near-rapid solidification and thermo-mechanical treatment［J］. Materials Science & Engineering A：Structural Materials：Properties, Microstructure and Processing, 2019, 753：168－178.

［16］　YIN D D, WANG Q D, BOEHLERT C J, et al. In-situ study of the tensile deformation and fracture modes in peak-aged cast Mg－11Y－5Gd－2Zn－0.5Zr（weight percent）［J］. Metallurgical and Materials Transactions, A. Physical Metallurgy and Materials Science, 2016, 47A(12)：6438－6452.

第七章　往复挤压镁合金的晶粒细化机制

7.1　引言

从 1.2 节和第四章的组织演变实验结果表明,往复挤压具有强烈的组织细化能力,能够有效地细化晶粒、第二相和杂质等,同时还具有重新分布细小第二相的能力。关于往复挤压过程中组织结构演变、细化机理和变形机制等核心问题的研究还相当不足,研究结果之间存在不少分歧。叶均蔚等[1, 2]研究铝合金后认为,晶粒细化的原因是往复挤压过程中反复再结晶和第二相细化后数量增加促进再结晶,而第二相的细化原因是弯曲机理、短纤维加载机理、剪切机理以及往复挤压过程中的循环塑性流动促使颗粒重新分布。Richert 等[3, 4]研究纯铝后认为,晶粒细化的原因是往复挤压过程中形成了剪切带,剪切带的交叉、增殖导致微观组织的破碎,使其逐渐演变成等轴胞和亚晶结构。

镁合金的密排六方和低层错能结构使它们具有有限的滑移系。因此,镁合金在往复挤压过程中晶粒细化机制与其他金属有很大的区别。在此之前,关于往复挤压镁合金的文献非常匮乏,仅有的研究主要集中在往复挤压镁合金的晶粒大小和力学性能,几乎没有涉及镁合金在往复挤压过程中晶粒细化机制的研究[5]。本章采用 TEM 和 EBSD 手段,对往复挤压 AZ31 镁合金的晶粒细化机制进行了深入分析,讨论了第二相、温度和变形程度对晶粒细化机制的影响。

7.2　往复挤压过程中的再结晶

再结晶分为静态再结晶和动态再结晶。静态再结晶一般发生在变形完成之后。动态再结晶一般发生在变形过程中。镁合金由于层错能较低(76 kJ/mol),在热变形过程中一般不易发生动态回复,极易发生动态再结晶(DRX)[6, 7]。Ion 等[8]指出,镁合金易发生动态再结晶的原因是:① 镁合金滑移系较少,位错易塞积,容易得到再结晶的临界位错密度;② 镁及镁合金层错能较低,扩展位错很难聚集,滑移和攀移困难,一般不易发生动态回复,有利于再结晶的发生;③ 与铝合金相比,镁合金的晶界扩散速度较高,在亚界上堆积的位错容易被吸收,从而加快了动态再结晶的过程。动态再结晶作为镁合金热变形过程中组织软化和晶粒细化的重要机制,对控制晶粒大小、晶粒形貌、晶界结构、织构,改善塑性变形能力和力学性能等方面具有重要的作用。通常认为,由于动态再结晶的软化作用,在动态再结晶发生后,材料的变形流变应力达到峰值,最后下降到某一稳定值,导致合金的变形抗力降低,有利于镁合金的继续加工成形。

再结晶晶粒大小与温度、变形量、应变速率、应力状态和材料自身结构有关。研究表明,提高应变速率或者降低变形温度均有利于细化晶粒,热变形组织的晶粒大小可以通过

Zener-Hollomon 公式计算[9]:

$$z = \dot{\varepsilon}\exp\left(\frac{Q}{RT}\right) \qquad (7-1)$$

式中,$\dot{\varepsilon}$ 为应变速率;Q 为镁的晶格扩散激活能(135 kJ/mol)[10];R 为气体常数[8.31 J/(mol·K)];T 为变形温度;再结晶晶粒的平均直径(d)与 z 参数的关系如下:

$$\ln d = k\ln z + b \qquad (7-2)$$

根据本节中 AZ31 镁合金往复挤压 3 道次的晶粒尺寸与变形温度的实验数据,按照式(7-1)和式(7-2)绘制 $\ln z$ 与 $\ln d$ 之间关系的曲线,如图 7-1 所示。

　　由图可见,AZ31 镁合金的晶粒大小的自然对数与 z 参数的自然对数满足线性关系,即

$$\ln d = -0.076 \ln z + 2.571 \qquad (7-3)$$

　　以上说明,往复挤压变形过程受热激活过程控制。由于本研究中采用恒应变速率,因此在往复挤压的细化机制中,温度起到了重要的作用。

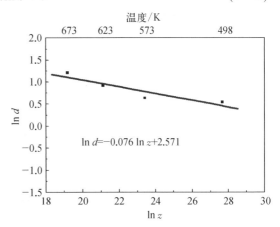

图 7-1　AZ31 镁合金 CEC 晶粒大小 d 与 z 参数的关系

7.2.1　连续动态再结晶和非连续动态再结晶

　　动态再结晶(DRX)一般分为连续动态再结晶(CDRX)和非连续动态再结晶(DDRX)。连续动态再结晶和经典的非连续动态再结晶的区别在于[11-13]:① 连续动态再结晶没有明显的形核和长大过程,新晶粒总有位错,新晶粒是通过小角度晶界吸收位错转变为大角度晶界;② 经典的非连续动态再结晶的新晶粒内没有位错,新晶粒的形成是通过大角度晶界的迁移;③ 连续动态再结晶过程是小角度晶界转化为大角度晶界的过程,因此组织中晶界位向差大;④ 连续动态再结晶容易发生在高 z 参数和层错能高的合金中。

　　图 7-2 为往复挤压 AZ31 镁合金典型的位错网络与位错重排结构。从图 7-2(a)可知,部分粗晶粒中的位错密度很高,这些位错相互缠结,形成位错网络,见图 7-2(b)。当晶粒中位错密度达到一定的临界值,为了降低系统的畸变能,位错将自发通过动态回复而实现位错重排[如图 7-2(c)中箭头所示],形成亚晶界。这些亚晶界通过动态回复由位错网络构成,因此亚晶界为一定的散开区域,由这些区域围成的晶粒为亚晶粒。图 7-2(a)中另外一些晶界比较平直和清晰,因此为大角度晶界。

　　图 7-3 是往复挤压 AZ31 镁合金典型的亚晶界形貌。位错重排后形成的亚晶界,位向差小,会通过亚晶界的合并或吸收晶格位错而形成大角度晶界。从图 7-3(b)中可以观察到,亚晶界吸收晶界两侧的位错,以达到更加稳定的大角度晶界结构。这种晶粒细化的过程被称为连续动态回复再结晶(continuous dynamic recovery and recrystallization, CDRR)。图

7-2 和图 7-3 中的位错网络转变为晶界的过程,符合 Valiev 提出的大塑性变形过程中位错结构的演变模型[14],见图 7-4。

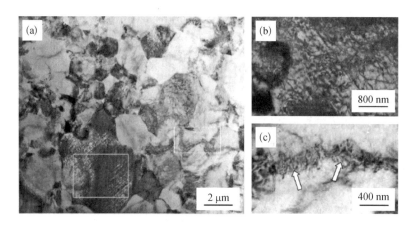

图 7-2　AZ31 镁合金 300℃往复挤压 3 道次典型的位错网络与位错重排结构

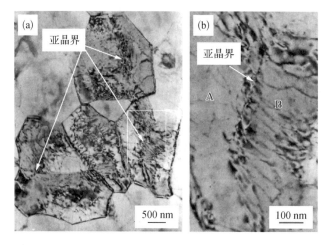

图 7-3　AZ31 镁合金 250℃往复挤压 3 道次的
亚晶形貌与亚晶界吸收位错

（a）亚晶形貌;（b）亚晶界吸收位错

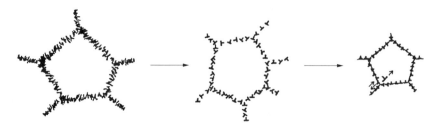

图 7-4　大塑性变形中的位错结构演变模型[14]

综合图 7-2 和图 7-3 可以看出,往复挤压 AZ31 镁合金过程中明显发生了 CDRR。关于 CDRR 的组织演变过程,del Valle 等[15]认为镁合金的 CDRR 分为三阶段(图 7-5):① 晶内滑移主要是基面滑移使位错交互作用和交滑移形成胞状结构；② 动态回复形成亚晶界；③ 亚晶界的迁移和合并形成最终的大角度晶界。

位错相互作用形成晶胞　　　　　通过连续回复或连续再结晶形成大角度晶界(HAB)

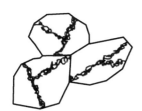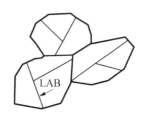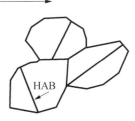

图 7-5　连续动态回复再结晶的示意图[15]

关于 CDRR 机制，可以看作是应变硬化、动态回复和大角度晶界迁移的联合作用[16]。如图 7-6 所示[17]，应变硬化使不同取向晶粒产生位错，位错的交滑移使螺位错变成刃位错，并由基面滑移至非基面，而非基面具有相对较高的层错能，刃位错可沿非基面发生攀移；交滑移和攀移引起的位错滑移到初始晶界时产生位错塞积，如图 7-6(a)所示；位错塞积到一定程度时发生重排和合并(动态回复)，产生位错胞和亚晶界，如图 7-6(b)所示；亚晶界可以通过不断吸收晶格位错来增大其取向差，形成小角度晶界，进而转变成大角度晶界。连续动态回复再结晶一般发生在交滑移的高层错能金属中，镁合金由于非基面层错能比基面层错能高 4 倍以上，因此交滑移激活后，也能通过连续动态回复再结晶机制形核[18, 19]。

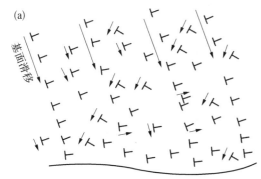

图 7-6　CDRR 机制示意图[16]

(a) 初始晶界的位错塞积；(b) 初始晶界产生的位错胞和亚晶界

本书作者对往复挤压 AZ31 镁合金组织考察发现，大多数晶粒内部的位错密度都不高，如图 7-7 所示。图 7-7(a)表明晶内位错相互缠结、杂乱分布，位错密度低。图 7-7(b)中位错密度也不高，位错在晶界附近缠结分布。这些位错组态特征进一步表明了在往复挤压镁合金过程中，发生了 CDRR，使晶粒不断细化。

镁合金由于其塑性变形能力低，在温度不高和晶粒较大的情况下，容易孪生变形改变晶粒位向，使滑移顺利进行。图 7-8(a)表明粗晶内存在 2 条平行的孪晶。在图 7-8(b)的放

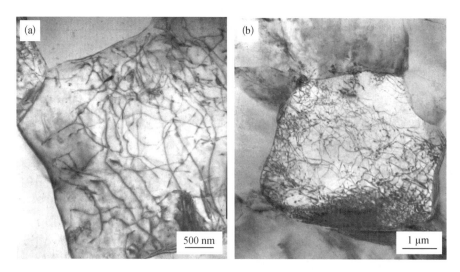

图 7 - 7   AZ31 镁合金 300℃ 往复挤压 3 道次的位错组态

(a) 晶内位错；(b) 晶界附近的位错缠结

大孪晶图片中可以发现,孪晶内存在大量的位错网络,位错线相互缠结。通过 TEM 可以方便地统计孪晶的数量。在温度相同的情况下,往复挤压 1 道次和 3 道次后的 AZ31 镁合金组织中,存在较多的孪晶,其中往复挤压 3 道次孪晶比往复挤压 1 道次少。在 AZ31 镁合金往复挤压 7 道次中几乎没有发现孪晶。这一结果表明,随着挤压道次的增加,晶粒明显细化,细化后的晶粒具有更好的塑性变形能力和晶界协调能力。同时,晶粒数量的增加也使更多的晶粒处于有利于滑移的位向,因此,孪晶的数量逐渐较少。

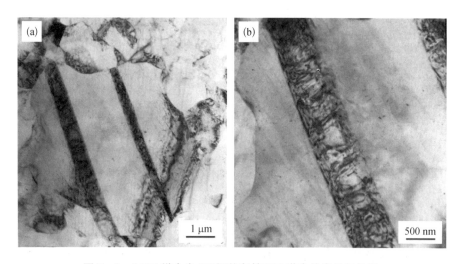

图 7 - 8   AZ31 镁合金 300℃ 往复挤压 3 道次的孪晶与位错

(a) 孪晶形貌；(b) 孪晶内位错

图 7 - 9 显示 AZ91 镁合金 300℃ 往复挤压 3 道次的位错组态。图 7 - 9(a)表明,位错塞积于粗晶粒晶界。根据经典的塑性变形理论,滑移不可能从一个晶粒直接延续到另外一个晶粒中,要开动相邻晶粒的滑移系,就必须增大外加应力以启动相邻晶粒的位错源开动。因此,从

位错塞积的多少可以判断合金的塑性变形能力。在 AZ31 镁合金中很少发现位错塞积的情况，而在 AZ91 镁合金中，如图 7-9 所示，位错塞积比较严重。因此，AZ91 镁合金由于第二相粒子 $Mg_{17}Al_{12}$ 的增多，塑性变形能力大大降低。图 7-9(b) 表明位错塞积于晶界后，改变了塞积方向，这表明往复挤压导致晶内应变的不均匀性增加，晶粒内部存在明显的应变梯度。

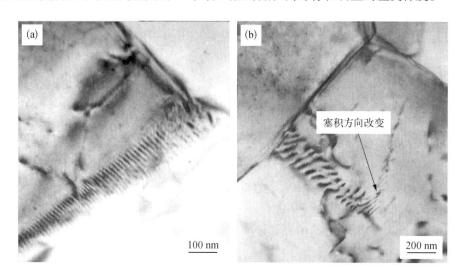

图 7-9　AZ91 镁合金 300℃往复挤压 3 道次的位错组态

(a) 位错塞积于晶界；(b) 位错塞积晶界后转向

　　图 7-10 为 AZ91 镁合金往复挤压变形中位错与第二相粒子的交互作用。图 7-10(a) 为位错被晶内细小粒状第二相钉扎而弯曲的形貌，说明第二相的存在阻碍了位错的运动。图 7-10(a) 中第二相尺寸比较小，尺寸在 200 nm 左右，为往复挤压中动态析出的细小第二相。这类尺寸较小的第二相被位错切过，而不是位错通过尺寸较大第二相的 Orowan 绕过机理。图 7-10(b) 为位错塞积于第二相粒子的形貌，说明第二相的存在增加了变形应力，使晶内位错密度增加。

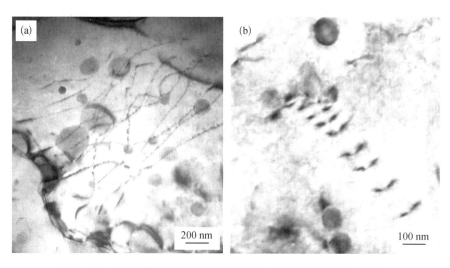

图 7-10　AZ91 镁合金 300℃往复挤压 3 道次的位错与粒子的交互

(a) 第二相粒子钉扎位错；(b) 位错塞积于粒子

最近的研究指出,动态再结晶与变形温度、变形行为和第二相密切相关。Galiyev 等[18]通过压缩变形研究了 ZK60 镁合金的动态再结晶机制与变形温度的关系。结论指出,镁合金的动态再结晶机制依赖于温度控制的变形行为。温度低于 200℃ 的低温动态再结晶(low-temperature DRX, LTDRX)与孪晶的开动、基面滑移和($a+c$)位错滑移有关;中温范围(200~250℃)的 CDRR 与大量的交滑移有关;高温范围(250~350℃)DRX 机制为原始晶界的弓出和亚晶长大,由位错攀移控制。细小第二相在塑性变形过程中,增加了位错产生的速度,在第二相粒子周围的基体中形成局部变形区和大的局部位向梯度,因此,容易在第二相附近形成动态再结晶晶核[20]。

较高温度下,位错滑移的局部化使原始晶界局部迁移,易发生 DDRX。主要包括三个过程[16]:① 高密度位错区应力不平衡使晶界发生局部迁移,形成"凸起",见图 7-11(a);② 非平面的晶界滑移能导致晶界附近强烈的应变梯度;晶界位错源为了协调塑性变形向晶粒内部发射位错,这些位错一般属于非基面系统,见图 7-11(b);③ 这些位错与基面位错相互作用形成亚晶界,亚晶界切断晶粒的"凸出"部分,见图 7-11(c),这些亚晶界随应变的进行不断吸收晶格位错,从而提高其取向差,最终发展成大角度晶界。DDRX 要求晶界具有大的迁移活动能力,变形温度越高,晶界迁移能力越强,越容易发生 DDRX。

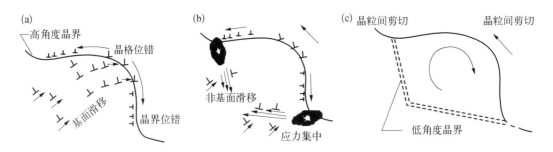

图 7-11 DDRX 机制示意图[16]

第四章在 225~400℃ 的较宽温度范围内研究了往复挤压镁合金的组织。结果发现,高温区(350~400℃)往复挤压的细化能力极其有限。因此,本章对往复挤压晶粒细化机制的讨论范围为 225~300℃。从图 7-2、图 7-3 和图 7-7 可以看出,在温度为 225~300℃ 时,往复挤压晶粒细化机制以 CDRR 为主。由图 7-8~图 7-10 可以看出,在较高的温度下往复挤压,位错的运动能力增强,在第二相、孪晶和晶界等形成高密度位错区,也可能以 DDRX 方式实现晶粒细化。

再结晶新晶粒与原始晶界的关系见图 7-12。从图 7-12 中可以看出,再结晶新晶粒常产生于原始的三角交叉晶界和原始的锯齿状晶界。Tan[21]认为,塑性变形过程中,晶界主要作用是阻碍位错的运动。晶格位错与晶界的交互作用将产生新的线缺陷,被称为外来晶界位错(extrinsic grain boundary dislocation, EGBD)。由于 EGBD 在晶界上存在,它们具有更高的能量,使晶界处于非平衡状态。塑性变形连续在晶内产生新位错,因此不断增加 EGBD 的密度。林金保[22]认为 EGBD 密度的改变可通过两个竞争的过程:晶格位错的吸收和它们的湮灭。当进入晶界的位错密度超过晶界的吸收能力或者晶格位错的吸收需要孕育时间时,过多的晶格位错就会发生攀移,在晶界上产生局部应力集中。在这种情况下,锯齿状晶界就会产生［图 7－12(b)］。为了减小应力集中,在晶界附近的攀移位错就会重排形成小角度晶界或者位错胞状结构,最终导致亚晶粒在锯齿状晶界附近形成。林金保[22]还认为,EGBD 的湮灭速度依赖于晶界长度。由于粗晶粒具有大的晶界长度,所以,粗晶粒更容易发展成锯齿状晶界。因此,新的动态再结晶晶粒常产生于原始的三角交叉晶界或者原始粗晶粒晶界。

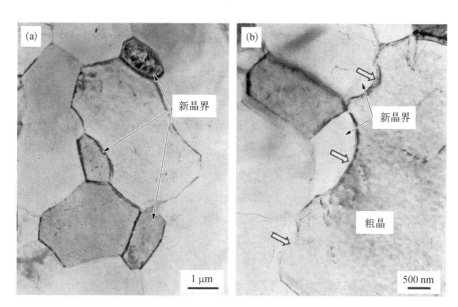

图 7－12　AZ31 镁合金 250℃往复挤压 3 道次的再晶界晶粒和晶界结构
(a)新晶粒产生于三角晶界;(b)新晶体粒产生于锯齿状晶界(箭头所示)

7.2.2　旋转动态再结晶

变形镁合金的基面取向强烈地依赖于变形方式。例如,挤压变形后,大多数(0001)面总是平行于挤压方向[23]。压缩变形后,大多数(0001) 面总是垂直于压缩方向[24]。往复挤压集挤压变形与压缩变形于一体,因此,往复挤压过程中镁合金的基面就有循环改变的趋势,见图 7－13。在这种情况下,大量的晶粒旋转必须开动,以协调基面改变的趋势。根据经典位错运动理论,如此大角度(接近 90°)的旋转不可能通过单独的位错滑移实现。因此,其他的变形机制必须激活以协调连续的变形[15]。最近的研究表明[8,25,26],$\{10\bar{1}2\}$孪晶能够协调基面的大角度旋转。在往复挤压 1 道次和 3 道次后的镁合金组织中,存在较多的$\{10\bar{1}2\}$孪晶,见图 7－14。因此,往复挤压过程中,在孪晶协助下的基面循环改变趋势就非常容易实现。很明显,往复挤压过程中

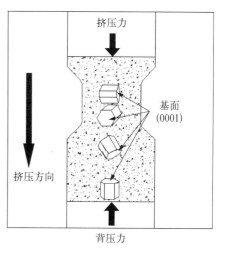

图 7－13　往复挤压过程中镁合金基面的改变示意图

基面的循环改变将会导致织构的弱化,这已经被第五章中织构强度数据所证实。

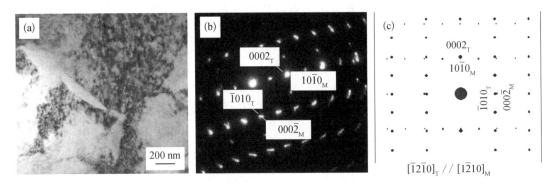

图 7-14 AZ31 镁合金 300℃往复挤压 3 道次后的孪晶形貌及衍射斑点

(a) {10$\bar{1}$2} 孪晶形貌;(b) 基体与孪晶的合成衍射斑点;(c) 计算机模拟的合成衍射斑点

在基面循环改变的趋势驱动下,剧烈的剪切应力将加在晶界和晶内。在这种情况下,由于细小的再结晶晶粒容易变形,而粗晶粒的塑性变形能力差,在粗晶粒和细晶粒的界面容易产生剪切变形区。剪切变形区进一步发展就导致晶格畸变。通过旋转动态再结晶(RDRX)机制[8,15],亚晶粒在晶格畸变区形成,进而发展成具有有利于基面滑移位向的新晶粒。RDRX 的组织特征是粗晶粒周围有大量的细晶。从图 5-7 和图 5-11 中往复挤压 AZ31 镁合金晶界图可以发现,AZ31 镁合金往复挤压后细晶趋向于聚集在一起形成链形网状结构的组织特征,与 RDRX 的组织特征一致。

RDRX 机制认为[8,15],镁合金在基面滑移受阻的情况下,晶界扭曲形核长大形成动态再结晶新晶粒,如图 7-15 所示。Ion 等[8]在研究 Mg-0.8Al 镁合金热压缩时最早提出 RDRX 机制,他们认为,具有基面纤维织构的镁合金热变形时,首先开动{10$\bar{1}$2}孪晶,孪晶的重新取向使基面与压缩轴进一步垂直而不利于基面滑移。此时,由于晶粒之间的剪切应力使晶界附近产生扭曲畸变区,从而成为动态再结晶优先形核的地方。在晶界附近的扭曲畸变区,特别是在高温下,非基面滑移容易开动,使晶界附近产生旋转以协调外部变形。随着应变的增

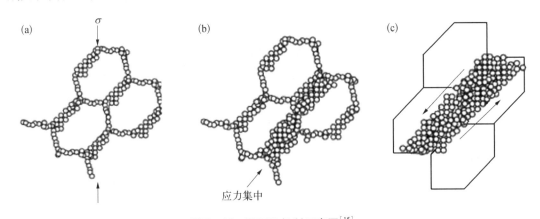

图 7-15 RDRX 机制示意图[15]

(a) 初始晶界;(b) 晶界扭曲变形区形核长大;(c) 扭曲变形区形成剪切变形带

加,扭曲畸变区通过动态回复形成亚晶界和亚晶界的迁移和合并形成大角度晶界,见图 7 -
15(a)。随着温度的升高,扭曲畸变区越来越厚。虽然 RDRX 只能协调有限的应变量,但是,
一旦细小的再结晶新晶粒形成,它们趋向于聚集在一起,具有更合适基面滑移的位向。这
样,后续变形就发生在这些容易变形的区域,形成剪切变形带,见图 7 - 15(b)、(c)。通过
RDRX 机制,基面滑移又变成主要的变形机制。

　　del Valle 等[15]在分析 AZ61 镁合金热轧工艺中的晶粒细化时丰富和拓展了 RDRX 机
制,见图 7 - 16。他们认为,具有较强基面纤维织构的粗晶粒镁合金板材在轧制变形时,
RDRX 发生导致晶界附近扭曲畸变区产生动态再结晶细晶粒,这些围绕在原始粗晶粒附近
的新晶粒与具有基面纤维织构的原始晶粒有明显不同的位向,因此,有效地降低了基面纤
维织构的强度。随着变形程度的增大,再结晶新晶粒不断向原始粗晶内扩展而晶粒细化,同
时由于基面滑移变得更容易使材料的塑性变形能力提高。

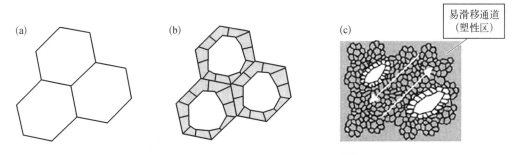

图 7 - 16　RDRX 组织演变示意图[15]

(a) 初始大角度晶界;(b) 晶界形成的细小再结晶晶粒;(c) 再结晶晶粒向晶内扩展,促使更容易滑移

　　图 7 - 17 为往复挤压 AZ31 镁合金的 DRDX 机制的实验证据。图 7 - 17(a)是 AZ31
镁合金往复挤压 1 道次组织中一个粗晶被细小的再结晶晶粒包围的组织特征,往复挤压
过程中,细晶粒不但在原始粗晶界产生,还在粗晶内产生。图 7 - 17(b)为 AZ31 镁合金往
复挤压 3 道次后粗晶周围细晶的位向差特征。从图 7 - 17(b)可以看出,粗大的原始晶粒
被许多细小的再结晶晶粒包围。这些再结晶细晶粒具有与原始晶粒明显不同的位向差
(大于 15°的大角度晶界用黑色粗实线表示,2°～4°和 5°～15°的小角度晶界分别用红色和
白色细实线条表示),符合 RDRX 机制的组织特征。图 7 - 17(c)通过 EBSD 晶界图进一
步说明细小的再结晶晶粒在往复挤压大变形条件下,不仅沿着原始晶界产生,还横跨原始
晶粒内部产生。

　　从第四章图 4 - 32 中细晶聚集程度来看,AZ31 镁合金最严重,AZ31 - 1Si 镁合金次之,
AZ91 镁合金最小。主要是由于细小第二相 $Mg_{17}Al_{12}$(几个微米尺度)在塑性变形过程中,增
加了位错产生的速度,在第二相粒子周围的基体中形成局部变形区和大的局部位向梯度,新
的大角度晶界容易在第二相附近形成[20],因此,细小第二相粒子的存在必然弱化 RDRX 机
制在粗晶粒周围形成细晶。对比图 5 - 7、图 5 - 11 和图 4 - 32 等晶界图就可证明以上结论。
在较高温度下,位错的运动能力增强,在第二相塞积位错和局部变形的程度会降低,这就是
温度降低有利于第二相 $Mg_{17}Al_{12}$ 细化能力增强的原因。实验结果表明,大块状相 Mg_2Si 对
往复挤压镁合金的细化机制影响很小。

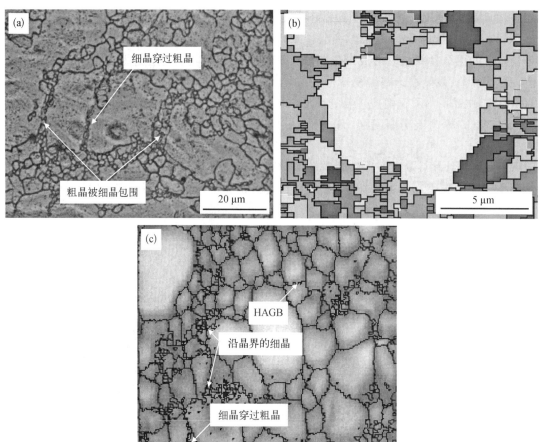

图 7 - 17　CEC 晶粒细化机制 RDRX 的实验证据

（a）粗晶被细小的再结晶晶粒包围；（b）粗晶与再结晶小晶粒的不同位向差；（c）再结晶新晶粒的形成位置

7.3　往复挤压晶粒复合细化机制

　　滑移系少、密排六方的镁合金在集挤压与镦粗变形于一体的往复挤压变形中，有着复杂的变形行为和晶粒细化机制。基于往复挤压后镁合金的组织特征和第五章中织构数据结论，我们提出了往复挤压中晶粒复合细化机制，以解释往复挤压的细化能力特点和组织特征，为继续开发、研究、改进和可能的工业应用提供参考。

　　往复挤压过程中，是以 CDRR 和 RDRX 为主、以 DDRX 为辅的晶粒复合细化机制，提出的往复挤压镁合金的晶粒复合细化机制见图 7 - 18。往复挤压为反复塑性变形的累积大应变，当形变晶粒内部位错密度达到临界值时，通过位错的重排，形成亚晶界（LAGB，如图 7 - 18 中箭头所示），亚晶界通过吸收晶格位错促使位向差增加形成大角度晶界（HAGB），完成 CDRR 的晶粒的细化；往复挤压特殊的变形方式将使基面产生循环改变的趋势，通过$\{10\bar{1}2\}$孪晶的协助实现往复挤压中循环的基面改变。在每一个循环变形中，剧烈的剪切应力将加在晶界和晶内。由于细小的再结晶晶粒和原始的粗晶粒间塑性变形能力的差异性,必然在粗晶粒和细晶粒的界面产生强烈的剪切变形区。剪切变形区进一步发展导致晶格畸变区的产生(如图 7-18 箭头表示)。通过 RDRX 机制[8, 15],亚晶粒在晶格畸变区形成,进而发展成具有有利于基面滑移位向的新晶粒。实现晶粒的细化。关于 DDRX 机制见 7.2.1 节分析。

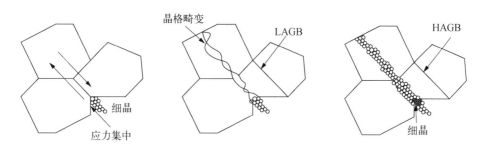

图 7-18 CEC 镁合金的晶粒复合细化机制

第四章的往复挤压镁合金组织演变结论指出,在一定的工艺条件下,存在一个临界道次,超过这个临界道次(临界累积应变量)之后,晶粒的大小(临界晶粒大小)不再有明显变化。该结论可由提出的晶粒复合细化机制作出合理的解释:首先,往复挤压过程中,由于粗晶粒变形能力不如细晶粒,粗晶粒中更容易产生晶格畸变区。因此,根据 RDRX 机制,粗晶粒的细化速度大于细晶粒。随着挤压道次的增加,粗晶粒越来越少,细化的速度也必然越来越小。直到达到组织的动态平衡。其次,在往复挤压道次的间隔时间,变形晶粒处于高温退火状态,还可能发生静态再结晶和晶粒的长大。很明显,道次间的间隔时间越长,晶粒长大的可能性就越大。最后,往复挤压大塑性变形是基本处于恒温下变形的,往复挤压细化后的晶粒,在随后的往复挤压过程中仍然动态地暴露在变形高温下,因此,在往复挤压过程中,晶粒细化的同时,晶粒也在动态地发生长大。

综上所述,往复挤压是主要受变形温度和挤压道次控制的具有强烈细化能力的大变形技术。随着往复挤压道次的增加,由于粗晶粒的减少,晶粒细化速度越来越小。往复挤压始终处于高温下变形,在晶粒细化的同时,晶粒也在粗化。因此,在一定的工艺条件下,存在一个临界道次(在本章中是 7 道次),超过这个临界道次之后的组织达到一种动态平衡。此时获得的晶粒尺寸为在该工艺条件下的临界晶粒尺寸。另外,第二相粒子的存在增加了组织的均匀性,其中细小的 $Mg_{17}Al_{12}$ 相效果最为显著。

7.4 本章小结

本章首先从 Zener-Hollomon 公式出发,研究了往复挤压晶粒大小与变形温度和应变速率的关系。然后通过 TEM 和 EBSD 分析了往复挤压镁合金的组织结构特征,提出了往复挤压镁合金的晶粒复合细化机制,根据该机制,预测了临界道次的存在,主要结论如下。

(1)225~400℃ 往复挤压 3 道次 AZ31 镁合金的晶粒大小与 z 参数的自然对数满足线性关系,即 $\ln d = -0.076 \ln z + 2.571$。

（2）往复挤压镁合金时，是以动态回复再结晶（CDRR）和旋转动态再结晶（RDRX）为主、以非连续动态再结晶（DDRX）为辅的晶粒复合细化机制。

（3）往复挤压主要受变形温度和道次控制的具有强烈细化能力的大塑性变形技术。在一定的工艺条件下，存在一个临界道次（在本章中为7道次），超过这个临界道次之后的组织达到一种动态平衡。此时获得的晶粒尺寸为在该工艺条件下的临界晶粒尺寸。

（4）往复挤压对ZK60和GW102K镁合金都具有强烈的细化能力。晶粒尺寸随着往复挤压道次增加而逐渐细化，细化效率随道次增加逐渐降低。在相同道次下，往复挤压温度越低，组织晶粒越细。组织均匀性随着往复挤压道次增加和温度降低而逐渐提高。镁合金中的第二相与晶粒一样随着往复挤压道次的增加或变形温度的降低逐渐细化，分布均匀性逐渐提高。

参考文献

[1] YEH J W YUAN S Y, PENG C H. Microstructure and tensile properties of an Al-12wt Pct Si alloy produced by reciprocating extrusion[J]. Metallurgical and Materials Transactions A, 1999, 30, 2503 – 2512.

[2] LEE S W, YEH J W, LIAO Y S. Premium 7075 aluminium alloys produced by reciprocating extrusion [J]. Advanced Engineering Materials, 2004, 6(12): 936 – 943.

[3] RICHERT M, MCQUEEN H J, RICHERT J. Microband formation in cyclic extrusion compression of aluminum[J]. Canadian Metallurgical Quarterly, 1998, 37: 449 – 457.

[4] RICHERT M, LIU Q, HANSEN N. Microstructural evolution over a large strain range in aluminium deformed by cyclic extrusion compression[J]. Materials Science Engineering A, 1999, 260: 275 – 283.

[5] LEE S W, WANG H Y, CHEN Y L, et al. An Mg-Al-Zn alloy with very high specific strength and superior high-strain-rate superplasticity processed by reciprocating extrusion[J]. Advanced Engineering Materials, 2004, 6(12): 948 – 952.

[6] MWEMBELA A, KONOPLEVA E B, MCQUEEN H J. Microstructural development in Mg alloy AZ31 during hot working[J]. Scripta Materialia, 1997, 37(11): 1789 – 1795.

[7] WEI Y H, WANG Q D, ZHU Y P, et al. Superplasticity and grain boundary sliding in rolled AZ91 magnesium alloys at high strain rates[J]. Materials Science and Engineering A, 2003, 360(1-2): 107 – 115.

[8] ION S E, HUMPHREYS F J, WHITE S H. Dynamic recrystallisation and the development of microstructure during the high temperature deformation of magnesium[J]. Acta Metallurgia, 1982, 30: 1909 – 1919.

[9] TAKUDA H, FUJIMOTO H, HATTA N. Modelling on flow stress of Mg-Al-Zn alloys at elevated temperatures[J]. Journal of Materials Processing Technology, 1998, 80 – 81: 513 – 516.

[10] KIM H Y. Activation energies for the grain growth of an AZ31 Mg alloy after equal channel angular pressing[J]. Journal of Materials Science, 2004, 39(23): 7107 – 7109.

[11] 陈勇军. 往复挤压镁合金的组织结构与力学性能研究[D]. 上海：上海交通大学，2007.

[12] 王渠东. 镁合金及其成形技术[M]. 北京：机械工业出版社，2017.

[13] GOURDET S, MONTHEILLET F. A model of continuous dynamic recrystallization[J]. Acta Materialia, 2003, 51(9): 2685 – 2699.

［14］VALIEV R Z, IVANISENKO Y V, RAUCH E F, et al. Structure and deformation behavior of armco iron subjected to severe plastic deformation［J］. Acta Materialia, 1997, 44: 4705 - 4712.

［15］DEL VALLE J A, PEREZ-PRADO M T, RUANO O A. Texture evolution during large-strain hot rolling of the Mg AZ61 alloy［J］. Materials Science & Engineering A, 2003, 355(1/2): 68 - 78.

［16］刘楚明, 刘子娟, 朱秀荣, 等. 镁及镁合金动态再结晶研究进展［J］. 中国有色金属学报, 2006, 16(1): 1 - 12.

［17］GOURDET S, MONTHEILLET F. A model of continuous dynamic recrystallization［J］. Acta Materialia, 2003, 51(9): 2685 - 2699.

［18］GALIYEV A, KAIBYSHEV R, COTTSTEIN G. Correlation of plastic deformation and dynamic recrystallization in magnesium alloy ZK60［J］. Acta Materialia, 2001, 49(7): 1199 - 1207.

［19］张陆军. 往复挤压制备超细晶 AZ61 镁合金的研究［D］. 上海: 上海交通大学, 2007.

［20］APPS P J, BOWEN J R, PRANGNELL P B. The effect of coarse second-phase particles on the rate of grain refinement during severe deformation processing［J］. Acta Materialia, 2003, 51(10): 2811 - 2822.

［21］TAN J C, TAN M J. Dynamic continuous recrystallization characteristics in two stage deformation of Mg-3Al-1Zn alloy sheet［J］. Materials Science and Engineering A, 2003, 339: 124 - 132.

［22］林金保. 往复挤压 ZK60 与 GW102K 镁合金的组织演变及强韧化机制研究.［D］. 上海: 上海交通大学, 2009.

［23］LIN J B, PENG L M, WANG Q D, et al. Anisotropic plastic deformation behavior of as-extruded ZK60 magnesium alloy at room temperature［J］. Science in China E, 2009, 52(1): 161 - 165.

［24］WANG H, BOEHLERT, CARL J, et al. Analysis of slip activity and deformation modes in tension and tension-creep tests of cast Mg - 10Gd - 3Y - 0.5Zr (Wt Pct) at elevated temperatures using in situ SEM experiments［J］. Metallurgical and Materials Transactions, A. Physical Metallurgy and Materials Science, 2016, 47A (5): 2421 - 2443.

［25］WANG H, WANG Q D, BOEHLERT C J, et al. The impression creep behavior and microstructure evolution of cast and cast-then-extruded Mg - 10Gd - 3Y - 0.5Zr (wt%)［J］. Materials Science & Engineering A: Structural Materials: Properties, Microstructure and Processing, 2016, 649: 313 - 324.

［26］EBRAHIMI M, WANG Q D, ATTARILAR S. A comprehensive review of magnesium-based alloys and composites processed by cyclic extrusion compression and the related techniques［J］. Progress in Materials Science, 2023, 131: 101016.

第八章　往复挤压镁合金的力学性能与断裂行为研究

8.1　引言

金属材料的强化机制通常建立在经典位错理论基础上,以阻止位错运动为目的。有以下四种方式:固溶强化、弥散强化、加工硬化和细晶强化。其中,晶粒细化是唯一能同时提高强度、改善塑性与韧性的有效手段,因此一直是材料强化研究的焦点。近年来,由于大塑性变形技术的快速发展,人们对大塑性变形材料力学性能的关注日益增加[1]。理论上讲,根据著名的 Hall-Petch 公式,如果晶粒一直细化,材料强度就会不断提高。最近的研究表明,晶粒细化对材料强度的贡献已经实现了提高 5~10 倍[2]。

Hall-Petch 公式表明,金属材料的强度会伴随着晶粒尺寸的减小而增加。随着晶粒的细化,晶界的增加一方面实现强度的增加,另一方面,晶粒细化使晶界的滑动、转动成为可能以及更多晶粒位向调整到有利于滑移的方向,强度可能减小。因此,材料的强化和软化会通过晶粒尺寸的变化相互转化。往复挤压过程中的应力、应变情况相当复杂,关于往复挤压的研究在此之前主要集中于铝合金,同时也很少对往复挤压后的材料性能进行详细描述。本章系统研究了往复挤压道次和温度对 AZ31、AZ91 和 AZ31－1Si 镁合金力学性能的影响,分析了 AZ31、AZ91、AZ31－1Si、ZK60、GW102K 几种镁合金的室温拉伸性能、变形及断裂机制,研究了原位 EBSD 拉伸粗晶和细晶 AZ31 镁合金的组织演变,讨论了晶粒大小和第二相对往复挤压镁合金室温伸长率的影响。

8.2　往复挤压 AZ 系列镁合金的室温力学性能

8.2.1　往复挤压变形程度对镁合金力学性能的影响

图 8-1 为挤压态 AZ31 镁合金往复挤压 1 道次、3 道次和 7 道次后的应力-应变曲线。由图可知,挤压态 AZ31 的伸长率为 16.47%,随着挤压道次的增加,伸长率明显提高。往复挤压 7 道次后的伸长率达到 35.52%,提高幅度达 2.2 倍。对于屈服强度,往复挤压 1 道次后提高了 20 MPa,但在随后的往复挤压中,随着挤压道次的增加,屈服强度明显降低。往复挤压 7 道次后,屈服强度降低到 140.48 MPa,降低幅度达 50 MPa。靳丽等也发现 AZ31 镁合金大塑性变形后屈服强度明显降低[3],类似结果也发现于等通道挤压 AZ61 中[4]。

图 8-2 为 AZ31－1Si 镁合金在 225℃下往复挤压后的应力-应变曲线。由于该合金与 AZ31 合金的基体完全一致,只是多了 Mg₂Si 第二相。如图所示,该合金的应力应变曲线与 AZ31 的应力应变曲线极其相似:挤压态合金的伸长率为 14.76%,往复挤压后,伸长率明显

提高。往复挤压 7 道次后,伸长率达到 23.66%。其中,提高幅度最大的是 3 道次。合金挤压态的屈服强度是 149.02 MPa,往复挤压 1 道次后,屈服强度达到 221.17 MPa。然后随着挤压道次的增加,屈服强度一直减小,其中,减小幅度最大的也是 3 道次。说明往复挤压 3 道次后,伸长率增加而屈服强度减小。

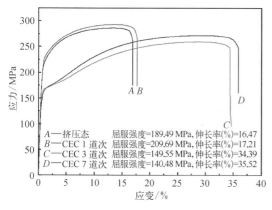

图 8-1　300℃往复挤压 AZ31 镁合金的
　　　　室温力学性能

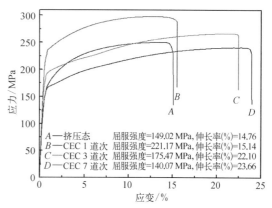

图 8-2　225℃往复挤压 AZ31-1Si 镁合金的
　　　　室温力学性能

对比图 8-1 和图 8-2 可以看出,由于粗大的 Mg_2Si 相的形成,挤压后在 Mg_2Si 相中形成了大量的裂纹(见第四章组织分析),导致挤压态 AZ31-1Si 镁合金的屈服强度比 AZ31 低 40 MPa,而在随后的往复挤压中,Mg_2Si 相中裂纹的焊合使其强度优于同道次的 AZ31 镁合金,最明显的就是往复挤压 1 道次后,屈服强度比挤压态提高了 72.15 MPa。

AZ91 镁合金在 300℃往复挤压后的应力-应变曲线见图 8-3。由图可知,AZ91 镁合金的应力-应变曲线也与 AZ31 和 AZ31-1Si 镁合金往复挤压后的变化规律相似。AZ91 镁合金挤压态的屈服强度为 218.73 MPa,往复挤压 1 道次后,屈服强度提高到 270.73 MPa,随着挤压道次的增加,屈服强度一直减小到 201.61 MPa(7 道次)。对于伸长率,往复挤压后有了一定的提高。对比图 8-1 可以发现,第二相粒子 $Mg_{17}Al_{12}$ 的增加对强度的贡献较大,但是由于该第二相较脆,变形过程中容易产生裂纹,因此往复挤压后 AZ91 镁合金的伸长率比同道次的 AZ31 和 AZ31-1Si 镁合金低。

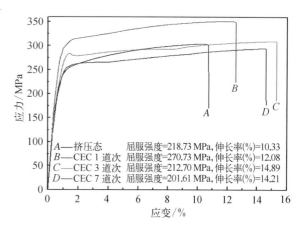

图 8-3　300℃往复挤压 AZ91 镁合金的
　　　　室温力学性能

8.2.2　往复挤压变形温度对镁合金力学性能的影响

图 8-4 为挤压温度对 AZ31 镁合金往复挤压 3 道次后的力学性能的影响。由图可知,

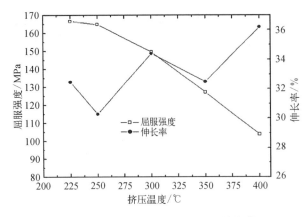

**图 8-4　往复挤压 AZ31 镁合金的力学
性能与挤压温度之间的关系**

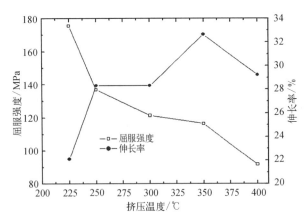

**图 8-5　往复挤压 AZ31-1Si 镁合金的
力学性能与挤压温度之间的关系**

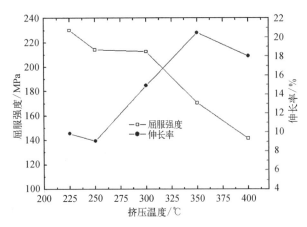

**图 8-6　往复挤压 AZ91 镁合金的力学
性能与挤压温度之间的关系**

随着挤压温度的降低，AZ31 镁合金的屈服强度会明显升高。进一步观察可以发现：当挤压温度由 250℃ 降低到 225℃ 时，屈服强度仅增加了 2 MPa；温度由 300℃ 降低到 250℃ 时，屈服强度增加了 15 MPa；温度由 350℃ 降低到 300℃ 时，屈服强度增加了 22 MPa；温度由 400℃ 降低到 350℃ 时，屈服强度增加了 24 MPa。这说明降低挤压温度可以增加强度，但是，当温度降低到一定值后，依靠温度的降低获得强度提高的空间将变得越来越小。AZ31 镁合金的伸长率有随着挤压温度的增加而增加的趋势。挤压温度在 225~400℃ 的较宽范围内，AZ31 镁合金在往复挤压 3 道次后的伸长率始终保持在 30% 以上。

图 8-5 为挤压温度对 AZ31-1Si 镁合金往复挤压 3 道次的力学性能的影响。如图所示，AZ31-1Si 镁合金的屈服强度随挤压温度的变化趋势与 AZ31 镁合金相似，都随着挤压温度的增加，屈服强度显著降低。AZ31-1Si 镁合金在挤压温度为 225℃ 时，屈服强度为 175.47 MPa，当挤压温度升高到 400℃ 时，屈服强度降低到 91.75 MPa，降低幅度达到 84 MPa。随着挤压温度的升高，伸长率有所增加。在高于 250℃ 的挤压温度以后，伸长率保持在 30% 左右的较高水平。

图 8-6 展示了 AZ91 镁合金往复挤压 3 道次后的力学性能与挤压温度的关系。由图可知，随着温度从 225℃ 升高到 400℃，屈服强度从 230.04 MPa 一直降低到 141.57 MPa。对于伸长率，总体趋势是随着挤压温度的升高而增加的。与图 8-4 和图 8-5 对比可知，相同往复挤压道次的 AZ91 镁合金伸长率明显不如 AZ31 和 AZ31-1Si 镁合金。

8.2.3　第二相对往复挤压镁合金力学性能的影响

为了研究第二相对往复挤压镁合金力学性能的影响,考察了往复挤压 7 道次,变形温度为 225℃时的 AZ31、AZ31-1Si 和 AZ91 镁合金的力学性能,如图 8-7 所示。结合图 8-1、图 8-2,图 8-3 等图中三种合金挤压态的数据可以发现,由于在 AZ31 镁合金中加入 Si 元素后,形成了粗大的块状相 Mg_2Si,挤压后在该相中形成了大量裂纹,所以挤压态 AZ31-1Si 镁合金的屈服强度比 AZ31 镁合金低 40 MPa。在随后的往复挤压过程中,Mg_2Si 中的裂纹由于 Mg_2Si 的细化而重新焊合,因此,在往复挤压 7 道次后,AZ31-1Si 合金的屈服强度比 AZ31 镁合金仅低 10 MPa,同时伸长率接近。对于 AZ91 镁合金,往复挤压前,挤压态 AZ91 镁合金屈服强度比 AZ31 镁合金高 29.24 MPa,往复挤压后,两者之差高达 57 MPa,说明细小的第二相粒子 $Mg_{17}Al_{12}$ 对强度有巨大的贡献。但是,从伸长率的改变来看,AZ91 镁合金挤压态为 10.33%,比 AZ31 镁合金挤压态低 6.14%。往复挤压后,伸长率有所改善,为 11.66%,比同条件下的 AZ31 镁合金伸长率低 13%。说明 $Mg_{17}Al_{12}$ 对强度作出贡献的同时,损害了合金的塑性。

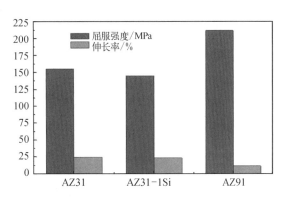

**图 8-7　225℃往复挤压 7 道次后的
三种镁合金力学性能比较**

8.3　往复挤压 AZ 系列镁合金的断裂行为研究

8.3.1　合金室温拉伸断口附近的金相分析

图 8-8 为挤压态粗晶 AZ31 镁合金和 300℃往复挤压 7 道次后的细晶 AZ31 镁合金拉伸断口附近的金相组织,断口均在左边,拉伸方向为水平方向(图 8-8)。由图 8-8(a)可知,AZ31 挤压态合金的组织极不均匀,粗晶粒的晶界处存在大量的再结晶细晶粒。AZ31 挤压态的粗晶粒中有明显的孪晶,说明粗晶 AZ31 镁合金在室温拉伸过程中孪生协调变形。同时,有大量的裂纹存在于粗晶中,表明粗晶 AZ31 镁合金的断裂方式为穿晶断裂。进一步观察可以发现,这些裂纹相互平行,在不同晶粒内的裂纹平行的方向各不相同,且与加载方向大致呈 45°,其断裂机制属于剪切断裂[5]。这种裂纹是在切应力作用下,沿滑移面滑移造成滑移面分离而产生。它产生于某一晶粒内,发展到晶界处受到阻碍,由于应力集中和变形的无法协调,在新晶粒中也产生一组相互平行的裂纹。随着裂纹的发展和相互聚合,在交汇处产生了更大的裂纹,直到使材料断裂。图 8-8(b)表明,细晶镁合金中几乎没有孪晶,说明由于晶粒的细小,协调变形的能力很强。进一步研究可以发现,大多数晶粒都沿着加载方向被拉长,说明细晶中由于晶粒体积较小,晶界间的相互滑动和转动容易,细晶中大量增加的晶界在协调变形方面发挥了重要的作用[6]。细晶经历了大塑性变形,组织中必然存在大量

的点缺陷和线缺陷。在拉伸变形过程中,点缺陷和线缺陷的扩展就形成孔洞、空隙和微裂纹。在塑性变形难以协调的区域如夹杂、第二相粒子与基体界面和某些三叉晶界处位错运动受阻,容易产生高的应力集中而使裂纹聚合形核,第二相粒子自身裂纹、第二相粒子与基体界面、裂纹尖端和某些应变无法协调的晶界等在应力集中下产生局部剪切变形而使裂纹长大,裂纹的相互聚合就造成材料断裂。图 8-8(b)显示裂纹产生于晶内,断裂方式是沿第二相与基体界面或晶界断裂。

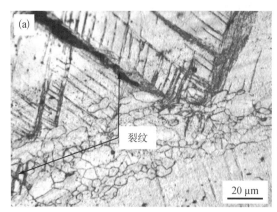
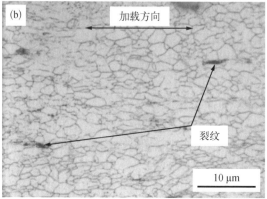

图 8-8　AZ31 镁合金拉伸后断口附近的金相照片

(a) 挤压态;(b) 300℃往复挤压 7 道次

　　图 8-9 为 AZ31-1Si 镁合金粗晶和细晶室温拉伸断口附近不同放大倍数的金相组织,断口均在上方,拉伸方向为竖直方向(图 8-9)。由图 8-9(a)、(b)可以看出,和在粗晶 AZ31 中一样,在粗晶 AZ31-1Si 镁合金中,存在大量的孪晶和相互平行交叉的裂纹,表明该合金塑性变形能力不是很好,需要孪晶协调。断裂机制属于剪切断裂。图 8-9(c)、(d)表明,在细晶 AZ31-1Si 镁合金中几乎没有孪晶,晶粒沿加载方向拉长。由于 Mg_2Si 相在往复挤压过程中就产生了裂纹,裂纹在拉伸变形过程中容易产生应力集中,于是加速了裂纹的发展。另外,Mg_2Si 相与基体的塑性变形能力不同,因此,在塑性变形过程中,必然会在 Mg_2Si 相和基体界面产生裂纹,如图 8-9(d)中箭头所示。裂纹在拉应力的作用下发展和聚合,就会导致合金的断裂。断裂方式主要是沿第二相与基体界面断裂。

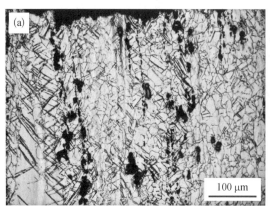
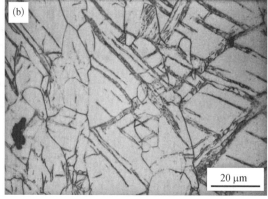

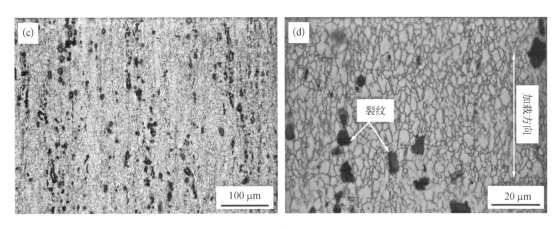

图 8 - 9　AZ31 - 1Si 镁合金拉伸后断口附近的金相照片

（a）挤压态低倍图；（b）挤压态高倍图；（c）往复挤压 7 道次低倍图；（d）往复挤压 7 道次高倍图

8.3.2　合金室温拉伸断口形貌分析

采用高分辨率的扫描电镜观察金属的拉伸断口是断裂行为研究的重要手段。本节采用场发射扫描电镜对 AZ31、AZ31 - 1Si 和 AZ91 等三种镁合金的拉伸断口进行了研究。

图 8 - 10 为 AZ31 镁合金往复挤压不同挤压道次后的室温拉伸断口低倍形貌。挤压态合金中存在大量的撕裂棱，表明合金在拉伸变形过程中发生了一定的塑性变形，撕裂棱的分布很不均匀，撕裂棱局部集中，相距较大，结合挤压态合金的组织不难得知，产生撕裂棱的区域为细晶粒，粗晶粒由于塑性变形能力较差，首先产生裂纹，当裂纹发展到细晶粒中时，经历了较大的塑性变形，出现撕裂棱。图 8 - 10(b)为往复挤压 1 道次后的拉伸断口。由于该挤压道次组织已经得到明显的细化，因此，从拉伸断口中除了撕裂棱外，出现了少量韧窝。往复挤压 3 道次后的断口[图 8 - 10(c)]中，韧窝的数量明显增多，往复挤压 7 道次后的断口可以发现，韧窝变得很深，说明往复挤压 3 道次和 7 道次后[图 8 - 10(c)、(d)]，塑性变形能力比挤压态镁合金有了明显的提高。

图 8 - 11 为 AZ31 镁合金往复挤压后的高倍拉伸断口形貌。从图 8 - 11(a)中可以看见明显的撕裂棱。并且撕裂棱的发展方向各不相同，这是由于晶粒间的位向不同，塑性变形时各个晶粒内的相同滑移系方向也不相同所致。图 8 - 11(b)为往复挤压 1 道次后的断口形貌，由图可知，在韧窝的底部有第二相粒子存在，并且第二相粒子已经被裂纹分成了两半。结合图 8 - 11(b)~(d)可以发现，随着合金变形量的增加，断口的韧窝分布更加均匀。在韧窝底部几乎都有第二相粒子的存在，并且多数粒子中都有裂纹。该现象可由韧窝形成模型解释[7]：在拉伸变形中，在第二相粒子周围塞积着位错环。随着拉伸变形的进行，粒子前塞积的位错越来越多，这时位错就会受到两方面的作用，其一是在位错源的驱动下使位错推向粒子；其二是由于第二相粒子的阻塞，粒子将给领先位错以排斥力。排斥力可能与驱动力达到平衡，也可能使位错源停止释放位错。当外加力足够大或者由于某些粒子周围存在应力集中或者本身第二相粒子与基体间的结合力较弱时，领先位错将推向基体与第二相粒子的界面。当一个或者一对位错环被推到界面后，粒子与基体的界面将分开而形成微孔，微孔的

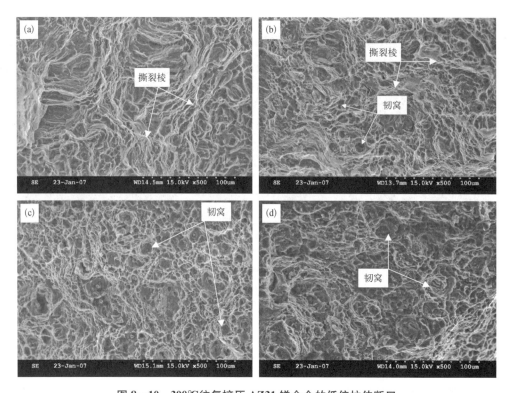

图 8 - 10　300℃往复挤压 AZ31 镁合金的低倍拉伸断口

(a) 挤压态；(b) 往复挤压 1 道次；(c) 往复挤压 3 道次；(d) 往复挤压 7 道次

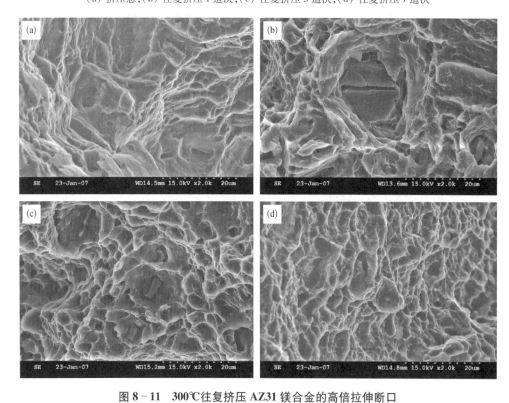

图 8 - 11　300℃往复挤压 AZ31 镁合金的高倍拉伸断口

(a) 挤压态；(b) 往复挤压 1 道次；(c) 往复挤压 3 道次；(d) 往复挤压 7 道次

形成使原来的排斥力大大降低,位错源被重新激活而释放出更多的位错,从而导致微孔迅速扩大。最后在第二相粒子之间的基体金属产生"内缩颈",当"内缩颈"达到一定程度后就被撕裂或剪切断裂,使微孔相连,从而形成了韧窝。分析韧窝类型可以得知该类韧窝属于撕裂型韧窝。

图 8‐12 为不同挤压温度下 AZ31 镁合金往复挤压 3 道次后的拉伸断口低倍形貌。由图可知,AZ31 合金往复挤压 3 道次断口中都存在大量的韧窝,在较低温度下(225℃)进行往复挤压,韧窝类型以等轴韧窝为主[图 8‐12(a)]。随着挤压温度的升高,逐渐转变为以撕裂韧窝为主[图 8‐12(b)~(d)]。同时,断口的高度差也在增加,说明合金的塑性变形有随着挤压温度升高而改善的趋势。

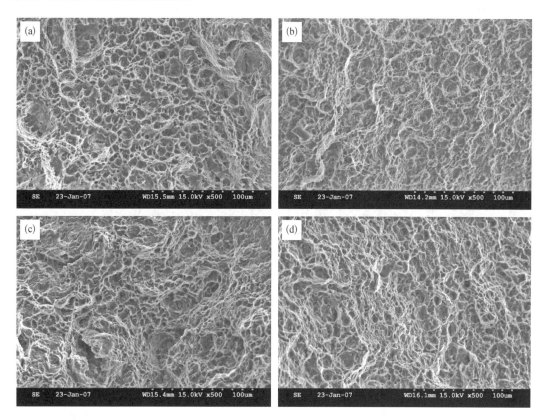

图 8‐12　AZ31 镁合金在不同温度往复挤压 3 道次后的低倍拉伸断口
(a) 225℃;(b) 250℃;(c) 350℃;(d) 400℃

为了获得更详细的断口信息,本书作者团队研究了不同变形温度下 AZ31 镁合金往复挤压 3 道次后的拉伸断口高倍形貌,见图 8‐13。由图可知,往复挤压 AZ31 镁合金断口中都存在大量的韧窝,并且在韧窝底部几乎都存在破裂的第二相粒子,如果第二相粒子在拉伸塑性变形过程中被拔出,在基体中就会形成孔洞。孔洞的连接或者聚合就形成了裂纹。在 AZ31 镁合金中,由于第二相 $Mg_{17}Al_{12}$ 为脆性相且与基体的结合力不强,所以,首先在第二相与基体界面或者第二相中产生裂纹,裂纹的发展使第二相破裂或者直接与基体脱离而形成孔洞,孔洞相互聚合或者连接也可形成裂纹。因此,AZ31 镁合金中第二相粒子 $Mg_{17}Al_{12}$ 是裂纹的主要来源。

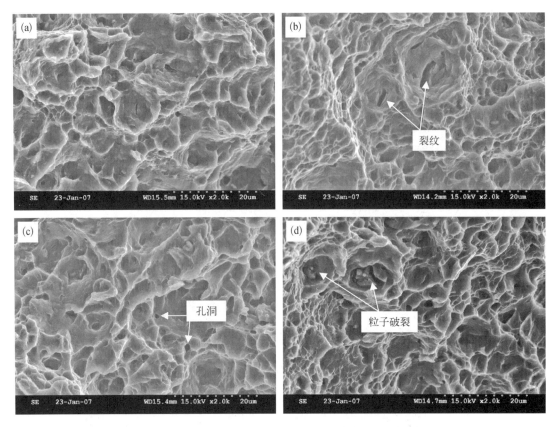

图 8-13 AZ31 镁合金在不同温度往复挤压后的高倍拉伸断口
(a) 225℃；(b) 250℃；(c) 350℃；(d) 400℃

AZ31-1Si 镁合金在 225℃往复挤压后的低倍拉伸断口见图 8-14。由图可知,在挤压态 AZ31-1Si 镁合金断口形貌中[图 8-14(a)]以撕裂棱为主,其间夹杂着不少微裂纹。往复挤压 1 道次后,断口中同样存在撕裂棱,同时也出现了少量的韧窝,见图 8-14(b),断口中还观察到 Mg$_2$Si 相在韧窝底部,说明 Mg$_2$Si 相也是可能的裂纹源。图 8-14(c)为往复挤压 3 道次后的断口,断口形貌中韧窝数量明显增加,说明合金此时的塑性变形能力大大提高,这与图 8-2 中拉伸曲线的数据一致。图 8-14(d)为往复挤压 7 道次的断口形貌,从图中可以发现大量的韧窝较为均匀地分布在断口中。这些韧窝小而深,且韧窝类型以撕裂型韧窝为主,说明 AZ31-1Si 镁合金往复挤压 7 道次后的塑性变形能力明显改善。同时,还发现二次裂纹的存在,这是韧窝孔洞聚合或者裂纹沿着孔洞发展而形成的。

AZ31-1Si 镁合金在 225℃往复挤压后的高倍拉伸断口见图 8-15。如图所示,不论是挤压态合金还是往复挤压后的合金,裂纹都产生于第二相粒子中。当第二相粒子中产生了裂纹后,容易形成应力集中,再加上第二相粒子与基体的塑性变形能力的不同,裂纹就容易在第二相粒子与基体的界面上得到发展,AZ31 镁合金中第二相粒子较少,这种裂纹发展的机会也较少,由此,AZ31 镁合金往复挤压后塑性变形能力明显提高,见图 8-1。当 AZ31 镁合金中添加了 Si 元素后形成了大块的 Mg$_2$Si 相,该相即使在挤压态也产生了大量的裂纹,见图 4-29。这种材料中本身的裂纹在拉伸变形过程中容易产生应力集中而使裂纹得到发展

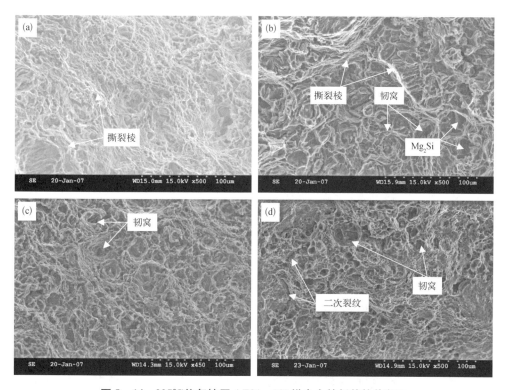

图 8-14　225℃往复挤压 AZ31-1Si 镁合金的低倍拉伸断口

（a）挤压态；（b）往复挤压 1 道次；（c）往复挤压 3 道次；（d）往复挤压 7 道次

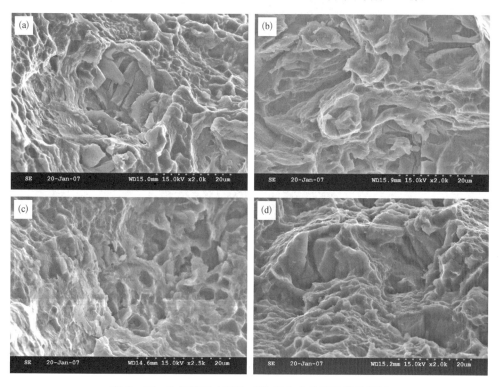

图 8-15　往复挤压 AZ31-1Si 镁合金的高倍拉伸断口

（a）挤压态；（b）往复挤压 1 道次；（c）往复挤压 3 道次；（d）往复挤压 7 道次

而长大。幸运的是,在挤压变形过程中 Mg_2Si 相中产生的裂纹,在往复挤压的三向压应力作用下,可以局部焊合(图4-31),这样减小了对材料塑性的损害。因此,AZ31-1Si 镁合金的塑性变形能力比同条件下的 AZ31 镁合金有一定的降低,见图8-1、图8-2。

AZ91 镁合金在 300℃往复挤压前后的低倍拉伸断口见图8-16。从图8-16(a)中可以看到,挤压态合金的断口存在少量的撕裂棱,说明合金在断裂前经历了一定的塑性变形。同时也存在明显的二次裂纹,由前面的分析可知,AZ91 镁合金中第二相 $Mg_{17}Al_{12}$ 比 AZ31 镁合金中多,在拉伸变形过程中,由于第二相与基体的变形不协调性,容易在其界面产生裂纹,第二相的增多说明产生裂纹的可能性增加。裂纹之间相互连接和合并,就使得 AZ91 镁合金的伸长率远不如 AZ31 镁合金,见图8-1 和图8-3 的实验数据。往复挤压后,从断口形貌上看[图8-16(b)~(d)],AZ91 镁合金的塑性变形能力有了一定的改善。由于第二相较多,从图8-16(a)~(d)随处可以发现第二相中的裂纹和基体中的二次裂纹,这说明增加的第二相 $Mg_{17}Al_{12}$ 是降低 AZ91 镁合金伸长率的主要原因。

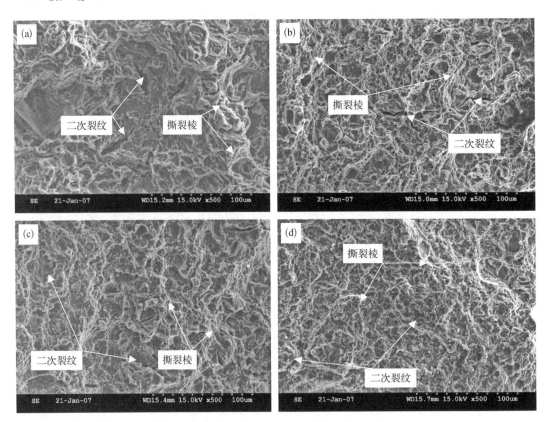

图 8-16 300℃往复挤压 AZ91 镁合金的低倍拉伸断口
(a)挤压态;(b)往复挤压1道次;(c)往复挤压3道次;(d)往复挤压7道次

AZ91 合金往复挤压前后的高倍拉伸断口形貌更清晰地展现了裂纹的起源和发展,见图8-17。图8-17(a)~(c)表明,AZ91 镁合金的裂纹主要起源于第二相,通过第二相与基体的界面发展,传播给变形协调性差的晶粒,使裂纹长大;另外一种起源方式是孔洞,在塑性变形过程中,孔洞周围的基体金属因应力集中而被撕裂或剪切断裂,使孔洞相连,形成裂纹[图

8-17(d)]。因为 AZ91 镁合金中第二相多,自然孔洞也多,由此形成裂纹的可能性也大,所以 AZ91 镁合金往复挤压前后的伸长率都比同条件下的 AZ31 镁合金低。

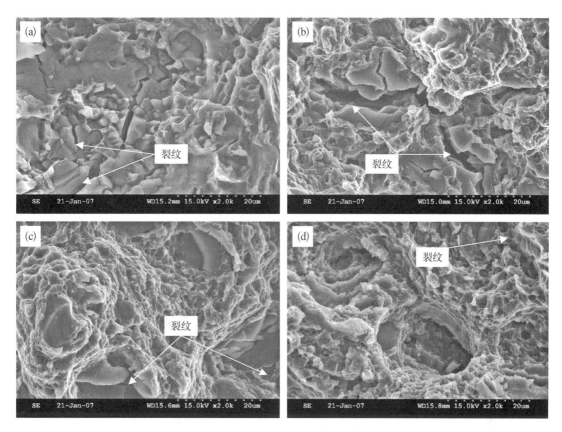

图 8-17　300℃往复挤压 AZ91 镁合金的高倍拉伸断口

(a) 挤压态;(b) 往复挤压 1 道次;(c) 往复挤压 3 道次;(d) 往复挤压 7 道次

8.4　AZ31 镁合金的原位 EBSD 拉伸研究

通过常规挤压和往复挤压大塑性变形技术,可以分别制备粗晶和细晶组织的镁合金。本节的主要目的是在一定晶粒尺度范围内分析粗晶和细晶镁合金室温拉伸过程中组织演变和晶粒转动趋势。这些演变包括晶粒的取向分布、晶界结构、晶粒大小和织构等。由前述可知,变形镁合金的 EBSD 制样困难,原位 EBSD 拉伸样品的制备由于采用拉伸平面的整体制备,其难度更是成倍增加。另外,镁合金原位拉伸后,表面变得不平坦,锯齿线质量迅速下降,导致标定晶粒的置信度(CI)下降。以上两条可能就是在此之前还没有采用原位 EBSD 研究细晶镁合金拉伸过程中组织演变的原因。

本节采用 EBSD 位向图、反极图和晶粒与反极图上的点一一对应的关系来综合判断晶粒变形前后的旋转方向。镁合金变形后,出现橘皮效应,表面变得凹凸不平。同时,同一区域多次扫描也会导致电子污染使锯齿线质量迅速下降。为了降低以上问题的影响,我们中途采用了等离子清洗机对试样表面进行了清洗。考虑到在 SEM 样品室中如果将样品拉断，可能导致对 EBSD 探头、仪器摄像头、电子枪等精密仪器的破坏，本节中挤压态 AZ31 镁合金的拉伸应变为 10%(伸长率为 15%左右)，细晶镁合金的拉伸应变为 5%。因为细晶镁合金继续应变导致锯齿线信号太低而无法识别。本小节探索性地开展了 EBSD 原位拉伸分析粗晶 AZ31 镁合金和细晶 AZ31 镁合金的研究工作，以期为今后的相关研究提供参考。

8.4.1　粗晶 AZ31 镁合金原位 EBSD 拉伸过程中微观组织演变

图 8-18 为挤压态的粗晶 AZ31 镁合金室温拉伸过程中的原位 EBSD 位向演变图。从图 7-1 中可以看出，随着拉伸应变的增加，镁合金中不能识别的点的数量逐渐增加，特别是在 5%应变和 10%应变后，不能识别的点主要集中在细晶粒区，说明细晶粒的塑性变形量大。由图 8-18 得知，挤压态合金中组织极不均匀，粗晶粒尺寸超过 80 μm，细晶粒尺寸约为 10 μm。细晶粒聚集在一起，与粗晶粒交替分布。这种组织为典型的不完全再结晶组织。

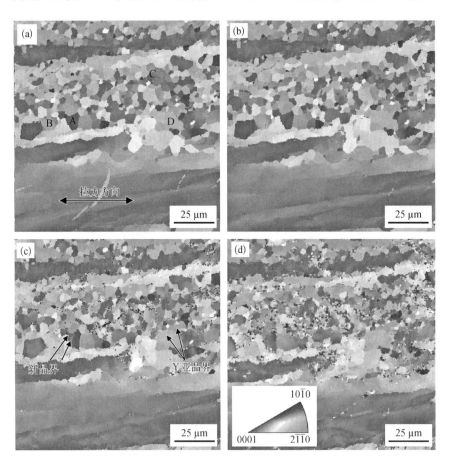

图 8-18　粗晶 AZ31 镁合金原位拉伸中位向演变

(a) 应变为 0;(b) 应变为 2.5%;(c) 应变为 5%;(d) 应变为 10%

通过 EBSD 软件对不同位向晶粒分配的不同颜色[例如红色代表该晶粒的｛0001｝晶面平行于观察平面，见图 8-18(d)中插入的小图]可以看出，挤压态组织中大多数晶粒(特别是粗晶粒)的{0001}面平行于观察方向(挤压方向)。这与第五章中挤压态织构结论一致。从颜色改变可以看出,接近{10$\bar{1}$0}晶面的晶粒,如图8-18(a)中晶粒A、B和C,当应变为5%时,蓝色变淡,说明晶粒在拉伸过程中发生了转动。由图8-18(d)可以发现,晶粒A的颜色变红,说明拉伸过程中晶粒A从{10$\bar{1}$0}晶面向{0001}晶面旋转。进一步分析可以看出,晶粒A在拉伸应变为5%时,由于发生了再结晶,分裂为两个晶粒,并且在这两个晶粒中生成了一个平行于{0001}晶面的细晶粒。另外,在拉伸变形过程中,图8-18(a)中接近{2$\bar{1}\bar{1}$0}晶面的晶粒D,在拉伸应变为5%时,晶粒D中出现明显的颜色差异性,说明在晶粒D中出现了亚晶粒。

图8-19为粗晶AZ31镁合金室温拉伸过程中的原位EBSD晶界演变图。黑线代表位向角大于15°的大角度晶界,白线代表位向角为5°~15°的晶界,红线代表位向角为2°~5°的小角度晶界。考虑到EBSD的分辨率问题,2°以下的晶界不作统计。由图8-19可以看出,在室温拉伸过程中,小角度晶界的比例在持续增加。对图8-19中的晶界作定量统计可得表8-1。由表8-1可以看出,随着拉伸应变的增加,大角度晶界持续降低。其中降低幅度最大发生在5%应变前。当应变从0增加到5%时,2°~5°的小角度晶界从20.5%迅速增加到25.5%。当应变从5%增加到10%时,保持动态平衡。而5°~15°的晶界变化幅度不大,随着应变的增加,有降低的趋势。

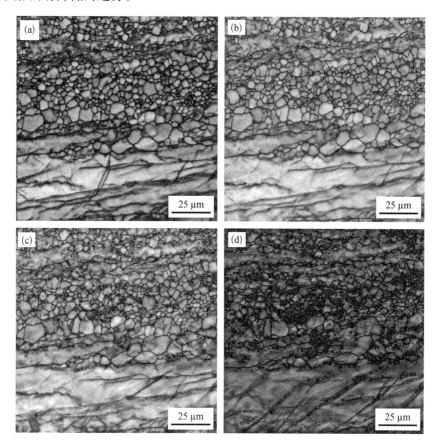

图8-19　粗晶AZ31镁合金原位拉伸中晶界演变

(a) 应变为0;(b) 应变为2.5%;(c) 应变为5%;(d) 应变为10%

表8-1　根据图8-19晶界结构统计的晶界位向角分布

应　变	分数/%		
	2°~5°	5°~15°	15°~180°
0	20.5	11.1	68.4
2.5%	22.3	10.8	66.9
5%	25.5	8.9	65.6
10%	25.5	9.4	65.1

对图8-18中的晶粒进行位向统计,可获得图8-20中的晶界取向差分布图。由图8-20可以看出,不论拉伸应变如何改变,粗晶AZ31镁合金中的小角度晶界的比例都非常大。对平均位向差的考察发现,由于在2.5%应变时发生初始的塑性变形,位错源在应力作用下开动,位错不断产生和相互作用导致位错缠结和塞积,当晶内位错密度达到一定临界值时发生位错重排形成小角度晶界,因此,2°~5°的小角度晶界比例迅速增加,导致平均位向差从初始态的36.49降低到2.5%应变时的35.26。在随后的拉伸应变中,平均位向差缓慢增加,说明在拉伸过程中,小角度晶界在不断吸收位错转变为大角度晶界,以协调塑性变形的不均匀性。由于粗晶AZ31镁合金中粗晶粒塑性变形能力差,变形主要集中在细晶粒中,所以平均位向差虽然在增加,但是增加得比较缓慢。

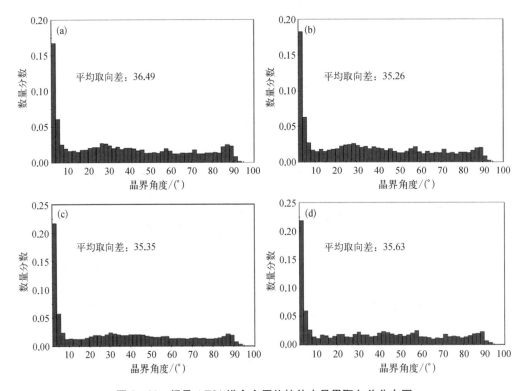

图8-20　粗晶AZ31镁合金原位拉伸中晶界取向差分布图

(a)应变为0;(b)应变为2.5%;(c)应变为5%;(d)应变为10%

对粗晶 AZ31 镁合金原位拉伸过程中晶粒大小面积分数演变的考察可以了解是否有新晶粒的转变,如图 8－21 所示。图中的变化晶粒是指与前一应变状态相比较晶粒尺寸或比例发生改变的晶粒。由图 8－21 可知,在室温拉伸过程中,虽然粗晶粒(晶粒尺寸大于 80 μm)的晶粒尺寸和面积分数几乎没有改变,但从箭头所示的柱状图位置和高低的变化可以反映出细晶粒间存在着新晶粒的生成和旧晶粒的消失。

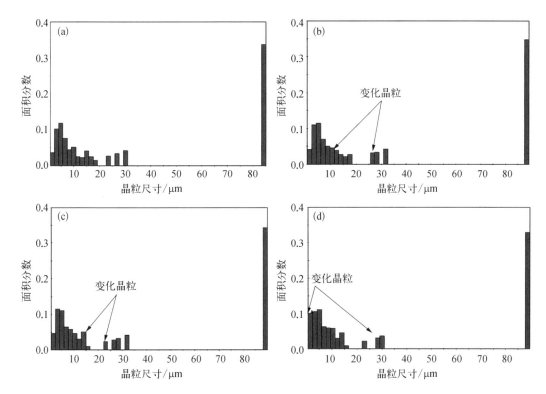

图 8－21　粗晶 AZ31 镁合金原位拉伸中晶粒大小面积分数演变图

(a) 应变为 0;(b) 应变为 2.5%;(c) 应变为 5%;(d) 应变为 10%

图 8－22 为粗晶 AZ31 镁合金原位拉伸过程中晶粒大小数量比演变柱状图。由图 8－22 可以看出,晶粒按照数量比分布没有真实地反映出组织中还存在大于 80 μm 的晶粒(由于数量太少),但可以很方便地观察出粗晶 AZ31 镁合金在室温拉伸过程中晶粒尺寸变化最大的晶粒范围。当拉伸应变从初始挤压态到 10% 应变的过程中,由图 8－22 能反映出的晶粒分布范围从 1.53～30.2 μm 减小到 1.53～10.43 μm,说明了粗晶 AZ31 镁合金在拉伸变形过程中晶粒在细化。其中变化最大的晶粒尺寸范围为 1.5～10 μm,变化最大的晶粒尺寸为 1.53 μm,从拉伸变形前的 48.4% 一直增加到拉伸应变 10% 时的 82.9%。而其他晶粒尺寸的百分含量在拉伸变形中都逐渐减小。

图 8－23 为粗晶 AZ31 镁合金室温拉伸过程中晶界密度的演变。由图可知,粗晶 AZ31 镁合金在室温塑性变形过程中,晶界饱和密度不断增加,例如拉伸前为 0.45,应变为 10% 时为 0.67。说明在室温拉伸过程中,不断有新晶粒的形成,导致单位面积上的晶界线长度增加。

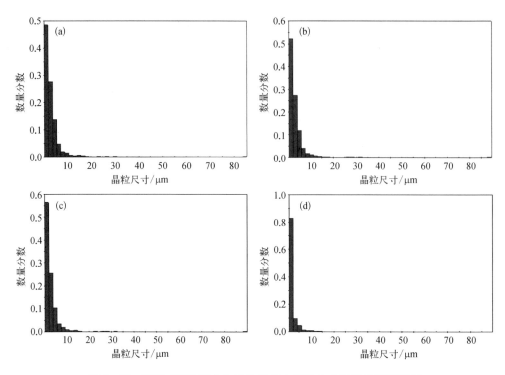

图 8 - 22 粗晶 AZ31 镁合金原位拉伸中晶粒大小数量分数演变图

（a）应变为 0；（b）应变为 2.5%；（c）应变为 5%；（d）应变为 10%

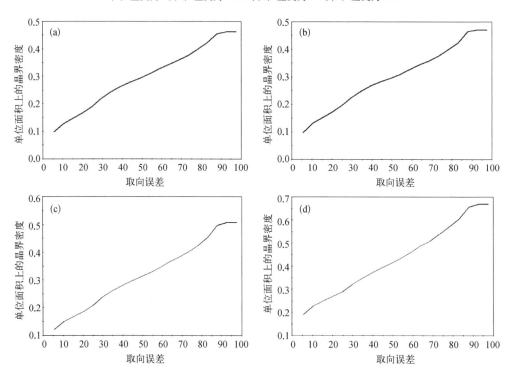

图 8 - 23 粗晶 AZ31 镁合金原位拉伸中晶界密度演变

（a）应变为 0；（b）应变为 2.5%；（c）应变为 5%；（d）应变为 10%

粗晶 AZ31 镁合金原位拉伸过程中织构的演变见图 8－24。在原始的挤压态粗晶中,大多数晶粒的{0001}晶面平行于观察平面,极少量晶粒的{21̄1̄0}晶面接近于观察平面,这与第五章中的挤压态 AZ31 合金织构种类一致。当应变增加到 5% 时,织构强度增加到最大值。当拉伸应变继续增加到 10% 时,织构强度在应变为 5% 的基础上有一定程度的下降,但织构强度仍然比原始挤压态高。同时,{21̄1̄0}晶面接近于观察平面的晶粒数量有一定程度的增加。说明在拉伸过程中,部分晶粒通过自身位向的转动以协调外部拉伸应力引起的变形。

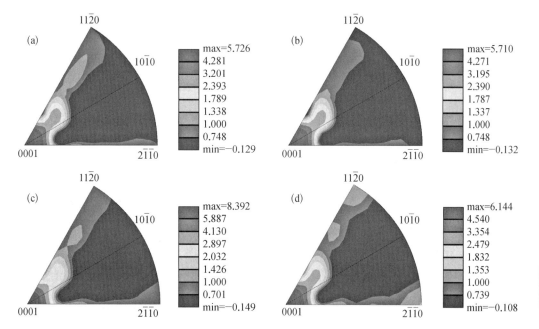

图 8－24　粗晶 AZ31 镁合金原位拉伸中反极图

(a)应变为 0;(b)应变为 2.5%;(c)应变为 5%;(d)应变为 10%

8.4.2　细晶 AZ31 镁合金原位 EBSD 拉伸过程中微观组织演变

图 8－25 为细晶 AZ31 镁合金原位拉伸过程中的位向演变图。由图可知,随着拉伸应变的增加,不能识别的点的数量急剧上升。当应变超过 5% 后,几乎不能获得可以分辨的晶粒取向分布图。由图 8－25(a)可以看到,晶粒呈等轴状分布,最大晶粒尺寸约为 5 μm。在此晶粒尺寸范围,晶界滑移将起到重要作用,将对提高镁合金塑性变形能力起到有益的补充作用[8]。

图 8－26 为细晶 AZ31 镁合金原位拉伸过程中的晶界结构演变图。表 8－2 为对图 8－26 中的晶界结构定量统计结果。由表 8－2 可以得知,细晶 AZ31 镁合金中主要为大角度晶界。其含量百分比达 95.4%。2°~5° 的小角度晶界最少,仅为 1%。拉伸应变 2.5% 后,大角度晶界的含量进一步升高,达 96.9%。而 2°~5° 的小角度晶界含量进一步降低,达 0.5%。同时,5°~15° 的小角度晶界也随着应变的增加而降低。当拉伸应变从 2.5% 升高到 5% 后,大角度晶界的含量几乎没有改变,而是保持在一种动态平衡状态。综上所述,细晶 AZ31 镁合金在拉伸变形过程中,大角度晶界有增加的趋势,小角度晶界有降低的趋势。

图 8 - 25 细晶 AZ31 镁合金原位拉伸过程中的位向演变图

(a) 应变为 0;(b) 应变为 2.5%;(c) 应变为 5%

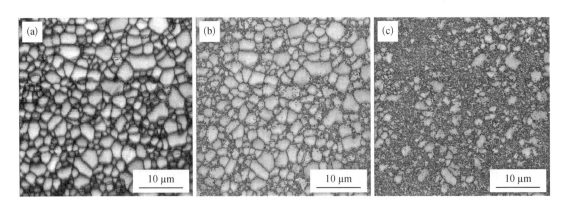

图 8 - 26 细晶 AZ31 镁合金原位拉伸过程中的晶界结构演变图

(a) 应变为 0;(b) 应变为 2.5%;(c) 应变为 5%

表 8 - 2 根据图 8 - 19 晶界结构统计的晶界位向角分布

应　　变	占比/%		
	2°~5°	5°~15°	15°~180°
0	1	3.6	95.4
2.5%	0.5	2.6	96.9
5%	0.8	2.7	96.5

　　图 8 - 27 为细晶 AZ31 镁合金原位拉伸过程中的晶粒大小面积比演变图。由图可知,即使拉伸应变 2.5%后,晶粒尺寸的面积比都有较大的改变,说明塑性变形过程中存在新晶粒的生成和旧晶粒的消失。变化最为显著的是晶粒尺寸小的晶粒。当拉伸应变 5%以后,晶粒尺寸面积比的峰值向左移动。晶粒尺寸为 253.8 nm 左右的晶粒含量最高,这说明在此拉伸变形过程中有新晶粒的生成。

　　细晶 AZ31 镁合金原位拉伸过程中的晶粒大小数量比演变图见图 8 - 28。图中可进一

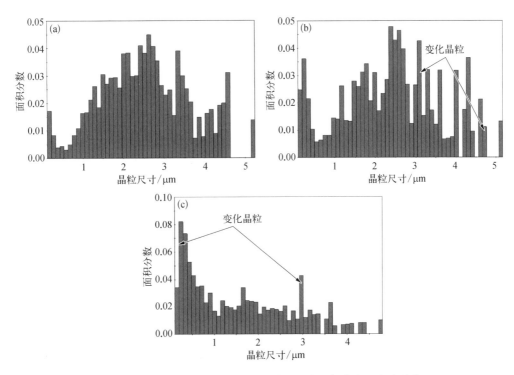

图 8 - 27 细晶 AZ31 镁合金原位拉伸过程中晶粒大小面积比演变图

（a）应变为 0;（b）应变为 2.5%;（c）应变为 5%

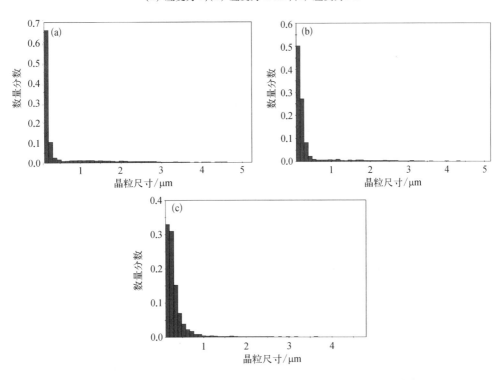

图 8 - 28 细晶 AZ31 镁合金原位拉伸过程中的晶粒尺寸数量比演变图

（a）应变为 0;（b）应变为 2.5%;（c）应变为 5%

步反映出拉伸过程中晶粒尺寸的变化。由图 8-28(a)可发现,晶粒尺寸为 1~3 μm 的晶粒占有一定的比例,当拉伸应变 2.5%后,该晶粒尺寸范围的晶粒数量有了一定的减少。当拉伸应变 5%以后,该晶粒尺寸范围的晶粒数量明显减少,见图 8-28(c)。与此同时,晶粒尺寸小于 1 μm 的晶粒数量急剧增加。

图 8-29 为细晶 AZ31 镁合金原位拉伸过程中的晶界取向差分布图。该图与表 8-2 中显示数据一致,特点是不论拉伸应变如何,小角度晶界含量低,大角度晶界含量高。从平均位向角的演变来看,随着拉伸应变的增加,平均位向角逐渐增加。其中平均位向角变化最大发生在拉伸应变为 2.5%处。

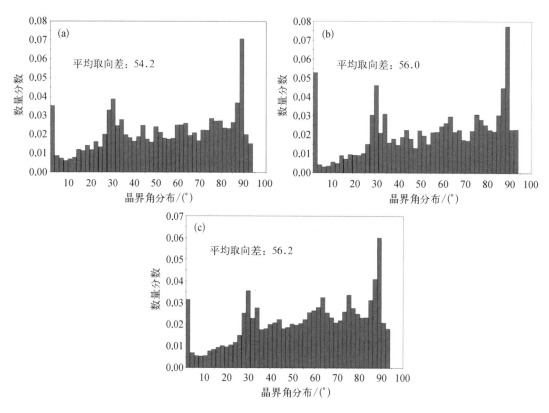

图 8-29 细晶 AZ31 镁合金原位拉伸过程中晶取向差的演变

(a)应变为 0;(b)应变为 2.5%;(c)应变为 5%

单位面积上晶界长度的变化可以反映出晶粒尺寸的改变情况,见图 8-30。由图可见,随着拉伸应变从 0 增加到 5%,单位面积上的饱和晶界长度从 1.75 增加到 3.25,增加了接近一倍,这说明在拉伸变形过程中,发生了亚晶界的生成和大角度晶界的转化。

图 8-31 为细晶 AZ31 镁合金在原位拉伸过程中的织构演变情况。由图可知,在拉伸过程中,大多数晶粒通过自身位向的调整,逐步转动到使 {0001} 基面平行于观察平面,即形成了常规的丝织构。另外有少部分晶粒,通过位向的调整,逐步转动到使 {2$\overline{1}\overline{1}$0} 平行于观察平面。在拉伸过程中,随着应变的增加,织构强度逐步降低,这可能是拉伸过程中晶粒旋转自身位向,使最有利于滑移的滑移系开动的结果。

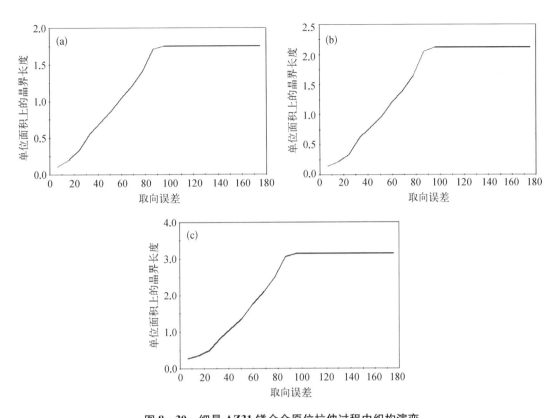

图 8 - 30　细晶 AZ31 镁合金原位拉伸过程中织构演变

（a）应变为 0；（b）应变为 2.5%；（c）应变为 5%

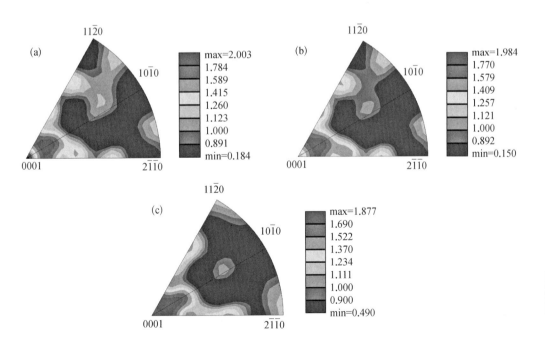

图 8 - 31　细晶 AZ31 镁合金原位拉伸过程中织构演变

（a）应变为 0；（b）应变为 2.5%；（c）应变为 5%

利用 EBSD 分析软件可以精确测量出晶粒在反极图中位置的一一对应关系。通过对比各应变状态中同一晶粒在反极图中的位置,就可以判断出晶粒在拉伸过程中的旋转路径,见图 8-32。从前面的分析可知,细晶 AZ31 镁合金在拉伸变形过程中,由于橘皮效应,表面变得凹凸不平。结果导致锯齿线质量下降,使可以识别的晶粒数目大大减少。本节选取了 33 个能够精确确认的点进行研究,同时确保选择点在反极图中的代表性,用带箭头的直线表示运动方向。由图可知,在拉伸过程中,$\{0001\}$ 晶面平行于拉伸方向的晶粒不容易发生旋转,其次是 $\{2\overline{1}\overline{1}0\}$ 晶面。其余晶面的晶粒,都有调整自己的位向朝 $\{0001\}$ 晶面或者 $\{2\overline{1}\overline{1}0\}$ 晶面旋转的趋势。这一晶粒旋转趋势导致了图 8-31 中织构的演变结果。

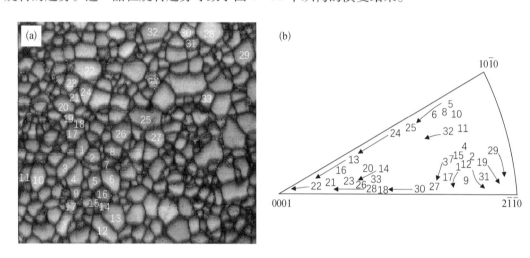

图 8-32　细晶 AZ31 镁合金原位拉伸过程中单个晶粒的旋转路径

(a) 晶粒;(b) 对应晶粒的旋转路径

8.5　分析与讨论

8.5.1　晶粒大小对镁合金室温伸长率的影响

如前所述,AZ31、AZ31-1Si、AZ91 三种镁合金在往复挤压 7 道次的伸长率相对于挤压态均有大幅度改善。增加幅度都可达到 1.5 倍。其中 AZ31 镁合金的增加幅度最大,达到 2.2 倍。为了分析挤压前的粗晶合金和往复挤压后的细晶合金裂纹萌生的异同,本节对原位拉伸试样的表面进行了 SEM 分析。图 8-33 为粗晶 AZ31 镁合金中裂纹的起源与发展。由图 8-33(a) 可以发现,在应力的作用下,晶体中处于有利位向的滑移系首先开始滑移,滑移在试样表面(经过电解抛光)的形貌特征类似于层片之间的相对滑动,形成一系列平行的滑移线。线与线间的平均距离约为 1.5 μm,滑移线方向即滑移系的滑移方向,很明显,此晶粒开动的是单滑移。在其他晶粒中,也有类似的平行滑移线出现,但明显具有与此晶粒不同的方向,这是晶粒位向不同所致。随着应变的进行,滑移线由于滑移应变的进行形成滑移台阶,滑移台阶的高度差可达 4 μm,见图 8-33(b)。在某些滑移台阶的扩展过程中,由于应变的不协调形成了微裂纹[图8-33(b)中箭头指向]。图8-33(c)为断口附近的扫描照片,由图可知,裂纹沿着粗晶粒的滑移台阶发展,布满整个粗晶。裂纹与拉伸方向(水平方向)并不垂直,存在一定夹角。而周围的相对细晶区很少发现裂纹,但表面凹凸不平。由图8-33(d)可知,裂纹还容易发生在第二相中或者第二相与基体的界面,但多数情况是裂纹产生于第二相中。由裂纹基本垂直于拉伸方向可以判断第二相在应变中被脆性拉断。说明第二相塑性变形能力差。部分裂纹产生于第二相与基体界面是第二相与基体的塑性变形不协调所致。

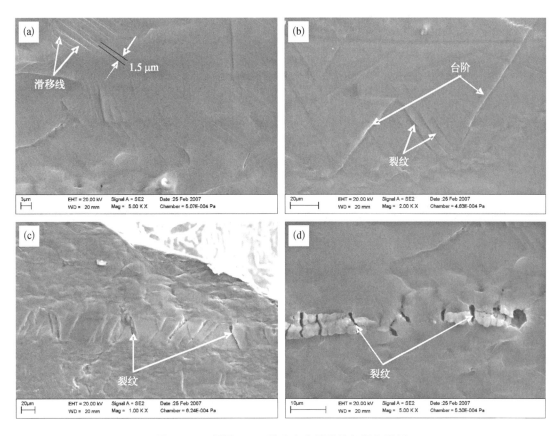

图8-33　粗晶AZ31镁合金中裂纹的起源与发展

(a)滑移线;(b)裂纹产生于滑移线交叉;(c)滑移线发展成裂纹;(d)裂纹产生于第二相

　　为了对比粗晶镁合金和细晶镁合金在拉伸过程中变形机制的异同,对两者原位拉伸表面进行了扫描,见图8-34。由图可见,粗晶AZ31镁合金由于是挤压态组织,从第四章中组织分析可知,该组织为不完全再结晶组织,粗晶粒(直径为80μm以上)沿挤压方向分布。细小的再结晶晶粒将粗晶粒隔开。由图8-34(a)可见一个粗晶粒被周围细晶粒包围的变形情况。粗晶粒表面光滑平坦,内部具有明显的滑移台阶和滑移裂纹,与拉伸方向约呈45°,为最大分切应力方向。在周围的相对细晶粒区,晶粒表面凹凸不平,但没有发现明显的裂纹,说明产生于粗晶内的裂纹发展到细晶粒中受阻。图8-34(b)为对细晶粒区的放大图,由图可知,晶内也存在平行的滑移线,但由于晶粒细小,滑移线长度短而间距密,应变的不均匀性大大降低,因此裂纹萌生的可能性大大下降。粗晶中首先产生裂纹,当裂纹进入细晶粒区,因为细晶粒的变形协调性好,所以阻止了裂纹的进一步发展。图 8‑34(c)为细晶 AZ31 镁合金拉伸表面低倍形貌。由图可知,表面虽然凹凸不平,但没有发现裂纹,说明细晶镁合金的塑性变形能力比粗晶更好。对图 8‑34(c)局部放大可得到图 8‑34(d)中的高倍形貌。表面形貌表明,凹的面积和大小与测量的晶粒大小一致,说明其为一个晶粒。晶粒凹凸,是晶粒在拉伸过程中为了协调变形而旋转所致。

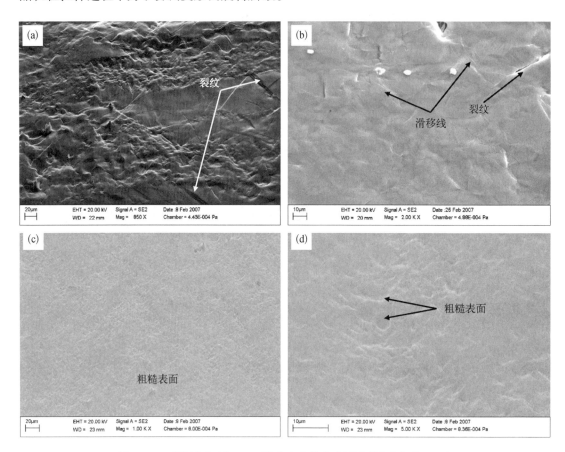

图 8‑34　粗晶与细晶 AZ31 镁合金中拉伸表面比较(应变为 10%)

(a)粗晶中的粗晶与细晶区比较;(b)粗晶中的细晶变形区放大;(c)细晶中的拉伸表面低倍图;(d)细晶中拉伸表面高倍图

8.5.2　第二相对镁合金室温伸长率的影响

力学性能数据表明,在挤压态,AZ31‑1Si 镁合金的伸长率比 AZ31 的伸长率略微低。这是由于在 AZ31‑1Si 镁合金中形成了粗大的块状相 Mg_2Si,该相在挤压过程中形成了大量裂纹,在拉伸变形过程中,容易在块状相的初始裂纹处形成高的应力集中导致伸长率的下降。挤压态 AZ91 镁合金的伸长率比挤压态 AZ31 镁合金下降了 6.14%,主要是由于 $Mg_{17}Al_{12}$ 相为细小的脆性相,虽然对强度的贡献大,但是对伸长率具有明显的损害。在挤压过程中,该相中容易形成微裂纹,由于其细小分布,导致镁合金中存在大量的微裂纹,在拉伸过程中,这些微裂纹很容易因应力集中而扩展,于是很快聚集导致镁合金的断裂。在往复挤压过程中,晶粒得到有效的细化,晶粒的塑性变形能力和晶界的协调变形能力得到改善,在裂纹尖端产生的应力集中很快被分散到其他晶粒和晶界上,使基体具有较强的阻止裂纹扩展的能力,因而伸长率会有不同程度的提高。AZ31 – 1Si 镁合金中的 Mg_2Si 相,在往复挤压过程中,Mg_2Si 中的裂纹局部焊合,因此 AZ31 – 1Si 镁合金往复挤压后的伸长率比 AZ31 镁合金略低。而 AZ91 镁合金中 $Mg_{17}Al_{12}$ 相数量多,裂纹产生和发展的可能性大,因此,即使往复挤压后,AZ91 镁合金的伸长率也低于前两种合金的挤压态伸长率,见图 8 – 35。

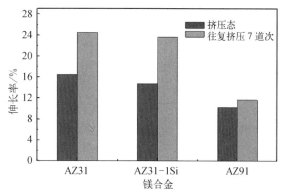

图 8 – 35　三种镁合金在挤压态和 225℃往复挤压 7 道次后的伸长率比较

从三种镁合金扫描断口断裂行为的分析可以看出,不论是粗大的块状相 Mg_2Si 还是细小的 $Mg_{17}Al_{12}$ 相,都是脆性相,在塑性变形过程中容易在第二相中产生裂纹。其次,第二相与基体的结合力不强,容易在基体与第二相界面产生裂纹,裂纹的发展使第二相破裂或者直接与基体脱离而形成孔洞,孔洞周围的基体金属因应力集中而被撕裂或剪切断裂,使孔洞相连,形成裂纹。三种镁合金中的扫描断口中韧窝底部都存在 $Mg_{17}Al_{12}$ 相就说明了结合界面不强的问题。AZ91 镁合金中 $Mg_{17}Al_{12}$ 相多,自然裂纹与孔洞就比 AZ31 镁合金多,因此,形成裂纹和裂纹扩展的可能性就大,导致了伸长率的下降。AZ31 – 1Si 镁合金中,Mg_2Si 相对合金伸长率的损害较小,因此 AZ31 – 1Si 镁合金的伸长率与 AZ31 镁合金相比相差不大。

8.6　往复挤压 ZK60 和 GW102K 镁合金的力学性能

8.6.1　往复挤压 ZK60 镁合金的室温力学性能

由往复挤压应变分布模拟和往复挤压组织分布可知,试样表层的累积塑性应变量稍大于试样中心的应变量,表层组织也要比中心组织细小,尤其是在变形量较低的情况下。为了解往复挤压后镁合金力学性能的均匀性,本节测试了 ZK60 镁合金经 350℃往复挤压前后试样横截面从表层到中心的维氏硬度分布,如图 8 – 36 所示。可见挤压态 ZK60 镁合金沿着横截面的硬度分布很不均匀,其表层的硬度要高于中心硬度约 14%。往复挤压 2 道次后,合金硬度明显提高,均匀性得到改善,但表层硬度仍高于中心硬度约 9%。硬度均匀性的提高一方面是由于组织的细化和均匀性的改

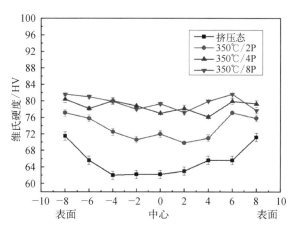

图 8 – 36　ZK60 镁合金经 350℃往复挤压前后沿横截面从表层到中心的硬度分布

善,另一方面是由于试样直径从挤压态的 ϕ30 mm 减小到了 ϕ20 mm。往复挤压 4 道次后,合金硬度继续增加,均匀性显著改善。而往复挤压 8 道次后试样硬度只有小幅提高,分布变化不大,仍旧表现为表层稍高于中心,不过差别不大。

图 8-37 为 ZK60 镁合金挤压态及经 200℃往复挤压 2 道次、4 道次和 8 道次后拉伸的应力-应变曲线。由图可见,随着往复挤压道次增加,ZK60 镁合金的伸长率逐渐提高。挤压态 ZK60 镁合金伸长率为 15.4%,2 道次后上升到 17%,4 道次为 19%,8 道次后伸长率上升到了 32.5%,为挤压态的两倍。可见往复挤压变形对提高镁合金的塑性是非常有效的。然而,随着往复挤压道次的增加和组织的细化,ZK60 镁合金的强度却逐渐降低。与往复挤压前相比,8 道次后试样屈服强度从 251 MPa 下降到了 211 MPa,抗拉强度从 311 MPa 下降到了 275 MPa,下降幅度分别是 16% 和 11%。即随着组织的细化,强度不但没有增加反而逐渐下降,类似结果也被发现存在于 AZ31 镁合金的往复挤压中[9]。可见,细晶强化可能被另外一种软化机制所掩盖。从第四章组织演变规律可知,往复挤压后除了晶粒细化外,另一个重要组织变化就是织构发生改变。

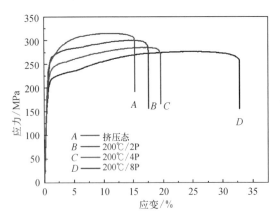

图 8-37　ZK60 镁合金经 200℃往复挤压前的室温力学性能

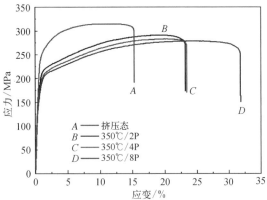

图 8-38　ZK60 镁合金经 350℃往复挤压前后的室温力学性能

ZK60 镁合金经 350℃往复挤压不同道次后的室温拉伸力学性能如图 8-38 所示。与图 8-37 比较可发现,ZK60 镁合金在较高的温度下往复挤压后呈现类似的变化规律,即随着变形道次增加伸长率逐渐升高而强度逐渐下降,8 道次后伸长率也达到了 32%。不同的是 350℃往复挤压 2 道次强度下降要比 200℃往复挤压 2 道次明显得多。200℃往复挤压 4 道次和 8 道次后强度仍持续下降,而 350℃往复挤压 4 道次和 8 道次后强度只有少许降低。

往复挤压变形温度和变形道次对 ZK60 镁合金室温拉伸力学性能的影响绘于图 8-39。如图所示,在 200~350℃,镁合金抗拉强度和屈服强度都是随着变形道次增加而逐渐降低的,下降的速度都是先快后慢,14 道次后基本趋于稳定。抗拉强度和屈服强度都是随着温度的增加而降低,其中屈服强度受温度的影响较为明显,尤其是变形量较低的时候,例如,ZK60 镁合金在 350℃往复挤压 2 道次后屈服强度要比在 200℃往复挤压 2 道次后的屈服强度低 40 MPa,但强度差随着变形道次的增加而逐渐降低,8 道次后 350℃ 和 200℃往复挤压试样屈服降低的差值缩小为 11 MPa。此外,往复挤压温度对抗拉强度的影响要小得多,差值最大的是 2 道次时的 16 MPa,随着变形道次增加,温度带来的影响也逐渐减小,8 道次时的差值减小为 4 MPa,可见往复挤压温度主要是影响屈服强度。

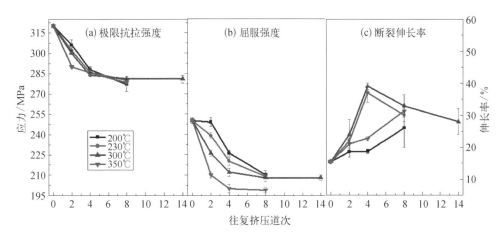

图 8 - 39 往复挤压温度和变形道次对 ZK60 镁合金室温拉伸力学性能的影响

(a)抗拉强度;(b)屈服强度;(c)伸长率

图 8 - 39(c)为往复挤压变形温度和变形道次对伸长率的影响。由图可见,总体上 ZK60 镁合金伸长率随着变形道次增加呈上升的趋势,在 4 道次以内,伸长率上升最快的是 300℃,其次依次是 230℃、350℃和 200℃,其中 300℃往复挤压 4 道次的伸长率达到了 41%。变形量大于 4 道次后,300℃和 230℃变形的试样伸长率下降,而 350℃和 200℃变形的试样伸长率则继续升高。与强度变化相比,伸长率的波动非常严重,因为其不但受晶粒尺寸、织构类型等的影响,还对第二相分布、组织均匀性、微缺陷等非常敏感。可见伸长率的变化规律比强度的变化规律要复杂得多。

8.6.2 往复挤压 GW102K 镁合金的室温力学性能

图 8 - 40 为 GW102K 镁合金挤压态及经 350℃往复挤压 2 道次、4 道次和 8 道次后的应力应变曲线。由图可见,与往复挤压 ZK60 和 AZ31 镁合金力学性能的变化规律不同的是,GW102K 镁合金经 350℃往复挤压后屈服强度、抗拉强度和伸长率都明显升高,尤其是 8 道次后,屈服强度从挤压态的 225 MPa 提高到了 318 MPa,大幅提高了 41.3%;伸长率从 6.9% 大幅上升到了 16.8%。可见,往复挤压对于改善 GW102K 稀土镁合金的综合力学性能是非常显著的,不但没有出现类似 ZK60 和 AZ31 镁合金中的强度随变形道次下降的现象,而且屈服强度和抗拉强度随同伸长率都有了显著提高。

图 8 - 41 为 GW102K 镁合金挤压态及其经 450℃往复挤压 2 道次、4 道次、8 道次和 14 道次后拉伸的应力-应变曲线。图中显示,GW102K 镁合金 450℃往复挤压后的力学性能整体上比 350℃往复挤压的性能稍低。往复挤压 2 道次后合金强度出现了小幅下降,但伸长率明显提高。随着变形道次增加,屈服强度和抗拉强度都逐渐提高。往复挤压 14 道次后,屈服强度和抗拉强度分别从挤压态的 225 MPa 和 304 MPa 提高到了 272 MPa 和 331 MPa,上升

幅度分别为 20.8% 和 8.8%。可见往复挤压后屈服强度得到了显著提高。与 350℃ 往复挤压类似,450℃ 往复挤压后镁合金伸长率也大幅提高,尤其是 8 道次挤压后,伸长率高达 22%,是挤压态伸长率 6.9% 的 3.2 倍,而 4 道次和 14 道次的伸长率也都达到了 16%。

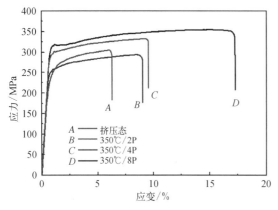 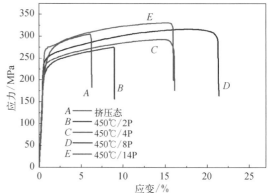

图 8‑40 GW102K 镁合金经 350℃ 往复挤压前后的室温力学性能　　图 8‑41 GW102K 镁合金经 450℃ 往复挤压前后的室温力学性能

往复挤压变形道次和变形温度对挤压态 GW102K 镁合金室温拉伸力学性能的影响总结于图 8‑42。由图可见,在 350~450℃ 抗拉强度开始是下降的,但 2 道次后又持续上升直到 14 道次。往复挤压温度越低,抗拉强度上升的速度越快,在 350℃ 往复挤压 8 道次后比挤压态 GW102K 镁合金抗拉强度提高了近 50 MPa,而在 450℃ 往复挤压 8 道次后则仅提高了约 10 MPa。由图 8‑10(b)可看出,随着往复挤压变形道次增加,屈服强度几乎是线性上升的,只有在 450℃ 往复挤压 2 道次时出现了小幅下降,这与往复挤压 ZK60 和 AZ31 镁合金屈服强度的变化规律正好相反。与 ZK60 和 AZ31 镁合金类似的是,GW102K 镁合金伸长率随着挤压道次增加而增加,但在更高的变形道次(如 14 道次)后出现了下降,这很可能是由于高道次往复挤压后组织内部形成了微缺陷,从而影响了伸长率的增加。与强度变化规律比较可发现,往复挤压温度越高,材料强度越低,而伸长率则越高。

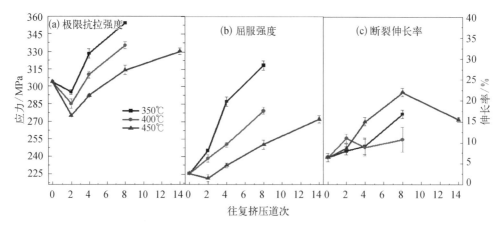

图 8‑42 往复挤压温度和变形道次对 GW102K 镁合金室温拉伸力学性能的影响

(a)抗拉强度;(b)屈服强度;(c)伸长率

8.6.3　往复挤压对镁合金拉压不对称性的影响

密排六方结构的镁合金滑移系较少,而且室温下非基面滑移的临界分切应力(CRSS)远大于基面的 CRSS,因而室温下变形机制以 $\{0002\}<10\bar{1}0>$ 基面滑移系为主。当基面存在择优取向时,即存在织构的时候就会导致材料严重的各向异性。除了基面滑移,孪生也是镁合金主要的变形机制。镁合合金有两种典型的孪生模式,即沿 c 轴拉伸产生的 $\{10\bar{1}2\}<10\bar{1}1>$ 孪生(称为拉伸孪生)和沿 c 轴压缩发生的 $\{10\bar{1}1\}<10\bar{1}2>$ 孪生(称为压缩孪生)[10]。孪生变形的方向性又进一步增强了镁合金力学性能的各向异性。目前,变形镁合金通常采用挤压、轧制等成形方式,成形后材料通常具有较强的织构。例如,镁合金挤压后通常具有较强的基面平行于挤压方向的 $<10\bar{1}0>$ 丝织构。这就导致材料性能强烈的各向异性,但系统研究镁合金各向异性的文献并不多。本节旨在考察挤压态 ZK60 镁合金的各向异性,以及往复挤压对镁合金拉、压力学性能的影响。

8.6.3.1　挤压态 ZK60 镁合金塑性变形的各向异性

本小节通过对比室温拉伸和压缩变形的应力-应变曲线及其力学性能指标来考察其塑性变形的各向异性。室温拉伸和压缩取样位置如图 8-43 所示,即与挤压轴的夹角分别为 0°、45°和 90°。由第五章可知,挤压态 ZK60 镁合金具有较强的丝织构,即大部分晶粒的 $\{0002\}$ 基面近似平行于挤压轴。

图 8-44 为挤压态 ZK60 镁合金三个方向的室温拉伸真应力-真应变和压缩真应力-真应变曲线的比较。拉伸和压缩变形的屈服强度、抗拉或抗压强度和断裂应变值列于表 8-3。从图表中可看出,不同的受力方向和不同的载荷类型(受拉或受压),所表现的应力-应变行为各不相同。说明挤压态 ZK60 镁合金具有严重的力学各向异性。一方面,0°(轴向)拉伸试样的屈服强度要比另外两个方向的试样高出近一倍;另一方面,0°试样的伸长率又比另外两个方向低了 30%。抗拉强度三个方向则基本相同,只有 45°试样稍低。45°和 90°拉伸试样的应力-应变行为基本一致。

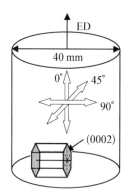

图 8-43　ZK60 镁合金力学性能测试的取样位置

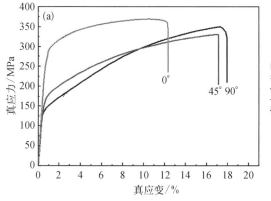
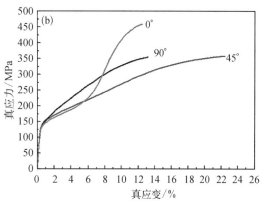

图 8-44　挤压态 ZK60 镁合金三个方向的室温拉伸和压缩

(a)拉伸真应力-真应变曲线;(b)压缩真应力-真应变曲线

由图 8-44(b)可看出,在压缩条件下,三个方向的屈服强度基本一致,但屈服后的应力-应变行为则存在很大差异。其中 0°试样的抗压强度最高,而 45°试样的塑性最好。对比拉伸和压缩应力-应变曲线可知,同为轴向变形,0°试样拉伸屈服强度是其压缩屈服强度的一倍,说明材料存在很严重的拉压不对称性[11,12]。

表 8-3　挤压态 ZK60 镁合金三个方向的室温拉伸和压缩力学性能

加载方式	屈服强度/MPa	极限抗拉强度/MPa	伸长率/%
拉伸 0°	287	369	12.3
拉伸 45°	152	330	17.1
拉伸 90°	130	350	17.9
压缩 0°	125	459	12.4
压缩 45°	124	358	22.5
压缩 90°	125	355	13.2

　　挤压态 ZK60 镁合金这种严重的力学性能各向异性主要是由其高度的丝织构和孪生变形的本质特征决定的。由绪论可知,镁合金滑移系较少,室温下主要以 $\{0002\}$ 基面滑移为主,因此 $\{0002\}$ 基面取向的软硬就在很大程度上决定了镁合金屈服强度的高低。丝织构状态下,大多数 $\{0002\}$ 基面平行于拉伸方向,其 Schmid 因子接近于零,使得基面滑移难以启动,从而导致了轴向拉伸方向屈服强度较高。此外,孪生作为镁合金重要的变形机制之一,具有强烈的方向性,即最易发生的 $\{10\bar{1}2\}\langle10\bar{1}1\rangle$ 拉伸孪生只有沿 c 轴拉伸时才会产生;而另一种主要的孪生模式 $\{10\bar{1}1\}\langle10\bar{1}2\rangle$ 压缩孪生则只有在沿 c 轴压缩时才会产生,这也是挤压态镁合金严重力学各向异性的主要原因[11-14]。

8.6.3.2　往复挤压对 ZK60 镁合金拉压不对称性的影响

　　图 8-45 为往复挤压变形前后 ZK60 镁合金室温轴向拉伸和压缩的真应力-真应变曲线。从 8.6.3.1 节已知,挤压态 ZK60 镁合金拉压不对称性非常明显。由图 8-45 可见,经 350℃往复挤压 8 道次后,压缩屈服强度大幅提高(曲线 D),从往复挤压前的 141 MPa 增加到了 206 MPa,而拉伸屈服强度有所下降(曲线 C),从 238 MPa 降到 192 MPa,从而 ZK60 镁合金拉、压屈服强度的差异性得到显著改善。对比曲线 B 和 C 还可看出,经往复挤压后压缩应变硬化规律发生改变,说明往复挤压使得 ZK60 镁合金塑性变形机制发生了改变。往复挤压变形还使得合金伸长率大幅提高,尤其是压缩条件下,伸长率增加了一倍以上,达到了 38%(曲线 D)[15,16]。

　　镁合金的压缩屈服强度普遍低于其拉伸屈服

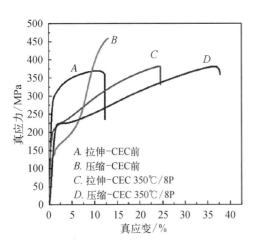

A. 拉伸-CEC前
B. 压缩-CEC前
C. 拉伸-CEC 350℃/8P
D. 压缩-CEC 350℃/8P

图 8-45　往复挤压对 ZK60 镁合金力学性能的影响

强度,两者之比通常为 0.5~0.7[17]。镁合金这种拉、压强度差异性造成其在某些场合的应用上受到限制。为定量描述这种强度差异性,Spitzig 和 Richmond 定义了强度差异性参数(strength-differential effect, SDE),其计算公式为[18]

$$SDE = 2\frac{\sigma_c - \sigma_t}{\sigma_c + \sigma_t} \tag{8-1}$$

式中,σ_c、σ_t 分别代表单轴压缩和拉伸屈服强度。改善镁合金强度差异性的一个重要途径是改变塑性成形方式[19]。图 8-46 为挤压方式对 SDE 的影响,可见,与正挤压和反挤压相比,镁合金经等静压挤压后压缩屈服强度显著提高,强度差异性减弱,但其拉、压屈服强度差别仍然较大。而经350℃往复挤压 8 道次后,ZK60 镁合金综合力学性能得到大幅提高,拉、压屈服强度差异性基本消除,SDE 值为0.08。

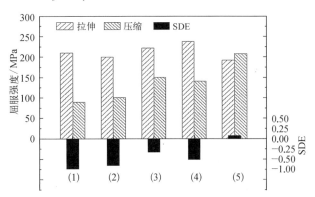

图 8-46　挤压方式对镁合金拉压不对称性的影响

(1) AZ31 镁合金正挤压;(2) AZ31 镁合金反挤压;(3) AZ31 镁合金等静压挤压;(4) ZK60 镁合金正挤压;(5) ZK60 镁合金往复挤压

往复挤压后 ZK60 镁合金综合力学性能提高可归因于组织的细化和均匀化。由第四章可知,往复挤压后 ZK60 镁合金组织显著细化。大量研究表明[4,20-22],通过细化晶粒不仅能提高镁合金的强度,还能改善其塑韧性。因为晶粒细化后棱、锥面滑移系临界分切应力大幅降低,非基面滑移的开动提高了塑性变形能力,同时,晶粒细化可以使位错滑移程缩短,变形更分散均匀。

往复挤压后 ZK60 镁合金压缩屈服强度提高和拉压屈服强度差异性消除的主要原因是织构改变和晶粒细化。挤压态镁合金为丝织构,c 轴垂直于挤压方向,轴向拉伸变形时 a 轴受拉而 c 轴受压,所以 $\{10\bar{1}2\}$ 孪生不能开动,同时,因基面 Schmid 因子为零基面滑移也不容易开动,因而导致拉伸屈服应力较高;轴向压缩时虽然基面也处于硬取向,但 $\{10\bar{1}2\}$ 孪生则很容易开动,使得合金轴向压缩屈服强度大大低于轴向拉伸屈服强度。往复挤压后基面偏离挤压方向20°~30°,基面 Schmid 因子大幅增加,轴向拉伸变形时因基面滑移易于开动而导致屈服强度下降;轴向压缩变形时,因晶体偏离了 c 轴受拉 a 轴受压的情况,$\{10\bar{1}2\}$ 面孪生的 Schmid 因子增加;此外,当晶粒细化后,位错滑移程变短,晶界附近的应力集中容易通过非基面滑移、晶界滑移以及动态回复等过程来释放,应力状态难以满足孪晶形核的要求[23,24],这都使得轴向压缩屈服强度提高。

8.6.4　时效处理对往复挤压镁合金力学性能的影响

图 8-47 为时效处理对往复挤压 ZK60 镁合金室温拉伸性能的影响,时效条件为175℃×10 h。从图中可看出,ZK60 镁合金在 300℃往复挤压 4 道次后呈现出优异的塑性变形能力,室温伸长率近41%(曲线 A)。时效处理后(曲线 B),合金屈服强度增加了约 20 MPa,

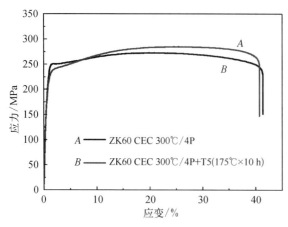

图 8-47 时效处理对往复挤压 ZK60 镁合金拉伸性能的影响，时效条件：175℃×10 h

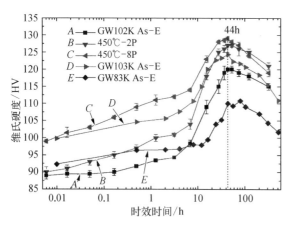

图 8-48 450℃往复挤压 GW102K 镁合金的 200℃时效曲线

伸长率增加了 1% 达到了 42%，但抗拉强度出现了下降，下降值约 11 MPa。屈服强度的升高可归结于时效过程中强化相析出产生的时效强化作用[25]。同时，由于在长时间的高温时效过程中，往复挤压态 ZK60 镁合金中累积的高密度位错等缺陷得到重排及湮灭，使得加工硬化作用下降，因而抗拉强度出现小幅下降而伸长率略有增加。

图 8-48 为 450℃往复挤压 GW102K 镁合金的 200℃的时效曲线，同时列入了常规挤压态 GW102K 镁合金（挤压比 11，挤压温度 350℃）、GW103K 镁合金[26]（挤压比 24.3，挤压温度 400℃）和 GW83K 镁合金[26]（挤压比 24.3，挤压温度 400℃）的时效曲线作为比较。首先，比较曲线 A、B 可发现，450℃往复挤压 2 道次后合金硬度小幅上升，并没有像强度那样出现下降（图 8-42），8 道次后硬度则大幅上升（曲线 C）。随着时效时间的增加，合金硬度都逐渐增加并于 44 h 附近达到峰值，峰值时间与 GW103K 镁合金（曲线 D）和 GW83K 镁合金（曲线 E）基本一致[26]。值得注意的是，虽然 2 道次合金在往复挤压态硬度明显低于 8 道次合金，但在峰值状态硬度则

基本一致，都明显高于常规挤压态硬度。通过与 GW103K 镁合金和 GW83K 镁合金比较可发现，由于 GW102K 镁合金的挤压比较小，导致其硬度明显低于 GW103K 和 GW83K 镁合金，但在峰值时效时合金硬度则与第二相含量成正比，因此，时效强化是 GWK 系镁合金有效的强化手段。通过峰值时效硬度比较可发现，虽然 GW102K 镁合金稀土含量低于 GW103K 镁合金，但往复挤压 GW102K 镁合金的峰值时效硬度大幅高于 GW103K 镁合金，可见往复挤压大塑性变形可显著提高 GWK 镁合金的时效强化效果。

8.7 往复挤压 ZK60 和 GW102K 镁合金的室温变形及断裂机制

8.7.1 引言

如绪论所述，镁及大多数镁合金属于密排六方结构，与铝等面心立方金属相比，镁及镁

合金的室温滑移系较少,变形机制非常复杂,除了以基面滑移为主外,孪生、非基面滑移和晶界滑移都有可能发生。镁合金中主要的滑移系包括:基面滑移$\{0002\}<11\bar{2}0>$、棱柱面滑移$\{10\bar{1}0\}<11\bar{2}0>$、一级锥面滑移$\{10\bar{1}1\}<11\bar{2}0>$和$\{10\bar{1}2\}<11\bar{2}0>$,以及二级锥面滑移$\{11\bar{2}1\}<11\bar{2}3>$,但四类滑移系在室温下的激活应力差别很大,其临界分切应力比值约为$1:38:50:100^{[27,28]}$,因此,室温下镁合金以基面滑移为主,非基面滑移很难发生。基面滑移只能提供两个独立滑移系,而根据 von Mises 准则,至少需要五个独立的滑移系多晶体材料才能产生均匀的塑性变形,因此,镁合金通常塑韧性较差。孪生是镁合金塑性变形的另一种主要方式,因为孪生变形可以协调 c 轴方向的应变,并能改变晶粒的取向,使滑移得以继续进行。正如绪论所述,孪生具有严重的方向性,导致镁合金力学性能的各向异性。

镁合金的塑性变形机制还受到晶粒尺寸、变形温度、织构类型和第二相形状、数量及分布等多种因素的影响,其中变形温度就是关键因素之一。不同的变形温度下镁合金的滑移模式也不相同。在225℃以下变形时,滑移以基面滑移为主;在225℃以上变形时,由于原子活动能力增强,非基面滑移和基面滑移之间 CRSS 的差值大幅下降,非基面滑移可通过热激活启动,塑性可显著改善[28-30]。孪生变形主要在低温下发生,当温度高于225℃时镁合金滑移系增多,孪生变形就不再是主要的变形方式。其次,由于镁合金滑移系较少,而且孪生具有严重的方向性,所以晶粒的取向对镁合金的塑性变形具有很大影响。第三,晶粒尺寸对镁合金塑性变形机制也有很大影响。最近,Koike 等[10]发现晶粒细化可以有效地启动棱面滑移系统在晶界上的激活,因为晶粒细化可以促使晶界上的应力集中,导致了晶界上棱柱面滑移的激活。而且晶粒细化使得单位体积内晶粒面积增加,在外部应力作用下,晶粒间发生滑动、转动的可能性也大大增加。

镁合金经往复挤压后塑性大幅增加,尤其是 ZK60 镁合金伸长率甚至超过了41%。即便是塑性较差的 GW102K 稀土镁合金伸长率也超过了20%,为挤压态 GW102K 合金伸长率的三倍。因此可断定,由于镁合金经往复挤压后晶粒尺寸、织构类型、第二相分布等都发生了显著变化,导致了镁合金室温塑性变形机制发生了显著改变。但目前对往复挤压镁合金的塑性变形机制的理解还很粗浅。本章通过室温拉伸系统研究不同往复挤压变形温度和变形量往复挤压后 ZK60 和 GW102K 镁合金的室温变形机制和断裂机制,讨论了织构的改变和晶粒的细化,以及第二相的种类和分布对往复挤压镁合金塑性变形机制的影响。

8.7.2　ZK60 镁合金的室温变形行为及断裂机制

8.7.2.1　挤压态 ZK60 镁合金的室温变形行为及断裂机制

图 8-49 为挤压态 ZK60 镁合金在室温下拉伸不同程度后试样表面的 SEM 形貌,加载方向为竖直。由图 8-49(b)可以看出,与 AZ31 镁合金的室温拉伸相似[31,32],ZK60 镁合金塑性变形以滑移为主,滑移首先产生于大晶粒内。滑移线与拉伸方向夹角越大越清晰。滑移在晶界受阻并发生应力集中,当应力集中达到一定程度,就会激活相邻晶粒的位错滑移。而在一些硬取向大晶粒(如晶粒 A)内滑移线较少甚至没有,导致晶界上的应力集中得不到松弛,在应力不断增加的情况下,就促使了裂纹在晶界(尤其是三叉晶界)上的萌生[图 8-49(c)]。孪生作为裂纹的应力松弛竞争机制,通常发生于尺寸较大的晶粒内[图 8-49(d)]。应变量继续增加时,裂纹在应力高度集中的孪生剪切带上萌生,与三叉晶界上的裂纹相比,此处形成的裂纹危害更大,因为裂纹很容易沿着平直的孪生剪切带迅速扩展,进而导致试样很快断裂。

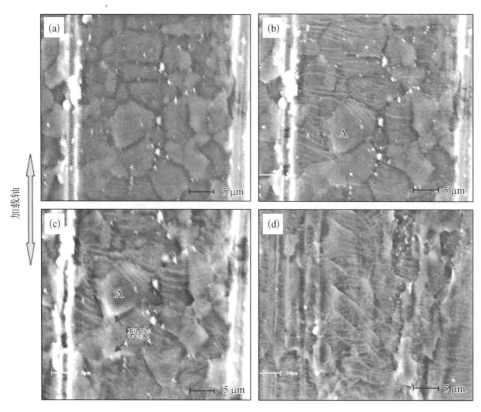

图 8-49   挤压态 ZK60 镁合金在不同拉伸应变量下的原位 SEM 形貌

(a) $\varepsilon = 0.7\%$；(b) $\varepsilon = 5.6\%$；(c)、(d) $\varepsilon = 10.7\%$

图 8-50 为挤压态 ZK60 镁合金断裂后的断口 SEM 形貌和垂直于断口的金相组织照片。由图 8-50(a)可见,挤压态 ZK60 镁合金变形组织很不均匀,再结晶小晶粒的变形比较均匀,无裂纹也无孪生发生;而大晶粒则严重扭曲,且布满了与载荷方向呈 45°夹角的透镜状的{10$\bar{1}$2}拉伸孪晶[10, 11]。大部分裂纹在孪晶上萌生,从图 8-50(a)右边的断口处可清晰发现沿着孪晶界面断裂的痕迹。另外,在流线上也有裂纹存在,说明第二相与基体之间的界面

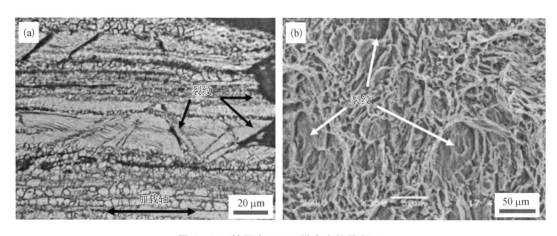

图 8-50   挤压态 ZK60 镁合金拉伸断口

(a) 垂直于断口的金相照片;(b) 断口的 SEM 形貌

也是裂纹的主要萌生位置。图 8-50(b)为断口的 SEM 形貌,可发现大量沿孪晶断裂留下的解理面。在细晶区则呈现韧性断裂特征。

8.7.2.2　往复挤压 ZK60 镁合金的室温变形行为及断裂机制

图 8-51 为 ZK60 镁合金经 350℃往复挤压 8 道次后,又在室温下拉伸 8%和 22%后的 SEM 形貌,加载方向为竖直方向。与挤压态室温变形组织比较可发现,往复挤压后 ZK60 镁合金的室温变形变得非常均匀。在整个视场内所有晶粒内都均匀地布满了滑移线,而且滑移线的间距也基本一致。裂纹主要形核于三叉晶界处,尤其是取向较硬的晶粒边界上(如图 8-51 中晶粒 A)。这是由于硬取向晶粒内滑移不容易进行,从而不能缓解晶界上的应力集中。当集中应力达到晶界的断裂强度时裂纹便产生了,如图 8-51(b)所示。

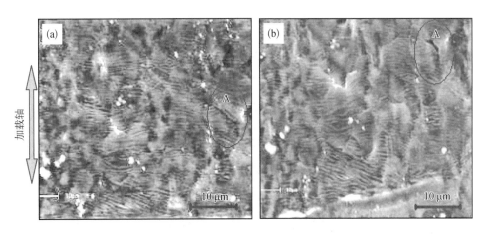

图 8-51　ZK60 镁合金经 350℃往复挤压 8 道次后不同拉伸应变量下的原位 SEM 形貌

(a) $\varepsilon = 8\%$;(b) $\varepsilon = 22\%$

与挤压态 ZK60 镁合金不同的是,即使在 22%的高变形量下也没有发现孪生变形,可见其变形机制以滑移为主。孪生变形得到抑制应该是由组织的细化而引起的。由第四章组织演变可知,ZK60 镁合金经 350℃往复挤压 8 道次后,除了平均晶粒尺寸大幅下降外,更重要的是均匀化程度显著提高,原始粗大晶粒消失。多项研究表明[32-34],无论对于面心立方结构(face-centered cubic structure, FCC)、体心立方结构(body-centered cubic structure, BCC)、六角密积结构(hexagonal close-packed structure,HCP 结构)金属,晶粒尺寸对孪生的影响要比对滑移的影响更显著,即随着晶粒尺寸的降低,孪生激活应力迅速增加,孪晶数量大幅减少。

为了解往复挤压 ZK60 合金的屈服变形机制,利用 TEM 观察了经 300℃往复挤压不同道次后又室温拉伸 2%的微观组织,如图 8-52 所示。由图 8-52(a)可见,组织中有较多的孪晶,这主要是往复挤压 2 道次后组织仍然较粗大所致。同时由图 8-52(b)可见,在软取向晶粒内不但出现了密集的基面滑移,同时也发生了$\{10\bar{1}1\}$非基面滑移。由图 8-52(c)、(d)可见,随着往复挤压道次的增加,组织显著细化,拉伸 2%条件下很难发现孪生变形,证明变形机制由孪生为主转变为滑移为主。最近,Koike 等[10]也发现,AZ31B 镁合金晶粒细化后可以有效地激活棱柱面滑移系统。而且从图 8-52(c)、(d)可看出,组织扭曲非常厉害,可能是因为晶粒细化使得单位体积内晶界面积增加,在外部应力作用下,晶粒间发生了滑动和转动。非基面滑移的启动,以及晶界滑移的发生都在一定程度上促进了塑性的提高。

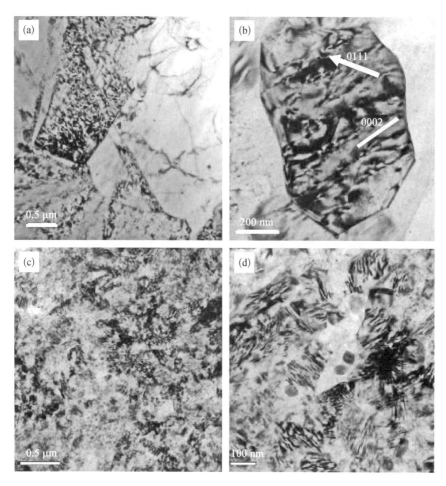

图 8‐52 ZK60 镁合金经 300℃往复挤压不同道次后又室温拉伸 2%后的 TEM 形貌

(a) 2 道次,孪晶;(b) 2 道次,滑移;(c) 4 道次;(d) 8 道次

为详细地研究孪生变形行为,对更高变形量的变形组织进行了进一步的 TEM 观察。图 8‐53 为 350℃往复挤压 8 道次 ZK60 镁合金室温拉伸 10%后的 {10$\bar{1}$1} 孪生和 {11$\bar{2}$1} 孪生的形貌、衍射斑点及计算机模拟斑点。根据文献可知,在粗晶镁合金中 {10$\bar{1}$2} <10$\bar{1}\bar{1}$>拉伸孪生、{10$\bar{1}$1} <10$\bar{1}$2>压缩孪生和 {11$\bar{2}$1} 孪生的 CRSS 值分别为 2 MPa 和 76~153 MPa[35, 36]。即 {10$\bar{1}$2} 孪生要比 {10$\bar{1}$1} 和 {11$\bar{2}$1} 孪生容易得多。而 ZK60 镁合金往复挤压后,随着组织的细化,一方面孪晶数量大幅下降;另一方面,孪生类型从开始的以粗大 {10$\bar{1}$2} 拉伸孪晶为主转变为以细小的 {10$\bar{1}$1} 压缩孪晶和 {11$\bar{2}$1} 孪晶。可见晶粒细化对两种孪生的影响程度是不同的,随着晶粒的细化,{10$\bar{1}$2} 孪生激活应力增加得更快。

尽管晶粒细化后孪晶数量大幅减少,但孪生仍是镁合金主要的变形机制之一。Lapovok 等[37]研究发现,当 ZK60 镁合金经 ECAP 变形将组织细化到 3~4 μm 以下时孪生变形被抑制。而 Barnett 等[33]则发现,即使晶粒尺寸细化到 3 μm 后,孪生仍是 AZ31 镁合金挤压板室温压缩时重要的变形机制之一。但在温度高于 150℃时,尤其是晶粒尺寸小于 10 μm 时,变形则以滑移为主,孪生基本不再发生。本书作者研究也发现,即使晶粒尺寸细化到约 2 μm

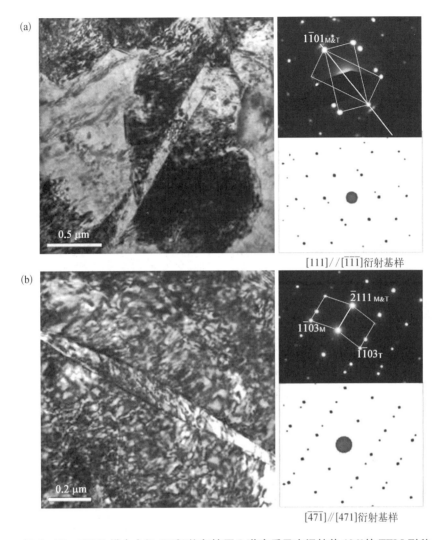

图 8 - 53　ZK60 镁合金经 350℃往复挤压 8 道次后又室温拉伸 10%的 TEM 形貌

（a）｛10$\bar{1}$1｝孪晶形貌，以及其衍射斑点和计算机模拟斑点；（b）｛11$\bar{2}$1｝孪晶形貌，以及其衍射斑点和计算机模拟斑点

时仍有孪生发生，但孪晶数量大幅减少。此外，从晶界位向角的演变也可见出，随着变形道次的增加，30°和 90°两个峰值都逐渐下降，这也间接说明了随着晶粒尺寸的降低，孪晶数量逐渐减少，孪生变形机制减弱。

图 8 - 54 为 300℃往复挤压不同道次的 ZK60 镁合金室温拉伸断口附近的金相组织，断口均在右边，拉伸方向为水平方向。从图 8 - 54(a)可看出，ZK60 镁合金 300℃往复挤压 1道次后组织仍较粗大，大晶粒内布满了孪晶，变形机制仍以孪生为主。断裂机制也与挤压态ZK60 镁合金相同(图 8 - 50)，裂纹主要在孪晶界上萌生。往复挤压 2 道次后，组织显著细化但仍存在一些较粗大的晶粒。在再结晶细晶粒区域变形比较均匀，变形以滑移为主，光学显微镜下很难发现有孪生变形；而较粗大的晶粒变形则布满了相互交叉的孪生带，变形以孪生为主。可见孪生变形对晶粒尺寸非常敏感，晶粒越细孪生越难产生。4 道次后所有挤压态大晶粒都发生了完全再结晶而细化，组织比较均匀，拉伸过程中组织变形也非常均匀［图 8 -

54(c)]。孪晶数量大大减少,变形机制变为滑移为主,几乎全部晶粒都沿着拉伸方向被拉长,没有明显的裂纹萌生出现。随着往复挤压道次的增加,组织进一步细化和均匀化[图8-54(d)],晶粒细化后变形协调能力增强,孪晶数量进一步降低。与4道次变形组织相比,晶粒拉长不明显,大部分晶粒仍呈等轴状。说明晶粒细化后,随着单位体积晶界数量增加,晶界滑移变形作用逐渐增强。Koike 等[38]也发现,随着晶粒尺寸降低晶界滑移能力增强,平均晶粒尺寸为 8 μm 时晶界滑移所引起的应变占总应变的 8%。

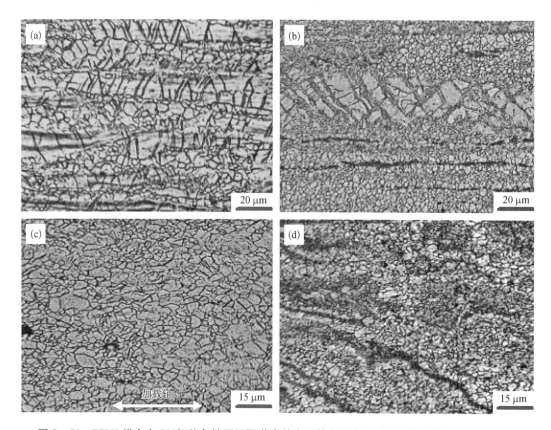

图 8-54 ZK60 镁合金 300℃往复挤压不同道次并室温拉断后断口附近金相照片(断口在右侧)
(a) 1 道次;(b) 2 道次;(c) 4 道次;(d) 8 道次

图 8-55 为 ZK60 镁合金经 300℃往复挤压后室温拉伸断口的 SEM 形貌。由图 8-55(a)可见,往复挤压 2 道次镁合金断口中包含了一些分布不均的撕裂棱和部分解理面。结合图 8-54 可知,细晶部分断裂后形成了撕裂棱和韧窝;而粗晶则沿着孪生带断裂形成了解理面[39]。因此可推断 2 道次镁合金在拉伸过程中,由于粗晶塑性变形能力较差,不能协调晶界上的应力集中而发生孪生变形,孪生变形过程中产生了大量晶格缺陷,在继续变形过程中裂纹在孪晶界上萌生并迅速扩展,裂纹扩展到塑性较好的细晶区后发生较大塑性变形形成撕裂棱,而孪晶界面则形成解理面。图 8-55(b)为 2 道次断口高倍形貌,可明显看到一些撕裂棱但韧窝较少。往复挤压 4 道次后,断口形貌均匀化明显提高,有大量的撕裂棱和少量小刻面[图 8-55(c)],说明合金塑性大幅改善。在高倍图中可发现存在一些大小不等的韧窝[图 8-55(d)],在韧窝的底部有比较明显的第二相颗粒。结合图 8-54 可知 4 道次后组织显著

细化,变形以滑移为主、以孪生为辅。图 8－55(e)为 ZK60 镁合金往复挤压 8 道次的断口形貌,可看出存在明显的撕裂棱,变形组织非常均匀。从高倍图可发现存在大量韧窝,在韧窝底部有已经破碎了的第二相粒子,可见裂纹主要萌生于第二相与基体的界面处。这是由于滑移过程中位错受到第二相的阻碍而在第二相界面上形成应力集中,在结合较弱的界面上首先形成微孔以缓解应力集中,在继续拉伸过程中微孔不断吸收位错而扩展,达到一定程度后微孔相连形成韧窝。因此,断裂形式表现为微孔缩聚的穿晶韧性断裂,以韧窝形式为主。

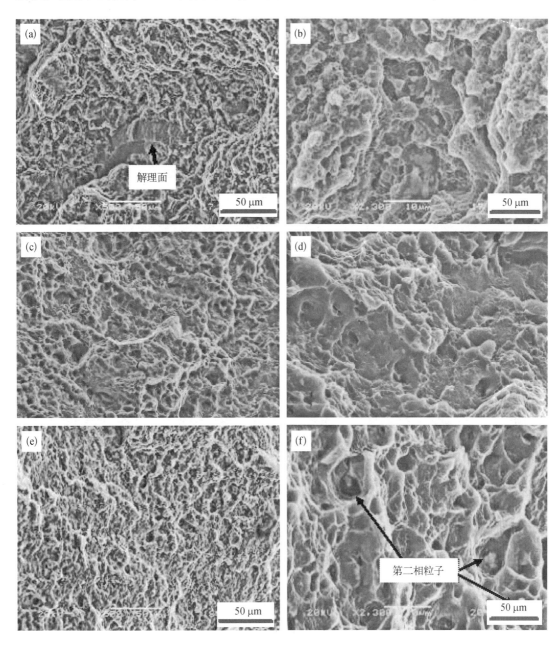

图 8－55　ZK60 镁合金经 300℃往复挤压后的断口形貌

(a)2 道次低倍图;(b)2 道次高倍图;(c)4 道次低倍图;(d)4 道次高倍图;(e)8 道次低倍图;(f)8 道次高倍图

为了解往复挤压温度对 ZK60 镁合金断裂机制的影响,本节研究了经不同温度往复挤压 4 道次后 ZK60 镁合金的室温拉伸断口 SEM 形貌,如图 8－56 所示,其中在 300℃往复挤压 4 道次后的断口形貌见图 8－55。由图可见,往复挤压 ZK60 镁合金断口中都存在大量撕裂棱,变形机制主要是滑移。随着往复挤压温度的降低,晶粒逐渐细化,变形组织也趋于均匀化。在所有温度下合金断面都存在大量的韧窝,并且在韧窝底部几乎都存在破裂的第二相粒子,如果第二相粒子在拉伸塑性变形过程中被拔出,则在基体中就形成孔洞。孔洞的连接或者聚合就形成了裂纹。因此,在晶粒细化后第二相是裂纹的主要萌生位置,而且第二相颗粒越大、越集中则越容易产生裂纹。

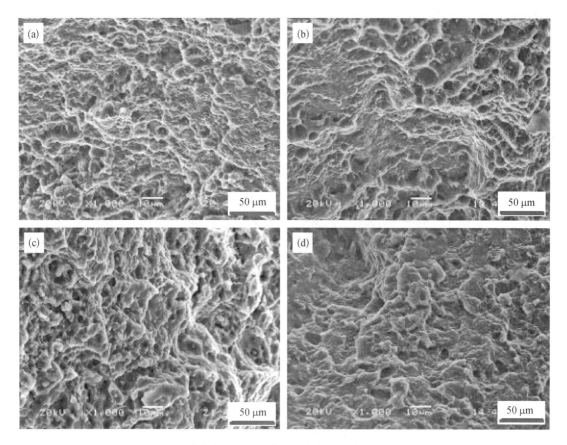

图 8－56 ZK60 镁合金经不同温度下往复挤压 4 道次后的拉伸断口形貌

(a) 200℃;(b) 230℃;(c) 250℃;(d) 350℃

8.7.3 GW102K 镁合金的室温变形行为及断裂机制

由第四章可知,GW102K 镁合金与 ZK60 镁合金一样,晶粒尺寸都是随着往复挤压变形道次的增加而降低、随着往复挤压温度的降低而降低。但 GW102K 镁合金往复挤压温度较高,导致晶粒尺寸较大。此外,经过往复挤压后,两种合金挤压态的丝织构都得到分解,并转变成一种 $\{0002\}$ 基面与挤压轴夹角成 20°~30°的新织构,但 GW102K 镁合金织构的强度要比 ZK60 镁合金织构强度低很多。从第五章可发现,ZK60 镁合金随着往复挤压道次增加,组织不断细化,但合金屈服强度则不断下降。而 GW102K 镁合金则相反,随着变形道次的增加,不但其伸长率大幅提高,而且屈服强度也逐渐上升。为了揭示这两种截然不同的力学性能变化规律,本节即利用 OM、SEM、TEM 以及 HRTEM 等手段来详细分析 GW102K 镁合金的室温变形机制及断裂机制。

　　首先从宏观来分析往复挤压前后 GW102K 镁合金的断裂机制。图 8-9 为 GW102K 镁合金往复挤压前后室温拉伸断口附近的 SEM 形貌,载荷方向为竖直方向。从图 8-57(a)、(b)可看出,第二相尺寸粗大,沿拉伸方向断为多段。裂纹垂直于拉伸方向,可见第二相很脆,几乎没有塑性,为挤压态 GW102K 镁合金的主要裂纹源。另外,基体的变形方式以孪生为主,孪晶边界也是主要的裂纹形核区,与挤压态 ZK60 镁合金相似,裂纹与拉伸方向呈45°。往复挤压 8 道次后晶粒和第二相尺寸显著细化[图 8-57(c)、(d)],裂纹仍萌生于第二相较集中的区域和孪晶界上。但变形比挤压态相对均匀,晶粒沿拉伸方向拉长,孪晶数量大幅减少,因此可知变形机制以滑移为主、以孪生为辅。

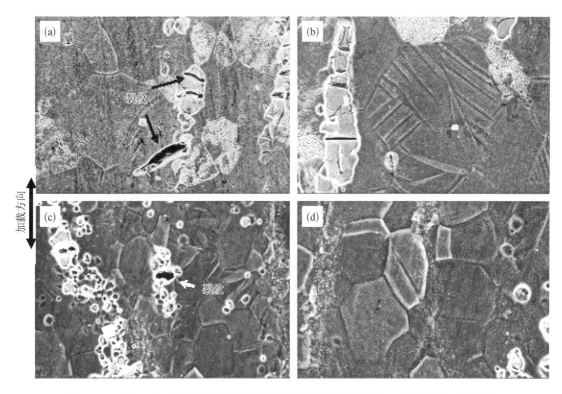

图 8-57　GW102K 镁合金往复挤压前后室温拉伸断口附近 SEM 照片(断口在上侧)

(a)、(b) 挤压态;(c)、(d) 450℃往复挤压 8 道次

　　图 8-58 为 GW102K 镁合金室温拉伸过程中位向角的演变情况。室温拉伸断口附近的晶界分布情况如图 8-59 所示。小角度晶界用细实线表示,大角度晶界用粗实线表示。对比图 8-58(a)、(b)可见,挤压态 GW102K 镁合金断裂后 2°~5°小角度晶界数量大幅增加,长度百分比从 3.7%上升到 16.2%。结合图 8-59(a)可发现,在室温变形过程中,大晶粒内的位错发生重排形成了大量亚晶界,类似热变形过程中的连续动态再结晶机制。同时,30°

和90°附近的晶界数量也有小幅增加,根据第四章可知,约30°和约90°晶界的增多是孪生引起的。由此可见,挤压态GW102K镁合金室温拉伸过程中,变形机制以滑移为主、以孪生为辅。图8-58(c)~(f)为450℃往复挤压8道次GW102K镁合金室温拉伸过程中晶间位向角演变。与挤压态类似,随着变形量增加,2°~5°小角度晶界数量逐渐增加,同时约30°和约90°晶界比例小幅增加,可见变形机制仍以滑移为主、以孪生为辅。与之不同的是,ZK60镁合金往复挤压后孪生变形基本被抑制。这一方面是因为GW102K镁合金组织较粗大;另一方面是因为第二相数量多、硬度高且主要分布在晶界上,晶界上的应力集中容易达到孪生激活的临界应力,所以在450℃往复挤压8道次后仍然存在较多孪晶[图8-11(b)]。

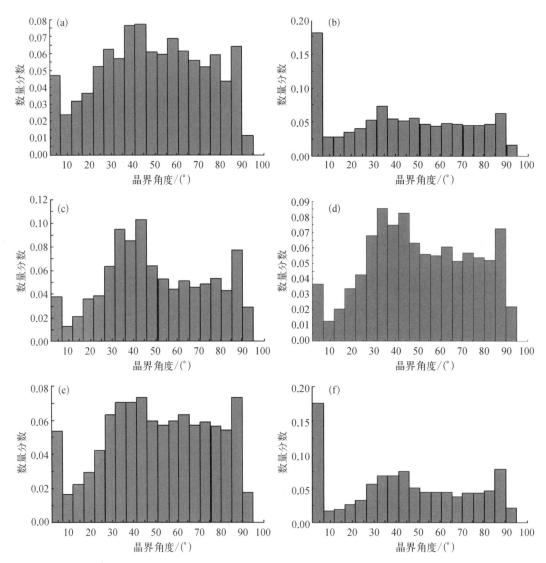

图8-58 GW102K镁合金室温拉伸过程中晶间位向角的演变

(a)挤压态,$\varepsilon=0$;(b)挤压态拉断,$\varepsilon=6.9\%$;(c)450℃/8P,$\varepsilon=0$;(d)450℃/8P,$\varepsilon=2\%$;(e)450℃/8P,$\varepsilon=10\%$;(f)450℃/8P拉断,$\varepsilon=21\%$

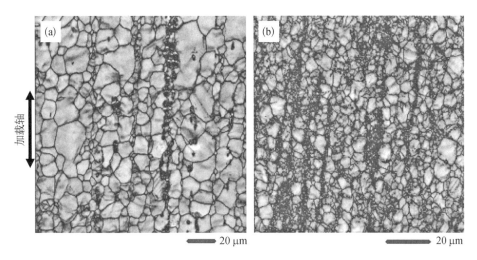

图 8 - 59　GW102K 镁合金室温拉伸断口附近晶界分布图

（a）挤压态；（b）450℃往复挤压 8 道次

　　鉴于孪生在 GW102K 镁合金变形过程中的重要作用,利用 EBSD 分析软件对拉伸过程中孪生类型和数量的变化情况进行了统计,如图 8 - 60 所示。可见孪晶以 $\{10\bar{1}2\}$ 拉伸孪晶为主,占晶界数量的 0.8% 以上;$\{10\bar{1}1\}$、$\{11\bar{2}1\}$ 和 $\{11\bar{2}2\}$ 孪晶数量较少,约占 2%,这与其 CRSS 值不同有关[35, 36]。在拉伸过程中只有 $\{10\bar{1}2\}$ 孪晶随着拉伸变形量的增加而增加,这是因为 $\{10\bar{1}1\}$ 和 $\{11\bar{2}1\}$ 等孪晶尺寸较小,往往在纳米量级,EBSD 很难统计。挤压态 GW102K 镁合金断裂时伸长率为 6.9%,$\{10\bar{1}2\}$ 孪晶界从 0.8% 增加到了 1.3%。而 GW102K 合金往复挤压后拉伸到 10% 时 $\{10\bar{1}2\}$ 孪晶界数量份数并没有太大变化,而伸长率从 10% 增加到 21% 断裂时,$\{10\bar{1}2\}$ 孪晶界数量从 1% 大幅增加到了 2.8%。可见 GW102K 合金往复挤压后变形机制为拉伸前期以滑移为主,拉伸后期以孪生为主。

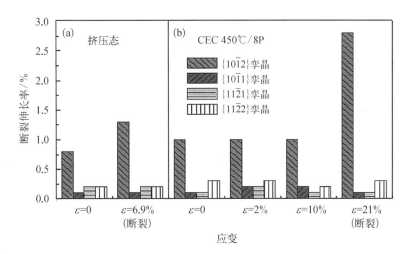

图 8 - 60　GW102K 镁合金室温拉伸过程中常见孪晶数量变化

（a）挤压态；（b）450℃往复挤压 8 道次

图 8-61 为 GW102K 镁合金挤压态和 450℃往复挤压后室温拉伸断口的 SEM 形貌。从图 8-61(a)和(b)可见挤压态合金脆性较大，断口没有撕裂棱，属于穿晶脆性断裂，断口上可发现已经破碎的尺寸较大的第二相粒子(箭头所指)。往复挤压 4 道次后组织大幅细化[图 8-61(c)]，变形均匀化显著提高，断口上有较多的撕裂棱，说明材料塑性明显改善。高倍图中可看出[图 8-61(d)]，断口上布满了破碎了的第二相粒子(箭头所指)，解理面较少。往复挤压变形量增加到 8 道次后组织进一步细化[图 8-61(e)]，断面上出现大量撕裂棱，塑性进一步提高，伸长率达 21%。从高倍图中可看出第二相明显细化并均匀分布于基体上，成为裂纹的主要萌生部位，导致往复挤压后 GW102K 镁合金塑性没有 ZK60 镁合金高。往

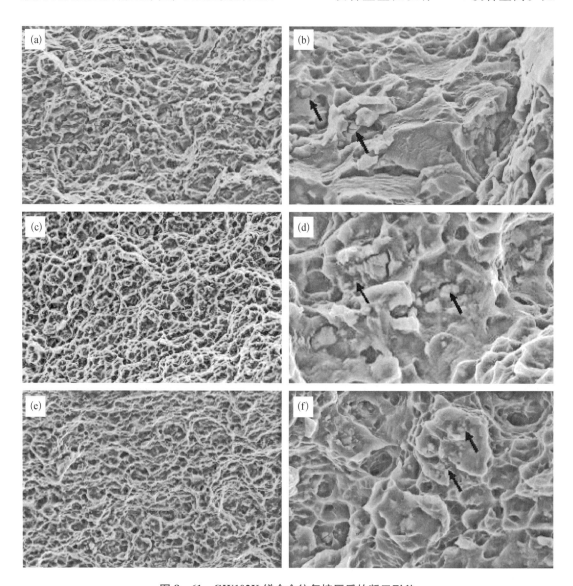

图 8-61 GW102K 镁合金往复挤压后的断口形貌

(a) 挤压态低倍图；(b) 挤压态高倍图；(c) 450℃往复挤压 4 道次低倍图；(d) 450℃往复挤压 4 道次高倍图；
(e) 450℃往复挤压 8 道次低倍图；(f) 450℃往复挤压 8 道次高倍图

复挤压后 GW102K 镁合金塑性的提高可归因于晶粒和第二相的细化,以及第二相分布均匀性提高。

　　利用 TEM 进一步详细研究了往复挤压 GW102K 镁合金的室温变形特征。图 8 - 62 为450℃往复挤压 8 道次 GW102K 镁合金又室温拉伸 2% 后的微观组织。由图 8 - 62(a)可看出滑移以{0002}基面滑移为主,很难看到如 ZK60 镁合金中的非基面滑移迹象(图 8 - 52),可能是 GW102K 镁合金晶粒较为粗大的原因。与低道次往复挤压 ZK60 镁合金相同的是孪生变形仍为重要的变形机制,尤其是容易激活的{10$\bar{1}$2}拉伸孪晶。图 8 - 62(b)即为一个发生了多次{10$\bar{1}$2}孪生变形的晶粒。拉伸量继续增加到 10% 后,还观察到了{10$\bar{1}$2}-{10$\bar{1}$1}双孪生,如图 8 - 63 所示。根据相关文献[13, 40],双孪生通常发生于沿 c 轴压缩时,且先发生{10$\bar{1}$1}压缩孪生后发生{10$\bar{1}$2}拉伸孪晶。而从图 8 - 63 可显然看出变形顺序是先{10$\bar{1}$2}孪生后{10$\bar{1}$1}孪生。这种双孪晶内部的局部应力集中很难消除,往往导致裂纹形成[41]。

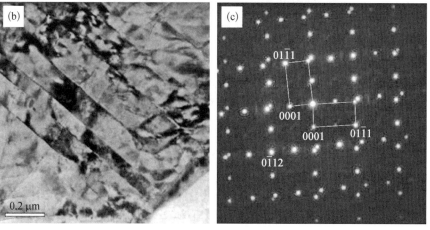

图 8 - 62　GW102K 镁合金经 450℃往复挤压 8 道次又室温拉伸 2% 后的 TEM 形貌

(a){0002}基面滑移及衍射斑点;(b){10$\bar{1}$2}孪晶;(c){10$\bar{1}$2}孪晶衍射斑点

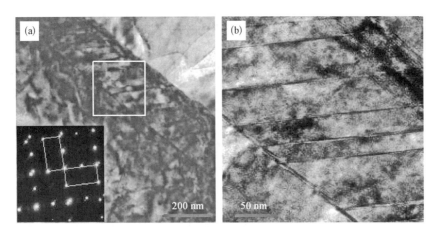

图 8‑63　GW102K 镁合金经 450℃往复挤压 8 道次又室温拉伸 10%后的 TEM 形貌

（a）$\{10\bar{1}2\}-\{10\bar{1}1\}$双孪生及衍射斑点；（b）图（a）中方框区域的放大图

　　同时,利用高分辨 TEM 对往复挤压镁合金晶界进行了观察。图 8‑64 为 450℃往复挤压 8 道次 GW102K 镁合金又室温拉伸 2%后一大角度晶界的形貌。图 8‑64(a)中两晶粒衬度较大,可推测晶界属于高角度晶界。晶界放大后可清晰看到晶界是由一列等距排列的点

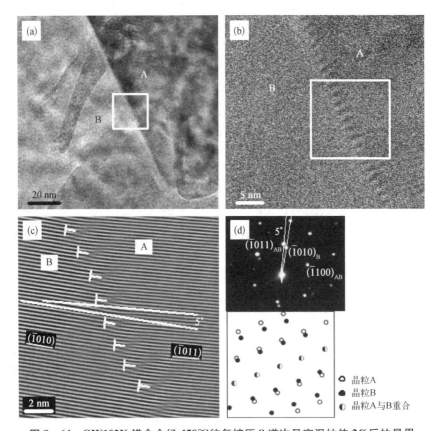

图 8‑64　GW102K 镁合金经 450℃往复挤压 8 道次又室温拉伸 2%后的晶界

（a）形貌；（b）图（a）中方框区域的放大图；（c）由图（b）方框区域利用（0000）、（$\bar{1}011$）$_A$ 和（$\bar{1}010$）$_B$ 反傅里叶变换所得；（d）衍射斑点及模拟衍射斑点

缺陷组成[图 8-64(b)]。对图 8-64(b)中方框区域利用(0000)入射斑、晶粒 A 的一对($1\bar{1}01$)和晶粒 B 的一对($\bar{1}010$)进行反傅里叶变换得到图 8-64(c),可清晰看到晶界由规则排列的刃位错组成,这与小角度晶界非常类似,不同的是晶界两侧为不同晶面,由衍射斑点可知两晶粒的位向关系为[$11\bar{2}1$]//[0001],可得位向角为 31.6°。从第五章位向角的演变可知,位向角通常在 30°附近出现一峰值。虽然孪生会引起特定角度晶界数量的增多,但 30°附近只有{$11\bar{2}1$}孪生(34.2°)和{$10\bar{1}2$}-{$10\bar{1}1$}双孪生(约 30°),而且这两种孪生数量都较少,不足以形成明显的 30°峰。因此,该 31.6°晶界可能具有较稳定结构,因而数量较多,使得位向角分布在 30°附近产生峰值。

8.7.4　第二相对往复挤压镁合金室温变形行为影响

随着往复挤压道次增加及组织的细化,ZK60 和 GW102K 镁合金的屈服强度变化呈现截然相反的趋势。为探究其原因,考察了第二相在两种合金室温变形过程中的影响。图 8-65 为 ZK60 和 GW102K 镁合金往复挤压后又室温拉伸 2%的 TEM 形貌。由图 8-65(a)可看出,ZK60 镁合金中第二相尺寸较小且均匀分布,第二相对位错运动没有形成有效阻碍;而 GW102K 镁合金中的第二相尺寸较大[图 8-65(b)]、硬度较高,运动的位错受到第二相阻挡而发生弯曲。可见第二相的钉扎和阻碍作用使位错运动受到很大限制。GW102K 镁合金中的第二相数量不仅明显多于 ZK60 镁合金,而且主要分布在晶界上或附近,这就在一定程度上阻碍了晶界滑移的发生。GW102K 镁合金中第二相的这些特点导致了 GW102K 镁合金屈服强度并没有随着织构的改变而降低,这也是其塑性比 ZK60 镁合金差的主要原因。

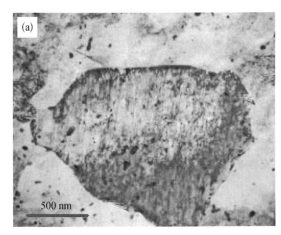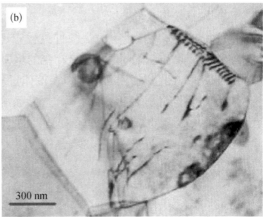

图 8-65　ZK60 和 GW102K 镁合金往复挤压后又室温拉伸 2%后的 TEM 形貌

(a) ZK60 镁合金经 300℃往复挤压 4 道次又室温拉伸 2%;(b) GW102K 镁合金经 450℃往复挤压 8 道次又室温拉伸 2%

8.8　本章小结

本章研究了往复挤压道次、温度和第二相对 AZ31、AZ31-1Si 和 AZ91 镁合金力学性能的影响规律以及往复挤压镁合金拉伸过程中的组织演变和断裂行为。并且研究了往复挤压变形道次和变形温度对 ZK60 和 GW102K 镁合金室温拉伸力学性能的影响规律。考察了往复挤压对挤压态 ZK60 镁合金拉压不对称性的影响。并且研究不同变形温度和变形量往复挤压后 ZK60 和 GW102K 镁合金的室温变形机制和断裂机制,得到以下结论。

(1) 随着挤压道次的增加,往复挤压镁合金的伸长率逐渐增加,屈服强度在往复挤压 1 道次后明显增加,然后随着挤压道次的增加而降低。300℃往复挤压 AZ31 镁合金 7 道次伸长率达到 35.52%,是挤压态伸长率的 2.2 倍。屈服强度在往复挤压 1 道次比挤压态提高了 20 MPa,达到 209.69 MPa,往复挤压 7 道次降低到 140.48 MPa。AZ91 镁合金挤压态屈服强度为 218.73 MPa,往复挤压 1 道次提高到 270.73 MPa,往复挤压 7 道次降低到 201.61 MPa。225℃往复挤压 7 道次 AZ31 - 1Si 镁合金伸长率达 23.66%,是挤压态的 1.6 倍,往复挤压 1 道次,屈服强度达到 221.17 MPa,比挤压态提高了 72.15 MPa。往复挤压 7 道次减小到 145.07 MPa。

(2) 随着往复挤压温度的增加,往复挤压镁合金屈服强度降低,伸长率有增加的趋势。温度从 225℃升高到 400℃,AZ31 镁合金往复挤压 3 道次屈服强度从 166.61 MPa 一直降低到 103.89 MPa,伸长率始终保持在 30%以上。AZ31 - 1Si 合金往复挤压 3 道次屈服强度从 175.47 MPa 降低到 91.75 MPa。AZ91 镁合金往复挤压 3 道次屈服强度从 230.04 MPa 一直降低到 141.57 MPa。

(3) 往复挤压镁合金塑性的改善主要在于断裂方式的转变。挤压态镁合金的断裂方式为穿晶剪切断裂。细晶镁合金中大量增加的晶界在协调变形方面发挥了重要的作用,断口出现了大量的韧窝,断裂方式主要是沿晶界、基体和第二相界面断裂。细小 $Mg_{17}Al_{12}$ 相和大块 Mg_2Si 相都是裂纹的主要来源。

(4) 细晶 AZ31 镁合金室温拉伸过程中,发生了晶粒的旋转和新晶粒的形成。晶粒尺寸越小,演变可能性越大。随着拉伸应变的增加,织构强度逐渐减少,大角度晶界、晶粒数量、平均位向差和晶界密度逐渐增加。在拉伸过程中,{0001} 晶面平行于拉伸方向的晶粒不容易发生旋转,其次是 {2$\bar{1}\bar{1}$0} 晶面。其余晶面的晶粒,都有调整自己的位向,朝 {0001} 晶面或者 {2$\bar{1}\bar{1}$0} 晶面旋转的趋势。大角度晶界的比例从初始态的 95.4%增加到 96.5%。晶粒尺寸为 1~3 μm 晶粒数量明显减少,晶粒尺寸小于 1 μm 的晶粒数量急剧增加,增加最多的晶粒尺寸为 253.8 nm。

(5) 原位拉伸表面形貌表明,粗晶在塑性变形开始产生滑移线,随着应变的增加,形成滑移台阶,应变不协调的滑移台阶发展成裂纹,第二相粒子被脆性拉断产生裂纹,裂纹进一步发展导致断裂。

(6) ZK60 镁合金的维氏硬度随着往复挤压变形道次的增加而增加,呈先快后慢的趋势。变形量较小时,试样中心硬度明显小于表层硬度;当变形道次大于 4 道次后,试样从中心到表层硬度分布趋于均匀。

(7) 随着往复挤压道次增加,ZK60 镁合金抗拉强度和屈服强度都逐渐下降,下降速度先快后慢,8 道次后力学性能基本稳定。变形温度越高,抗拉强度和屈服强度就越低,而且变形温度对屈服强度的影响要比抗拉强度明显。往复挤压后 ZK60 镁合金的室温伸长率大幅提高。4 道次前,在 200~350℃变形伸长率都逐渐提高,4 道次后 230℃和 300℃变形的试样伸长率出现下降。300℃往复挤压4道次后伸长率达到41%,是往复挤压前伸长率的2.6倍。

（8）往复挤压GW102K镁合金强度的变化规律与ZK60镁合金有很大不同。在350~450℃,往复挤压2道次后抗拉强度都出现了下降,之后则随着变形道次的增加持续上升。GW102K镁合金屈服强度除了在450℃是先下降转而上升外,350℃和400℃的变形屈服强度都是单调上升。相同变形量下,温度越低,抗拉强度和屈服降低就越高。GW102K镁合金室温伸长率也在往复挤压后得到大幅提高,且变形温度越高上升越快。450℃往复挤压8道次后达到了22%,是挤压态伸长率6.9%的3.2倍。

（9）挤压态ZK60镁合金存在严重的力学各向异性。轴向拉伸的屈服强度为45°和90°拉伸屈服强度的两倍,但伸长率则较低。压缩条件下,三个方向的屈服强度基本一致,但轴向压缩的抗压强度最高,而45°试样的塑性最好。轴向拉伸屈服强度为轴向压缩屈服强度的两倍,存在严重的拉压不对称性。往复挤压后,ZK60镁合金压缩屈服强度大幅提高,而拉伸屈服强度小幅下降,ZK60镁合金的拉压不对称性消除。往复挤压后ZK60镁合金的压缩伸长率也大幅提高。

（10）挤压态ZK60镁合金力学性能异性是由其强烈的丝织构和孪生的方向性特性所决定的。往复挤压后综合力学性能的提高和拉压不对称性的下降是因为组织的细化和均匀化,以及织构类型的改变。

（11）往复挤压ZK60镁合金时效处理后由于时效强化相的析出导致屈服强度上升,位错及点缺陷密度的下降使得伸长率上升抗拉强度下降;往复挤压变形可显著提高GW102K合金的时效强化效果,峰值时效时间不变。

（12）挤压态ZK60镁合金具有较强的丝织构,轴向拉伸时滑移和孪生都不易发生。室温变形以滑移为主。孪生变形只有当变形量较高时才在大晶粒内大量产生。裂纹主要萌生于孪晶界上,少部分形核于粗大晶粒的三叉晶界处。裂纹沿着孪晶界扩展最终相互连结而导致试样断裂。断裂形式在粗晶区为解理或准解理脆性断裂,在细晶区则为韧性断裂。

（13）往复挤压后ZK60镁合金室温变形均匀性显著提高。往复挤压变形温度和变形量对ZK60镁合金室温变形的影响主要是通过晶粒尺寸的变化来实现。晶粒尺寸较大时变形以滑移为主、以孪生为辅,裂纹主要萌生于孪晶界上。但断口解理面数量比挤压态大幅降低,撕裂棱增多。晶粒尺寸细化后,以$\{10\bar{1}2\}$拉伸孪生为主的孪生数量大幅下降,同时孪晶尺寸也显著细化。变形以滑移为主,其中非基面滑移和晶界滑移作用逐渐增强。断口上存在大量撕裂棱和韧窝,断裂形式表现为微孔缩聚的穿晶韧性断裂。

（14）挤压态GW102K镁合金组织粗大。裂纹主要萌生于脆性的第二相和孪晶界上。合金变形以孪生为主,塑性较差,断裂形式为穿晶脆性断裂。往复挤压后随着组织的细化,滑移机制逐渐增强,孪生逐渐降低。孪生以$\{10\bar{1}2\}$拉伸孪生为主、以$\{10\bar{1}1\}$和二级孪生为辅,同时发现有$\{10\bar{1}2\}$-$\{10\bar{1}1\}$双孪生产生。裂纹仍主要萌生于第二相聚集区和孪晶界上,但断口上撕裂棱数量显著增多,并出现少量浅韧窝,韧窝底部有已破碎的第二相。

（15）与ZK60镁合金相比,往复挤压后GW102K镁合金中的第二相数量多、硬度高、尺寸大,且主要分布在晶界上或附近,有效阻碍了位错运动和晶界滑移,使得GW102K镁合金往复挤压后随着织构的转变,没有出现如ZK60镁合金屈服强度降低的现象,但同时也导致GW102K镁合金塑性较低。

参考文献

[1] 许晓嫦,刘志义,党朋,等.强塑性变形(SPD)制备超细晶粒材料的研究现状与发展趋势[J].材料导报,2005,19(1):1-5.

[2] ZENG X Q, WANG Q D, LU Y Z, et al. Influence of beryllium and rare earth additions on ignition-proof magnesium alloys[J]. Journal of Materials Processing Technology, 2001, 112(1):17-23.

[3] JIN L, LIN D L, MAO D L, et al. Mechanical properties and microstructure of AZ31 Mg alloy processed by two-step equal channel angular extrusion[J]. Materials Letters, 2005, 59(18):2267-2270.

[4] DEL VALLE J A, PEREZ-PRADO M T, RUANO O A. Texture evolution during large-strain hot rolling of the Mg AZ61 alloy [J]. Materials Science & Engineering A: Structural Materials: Properties, Microstructure and Processing, 2003, 355(1/2):68-78.

[5] 周海涛,曾小勤,王渠东,等.AZ31 镁合金型材挤压工艺和组织性能分析[J].轻合金加工技术,2003,31(9):28-30.

[6] ZENG X Q, WANG Q D, LÜ Y Z, et al. Behavior of surface oxidation on molten Mg-9Al-0.5Zn-0.3Be alloy[J]. Materials Science & Engineering A: Structural Materials: Properties, Microstructure and Processing, 2001, 301(2):154-161.

[7] 王渠东,曾小勤,吕宜振,等.高温铸造镁合金的研究与应用[J].材料导报,2000,14(3):21-23.

[8] 余琨,黎文献,王日初.镁合金塑性变形机制[J].中国有色金属学报,2005,15(7):1081-1086.

[9] 陈勇军.往复挤压镁合金的组织结构与力学性能研究[D].上海:上海交通大学,2007.

[10] KOIKE J. Enhanced deformation mechanisms by anisotropic plasticity in polycrystalline Mg alloys at room temperature[J]. Metallurgical and Materials Transactions, A. Physical Metallurgy and Materials Science, 2005, 36A(7):1689-1696.

[11] LIN J B, PENG L M, WANG Q D, et al. Anisotropic plastic deformation behavior of as-extruded ZK60 magnesium alloy at room temperature[J]. Science in China(Series E: Technological Sciences), 2009, 52 (1):161-165.

[12] WANG H, BOEHLERT C J, WANG Q D, et al. Analysis of slip activity and deformation modes in tension and tension-creep tests of cast Mg-10Gd-3Y-0.5Zr(Wt Pct) at elevated temperatures using in situ SEM experiments[J]. Metallurgical and Materials Transactions, A. Physical Metallurgy and Materials Science, 2016, 47A(5):2421-2443.

[13] KLIMANEK P, POTZSCH A. Microstructure evolution under compressive plastic deformation of magnesium at different temperatures and strain rates[J]. Materials Science & Engineering A: Structural Materials: Properties, Microstructure and Processing, 2002, 324(1-2):145-150.

[14] YIN D D, WANG Q D, BOEHLERT C J, et al. In-situ study of the tensile deformation and fracture modes in peak-aged cast Mg-11Y-5Gd-2Zn-0.5Zr(weight percent) [J]. Metallurgical and Materials Transactions, A. Physical Metallurgy and Materials Science, 2016, 47A(12):6438-6452.

[15] 王渠东,林金保,彭立明,等.往复挤压变形对ZK60 镁合金力学性能的影响[J].金属学报,2008,44 (1):55-58.

[16] LIN J B, WANG Q D, PENG L M, et al. Effect of the cyclic extrusion and compression processing on microstructure and mechanical properties of as-extruded ZK60 magnesium alloy [J]. Materials Transactions, 2008, 49(5):1021-1024.

[17] 周海涛,马春江,曾小勤,等.变形镁合金材料的研究进展[J].材料导报,2003,17(11):16-18,55.

[18] ZENG X Q, WANG Q D, LU Y Z, et al. Influence of beryllium and rare earth additions on ignition-proof

magnesium alloys[J]. Journal of Materials Processing Technology, 2001, 112(1): 17 - 23.

[19] MUELLER S, MUELLER K, ROSUMEK M, et al. Microstructure development of differently extruded Mg alloys, Part Ⅰ[J]. Aluminium, 2006, 82(4): 327 - 332.

[20] WANG H, BOEHLERT C J, WANG Q D, et al. In-situ analysis of the slip activity during tensile deformation of cast and extruded Mg - 10Gd - 3Y - 0.5Zr (wt.%) at 250 degrees C[J]. Materials Characterization, 2016, 116: 8 - 17.

[21] 郭强,严红革,陈振华,等. 多向锻造工艺对 AZ80 镁合金显微组织和力学性能的影响[J]. 金属学报, 2006, 42(7): 739 - 744.

[22] ZHANG X, HUANG L K, ZHANG B, et al. Enhanced strength and ductility of A356 alloy due to composite effect of near-rapid solidification and thermo-mechanical treatment[J]. Materials Science & Engineering A: Structural Materials: Properties, Microstructure and Processing, 2019, 753: 168 - 178.

[23] 陈振华,杨春花,黄长清,等. 镁合金塑性变形中孪生的研究[J]. 材料导报, 2006, 20(8): 107 - 113.

[24] PEREZ-PARDO M T, DEL VALLE J A, RUANO O A. Effect of sheet thickness on the microstructural evolution of an Mg AZ61 alloy during large strain hot rolling[J]. Scripta Materialia, 2004, 50(5): 667 - 671.

[25] 麻彦龙,左汝林,汤爱涛,等. 时效 ZK60 镁合金中的合金相探索[J]. 重庆大学学报(自然科学版), 2004, 27(12): 91 - 94.

[26] 何上明. Mg - Gd - Y - Zr(-Ca) 合金的微观组织演变、性能和断裂行为研究[D]. 上海:上海交通大学, 2007.

[27] PENG T, WANG Q D. Application of regression analysis to optimize hot compactionprocessing in an indirect solid-state recycling of Mg alloy[J]. Materials Science Forum, 2010, 650: 239 - 245.

[28] 王渠东,丁文江. 镁合金及其成形技术的国内外动态与发展[J]. 世界科技研究与发展, 2004, 26(3): 39 - 46.

[29] GALIYEV A, KAIBYSHEV R, GOTTSTEIN G. Correlation of plastic deformation and dynamic recrystallization in magnesium alloy ZK60[J]. Acta Materialia, 2001, 49(7): 1199 - 1207.

[30] LU Y Z, WANG Q D, ZENG X Q, et al. Effects of silicon on microstructure, fluidity, mechanical properties, and fracture behaviour of Mg - 6Al alloy[J]. Materials Science and Technology: MST: A publication of the Institute of Metals, 2001, 17(2): 207 - 214.

[31] 靳丽. 等通道角挤压变形镁合金微观组织与力学性能研究[D]. 上海:上海交通大学, 2006.

[32] MEYERS M A, VOHRINGER O, LUBARDA V A. The onset of twinning in metals: A constitutive description[J]. Acta Materialia, 2001, 49(19): 4025 - 4039.

[33] BARNETT M R, KESHAVARZ Z, BEER A G, et al. Influence of grain size on the compressive deformation of wrought M - 3Al - lZn[J]. Acta Materialia, 2004, 52(17): 5093 - 5103.

[34] BARNETT M R. A rationale for the strong dependence of mechanical twinning on grain size[J]. Scripta Materialia, 2008, 59(7): 696 - 698.

[35] LIU Z L, HU J Y, WANG Q D, et al. Evaluation of the effect of vacuum on mold filling in the magnesium EPC process[J]. Journal of Materials Processing Technology, 2002, 120(1/3): 94 - 100.

[36] CHINO Y, KIMURA K, HAKAMADA M, et al. Mechanical anisotropy due to twinning in an extruded AZ31 Mg alloy[J]. Materials Science & Engineering A: Structural Materials: Properties, Microstructure and Processing, 2008, 485(1/2): 311 - 317.

[37] LAPOVOK R, THOMSON P F, COTTAM R, et al. The effect of grain refinement by warm equal channel angular extrusion on room temperature twinning in magnesium alloy ZK60[J]. Journal of Materials Science, 2005, 40(7): 1699 - 1708.

[38] KOIKE J, OHYAMA R, KOBAYASHI T, et al. Grain-boundary sliding in AZ31 magnesium alloys at room temperature to 523 K[J]. Materials Transactions, 2003, 44(4): 445 - 451.

[39] CHENG Y Q, CHEN Z H, XIA W J. Effect of crystal orientation on the ductility in AZ31 Mg alloy sheets produced by equal channel angular rolling[J]. Journal of Materials Science, 2007, 42(10): 3552 – 3556.

[40] WANG H, WANG Q D, BOEHLERT C J, et al. The impression creep behavior and microstructure evolution of cast and cast-then-extruded Mg – 10Gd – 3Y – 0.5Zr (wt%)[J]. Materials Science & Engineering A: Structural Materials: Properties, Microstructure and Processing, 2016, 649: 313 – 324.

[41] HE S M, PENG L M, ZENG X Q, et al. Effects of variable La/Ce ratio on Microstructure and Mechanical Properties of Mg – 5Al – 0.3Mn – 1RE alloys[J]. Materials Science Forum, 2005, 488 – 489: 231 – 234.

第九章 往复挤压镁合金的强韧化机制

9.1 引言

如绪论所述,HCP 结构的镁合金室温滑移系较少,变形机制非常复杂,不但包括基面滑移和孪生,在一定条件下还存在晶界滑移和非基面滑移。各类变形机制的激活不但与载荷条件有关,还强烈依赖于微观组织结构特征,如晶粒尺寸、织构、第二相种类及分布等。由第四章组织演变可知,往复挤压后 AZ31、AZ31－1Si、AZ91、ZK60 和 GW102K 镁合金不但晶粒显著细化,织构类型、第二相尺寸和分布、晶界类型等都发生了明显改变。这种组织结构的变化,导致了镁合金力学性能的显著改变,其变化规律比常规塑性变形复杂得多。往复挤压后镁合金的力学性能受到多种因素的影响,并且各影响因素之间也存在交互影响。为揭示往复挤压镁合金的强韧化机制,本章分别就以上影响因素进行详细讨论,以期构建往复挤压镁合金的强韧化模型。

9.2 细晶强韧化机制

图 9－1 为往复挤压前后 AZ31 镁合金和 AZ91 镁合金的晶粒直径与屈服强度的关系。由图可知,不论是 AZ31 镁合金还是 AZ91 镁合金,曲线的变化趋势基本一致。在往复挤压 1 道次,满足 Hall-Petch 关系(晶粒细化导致屈服强度升高)。在往复挤压 3 道次和 7 道次,随着晶粒的细化,强度不断下降。呈现反 Hall-Petch 关系。将温度降低到225℃后,随着晶粒的细化,屈服强度再次升高。

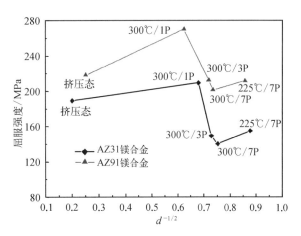

图 9－1 往复挤压前后 AZ31 镁合金和 AZ91 镁合金的晶粒直径与屈服强度的关系

Kim 等在研究等通道挤压 AZ61 镁合金时也发现(图 9－2)[1],常规挤压后的 AZ61 镁合金的晶粒大小与屈服强度的关系与 Hall-Petch 关系符合得很好。但等通道转角挤压后,AZ61 镁合金随着挤压道次增加,晶粒尺寸不断细化,但屈服强度与晶粒尺寸并不满足线性关系,呈现局部为正斜率的 Hall-Petch 关系、局部为负斜率的 Hall-Petch 关系(反 Hall-Petch 关系),Kim 等认为是织构软化优先于细晶强化效果。靳丽等发现(图9－3)[2],同一变形温度下,AZ31 镁合金等通道挤压后,屈服强度与晶粒大小的关系与 Hall-Petch 关系的趋势相反。因此,大塑性变形制备细晶镁合金,屈服强度与晶粒尺寸的关系与 Hall-Petch 关系不符合是普遍的实验现象,不是个别现象。从图 9-2 中常规挤压 AZ61 镁合金后晶粒大小和屈服强度与 Hall-Petch 关系符合很好可以看出,反 Hall-Petch 关系的原因还在于变形方式上。从图 9-1 的实验结果可以发现,往复挤压 AZ31 和 AZ91 镁合金,虽然合金成分不一样,但晶粒大小与屈服强度的变化规律基本一致,进一步说明变形方式也是重要的原因。

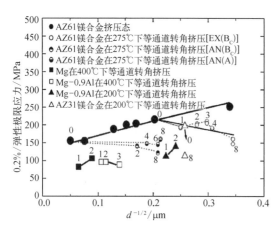

图 9-2 等通道挤压前后镁合金屈服强度与晶粒直径关系[1]

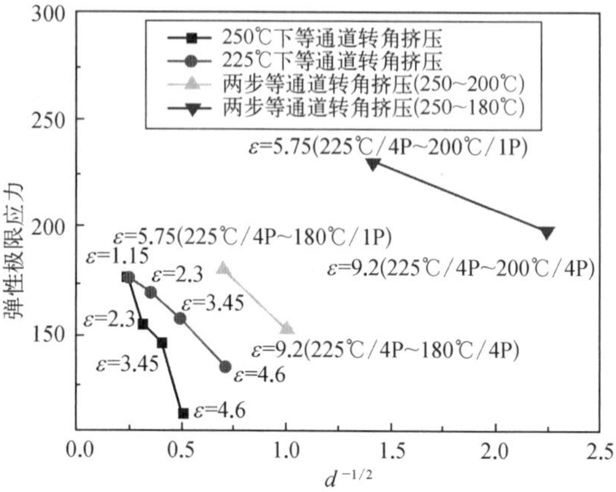

图 9-3 AZ31 镁合金 ECAE 变形后屈服强度与晶粒直径关系[2]

图 9-4 为在不同温度往复挤压 3 道次 AZ31 镁合金的晶粒直径与屈服强度的关系。从图中可以看出,AZ31 镁合金往复挤压 3 道次后屈服强度与晶粒直径满足 Hall-Petch 关系。即

$$\sigma_s = 48.88 + 280.48d^{-\frac{1}{2}}$$

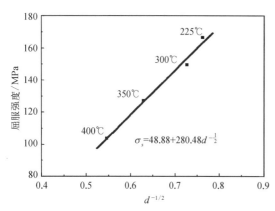

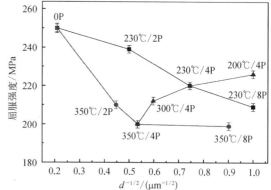

图 9-4 往复挤压 3 道次 AZ31 镁合金的晶粒直径与屈服强度的关系

图 9-5 往复挤压前后 ZK60 镁合金屈服强度与晶粒尺寸之间的关系

图 9-5 为往复挤压前后 ZK60 镁合金屈服强度与晶粒尺寸之间的关系。由图可见,经 230~350℃ 往复挤压后 ZK60 镁合金的屈服强度均随着晶粒的细化而降低,与 Hall-Petch 关系相反,但降低的速度逐渐减缓。

相比较而言,往复挤压 GW102K 镁合金则能比较好地满足 Hall-Petch 关系。如图 9-6 所示,350℃往复挤压后 GW102K 镁合金的屈服强度随着晶粒的细化而逐渐增加,满足 Hall-Petch 关系,可拟合为 $\sigma_s = 186.8 + 162.2d^{-1/2}$。然而往复挤压温度增加为 450℃时,GW102K 镁合金 2 道次变形后虽然组织显著细化,但与挤压态合金相比屈服强度并没有提高,不符合 Hall-Petch 关系。但进一步提高变形量,合金屈服强度则逐渐升高,图中显示往复挤压 2~14 道次时材料的屈服强度与晶粒

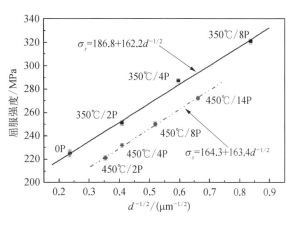

图 9-6　往复挤压前后 GW102K 镁合金屈服强度与晶粒尺寸之间的关系

尺寸之间的关系很好地满足 Hall-Petch 关系,可表述为 $\sigma_s = 164.3 + 163.4d^{-1/2}$。可见在 350℃和 450℃下往复挤压后具有相同的 Hall-Petch 斜率。但在相同晶粒尺寸条件下,450℃往复挤压变形的材料比 350℃变形的材料屈服强度低 22.5 MPa,一方面,在较高的温度下变形位错密度下降,从而导致形变强化下降;另一方面,在较高温度变形过程中合金强化相发生了再固溶,也引起了强度的下降。因此,镁合金经往复挤压变形后屈服强度与晶粒尺寸仍然满足 Hall-Petch 关系,只是影响材料强度的因素不止晶粒度一个,甚至某些条件下细晶强化被其他软化机制所抵消,如织构软化。

经典的位错理论认为,晶界具有两大特点:其一,晶界上原子排列混乱,是周期性排列点阵的突变区;其二,晶界两侧晶粒存在取向差。滑移首先在有利位向的晶粒中开动,散发出位错环,位错环不能直接通过晶界,必须在更大的外加应力下使应力集中达到一定数值以触发相邻晶粒的位错源开动时,才使滑移从一个晶粒传递到另外一个晶粒。因此,晶界是通过阻碍位错运动而强化多晶体的。在单位体积内,晶粒越细小,晶界就越多,这种强化作用就越大。多晶体的屈服强度 σ_s 和晶粒平均直径 d 之间可用著名的 Hall-Petch 公式表示:

$$\sigma_s = \sigma_0 + kd^{-\frac{1}{2}} \qquad (9-1)$$

式中,σ_0 为单晶体的强度;k 为材料常数。

Hall-Petch 公式表明,合金的屈服强度与晶粒尺寸平方根倒数成正比,而 Hall-Petch 斜率 k 与 Taylor 因子 M 的平方成正比,Taylor 因子 M 与材料滑移系成反比,由于镁合金的滑移系少于其他结构金属,因此,镁合金的晶粒细化对强度的贡献远大于其他晶体结构金属(镁合金的 Hall-Petch 斜率是铝合金的 4~5 倍),晶粒细化是提高六方结构镁合金强韧性的有效途径[3]。

晶粒细化也是提高六方结构镁合金塑性变形能力的重要途径[4]。镁多晶体在室温的塑性变形仅限于基面 $\{0001\}<11\bar{2}0>$ 方向滑移和锥面 $\{10\bar{1}2\}<10\bar{1}1>$ 方向孪晶,因此,塑性变形能力差。研究表明[5,6],粗晶镁合金棱柱面滑移与基面滑移的临界分切应力(CRSS)的比高达 57.1~66.7,而细晶镁合金两者之比为 1.1~5.5,说明镁合金晶粒细化到一定程度后,就可能激活棱柱面滑移甚至锥面滑移而大大提高其塑性变形能力;同时,晶粒细化可以使位错

滑移程缩短,变形更分散均匀;而晶界附近容易发生非基面滑移,细晶可能导致非基面滑移贯穿整个晶粒。晶粒细化使晶界发生滑移、移动和转动变得更容易。这些都说明,晶粒细化也是提高镁合金的塑性的重要手段[4]。

晶粒细化提高强度与塑性是相互影响的。根据位错塞积理论[7]:

$$\tau' = n\tau \qquad\qquad (9-2)$$

$$n = \frac{K\pi\tau L}{Gb} \qquad\qquad (9-3)$$

式中,τ' 为晶界上的应力集中;τ 为外加应力;n 为塞积的位错数目;L 为位错源到晶界的距离。晶粒细化后,晶粒体积减小,表明 L 减小,那么在外加应力 τ 不变的情况下,塞积的位错数目 n 就越小,于是应力集中 τ' 就越小。也就是说,在细晶粒或细晶材料中,位错塞积的情况大大缓解,少量位错就可以激发邻近晶粒的位错源开动,使细晶组织中单个晶界的强化能力比粗晶晶界低。即细晶材料中晶界存在一定程度的软化,这一分析结果可以解释大变形金属常常表现出加工硬化能力低的原因[8-11]。此外,晶粒细化导致细晶粒的变形均匀性大大提高,加上不容易发生位错塞积,裂纹萌生的可能性大大降低,因此,晶粒细化可大大提高镁合金的伸长率。

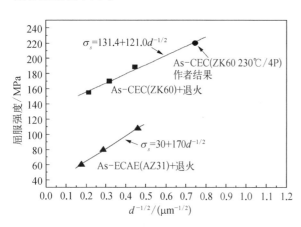

图 9-7 大塑性变形+退火后镁合金屈服强度与晶粒尺寸之间的关系

为避开织构对材料强度的影响,对230℃往复挤压 4 道次后的 ZK60 镁合金进一步 380℃退火使晶粒长大,考察相同织构条件下晶粒尺寸与屈服强度的关系。如图 9-7 所示,随着材料晶粒的增大,屈服强度逐渐下降,满足 Hall-Petch 关系,可表述为 $\sigma_s = 131.4 + 121.0d^{-1/2}$。往复挤压后晶粒细化不仅提高了镁合金强度,还大幅提高了镁合金的室温塑性。挤压态 ZK60 和 GW102K 镁合金经往复挤压后室温伸长率普遍提高了 2~3 倍。往复挤压镁合金的细晶韧化机制可以用室温变形机制来总结。

9.3 织构强韧化机制

镁合金往复挤压过程中由于晶粒的转动和定向流动将产生强烈的变形织构;镁合金层错能低,在热变形过程中容易发生再结晶,再结晶过程中由于定向形核及核心的选择生长容易形成再结晶织构。多晶体镁合金中,其力学性能不是简单的单个晶粒性能的叠加,而是与晶粒的排列方式密切相关。特别是对于细晶镁合金,由于晶粒细化使单位体积内的晶粒数目急剧增加,此时,织构对细晶镁合金强度和塑性就具有重大影响,其影响甚至可能大于晶粒尺寸的影响[1]。

织构主要通过主应力在相应滑移系的分切应力影响力学性能,通常用镁合金中的主要织构的晶向指数作为主应力轴方向,计算与滑移系之间的分切应力因子(Schmid 因子)[2]。图 9-8 为往复挤压前后 AZ31 镁合金和 AZ91 镁合金屈服强度与最大 Schmid 因子的关系。由图可知,对于 AZ31 和 AZ91 镁合金,挤压态和往复挤压 1 道次,最大 Schmid 因子都是 0,说明此时组织中多数晶粒处于硬取向位置,不利于滑移系的开动。假如某个晶粒的滑移系开动,位错也很难通过晶界激发相邻晶粒中的位错源开动而使滑移传播到相邻晶粒中。在这种情况下,位错塞积严重,晶界强化作用明显,加工硬化效果显著,于是屈服强度高,但伸长率不高,见图 9-9 中 Schmid 因子与镁合金往复挤压前后伸长率的关系。

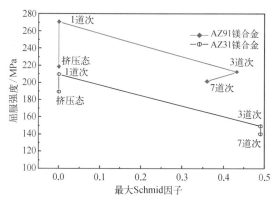

图 9-8　Schmid 因子与镁合金往复挤压前后屈服强度的关系　　图 9-9　Schmid 因子与镁合金往复挤压前后伸长率的关系

通过计算得到了往复挤压前后不同织构状态镁合金各滑移系的 Schmid 因子值,如图 9-10 所示。由图 9-10(a)可看出,挤压态镁合金的主要织构组分$<10\bar{1}0>$丝织构对应的晶粒取向在基面滑移系上 Schmid 因子为零,处于最硬取向。虽然棱柱面滑移系和棱锥面滑移系具有较高的 Schmid 值,但由于挤压态镁合金晶粒尺寸较大,非基面滑移系很难激活,因此挤压态镁合金屈服强度较高而塑性较差。往复挤压后基面偏离挤压轴形成$<2\bar{2}01>$丝织构,

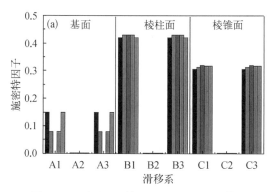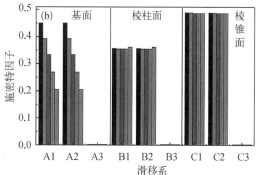

图 9-10　(a) $<10\bar{1}0>$丝织构和(b) $<2\bar{2}01>$丝织构镁合金主要滑移系所对应的 Schmid 因子,每组中间为理论值,另外 4 个条柱分别代表±5°或±10°偏移量

A. $\{0001\}<11\bar{2}0>$;B. $\{10\bar{1}0\}<11\bar{2}0>$;C. $\{10\bar{1}1\}<11\bar{2}0>$

各滑移系的 Schmid 因子如图 9-10(b)所示,可见基面滑移的 Schmid 因子大幅增加到 0.33。由于基面滑移取向因子的软化,使得屈服强度明显下降,这就是往复挤压后 ZK60 镁合金屈服强度下降的主要原因,即织构软化效应。在镁合金的 ECAE 研究中,很多学者也将材料屈服强度的下降归因于织构改变引起的软化大于细晶强化[5, 8]。

9.4 第二相强化机制

第二相对材料的强韧性具有重要的影响。第二相的大小、数量和分布,第二相的性质(脆性与韧性)等对合金强韧性都有很大的影响。一般来讲,第二相与基体由于塑性变形能力不一致而存在以下问题:① 容易在第二相和基体的结合界面产生裂纹;② 脆性第二相容易在塑性变形中产生裂纹。裂纹的过早萌生和发展导致材料伸长率的降低。第二相对位错的阻碍强化作用导致其对材料强度有积极的贡献。

如本书中 AZ91 镁合金中的 $Mg_{17}Al_{12}$ 相,AZ91 镁合金中 $Mg_{17}Al_{12}$ 相明显比 AZ31 镁合金中多,即使在往复挤压后,也很难使其均匀分布。如果第二相数量多,分布不均匀,则第二相中裂纹和界面裂纹等就容易在应力集中下发展而合并长大,对合金的伸长率损害较大。

首先,通过第八章对 AZ31、AZ31-1Si 和 AZ91 镁合金的断裂行为分析结果可以得到,不论是粗大的块状相 Mg_2Si 还是细小的 $Mg_{17}Al_{12}$ 相,都是脆性相,在塑性变形过程中容易在第二相中萌生裂纹。其次,第二相与基体的结合力不强,容易在基体与第二相界面萌生裂纹,裂纹的发展使第二相破裂或者直接与基体脱离而形成孔洞,孔洞周围的基体金属因应力集中而被撕裂或剪切断裂,使孔洞相连,形成裂纹。三种镁合金的扫描断口中韧窝底部都存在 $Mg_{17}Al_{12}$ 相就说明了结合界面不强的问题。AZ91 镁合金中 $Mg_{17}Al_{12}$ 相多,自然裂纹与孔洞就比 AZ31 镁合金多,因此,形成裂纹和裂纹扩展的可能性就大,导致了伸长率的下降。AZ31-1Si 镁合金中,Mg_2Si 相在挤压变形中产生裂纹,在往复挤压的三向压应力下,可能重新焊合,这样就减小了对合金伸长率的损害,因此 AZ31-1Si 镁合金的伸长率与 AZ31 镁合金相比相差不大。

以上分析表明,第二相能够赋予镁合金必要的强度,但同时又是裂纹的重要发源地。设计镁合金必须考虑第二相的大小(如本书中的 Mg_2Si 相与 $Mg_{17}Al_{12}$ 相的大小)、第二相的数量和分布(AZ91 镁合金中第二相数量多并且分布不均匀,不是很适合变形)、变形方式(往复挤压还是其他大塑性变形方式)等。根据分析结果,如果将 AZ31-1Si 镁合金采用多向锻造(需要冲击力细化)等变形方式与往复挤压结合,将会有效地细化和重新分布 Mg_2Si 相,以充分发挥其对基体的强化作用,合理调整 Mg_2Si 相的含量,将可能获得高强韧的细晶镁合金,同时兼具良好的耐磨性。

力学性能结果表明,GW102K 镁合金强度明显高于 ZK60 镁合金,一方面是因为 GW102K 镁合金中的 $Mg_{24}(Gd,Y)_5$ 含稀土第二相硬度更高,且含量高达 5%~9%,而 ZK60 镁合金中的 $MgZn_2$ 含量为 2%~4%。在 AZ 系合金中也发现第二相含量越高,合金强度越高[4];另一方面,$Mg_{24}(Gd,Y)_5$ 相主要分布在晶界上或附近,强化了晶界,增加了晶界滑移的难度,提高了加工硬化率。

第二相可提高合金强度但损害合金塑性。从断裂机制可以发现,第二相是镁合金室温变形时的主要裂纹源,尤其是尺寸较大、塑性较差的第二相更容易产生裂纹。GW102K 镁合金塑性远低于 ZK60 镁合金就是这个原因。往复挤压后第二相与晶粒一同得到显著细化。随着第二相尺寸的减小,第二相与基体间的界面面积增大使得结合强度提高,裂纹萌生难度增加,第二相对材料塑性影响减小。除了第二相尺寸外,第二相尺寸与晶粒尺寸的比例也是一个重要的参考因素。文献[6]发现第二相粒子与晶粒尺寸的比率小于 0.1 时,第二相对裂纹萌生或扩展的促进作用减弱,同时对位错滑移产生有效阻碍,在不降低塑性的情况下提高合金强度,达到强化合金的目的。ZK60 镁合金 300℃往复挤压 4 道次后第二相与晶粒尺寸的比值在 0.05 以下,而 GW102K 镁合金 450℃往复挤压 8 道次后第二相粒子仍较粗大,与晶粒尺寸比值约为 0.17。这也可能是导致 GW102K 镁合金塑性差的原因之一。另外,GW102K 镁合金 450℃往复挤压 8 道次后虽然第二相显著细化,但其在镁合金内分布不均匀,在第二相集聚的地方容易产生裂纹导致材料最终断裂。

9.5　热处理强化

如绪论所述,Mg-Zn-Zr 系和 Mg-RE-Zr 系镁合金都可进行热处理强化。按常规热处理强化工艺可分为固溶强化和固溶+时效析出强化两大类。本书所用的 ZK60 和 GW102K 镁合金常规挤压前都进行了高温退火处理,因此固溶强化对最终往复挤压态镁合金的强度应该有一定贡献。固溶强化效果与合金状态有关,通常在铸态+固溶条件下固溶强化最显著,如在 T6 态 GW102K 镁合金中固溶强化能占总体强度的 13%左右[12]。而时效后固溶强化的作用则有所下降,如 T5 态 GW123K 固溶强化贡献仅占约 8%,这是由于时效强化是以牺牲固溶强化为代价的。本书中两种合金退火处理后又进行了复杂的塑性变形,尤其是多道次的往复挤压大塑性变形,在长时间的低温变形过程中,时效相的析出使得固溶强化作用较低。ZK60 和 GW102K 镁合金都是典型的时效强化合金,但从第八章力学性能的研究可发现,时效处理对两种往复挤压合金的强化效果有明显差别,时效处理仅能小幅改善 ZK60 合金的屈服强度,但抗拉强度出现下降;时效处理对 GW102K 镁合金则有着显著的强化作用。

9.6　位错密度的影响

金属材料的强化处理通常是以阻止位错运动的形式来达到强化的目的,如弥散强化、加工硬化和细晶强化等。因此,位错的密度对材料力学性能具有重要影响。材料强度与位错密度的关系可以用经典的 Bailey-Hirsch 公式表述:

$$\sigma_s = \sigma_0 + aGb\rho^{\frac{1}{2}} \tag{9-4}$$

式中,σ_s 为合金的屈服应力;σ_0 相当于单晶体的屈服应力;α 为因材料不同而异的常数,其值为 0.3~0.5;G 为剪切模量;b 为柏氏矢量;ρ 为位错密度。

可见位错密度越高则材料强度越高。位错强化的机理是,在位错密度较高的状态下,运动时位错将彼此相遇并发生各种交互作用,进而阻碍位错继续运动,导致材料的流变应力提高,合金的形变强化效果显著增强。

图9-11为往复挤压AZ31镁合金不同道次的晶内位错密度。由图9-11可以看出,往复挤压后,粗晶粒内的位错很少,位错密度很低。特别是往复挤压7道次后,晶粒尺寸非常细小,细晶粒的晶粒范围为150±50 nm。很少发现晶内位错。结合往复挤压中的位错运动机制不难发现,由于反复的挤压和镦粗变形,必然产生异号位错的吸引而合并消失,因此晶内位错少。位错密度的减少必然带来位错的强化作用减小或者消失。因此,往复挤压3道次和7道次后屈服强度下降。由图9-11(d)可以发现,降低往复挤压温度可以增加位错密度,实现屈服强度的提高。

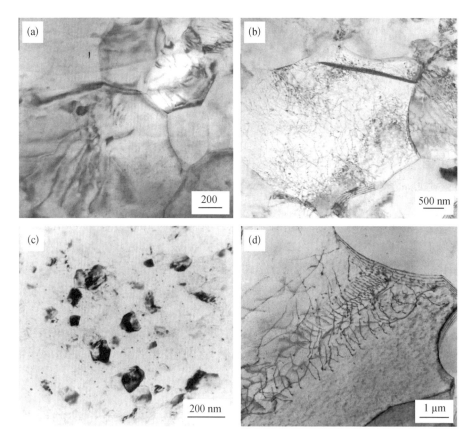

图9-11 往复挤压AZ31镁合金不同道次的晶内位错密度

(a) 300℃往复挤压1道次;(b) 300℃往复挤压3道次;(c) 300℃往复挤压7道次;(d) 250℃往复挤压3道次

9.7 晶界结构的影响

晶界在多晶体材料中具有重要作用。在镁合金中存在小角度晶界、大角度晶界和孪晶界。从第五章组织演变可知,随着往复挤压道次增加,大角度晶界比例逐渐增加,而小角度晶界和孪晶界比重则逐渐减小。随着晶界类型的变化和晶粒的细化,材料的变形机制也发生了明显变化。文献[2]、[13]研究发现,随着晶粒的细化和晶粒位向角的增加,晶界的可动性显著提高。例如晶粒细化到 8 μm 后,晶界滑移所引起的应变可占到总应变的 8%[13]。变形过程中晶界的滑移可有效松弛位错运动在晶界附近引起的应力集中,晶粒间的变形协调性得到加强,因此,材料塑性明显提高。此外,晶界滑移对应力集中的松弛也导致了材料加工硬化的降低。

大角度晶界比小角度晶界具有更强的阻碍位错运动的能力。大角度晶界的强化作用主要是通过阻碍位错滑移的障碍强化作用和协调变形的多系滑移强化作用[14]。但遗憾的是,对于镁合金而言,由于其滑移系少,晶界的多系强化作用不大。因此,主要的晶界强化作用就只有可能通过阻碍强化作用了。在细晶粒或细晶材料中,位错塞积的情况大大缓解,少量位错就可以激发邻近晶粒的位错源开动,晶界的强化能力因而大大降低。

表 9-1 为 300℃往复挤压 AZ31 镁合金晶界结构对强韧性的影响。由表可见,随着往复挤压道次的增加,平均取向差有增加的趋势,特别是在挤压态平均位向差为 34.6,往复挤压 7 道次后增加到 54.8。这说明往复挤压后,晶粒间的取向差在变大。从挤压态到往复挤压 1 道次,2°~5°的小角度晶界含量从 14.8% 减小到 4.4%,5°~15°小角度晶界的含量从 13.5% 减小到 4.6%,大角度晶界含量从 71.7% 迅速增加到 90.9%。并且,随着道次的增加,大角度晶界的含量还有增加的趋势。从屈服强度的变化可以看出,往复挤压 1 道次强度在挤压态基础上有一定的提高,然后随着道次的增加,屈服强度持续下降。伸长率则随着道次的增加持续增加,但进一步分析可以看出,挤压态和往复挤压 1 道次的伸长率相差不大,往复挤压 3 道次和往复挤压 7 道次的伸长率相差不大。

表 9-1　300℃往复挤压 AZ31 镁合金晶界结构对强韧性的影响

CEC 道次	平均取向差	晶界分数/%			屈服强度/MPa	伸长率/%
		LAGBs (2°~5°)	LAGBs (5°~15°)	HAGBs (>15°)		
0	34.6	14.8	13.5	71.7	189.49	16.47
1	50.9	4.4	4.6	90.9	209.69	17.21
3	48.5	3.5	7.2	89.4	149.55	34.39
7	54.8	3.5	3.4	93	140.48	35.52

原位拉伸细晶 AZ31 镁合金的实验结果表明,在拉伸过程中,{0001} 晶面平行于拉伸方向的晶粒不容易发生旋转,其次是 {2110} 晶面。其余晶面的晶粒,都有调整自己的位向,朝 {0001} 晶面或者 {2110} 晶面旋转的趋势。从图 5-1 中挤压态和往复挤压后的晶粒位向图可以看出,挤压态组织中,大多数晶粒的 {0001} 晶面平行于观察平面,加上晶粒粗大和小角度晶界多(表 9-1),旋转的可能性低。往复挤压 1 道次后,{0001} 晶面平行于观察平面的晶粒数目增加,导致其屈服强度有一定的提高。随着道次的增加,织构组分逐渐变化,导致 {0001} 晶面平行于观察平面的晶粒数目减少,平均位向差增加。根据原位拉伸的实验结果,

往复挤压后的细晶在拉伸变形过程中,大多数晶粒都有调整自己位向协调变形的趋势,再加上晶粒细小(平均直径在往复挤压 3 道次和 7 道次后分别为 1.89 μm 和 1.77 μm)和高比例大角度晶界(90%左右)的影响,使细晶粒在拉伸过程中晶粒旋转相对容易。一旦发生晶粒与晶粒的旋转,相邻晶粒就调整自己最有利的滑移系处于最大分切应力方向,使滑移容易通过晶界传播到相邻晶粒,于是不需要更大的外加应力从而使屈服强度降低。当晶粒相互旋转时,在晶界上的位错塞积引起的应力集中就得到释放,塑性变形的均匀性和连续性大大增加,宏观表现为往复挤压 3 道次和 7 道次后镁合金的伸长率大大提高。因此,高比例的大角度晶界、高的平均取向差、细晶组织和拉伸中织构旋转的规律是促使发生晶粒旋转而强度降低和伸长率升高的重要原因。

表 9-2 是为了进一步说明晶界结构对细晶镁合金强韧性的影响(AZ91 镁合金往复挤压温度为 300℃)。随着道次的增加,平均位向差逐渐升高然后保持一种动态平衡。大角度晶界也逐渐升高后保持在一种动态平衡状态。特别是从挤压态到往复挤压 1 道次,大角度晶界从 87.7%升高到 91.9%。伴随着大角度晶界的升高,AZ91 镁合金的屈服强度往复挤压1 道次后比挤压态升高了 52 MPa。然后随着道次的增加,逐渐降低到比挤压态低 17 MPa。伸长率的改变表明在往复挤压 3 道次有突然的提高。与 AZ31 镁合金一样,随着道次增加,AZ91 镁合金晶粒不断细化,晶粒间位向差增大,大角度晶界比例高,屈服强度在往复挤压 1道次升高然后随着道次的增加而降低,伸长率逐渐提高。不同之处在于,由于 AZ91 镁合金中 $Mg_{17}Al_{12}$ 相含量高,同变形条件下强度比 AZ31 镁合金更高,伸长率比 AZ31 镁合金更低。

表 9-2   300℃往复挤压 AZ91 镁合金晶界结构对强韧性的影响

CEC 道次	平均取向差	晶界分数/%			屈服强度/MPa	伸长率/%
		LAGB (2°~5°)	LAGB (5°~15°)	HAGB (>15°)		
0	45.6	8.8	3.5	87.7	218.73	10.33
1	49.3	3.3	4.8	91.9	270.73	12.08
3	53.6	2.2	2.9	94.9	212.7	14.89
7	51.2	3.6	4.9	91.5	201.61	14.21

在多晶体中,通常情况下,大角度晶界和平均位向角的增加,说明晶粒相互间取向差大。在往复挤压 3 道次和 7 道次中,不论是 AZ31 还是 AZ91 镁合金,其最大 Schmid 因子都很高。这说明,在往复挤压细晶粒镁合金中,单位体积内处于有利滑移位向的晶粒多,而相邻晶粒间由于位向差大而晶界的强化作用强,如果不考虑细晶晶界自身的弱化、往复挤压变形下异号位错的湮灭、细晶镁合金拉伸过程中晶粒的旋转等因素的影响,此时必然带来强度和伸长率的同时提高。但实验结果表明,仅仅是伸长率的提高,而强度下降,这更进一步说明在细晶镁合金中,晶粒大小、晶界结构、位错密度等对力学性能的综合影响。

往复挤压后 ZK60 合金抗拉强度下降的部分原因就是与晶界滑移。而 GW102K 镁合金虽然经往复挤压后也发生了晶粒细化和位向角增加,但由于第二相多分布于晶界上,其钉扎作用使得晶界可动性较差,因而 GW102K 镁合金强度高而塑性差。

9.8　本章小结

本章通过对晶粒大小、位错密度、织构、晶界结构和第二相粒子的含量和性质等对往复挤压镁合金强韧性的分析,得出以下结论。

(1) 细晶强化是往复挤压镁合金的主要强韧化机制之一。300℃往复挤压 AZ31 镁合金,屈服强度在往复挤压 1 道次明显增加。然后随着道次的增加而降低。225~400℃往复挤压 3 道次 AZ31 镁合金的晶粒直径与屈服强度满足 Hall-Petch 关系,即 $\sigma_s = 48.44 + 280.48d^{-1/2}$。GW102K 镁合金往复挤压后满足 Hall-Petch 关系, $\sigma_s = \sigma_0 + 163d^{-1/2}$,变形温度越高, σ_0 值越低。ZK60 镁合金往复挤压后不满足 Hall-Petch 关系,但经退火后则满足 Hall-Petch 关系: $\sigma_s = 131.4 + 121.0d^{-1/2}$。晶粒细化后激活了非基面滑移和晶界滑移,孪生变形得到抑制,使得合金塑性大幅提高。

(2) 织构强韧化也是往复挤压镁合金的重要强韧化机制。织构强化的效果主要取决于织构类型和织构强度。往复挤压后<$10\bar{1}0$>丝织构转变为<$2\bar{2}01$>丝织构,基面滑移系取向因子大幅增加,导致 ZK60 镁合金强度下降。往复挤压后 GW102K 和 ZK60 镁合金具有相同的织构类型,但 GW102K 镁合金织构强度很低,织构的影响很弱,因此没有出现明显的强度下降。往复挤压后织构强度降低,晶粒取向趋于随机分布,变形均匀性提高,这是镁合金塑性提高的一个重要原因。

(3) 第二相能够赋予镁合金必要的强度,但同时又是裂纹的重要发源地。设计镁合金必须考虑第二相的大小(控制在几个微米大小内)和变形方式(往复挤压还是其他大变形方式)等。合理调整 Mg_2Si 相的含量,在往复挤压变形前/后采用多向锻造等变形方式有效地细化和重新分布 Mg_2Si 相,有望获得高强韧的细晶镁合金。

(4) 研究了晶粒大小、位错密度、晶界结构、织构、第二相粒子的含量、性质和大小等对往复挤压镁合金强韧性的影响。发现位错密度和小角度晶界增加,细小第二相($\leqslant 1\ \mu m$)数量和均匀性增加使往复挤压合金屈服强度提高。晶粒细化和高 Schmid 因子的织构优化使往复挤压镁合金的变形均匀性增加,伸长率明显提高。

参考文献

[1]　KIM W J, HONG S I, KIM Y S, et al. Texture development and its effect on mechanical properties of an AZ61 Mg alloy fabricated by equal channel angular pressing[J]. Acta Materialia, 2003, 51(11): 3293 - 3307.

[2]　靳丽. 等通道角挤压变形镁合金微观组织与力学性能研究[D]. 上海: 上海交通大学, 2006.

[3]　YUAN G Y, LIU Z L, WANG Q D, et al. Microstructure refinement of Mg - Al - Zn - Si alloys[J]. Materials Letters, 2002, 56(1/2): 53 - 58.

[4]　KUBOTA K, MABUCHI M. Review Processing and mechanical properties of fine-grained magnesium alloys [J]. Journal of Materials Science, 1999, 34(10): 2255 - 2262.

[5] 周海涛,曾小勤,王渠东,等. AZ31 镁合金型材挤压工艺和组织性能分析[J]. 轻合金加工技术, 2003,31(9): 28 - 30.

[6] 王渠东,曾小勤,吕宜振,等. 高温铸造镁合金的研究与应用[J]. 材料导报,2000,14(3): 21 - 23.

[7] LIU M P, WANG Q D, ZENG X Q, et al. Development of microstructure in solution-heat-treated Mg - 5Al - xCa alloys[J]. International Journal of Materials Research, 94(8): 886 - 891.

[8] APPS P J, BOWEN J R, PRANGNELL P B. The effect of coarse second-phase particles on the rate of grain refinement during severe deformation processing[J]. Acta Materialia, 2003, 51(10): 2811 - 2822.

[9] LIU Z L, HU J Y, WANG Q D, et al. Evaluation of the effect of vacuum on mold filling in the magnesium EPC process[J]. Journal of Materials Processing Technology, 2002, 120(1/3): 94 - 100.

[10] ZENG X Q, LU Y Z, DING W J, et al. Kinetic study on the surface oxidation of the molten Mg - 9Al - 0. 5Zn - 0. 3Be alloy[J]. Journal of Materials Science, 2001, 36(10): 2499 - 2504.

[11] WANG Z C, PRANGNELL P B. Microstructure refinement and mechanical properties of severely deformed Al - Mg - Li alloys [J]. Materials Science & Engineering A: Structural Materials: Properties, Microstructure and Processing, 2002, 328(1/2): 87 - 97.

[12] 何上明. Mg - Gd - Y - Zr(-Ca)合金的微观组织演变、性能和断裂行为研究[D]. 上海:上海交通大学,2007.

[13] KOIKE J, OHYAMA R, KOBAYASHI T, et al. Grain-boundary sliding in AZ31 magnesium alloys at room temperature to 523 K[J]. Materials Transactions, 2003, 44(4): 445 - 451.

[14] YOSHIDA Y, CISAR L, KAMADO S, et al. Effect of microstructural factors on tensile properties of an ECAE-processed AZ31 magnesium alloy[J]. Materials Transactions, 2003, 44(4): 468 - 475.

第二篇

往复挤压制备超细晶 $n\text{-}SiCp/AZ91D$ 和 $CNT/AZ91D$ 镁基纳米复合材料的研究

第十章　绪　论

10.1　金属基纳米复合材料的研究现状

　　近年来,节约能源、降低能耗已然成为全社会的共识,人们对轻质高强材料的要求也越来越严苛;在许多工程应用领域,传统的单一材料也越来越无法满足应用要求,人们越来越重视材料复合化的研究。复合材料是指由两种或两种以上化学、物理性质不同的材料组成,通过各组分之间性能的互补和关联,克服单一组分材料的缺陷,获得单一组分所无法达到的综合性能。目前,市场上已有许多成熟的复合材料产品,如滑动轴承、硬质合金刀具、轮胎等,也出现了一些新型的复合材料,如原位自生金属基复合材料(in situ metal matrix composites)、纤维增韧陶瓷(toughened ceramics by fiber reinforcement)、碳纤维增强热塑性复合材料(carbon-fiber-reinforcecd thermoplastic composites)等[1-5]。

　　纳米材料具有独特的力学、电学、热学、磁学等性能,启发人们将具有纳米结构的材料引入现有的材料体系中,以获取多功能、高性能的工程材料——纳米复合材料(nanocomposites)。得益于纳米技术的进步,纳米复合材料在材料科学领域取得了飞速发展[1,5,6]。根据基体的类型,纳米复合材料可以分为 3 类:金属基纳米复合材料(metal matrix nanocomposites, MMNC)、陶瓷基纳米复合材料(ceramic matrix nanocomposites)和树脂基纳米复合材料(polymer matrix nanocomposites);根据纳米增强相的几何形态,纳米复合材料也可以分为 3 类:纳米颗粒增强复合材料(nanoparticle reinforced nanocomposites)、纳米片增强复合材料(nanoplatelet reinforced nanocomposites)、纳米纤维增强复合材料(nanofiber reinforced nanocomposites)。

　　金属基纳米复合材料是指将纳米尺寸的增强相通过一定的制备工艺加入金属或合金中形成的一类复合材料[1,6,7]。与其他的金属基复合材料相比,金属基纳米复合材料具有更优异的强韧性;与树脂基纳米复合材料相比,金属基纳米复合材料具有更高的强度、弹性模量、热稳定性、耐磨性,以及导热、导电性能。

　　表 10-1 汇总了至今已经制备的各种金属基纳米复合材料,包括镁基、铝基、铜基、铁基、镍基、锌基纳米复合材料[8]。基于文献中所发表的性能数据,金属基纳米复合材料拥有

巨大的应用潜力,但是受限于原材料成本、制备技术、规模化生产等多方面的因素,金属基纳米复合材料在实际工程材料领域应用依旧很有限。

表 10-1　迄今为止,已制备的金属基纳米复合材料[8]

	纳 米 增 强 相
镁基纳米复合材料	BN、Al_2O_3、TiC、Cr_2O_3、SiC、Y_2O_3、MgO、TiB_2、TiO_2、CNT、graphene
铝基纳米复合材料	B_4C、AlN、AlB_2、MgO、TiC、SiC、ZrO_2、Al_2O_3、TiB_2、Al_4C_3、CNT
铜基纳米复合材料	Al_2O_3、NbC、TaC、TiC、TiO_2、CeO_2、CNT
铁基纳米复合材料	Al_2O_3、Fe_yO、SiO_2、NbC
镍基纳米复合材料	Al_2O_3、SiC、CeO_2、TiO_2、ZrO_2、La_2O_3、TiN、CNT
锌基纳米复合材料	Al_2O_3、TiO_2、ZrO_2、SiC

10.1.1　金属基纳米复合材料的制备工艺

纳米增强相具有较高的表面能,团聚倾向严重。因此,金属基纳米复合材料制备过程中最大的挑战在于如何将纳米增强相均匀、弥散地分布在金属基体中[1,9]。本小节将综述几种常见的金属基纳米复合材料制备工艺。需要指出的是,不同的制备方法之间可能会出现一定的重叠或交叉。例如,采用粉末冶金法制备的金属基纳米复合材料,其纳米增强相有可能是通过原位反应生成的;大塑性变形法所加工的坯料可能是通过粉末冶金法或高能超声法制备的。

10.1.1.1　高能超声法

高能超声法(ultrasonic-assisted casting)是指在传统铸造过程中,利用超声波将纳米增强相分散到金属熔体中,最终凝固形成金属基纳米复合材料[8-10]。

图 10-1 为高能超声法分散金属熔体中纳米增强相的过程示意图[8]。当高能超声波作用于金属熔体时,熔体介质内会产生周期性交变的应力,出现短暂的局部负压区;当超声波强度超过熔体张力时,熔体中薄弱部位(纳米增强相团聚区)将被撕开产生大量的空化泡;空化泡在超声波作用下,随着熔体的振荡不断聚合、长大;当空化泡长到某一临界尺寸时,将在熔体中破裂,产生冲击波,将邻近区域的纳米增强相团聚体打散。之后,打散的纳米增强相在超声波的声流效应下,均匀分散到整个熔体中。值得注意的是,空化泡破裂时产生的局部温度、压强高达 5 000℃和 1 000 atm[①][11],能够有效清洁纳米增强相的表面,改善纳米增强相与金属熔体之间的润湿性。Lan 等[12]对比了高能超声法和传统的机械搅拌法制备的 SiC 纳米颗粒增强 AZ91D 复合材料,实验结果如图 10-2 所示,经超声波处理的纳米复合材料,镁基体中只有小范围的纳米颗粒团聚体,团聚体的尺寸小于 300 nm;而未经超声波处理的纳米复合材料,SiC 纳米颗粒团聚严重。

---

①　$1\ atm = 1.013 \times 10^5\ Pa$。

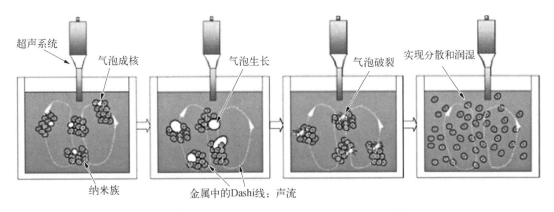

超声系统　气泡成核　气泡生长　气泡破裂　实现分散和润湿

纳米族　金属中的Dashi线：声流

图 10 - 1　超声波分散金属熔体中纳米颗粒原理[8]

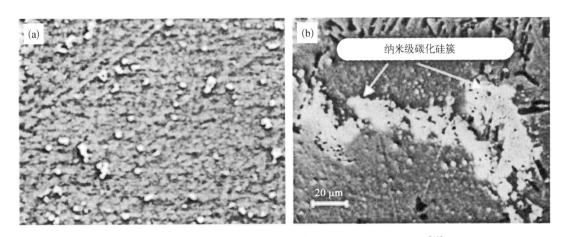

(a)　(b)　纳米级碳化硅簇　20 μm

图 10 - 2　两种方法制备的镁基复合材料中 n - SiCp 的分布[12]

(a) 高能超声法；(b) 机械搅拌法

　　高能超声法的优点是在很大程度上,解决了纳米增强相在金属熔体中的团聚,改善了纳米增强相与金属熔体之间的润湿性;不足之处在于对所添加的纳米增强相的体积分数有限制,且铸造过程中极易形成气孔,需要进行后续工艺处理。Chen 等[13]近来提出了一种制备高体积分数金属基纳米复合材料的制备方法。在该方法中,他们首先利用高能超声法将 1 vol% 的 SiC 纳米颗粒均匀分散到 Mg - 6Zn 合金中,之后将熔体置于真空炉(气压:约 6 Torr①)中,使得熔体中蒸汽压较高的 Mg 和 Zn 元素部分蒸发,最终制得 SiC 纳米颗粒含量为 14 vol% 的镁基纳米复合材料(基体的成分:Mg - 2Zn)。图 10 - 3 为采用该方法制备的镁基纳米复合材料的显微组织、成分分析以及显微硬度,均说明 SiC 纳米颗粒在整个铸锭中分散均匀。

10.1.1.2　粉末冶金法

　　粉末冶金法(powder metallurgy, PM)是一种常用的金属基纳米复合材料制备方法[14, 15]。制备过程主要包括以下几步:① 根据设计要求,将金属/合金粉末与纳米增强相粉末以一定

---

① 1 Torr = 1. 333 22×10² Pa

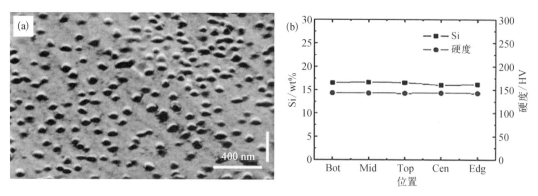

图 10 - 3 （a）高能超声+熔体蒸发制备的 Mg - 14 vol% SiC 复合材料的微观组织；
（b）SiC 纳米颗粒在基体中的分散性[13]

的比例进行机械混合；② 将混合粉体置于模具中,预压成型；③ 在一定压力和温度下将预压块烧结成型。粉末冶金法的优点在于制备过程无须太高的温度,可避免金属基体的氧化,防止基体与增强相之间发生过度的界面反应。粉末冶金法的不足之处在于工艺设备复杂、成本高。

Pérez-Bustamante 等[16]采用粉末冶金法制备了碳纳米管(carbon nano-tube, CNT)增强铝基纳米复合材料,制备过程中首先利用高能球磨法将 CNT 和铝粉混合均匀,混料过程中加入少量甲醇(methanol)作为过程控制剂(PCA)；之后在约 60 t 的压力下将混合粉体压制成型；最后将坯料在 550℃、真空环境下进行烧结。研究结果表明,CNT 与 Al 基体之间有轻微的界面反应,生成了 Al_4C_3 相,相界面结合良好,与相同制备工艺下的纯铝相比,CNT/Al 纳米复合材料的屈服强度高出将近 80%。

10.1.1.3 原位合成法

原位合成法(in-situ synthesized method)是指在金属基纳米复合材料制备过程中,纳米增强相通过物理化学反应在金属/合金基体中生成的一种制备方法[1, 17, 18]。根据材料体系特征,原位合成法既可以通过液相反应来实现,也可以通过固相反应来实现。原位合成法的优点在于：① 纳米增强相在基体中直接生成,避免了纳米增强相和基体润湿性差的问题；② 原位生成的纳米增强相尺寸较小,在基体中分布均匀；③ 纳米增强相稳定性好,在高温下也可稳定存在。

Xu 等[17]利用氧化反应制备了块体 Al_2O_3 纳米颗粒增强铝基复合材料,该方法将 40 nm 的 Al 粉在常温条件下压制成块,然后将预压块在 700℃、保护气氛的条件下进行重熔。熔炼过程中,由于纳米 Al 粉活性高、易氧化,粉体表面会形成 2~3 nm 厚的 Al_2O_3 薄膜,从而制得 Al_2O_3 纳米颗粒均匀、弥散分布的铝基纳米复合材料。采用该方法制备的 Al_2O_3/Al 纳米复合材料的显微硬度是纯铝的 3 倍,比采用粉末冶金法制备的同种纳米复合材料显微硬度高出 50%以上。

Ying 等[18]采用原位合成法制备了 Al_2O_3 纳米颗粒增强铜基复合材料,制备过程中将 Cu 粉和 Al 粉以 6：1 的原子比进行机械球磨以形成 Cu(Al)固溶体；球磨 8 h 后,在 Cu(Al)固溶体粉中加入 CuO 粉末继续球磨 16 h,球磨过程中,会发生下述反应：$3CuO+xCu+2Al \Longrightarrow (3+x)Cu+Al_2O_3$,形成 Cu+$Al_2O_3$ 混合粉体；最后通过粉末冶金的方法将混合粉体进行压制、烧结。组织观察表明,原位生成的 Al_2O_3 粒径小于 200 nm,与 Cu 基体之间的界面干净、结合良好。

10.1.1.4　熔体浸渗法

熔体浸渗法(infiltration method)是一种液相制备技术,制备过程主要包括纳米增强相的分散、预制体的制备、金属/合金的熔化、熔体的渗入以及金属基纳米复合材料的凝固[19, 20]。根据熔体渗入过程中的压力大小,熔体浸渗法分为压力浸渗法、真空压力浸渗法、无压浸渗法和负压浸渗法。熔体浸渗法的优点是可以制备增强相体积分数高达 50% 的金属基纳米复合材料,缺点是要求纳米增强相与金属/合金熔体之间的润湿性好(润湿角小于 90°)。

Kim 等[19]采用压力浸渗法制备了 CNT+Al_2O_3 纤维混杂增强 A356 铝基复合材料,实验过程中,纳米复合材料预制体的制备包括如图 10-4 所示的几个步骤:① 将 CNT、Al_2O_3 纤维和 SiO_2 黏结剂(silica binder)在去离子水中搅拌混合,然后加入 5 wt% 的阳离子聚丙烯酰胺(NaDDB)超声振动;② 采用抽滤装置将混合液中的水分抽离;③ 将固体残留物压制成预制块;④ 烘干预制块。之后,采用挤压铸造的方法将 A356 熔体压入预制块中,实现 CNT+Al_2O_{3f}/A356 复合材料的制备。该方法成功地将 CNT 加入铝合金中,组织观察表明,CNT 主要附着在 Al_2O_3 纤维的表面,整体分散均匀,但局部仍有团聚。与 A356 合金相比,CNT+Al_2O_{3f}/A356 复合材料的抗压强度提高了 1 倍以上。

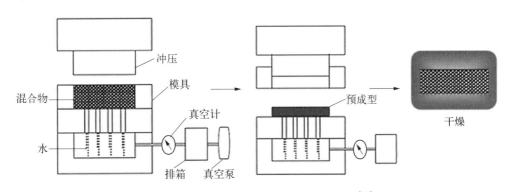

图 10-4　CNT+Al_2O_{3f} 预制体的制备过程[19]

10.1.1.5　纳米复合电沉积技术

纳米复合电沉积技术(electrodeposition method)主要是利用电沉积原理,将纳米增强相和金属基体共同沉积在特定衬底上,形成金属基纳米复合材料镀层[20-22]。与其他的金属基纳米复合材料制备方法相比,纳米复合电沉积技术具有设备简单易操作、制备温度低、过程易控制、周期短等优点,缺点是该方法局限性较大,目前主要用于制备铜基[23]、镍基[24, 25]、锌基[26, 27]纳米复合材料镀层。

Ramalingam 等[23]采用纳米复合电沉积技术在 Cu 片上制备了 TiO_2 纳米颗粒增强铜基复合材料镀层。实验过程中使用的电镀液由 0.5 mol/L 的硫酸铜和 1.3 mol/L 的硫酸混合而成;在混合液中加入 25 nm 的 TiO_2 颗粒,持续搅拌 4~6 h,配置纳米粒子浓度为 25~100 g/L 的悬浮液;电沉积过程中,使用高纯 Cu 棒作为阳极,抛光过的 Cu 片作为阴极,电流密度和电镀液 PH 分别控制在 5.0 A/dm² 和 0.2。电沉积结束后,阴极 Cu 片表面沉积了一层均匀的 TiO₂/Cu 纳米复合材料镀层,TiO₂ 纳米颗粒在镀层中分散均匀。

10.1.1.6 搅拌摩擦技术

搅拌摩擦技术(friction stir processing, FSP)是一种固相制备技术,主要通过搅拌头的高速扭转和移动,在金属/合金基板上形成一个应变量较大的塑性变形区(图 10-5),实现纳米增强相的分散[28, 29]。通常,纳米增强相的加入方式有三种:① 在金属/合金基板上打孔或开设沟槽,纳米增强相置于孔/沟槽内;② 采用喷涂的方法在基板上预先形成高体积分数的纳米复合材料层;③ 采用其他制备技术制备纳米复合材料板材。搅拌摩擦技术的优点是在实现纳米增强相均匀、弥散分布的同时,能够有效改善板材表面组织,使被加工的板材表面获得优异的力学性能和摩擦磨损性能。

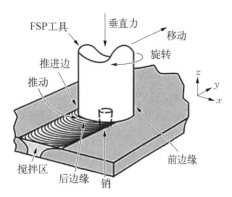

图 10-5 搅拌摩擦技术原理图[30]

Chen 等[30]采用高能超声+搅拌摩擦联合的方法制备了石墨烯纳米片(graphene nano-platelets)增强镁基复合材料,组织观察表明,高能超声虽然可以将纳米石墨片加入镁基体中,但是基体中仍然存在微米级的石墨烯团聚体,而经过搅拌摩擦的复合材料,石墨烯纳米片分散均匀。graphene/Mg 纳米复合材料的显微硬度比同加工状态下的纯镁高出 78%,纳米石墨片的强化效率高达 64。

张琪[29]以 Al-10 at% TiO₂ 反应体系为研究对象,通过真空热压+搅拌摩擦联合的方法制备了 Al₃Ti+Al₂O₃ 纳米颗粒增强铝基复合材料。研究表明,对于热压中未发生或部分发生反应的样品,随后的搅拌摩擦能够激活 Al-TiO₂ 反应,生成尺寸约为 80 nm 的 Al₃Ti 和 Al₂O₃ 纳米增强相。搅拌摩擦激活 Al-TiO₂ 反应的主要原因是搅拌摩擦过程中产生的剧烈塑性变形加快了原子扩散速率、降低了反应激活能,Al₃Ti 和 Al₂O₃ 纳米增强相的形成机制分别为变形协助的溶解-析出机制和变形协助的界面反应。

10.1.1.7 大塑性变形技术

大塑性变形(SPD)技术是在较低温度($<0.4T_m$)、较高的压力条件下,对金属基纳米复合材料坯料进行一次或多次累积塑性变形,通过金属基体在三维空间内的流动,将预分散的纳米增强相弥散分布于金属基体内。大塑性变形既可以直接用于制备金属基纳米复合材料,也可以对由其他工艺制备的金属基纳米复合材料进行二次塑性加工,以改善基体组织、提高纳米增强相的分散性。与其他制备工艺相比,大塑性变形法具备以下优点:① 基体组织超细化;② 纳米增强相弥散分布;③ 所制备的纳米复合材料致密度高、气孔少;④ 无污染。不足之处是对加工所使用的模具、设备、变形工艺等有较高的要求。目前,最常用的大塑性变形技术有:等通道转角挤压(equal-channel angular prossing, ECAP)[31, 32]、高压扭转(HPT)[33]、累积叠轧(ARB)[34]、循环闭式模锻(cyclic closed die forging, CCDF)[35-37]和往复挤压(CEC)[38, 39]等,这几种常见大塑性变形技术的加工原理、应变量和技术特征见表 10-2。

表 10 - 2　常见大塑性变形工艺及其技术特点[37-39]

大塑性变形技术	原 理 图	应 变 量	技 术 特 征
等通道转角挤压（ECAP）		$\varepsilon_{eff} = \frac{N}{\sqrt{3}}\left[2\cot\left(\frac{\varphi}{2}+\frac{\psi}{2}\right)+\psi\csc\left(\frac{\varphi}{2}+\frac{\psi}{2}\right)\right]$ 其中，N 为挤压道次； φ 为通道交角； ψ 为外接弧角。	（1）多种加工路径（路径 A、B_A、B_C、C）； （2）坯料的横截面为圆形或正方形； （3）可通过改变 φ 和 ψ 实现难变形材料的加工； （4）可制备大体积坯料
高压扭转（HPT）		$\varepsilon_{eff} = \frac{2\pi rN}{t}$ 其中，N 为扭转圈数； r 为试样半径； t 为试样厚度。	（1）试样尺寸较小（$r = 5\sim10$ mm；$t = 0.2\sim0.5$ mm）； （2）组织细化能力最强，较易得到纳米晶； （3）可在室温条件下加工难变形金属（如 Mg、Ti）； （4）方便调节压力、扭转速度和累积应变等参数
累积叠轧（ARB）		$\varepsilon_{eff} = N\frac{2}{\sqrt{3}}\ln\left(\frac{T}{t}\right)$ 其中，N 为轧制道次； T 为轧前厚度； t 为轧后厚度。	（1）道次应变量超过50%； （2）加工温度低于被加工试样的再结晶温度； （3）为保证板材结合界面的强度，每道次轧制前需对板材进行表面处理； （4）可制备大尺寸板材
循环闭式模锻（CCDF）		$\varepsilon_{eff} = N\frac{2\ln(H/W)}{\sqrt{3}}$ 其中，N 为锻压次数； H 为试样高度； W 为试样宽度。	（1）道次应变量大； （2）双向或三向压应力，可提高被加工试样的可加工性； （3）可加工块体试样
往复挤压（CEC）		$\varepsilon_{eff} = 2(2N-1)\ln\left(\frac{D}{d}\right)$ 其中，N 为挤压次数； D 为试样直径； d 为缩颈区直径。	（1）道次应变量大； （2）挤压与镦粗同时进行，被加工试样变形稳定； （3）多向压应力，可提高被加工试样的可加工性； （4）可连续加工。

下面分别给出各种大塑性变形技术在金属基纳米复合材料制备过程中的具体实施例子。

1) 等通道转角挤压(ECAP)

Bera 等[40]采用等通道转角挤压对经机械球磨的 TiO_2 纳米颗粒与 Al7075 合金混合粉体进行固化。研究结果表明,粉体的致密化主要发生在第一道次,而基体组织的细化、增强相的重新分布发生在粉体密实化后。200℃等通道角挤 4 道次后,铝基纳米复合材料的致密度达到90%,纳米压痕测得复合材料的显微硬度高达3.72 GPa,弹性模量达到 92 GPa。另有研究表明[41, 42],在等通道转角挤压的实施过程中引入背压,能够进一步提高所制备金属基纳米复合材料的致密度,获得更加优异的力学性能。

2) 高压扭转(HPT)

Tokunaga 等[43]将直径为 1~2 nm 的单壁 CNT(5 wt%)与高纯铝粉的混合粉体在室温、2.5 GPa 的压力下进行高压扭转,制得 CNT/Al 纳米复合材料的理论致密度高达 98%,基体晶粒尺寸仅有 100 nm,显微硬度从芯部到边部逐渐递减(36~76 HV),抗拉强度超过 200 MPa。Joo 等[44]先在分子尺度制备出 CNT/Cu 纳米颗粒,然后再与铝粉混合、200℃下进行高压扭转,结果表明,提高加工温度能够降低 CNT/Al 纳米复合材料硬度的不均匀性,同时,纳米复合材料的室温拉伸强度超过 500 MPa,伸长率9%,这主要是因为 Cu 的加入能够有效提高 CNT 与 Al 基体结合强度,提高界面的载荷传递效率。

3) 累积叠轧(ARB)

Roohollah[45]采用累积叠轧在室温条件下制备了 SiC 纳米颗粒增强 IF 钢纳米复合材料,道次压下量75%。实验表明轧制 4 道次之后,纳米增强颗粒在基体中分布均匀,无团聚或者偏聚现象,这主要是因为叠轧过程中板层间距不断减少,使得纳米颗粒在板材厚度方向上实现均匀分散;同时板材沿轧制方向的延伸又会促使纳米颗粒沿着板材平面分散开来[45-47]。对比 n-SiCp/IF 钢与相同工艺条件下制备的 IF 钢、SiC 微米颗粒增强 IF 钢的力学性能,结果表明,无论是拉伸性能还是硬度,n-SiCp/IF 钢复合材料均优于其他两组,并且与微米增强复合材料相比,n-SiCp/IF 钢复合材料中的纳米颗粒与基体结合紧密,无间隙或空洞[48]。

4) 循环闭式模锻(CCDF)

廖文骏[35]对高能超声法制备的 0.5 wt% n-SiCp/AZ91D 复合材料进行连续式两步降温模锻,发现降温锻造能更有效地分散 SiC 纳米颗粒、细化基体组织,但是在加工过程中动态析出的 $Mg_{17}Al_{12}$ 相往往会呈流线型分布。与循环闭式模锻类似的大塑性变形工艺有多向锻造(multi-directional forging, MDF),聂凯波[36]对 1 vol% n-SiCp/AZ91 复合材料进行恒温多向锻造,研究发现,随着锻压道次的增加,镁基纳米复合材料中 SiC 纳米颗粒的聚集程度不断下降,同时基体晶粒逐渐细化,组织均匀性逐步提高。

5) 往复挤压(CEC)

郭炜[37]采用往复挤压对高能超声法制备的 1 wt% n-SiCp/Mg 镁基纳米复合材料进行二次塑性加工。研究表明:随着往复挤压加工道次的增加,团簇的 SiC 纳米颗粒在镁基体的剪切作用下逐渐分散开来,8 道次后,基本实现均匀、弥散分布,如图 10-6 所示。

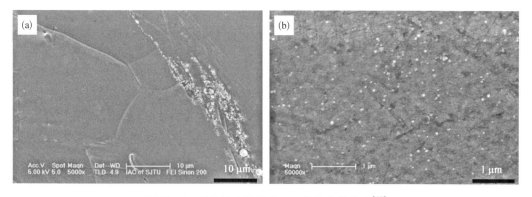

图 10 - 6 SiC 纳米颗粒在 Mg 基体中的分布[37]

（a）加工前；（b）往复挤压 8 道次

10.1.2 金属基纳米复合材料的潜在应用

金属基纳米复合材料是一类轻质高强的材料,可在工程领域作为结构件使用。金属基纳米复合材料的轻质高强主要体现在以下两方面: ① 纳米增强相添加量少,但强化效率高。例如在铝基体中添加 1 vol% 25 nm 的 Al_2O_3 纳米颗粒与添加 10 vol% 13 μm 的 SiC 颗粒所得到的强化效果相近,当 Al_2O_3 纳米颗粒的添加量超过 1 vol% 时,Al_2O_3 纳米颗粒的强化效果高于 10 vol% 的 SiC 微米颗粒(图 10 - 7)[49]。类似的结果在镁基纳米复合材料中也存在,如在 AZ91 镁合金中添加 1 vol% 60 nm 的 SiC 纳米颗粒与添加 10 vol% 10 μm 的 SiC 颗粒所取得的强化效果类似[36];② 纳米增强相在提高金属/合金基体强度的同时,能保证材料塑性降低很小,有时甚至会有所提高[12, 50]。例如在 Mg - 4Al - 1Si 中添加 2 wt% 的 SiC 纳米颗粒后,材料的屈服强度提高了 32%,伸长率提升了 8%。

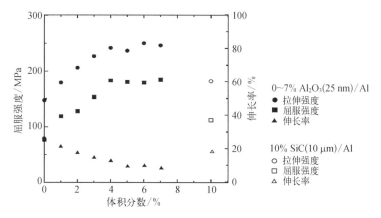

图 10 - 7 Al_2O_3 纳米颗粒和 SiC 微米颗粒对纯 Al 力学性能的影响[49]

在对抗振有严格要求的尖端科技领域,如导弹、卫星的仪表仪盘等部件,要求材料具有优异的阻尼性能。金属基纳米复合材料,尤其是镁基纳米复合材料,是一种潜在的高阻尼结构材料[51]。金属基纳米复合材料的阻尼性能既可以通过直接添加本征阻尼值高的纳米增强相(如 CNT)来得到提高,也可以通过添加纳米增强相,调整纳米增强相和基体之间的界面结构、塑性应变区来得到提高[5, 52]。

金属基纳米复合材料由于纳米陶瓷相化学稳定性好,具有比金属/合金基体更为优异的耐腐蚀性以及耐磨性。例如,TiO_2、ZrO_2 纳米颗粒能够显著提高钢铁表面锌镀层的耐腐蚀性[26, 27];SiO_2、Al_2O_3、SiC 纳米颗粒能够显著提高钢铁表面镍镀层的耐腐蚀性能,而 Cr_2O_3/Ni 纳米复合镀层具有最高的耐腐蚀性[53-56]。在纯铝中添加 5 wt% CNT 后,CNT/Al 复合材料的磨损速率相比于纯铝降低了 78.8%;在 AZ31 镁合金中添加 2 wt% Al_2O_3 纳米颗粒后,镁基纳米复合材料的耐磨性也得到显著提高,最高可达到 115%。

具有良好电学、磁学性能的金属基纳米复合材料可作为导电材料和磁性材料使用[57-59]。如采用热压烧结制备的碳纳米管(CNT)增强铜基复合材料,其导电性能与纯铜相比,提升超过 20%[57];将钴(Co)纳米颗粒加入纯铜中制备的 $Cu_{88}Co_{12}$ 合金,表现出巨磁电阻效应(giant magnetoresistance,GMR),这在高密度读取磁头、磁存储元件上有着广阔的应用空间[59]。

某些具有良好生物相容性、力学相容性和生物可降解性的金属基纳米复合材料可作为生物材料使用[60, 61]。例如,采用搅拌铸造法+搅拌摩擦技术制备的羟基磷灰石(hydroxyapatite,HA)纳米颗粒增强镁基复合材料(HA/Mg),其在生物体内的降解周期是纯镁的 5 倍[60];采用粉末冶金法在 AZ91 镁合金中添加 20 wt% 的氟磷灰石(fluorapatite,FA)纳米颗粒后,FA/AZ91 纳米复合材料在仿生模拟体液中的腐蚀速率仅有基体合金的 32%(72 h),并且随着腐蚀时间的增加,两者之间的差距越来越大,这主要是因为 FA 纳米颗粒的添加会促进基体合金表面形成类骨磷灰石层,从而降低纳米复合材料的降解速率[61]。

10.2 镁基纳米复合材料大塑性变形的研究进展

镁基纳米复合材料继承了镁合金密度小、比强度和比刚度高的特性,通过纳米增强相的添加,提高了基体合金的室温强度、高温强度、弹性模量、抗蠕变性能和耐磨性等,是实现镁合金工业化应用最具优势的途径之一。

目前,用于镁基纳米复合材料的制备工艺主要有:高能超声法、粉末冶金法、原位合成法、熔体浸渗法、搅拌摩擦技术和大塑性变形法[8, 51, 62]。其中,高能超声法和粉末冶金法是镁基纳米复合材料制备最常用的方法。但是,采用这两种方法制备镁基纳米复合材料时,很难实现纳米增强相在基体中的均匀分布;同时高能超声法制备的镁基纳米复合材料铸件中往往存在气孔、疏松等缺陷,粉末冶金法制备的镁基纳米复合材料也存在致密度不高的问题。因此,需要二次塑性加工对基体中的纳米增强相进行重新分布,同时消除铸件的冶金缺陷、提高复合材料的密实度[62-64]。

表 10-3 为不同制备工艺下,镁基纳米复合材料(基体为纯镁)的力学性能(表中所列出纳米增强相的添加量都为当前制备工艺下该复合材料体系最优的添加量),分析表中数据可知:① 塑性加工后,镁基纳米复合材料力学性能通常都会得到提高;② 与常规塑性变形相比(热挤压),大塑性变形(累积叠轧)对镁基纳米复合材料力学性能的提升更加明显。对比普通塑性加工和大塑性变形后镁基纳米复合材料的微观组织发现,常规塑性加工后,纳米增强相往往在基体中呈流线型分布;而大塑性变形后,纳米增强相在基体中均匀、弥散分布。

表 10 - 3　制备工艺对镁基纳米复合材料力学性能的影响

Mg 纳米复合材料	数　量	制　造　方　法	屈服强度/MPa	抗拉强度/MPa	伸长率
SiC/纯 Mg[65]	2.0 wt%	高能超声法	35.9	131	12.6
SiC/纯 Mg[66]	1.0 wt%	高能超声法+热挤压	133	224	—
Y₂O₃/纯 Mg[67]	2.0 wt%	粉末冶金法(微波烧结)	157±10	244±1	8.6±1.2
Al₂O₃/纯 Mg[68]	0.5 wt%	粉末冶金法(气氛炉烧结)+热挤压	218±16	271±11	6.2±0.9
SiC/纯 Mg[69]	2.0 wt%	累积叠轧(14 道次)	250.1	291.2	—
CNT/纯 Mg[64]	1.3 wt%	粉末冶金法(气氛炉烧结)+热挤压	140±2	210±4	13.5±2.7
CNT/纯 Mg[70]	0.3 wt%	粉末冶金法(微波烧结)+热挤压	119±4	163±7	5.7±0.2
CNT/纯 Mg[71]	0.08 wt/%	粉末冶金法(放电等离子)+热挤压	185	238	16.1
CNT/纯 Mg[72]	0.06 vol%	累积叠轧(4 道次)	285	369	10.8

可见：采用大塑性变形技术能制备出组织均匀、性能优异的镁基纳米复合材料。下文将综述大塑性变形对镁基纳米复合材料的微观组织特征、力学性能和摩擦磨损性能的影响。

10.2.1　大塑性变形制备镁基纳米复合材料的微观组织

10.2.1.1　基体组织的超细化

表 10 - 4 统计了文献中镁基纳米复合材料在大塑性变形前、后的晶粒尺寸。分析可知，大塑性变形加工后，镁基纳米复合材料的基体晶粒会显著细化。其中，晶粒细化效果最显著的是 Chen 等[13]的实验结果，他们采用高压扭转对 14 vol% n - SiCp/Mg - 2Zn 在室温、1 GPa 的静水压力下进行加工，扭转 10 圈后，基体晶粒从 23.6±14.1 μm 细化至 64±40 nm。从表中数据还可以得知，大塑性变形的工艺参数对加工后镁基纳米复合材料的晶粒尺寸会产生明显的影响。卫二冬[73]对 1.0 vol% n - SiCp/AZ91 纳米复合材料分别在 250℃、300℃、350℃进行 3 道次等通道转角挤压，统计加工后基体的晶粒尺寸分别为 0.4 μm、2.0 μm、2.5 μm，可见降低加工温度有助于基体晶粒的细化。聂凯波[74]对比了恒温多向锻造和降温多向锻造对 1.0 vol% n - SiCp/AZ91 纳米复合材料显微组织的影响，发现降温锻造后基体组织更加均匀。

此外，模具结构也会影响大塑性变形后镁基纳米复合材料的晶粒尺寸。周国华[75]采用模角为 90°和 120°的等通道转角挤压模具对 1.0 wt% CNT/AZ31 纳米复合材料进行加工，发现 90°转角的模具晶粒细化效果更好。

大塑性变形中，镁基体晶粒的细化通常认为是由基体晶粒的动态再结晶(DRX)引起的，这主要是因为：① 镁基体滑移系较少，位错容易塞积，达到再结晶所需的临界位错密度；② 镁基体层错能较低，扩展位错很难束集，故与动态回复相比，动态再结晶更容易发生；③ 镁基体的晶界扩散速率较高，在亚晶界上堆积的位错很容易被吸收从而加快再结晶速率[38,76]。目前，已经提出有关大塑性变形过程中镁基体的晶粒细化机制有：形变诱导动态再结晶细化、热机械变形细化晶粒以及形变组织再结晶导致的晶粒细化[74,77,78]。需要指出的是，这些晶粒细化机制都是基于镁基体的动态再结晶提出的。

表10-4 大塑性变形制备镁基纳米复合材料的微观组织特征和力学性能

SPD纳米复合材料范围	SPD纳米复合材料	SP范围	基体的晶粒尺寸		力学性能		NOTE
			SPD前	SPD后	SPD前	SPD后	
纳米颗粒增强镁基复合材料							
ECAP	2.0 wt% Al₂O₃/AZ31[79]	225℃/ECAP-Bc-4P	13.75 μm	4.5 μm	—	—	—
	1.0 vol% SiC/AZ91[80]	250℃/ECAP-Bc-3P	8 μm	0.4 μm	245MPa/320MPa/3.1%	296MPa/348MPa/1.9%	YS/UTS/Elong.
	1.0 vol% SiC/AZ91[73]	300℃/ECAP-Bc-3P	8 μm	2.0 μm	245MPa/320MPa/3.1%	256MPa/337MPa/2.6%	YS/UTS/Elong.
		350℃/ECAP-Bc-3P	8 μm	2.5 μm	245MPa/320MPa/3.1%	245MPa/329MPa/3.0%	YS/UTS/Elong.
	1.0 wt% SiC/Mg9Al-1Si[81]	360℃/ECAP-Bc-4P	150 μm	18.21 μm	78MPa/152MPa/4.8%	161MPa/255MPa/7.9%	YS/UTS/Elong.
ARB	2.0 wt% SiC/Mg[69]	400℃/ARB-14P	—	3.2 μm	109.5MPa/143.0MPa	250.1MPa/291.2MPa	YS/UTS
	1.0 vol% ZrO₂/AZ31[82]	200℃/ARB-8P	—	12 μm	—	209MPa/8%	YS/Elong.
HPT	14 vol% SiC/MgZn₂[13]	RT/1.0GPa/10转	23.6±14.1 μm	64±40 nm	410MPa/30%	716±38MPa/>50%	YCS/Strain
CCDF	1.5 wt% SiC/AZ91D[35]	400℃/CCDF-3P	60 μm	22.7 μm	117MPa/202MPa/4.37%	155MPa/268MPa/5.73%	YS/UTS/Elong.
		400℃/ECAP-3P+300℃-2P	60 μm	2.8 μm	117MPa/202MPa/4.37%	258MPa/290MPa/3.03%	YS/UTS/Elong.
	1.0 vol% SiC/AZ91[74,83-85]	350℃/MDF-6P	94.5 μm	2.8 μm	86MPa/184MPa/5.4%	193MPa/262MPa/4.4%	YS/UTS/Elong.
		400℃/MDF-6P	94.5 μm	18.5 μm	86MPa/184MPa/5.4%	189MPa/302MPa/9.2%	YS/UTS/Elong.
		400℃-3P+350℃-3P	94.5 μm	5.3 μm	86MPa/184MPa/5.4%	204MPa/271MPa/5.1%	YS/UTS/Elong.
		400℃-3P+350℃-3P+300℃-3P	94.5 μm	1.8 μm	86MPa/184MPa/5.4%	195MPa/264MPa/3.3%	YS/UTS/Elong.
CEC	1.0 wt% SiC/Mg[37,86]	350℃/CEC-8P	27.6 μm	6.5 μm	36.5HV	43.2HV	Hardness
CNT增强镁基复合材料							
ECAP	1.0 wt% CNT/AZ31[75]	230℃/ECAP-Bc-4P	23 μm	2 μm	261.08MPa/17.14%	278.46MPa/23.33%	UTS/Elong.
ARB	1.0 wt% CNT/Mg[87]	400℃/ARB-8P	—	—		256.2MPa/291.9MPa	YS/UTS
	0.6 vol% CNT/AZ31[72]	3层复合材料: 400℃/ARB-5P	4.7 μm	2.5 μm	195MPa/298MPa/36.3%	234MPa/269MPa/3.8%	YS/UTS/Elong.
	0.05 vol% CNT/AZ31[72]	30层复合材料: 400℃/ARB-4P	5.1 μm	2 μm	192MPa/277MPa/27.6%	285MPa/369MPa/10.8%	YS/UTS/Elong.

注：YS为拉伸屈服强度；UTS为抗拉强度；Elong.为伸长率；YCS为压缩屈服强度。

　　除了大塑性变形,纳米增强相也会对基体晶粒的细化产生影响。图 10‑8 为高压扭转后 Mg‑2Zn 合金和 n‑SiCp/Mg‑2Zn 纳米复合材料的显微组织,明显地,纳米颗粒的添加会导致基体晶粒得到进一步细化[13]。根据 Robson 等[88,89]的研究,当所添加的颗粒尺寸小于 1 μm 时,颗粒并不会促进热加工过程中基体晶粒的动态再结晶,而是通过阻碍晶界迁移,从而使得基体晶粒得到细化。Radi 等[79]对等通道转角挤压后的 AZ31 合金和 Al$_2$O$_3$/AZ31 纳米复合材料在 200~467℃进行了等时等温退火实验,通过统计退火过程中不同时间节点基体的晶粒尺寸,计算出合金和纳米复合材料晶界迁移的表观激活能分别为 74.1 kJ/mol 和 94.4 kJ/mol,证实了纳米增强相的确会对晶界迁移产生阻碍作用。

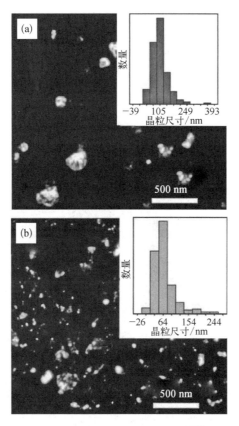

图 10‑8 高压扭转后的暗场像[13]

(a) Mg‑2Zn 合金;(b) n‑SiCp/Mg‑2Zn 纳米复合材料

　　纳米增强相除了阻碍晶界迁移、影响镁基体晶粒尺寸的大小外,还会影响基体晶粒的取向分布。周国华[75]采用 XRD 对比分析了挤压态 AZ31 合金和 1.0 wt% CNT/AZ31 纳米复合材料在等通道转角挤压 4 道次后宏观织构的差异,发现 CNT 的存在会阻碍基体晶粒的转动、弱化镁基纳米复合材料的织构;Lv 等[69]采用 EBSD 分析累积叠轧 2.0 wt% n‑SiCp/Mg 纳米复合材料时,也得到类似的结论,即 SiC 纳米颗粒的加入会弱化复合材料板材的基面织构。但是,也有研究给出相反的结论,如 Radi 等[79]在研究等通道转角挤压 4 道次后 AZ31 合金和 2.0 wt% Al$_2$O$_3$/AZ31 复合材料的宏观织构时,发现 Al$_2$O$_3$ 纳米颗粒的添加会使基体晶体{0002}基面和

$\{10\bar{1}0\}$ 棱柱面的织构强度分别提升 30% 和 60%。综上,纳米增强相的确会影响大塑性变形后镁基纳米复合材料基体晶粒的取向,但是具体的影响结果尚无定论,仍需进一步研究。

10.2.1.2　纳米增强相的重新分布

大塑性变形所特有的高累积应变能够实现镁基体三维空间的充分流动,而镁基体的塑性流动会对基体中的纳米增强相产生剪切作用,使得团聚的纳米增强相逐渐分散开来。团聚的纳米增强相一旦分散开来,由于基体黏度较大,很难再次团聚,进而实现纳米增强相在基体中的均匀分布[8, 90, 91]。Zhang 等[86]对高能超声法制备的 $n-SiCp/Mg$ 纳米复合材料进行了 8 道次往复挤压,往复挤压前、后 SiC 纳米颗粒的分布如图 10-6 所示,很明显,往复挤压后 SiC 纳米颗粒团聚体消失,并在基体中均匀分布。Sabetghadam-Isfahani 等[82]采用累积叠轧法制备了 $ZrO_2/AZ31$ 纳米复合材料,ZrO_2 纳米颗粒在镁基体中的分散过程如图 10-9 所示:低道次叠轧后,ZrO_2 纳米颗粒主要分布在板材界面之间,呈现出"条带"分布;随着叠轧次数的增加,"条带"之间的间距不断减小,促使 ZrO_2 纳米颗粒在板材厚度方向上分散开来,而板材沿轧制方向的延伸会促进 ZrO_2 纳米颗粒沿板材平面的分散;叠轧 8 道次后,ZrO_2 纳米颗粒在镁基体中均匀分布。

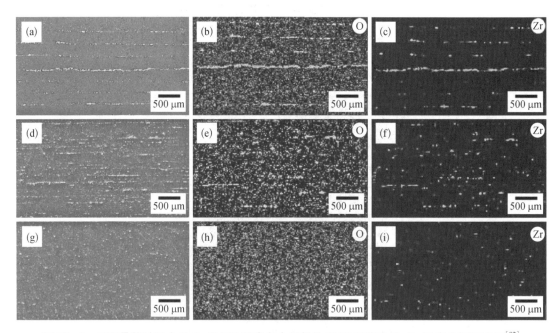

图 10-9　累积叠轧过程中 $ZrO_2/AZ31$ 纳米复合材料的 SEM 图像及 O、Zr 元素的面扫结果[82]

(a)~(c) 3 道次;(d)~(f) 6 道次;(g)~(i) 8 道次

10.2.2　大塑性变形制备镁基纳米复合材料的力学性能

10.2.2.1　强度

对比表 10-4 中所列出的大塑性变形前、后镁基纳米复合材料的力学性能数据,可以得知,镁基纳米复合材料的屈服强度和抗拉强度在大塑性变形之后有了显著提高。其中,最引人注意的是,14 vol% $n-SiCp/Mg-2Zn$ 纳米复合材料在高压扭转后,室温压缩屈服强度从

410 MPa 提高到 716 MPa,该数值是目前镁基纳米复合材料所能达到的最高值[13]。大塑性变形后镁基纳米材料强度的提升主要是由细晶强化引起的[92-94]。同时,纳米增强相也会通过直接(载荷传递机制)或间接(Orowan 强化、热错配强化)的方式对镁基纳米复合材料的强度做出贡献[8]。

另外,大塑性变形工艺参数也会影响镁基纳米复合材料的强度。从表 10-4 中数据可以得知,随着加工温度的升高,镁基纳米复合材料的强度逐渐降低。这主要与高温条件下基体晶粒的长大有关[73-75]。

镁合金在大塑性变形过程中力学性能经常会出现反 Hall-Petch 现象,即合金强度随着晶粒的细化异常降低,通常被归结为织构软化[32,39,95,96]。这一现象在大塑性变形镁基纳米复合材料中也时有出现。如周国华[75]采用等通道转角挤压在 230℃加工 1.0 wt% CNT/AZ31 纳米复合材料时发现,随着加工道次的增加,基体晶粒的尺寸从 23 μm 逐渐减小至 2 μm。理论上讲,镁基纳米复合材料的抗拉强度应该逐渐增加,但事实上复合材料的抗拉强度在加工 1 道次后达到最大(306.3 MPa);之后,随着加工道次的增加,抗拉强度逐渐降低,4 道次后降低到 278.46 MPa。他同样将这一现象归结为织构软化:等通道转角挤压后镁基纳米复合材料基体晶粒的{0001}晶面与挤压方向呈 45°夹角,从而使得基面滑移更容易开动。Qiao 等[80]采用等通道转角挤压加工 1.0 vol% n-SiCp/AZ91 纳米复合材料时也发现了类似的结果。

10.2.2.2 塑性

分析表 10-4 中数据,可知大塑性变形后镁基纳米复合材料塑性的改变与复合材料体系关系密切。Qiao 等[80]在 250℃下对 1.0 vol% n-SiCp/AZ91 纳米复合材料进行等通道转角挤压后,复合材料的伸长率从 3.1%降低到 1.9%;而周国华[75]采用同样的工艺在相近的温度(230℃)对 1.0 wt% CNT/AZ31 纳米复合材料进行等通道转角挤压,发现复合材料的伸长率从 17.14%升高到 23.33%。前者塑性的降低是由于 AZ91 基体合金中大量的 $Mg_{17}Al_{12}$ 相和所添加的 SiC 纳米颗粒降低了基体晶粒间协调变形的能力;后者塑性的提高则是由于 AZ31 基体合金中仅含有少量的 $Mg_{17}Al_{12}$ 相,同时 CNT 会通过"拔出"和"桥连"机制对镁基纳米复合材料产生增韧效果。

大塑性变形的工艺参数对镁基纳米复合材料的塑性也会产生明显影响。Yoo 等[72]对 CNT/AZ31 纳米复合材料进行累积叠轧时发现,若初始使用 3 层板材,叠轧后材料的伸长率会从 36.3%急剧降低到 3.8%,若初始使用 30 层板材(单片板材更薄),叠轧后复合材料的伸长率从 27.6%降低到 10.8%,降低幅度明显减小。聂凯波[74]采用多向锻造对 1.0 vol% n-SiCp/AZ91 纳米复合材料进行恒温锻造时,在 350℃锻压 6 道次后,复合材料的伸长率从 5.4%降低到 4.4%,但是在 400℃同样锻压 6 道次后,复合材料的伸长率从 5.4%提高到 9.2%。

10.2.3 大塑性变形制备镁基纳米复合材料的摩擦磨损性能

一般而言,大塑性变形后镁基纳米复合材料的耐磨性会有所提高,但是同样会受到大塑性变形工艺参数的影响。郭炜[37]对比了挤压态和往复挤压 8 道次后 1 wt% n-SiCp/Mg 纳米复合材料分别在干摩擦和油润滑条件下的摩擦磨损性能,实验结果与预期一致,往复挤压后镁基纳米复合材料的耐磨性高于挤压态。这主要是由于往复挤压后团簇的 SiC 纳米颗粒分散开来,一方面提高了 SiC 纳米颗粒的承载能力,另一方面缓解了纳米颗粒与基体之间的应力集中,从而提高镁基纳米复合材料的耐磨性。廖文骏[97]对铸态 1.5 wt% n - SiCp/AZ91D 纳米复合材料进行了降温循环闭式模锻,在 400℃锻压 3 道次后,基体中 $Mg_{17}Al_{12}$ 相溶解,使得复合材料的硬度降低,耐磨性也相应降低;继续在 300℃锻压 2 道次后,基体中动态析出了 $Mg_{17}Al_{12}$ 相,纳米复合材料的硬度显著提高,耐磨性也相应得到提高。

10.3　镁基复合材料的阻尼行为及阻尼机制

10.3.1　阻尼的物理本质及量度

自由振动的物体,即使将其置于真空环境中,机械振动能也会不断衰减,这种由于内部原因而使物体振动能量出现损耗的现象称为内耗(internal friction),工程上也称为材料的阻尼(damping capacity)[98,99]。内耗产生的本质原因是物体在振动过程中,弹性波与各类晶体缺陷或声子、电子、磁子等相互作用而使机械能逐步耗散;在力学上表现为弛豫(relaxation)或滞弹性(anelasticity),即应变落后于应力。这一现象可以表达为

$$\sigma = \sigma_0 e^{\omega t} \tag{10-1}$$

$$\varepsilon = \varepsilon_0 e^{(\omega t - \phi)} \tag{10-2}$$

$$E^* = \sigma / \varepsilon = E' + iE'' \tag{10-3}$$

式中,σ_0 和 ε_0 分别为应力幅和应变幅;ω 为角频率;t 为时间;ϕ 为应变滞后于应力的相位角;E^* 为复合模量;E' 为储能模量或动态模量;E'' 为损失模量。

表 10-5　材料阻尼的表征参量

表 征 参 量	定 义 式	图 示
损耗系数 η /损耗角正切 $\tan\phi$	$\eta = \dfrac{E''}{E'} = \tan\phi$ 其中,E' 为动态模量;E'' 为损失模量;ϕ 为应变滞后应力的相位角,也称损耗角	
比阻尼 SDC /减震系数 ψ	$\psi = \dfrac{\Delta W}{W}$ 其中,W 为一个循环中的最大储能;ΔW 为一个循环中耗散的能量,即图示滞后圈所包围的面积	

续 表

表征参量	定 义 式	图 示
对数衰减率 δ	$\delta = n^{-1}\ln(A_i/A_{i+n})$ 其中,A_i 为 t_i 时刻的振幅;A_n 为 t_n 时刻的振幅	
品质因数倒数 Q^{-1}	$Q^{-1} = \dfrac{f_2 - f_1}{f_r}$ 其中,f_r 为共振频率;f_1、f_2 为半高峰对应的振动频率	

材料阻尼性能的测试方法很多,相应地,也存在较多的表征参量[100]。表 10-5 汇总了几种广泛应用的阻尼表征参量。表征参量的基本选择规则以及它们之间的相互换算关系如下。

(1) 对衰减较小的场合($\tan\phi < 0.1$),采用 $\tan\phi$、η、Q^{-1} 或 δ 来表征材料的阻尼性能,此时,

$$\tan\phi = \eta = Q^{-1} = \psi/2\pi = \delta/\pi \qquad (10-4)$$

(2) 对衰减较大的场合(比阻尼 SDC $\geqslant$ 40%),通常采用 SDC 来表征材料的阻尼性能,此时,

$$\text{SDC} = 1 - e^{-2\delta} \qquad (10-5)$$

10.3.2 金属基复合材料的阻尼机制

晶体材料的阻尼机制按其来源可以分为缺陷阻尼、热弹性阻尼、磁阻尼和黏性阻尼;而对于金属基复合材料,阻尼主要来自缺陷的循环运动所引起的内耗,故其主要的阻尼机制为缺陷阻尼。金属基复合材料中存在的缺陷类型包括点缺陷(空位、溶质原子、杂质原子)、线缺陷(位错)和面缺陷(晶界、孪晶界、相界面),相应地,金属基复合材料中的阻尼机制有点缺陷阻尼、位错阻尼、晶界阻尼和界面阻尼[5, 101, 102]。此外,如果增强相具有较高的本征阻尼,增强相的本征阻尼也是金属基复合材料中一个重要的阻尼源。

10.3.2.1 点缺陷阻尼

在外加载荷作用下,金属基体中的点缺陷(空位、溶质原子、杂质原子)将重新分布。点缺陷的重新分布主要是通过原子扩散得以实现,本质上是一个弛豫过程,因此会产生一定的

能量损耗,引起阻尼效应。通常,点缺陷对金属基复合材料的阻尼贡献较小,可以忽略不计[103, 104]。

10.3.2.2　位错阻尼

在外载荷作用下,金属基体中的位错将开始运动,而基体中存在的空位、杂质原子、其他位错、晶界、析出相等都会阻碍位错运动,影响应变传递的均匀性,导致应变滞后于应力,从而产生阻尼效应。

目前,位错运动对材料阻尼的贡献可以通过 G－L 位错理论来理解[105, 106]。在该理论中,位错被当作是一根弹性振动弦,被弱钉扎点(空位、溶质原子、杂质原子)和强钉扎点(位错网络节点、晶界、相界面、第二相等)共同钉扎,如图 10－10 中 Ⅰ 所示;当施加以较小的应力时,位错从强/弱钉扎点之间"弓出",引起能量损耗(图 10－10 中 Ⅱ);当应力增大至足以挣脱弱钉扎点时,位错只能被强钉扎点所束缚,将在滑移面上扫过一个更大的面积,产生较大的能量损耗(图 10－10 中 Ⅳ);之后继续增大应力时,金属基体中的位错将不断增殖,产生更大的能耗(图 10－10 中 Ⅵ、Ⅶ)。通常,单一位错所产生的阻尼正比于各个位错段所扫过的面积总和;材料的位错阻尼取决于位错密度、位错长度以及位错的可动性。

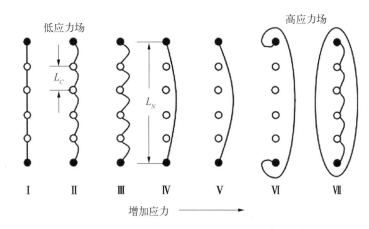

图 10－10　G－L 位错理论模型示意图[105, 106]

对于金属基复合材料,金属基体和增强相之间的热膨胀系数(cofficient of thermal expansion, CTE)通常存在较大差异($10×10^{-6} \sim 20×10^{-6}/℃$),因此在复合材料的制备或热加工过程中,金属基体和增强相之间不可避免地会产生较大的热错配应变。热错配应变的大小可以下式进行计算[107]:

$$\varepsilon = \Delta\alpha \cdot \Delta T \qquad (10-6)$$

式中,$\Delta\alpha$ 为基体与增强相之间热膨胀系数的差值;ΔT 为复合材料制备或热加工过程中的温差。当产生的热错配应变足够大时,金属基体将发生屈服,通过塑性变形,使得界面附近的热应力得到释放,与此同时,基体中邻近增强相的区域将出现较高密度的位错。热应力产生的位错密度可通过下式进行计算[100, 107, 108]:

$$\rho = \frac{Bf \cdot \Delta\alpha \cdot \Delta T}{b(1-f)t} \qquad (10-7)$$

式中，B 为增强相的几何常数；f 为增强相的体积分数；b 为柏式矢量；t 为增强相的最小尺寸。由式（10-7）可知，金属基体中的位错密度随着温差的增大、增强相体积分数的增加而增加，随着增强相尺寸的减小而增加。大量研究表明，金属基复合材料中基体与增强相界面的位错密度远高于基体内部。

值得注意的是，尽管增强相的加入会提高金属基体中的位错密度，但是位错的长度可能会由于增强相产生的晶粒细化效果而缩短，位错的可动性也可能会由于位错缠结、增强相的钉扎而降低，因此在考虑增强相对基体位错阻尼的影响时，需综合考虑多方面的因素[109, 110]。

10.3.2.3 晶界阻尼

在一定的温度条件下，金属基体的晶界往往表现出黏性的性质。因此，当有循环剪切应力作用于晶界时，晶界将发生黏性滑动从而引起内耗[98, 99]。晶界黏性滑动所引起的能量耗散取决于滑动阻力的大小、晶界滑动的距离以及单位体积内的晶界面积（晶粒尺寸）。通常，在低温条件下，尽管晶界滑动阻力很大，但是晶界黏性滑动距离很小，所以晶界阻尼对金属基复合材料的阻尼贡献不大；而在高温条件下，尽管晶界黏性滑动距离很大，但是滑动阻力较小，晶界阻尼对金属基复合材料阻尼的贡献同样较低；只有在中等温度范围内，当晶界滑动的阻力与滑动距离都不太小时，晶界阻尼才会对金属基复合材料的阻尼产生明显影响。

10.3.2.4 界面阻尼

对于金属基复合材料，当增强相与金属基体之间的界面结合情况不同时，相界面对材料阻尼的贡献机制也会出现明显差异。界面根据结合强度的大小可以分为强界面结合和弱界面结合。对于具有强界面结合的金属基复合材料，界面阻尼主要是由界面附近位错诱导的晶界弛豫和滞弹性变形引起的，界面阻尼的大小取决于增强相的形状、体积分数以及界面处的局部应力值；而对于弱界面结合的金属基复合材料，界面阻尼可归因于循环载荷作用下增强相与金属基体之间的相对滑动[103, 104]。

10.3.2.5 增强相的本征阻尼

金属基复合材料可认为是由金属基体、增强相、界面三部分组成。因此，复合材料的综合阻尼性能可粗略地采用混合定律（role of mixture，ROM）进行计算：

$$Q_C^{-1} = Q_M^{-1} V_M + Q_i^{-1} V_i + Q_R^{-1} V_R \tag{10-8}$$

其中，

$$V_M + V_i + V_R = 1 \tag{10-9}$$

式中，Q_C^{-1}、Q_M^{-1}、Q_R^{-1} 和 Q_i^{-1} 分别为复合材料、金属基体、增强相、界面的阻尼性能；V_M、V_R、V_i 分别为金属基体、增强相、界面的体积分数。因此，若将本征阻尼值高的增强相（如 CNT、石墨烯等）加入金属基体时，金属基复合材料的阻尼值可能大为增加，这一推断也有大量的实验验证[5, 100, 111, 112]。因此，金属基复合材料的增强相，除了能够间接地通过改变金属基体中的位错密度、界面结构产生阻尼，还可以直接对复合材料的阻尼产生贡献[5, 52]。

10.3.3 镁基复合材料阻尼的研究进展

目前，镁基复合材料阻尼的研究主要集中在设计高阻尼复合材料体系、选择适合的制备工艺以及探讨制备工艺、热加工工艺、测试参数等对镁基复合材料阻尼性能的影响。因此，下面将分别论述复合材料体系、复合材料的制备工艺、热加工工艺和测试参数对镁基复合材料阻尼性能的影响。

10.3.3.1　材料体系对镁基复合材料阻尼性能的影响

由式(10-8)可知，复合材料的阻尼与金属基体、增强相以及它们之间的界面密切相关。因此，高阻尼镁基复合材料设计的基础在于镁基体的选择、增强相(类型、尺寸、体积分数、形貌)的选择以及界面结构的设计[5,102]。

镁基体对复合材料阻尼性能的影响非常明显。张永锟[109]以 20 wt%的 SiC 晶须为增强相，对比分析了商业纯镁、AZ91D 以及 Mg-1Si 三种镁基体对镁基复合材料阻尼性能的影响。研究发现，在室温阻尼测试过程中，当应变振幅小于 $4.0×10^{-2}$ 时，SiCw/Mg 复合材料的阻尼值明显高于另外两种基体的复合材料；当应变振幅超过 $4.0×10^{-2}$ 时，SiCw/Mg-Si 复合材料的阻尼值最大。在高温阻尼测试过程中，当测试温度低于 300℃，三种基体复合材料的阻尼大小顺序为 SiCw/Mg>SiCw/Mg-Si>SiCw/AZ91D。

增强相的类型、尺寸、体积分数、形貌都会对镁基复合材料的阻尼性能产生重要的影响。Srikanth 等[113]在纯镁中添加了 1 wt% Al_2O_3 纳米颗粒，纯镁的室温阻尼性能提高了 34%，而 Zhang 等[114]在纯镁中添加了 8 wt%的 SiC 颗粒+$Al_2O_3 \cdot SiO_2$ 短纤维，纯镁的阻尼性能却明显下降，可见，增强相的种类会影响镁基复合材料的阻尼性能。Deng 等[115]对比分析了亚微米 SiC 颗粒和微米 SiC 颗粒对 AZ91 合金阻尼性能的影响，结果表明在 25~300℃的温度区间内，微米 SiCAZ91 复合材料的阻尼性能高于亚微米 SiCp/AZ91 复合材料。Cao 等[116]在 AZ91D 合金中原位合成不同体积分数的 TiC 颗粒，发现随着 TiC 颗粒体积分数的增加，TiC/AZ91D 复合材料的阻尼性能也不断提高。廖利华[117,118]采用 Sb 对 Mg_2Si/Mg-9Al 复合材料中的 Mg_2Si 增强相进行了变质处理，原来粗大汉字状的 Mg_2Si 相变为细小多边形的颗粒，复合材料的阻尼性能在整个测试的应变振幅范围内都有明显提高。

高阻尼镁基复合材料界面结构的设计通常是在增强相的表面采用化学或电化学的方法沉积一些其他物质，通过改变镁基体和增强相之间的界面结构，改善镁基复合材料的阻尼性能。Gu 等[119]采用化学的方法在 SiC 颗粒表面包覆了一层非连续的 Cu，之后对比分析了包覆 Cu 和未包覆 Cu 的 SiC/Mg 复合材料的阻尼性能。研究发现，当测试温度高于 250℃时，包覆 Cu 的 SiC/Mg 复合材料的阻尼性能高于未包覆 Cu 的 SiC/Mg 复合材料；另外，包覆 Cu 的 SiC/Mg 复合材料其阻尼-温度谱中出现的阻尼峰较小，并不明显。

10.3.3.2　制备工艺对镁基复合材料阻尼性能的影响

镁基复合材料中的内应力、增强相的分布以及界面结合状态会因为复合材料制备工艺的不同而出现差异，因此复合材料的制备工艺也会对镁基复合材料的阻尼性能产生影响。张永锟[109]对比了普通铸造和挤压铸造 Mg_2Si/Mg 复合材料的阻尼性能，结果表明，挤压铸造制备的复合材料，晶粒较为细小，室温阻尼性能低于普通铸造制备的 Mg_2Si/Mg 复合材料。

10.3.3.3　热加工对镁基复合材料阻尼性能的影响

热加工通常会改变基体中的位错密度，影响基体晶粒的尺寸、取向、增强相的分布以及界面结构。基于前面的分析可知，这些微观组织结构的改变都会影响镁基复合材料阻尼性能，因此，热加工会对镁基复合材料的阻尼性能产生重要影响。值得注意的是，由于热加工影响的微观变量较多,研究结果规律性较差,有时,甚至会出现截然不同的结论。例如张小农等[120]对 SiC 颗粒+$Al_2O_3 \cdot SiO_2$ 混杂增强镁基复合材料进行热挤压,发现挤压后复合材料的阻尼性能会变差;而吴叶伟[110]对热挤压后 Grp/AZ91 复合材料阻尼性能的研究表明,复合材料的阻尼性能在热挤压后会得到提高,且在 300℃、挤压比为 12 时制备的复合材料室温阻尼性能最高。

10.3.3.4 测试参数对镁基复合材料阻尼性能的影响

测试参数,如应变振幅、温度、振动频率也会对镁基复合材料的阻尼性能产生一定的影响。

通常,复合材料的阻尼性能随着应变振幅的增加,分为与应变振幅无关和与应变振幅相关两段,可以用 G-L 位错理论中的临界脱钉应变来进行解释。Hu 等[121]研究了 Mg_2Si/Mg 复合材料的低频阻尼-应变振幅谱,发现复合材料的阻尼性能随应变振幅的增加呈上升趋势,但在谱图上出现了两个平台,推断这两个平台的出现与复合材料中两种类型位错(刃型位错和螺型位错)的脱钉过程有关。

随着温度的升高,镁基复合材料中各类缺陷的活动能力增强,因此复合材料的阻尼性能也会逐渐提高。Wang 等[122]对亚微米 SiC 颗粒+微米 SiC 颗粒混杂增强 AZ91 复合材料在 25~400℃进行了阻尼测试,实验结果表明,随着温度的升高,复合材料的阻尼值从 0.01 (25℃)提高到 0.2(325℃);且在测试温度范围内,复合材料在 130℃和 325℃左右出现了两个明显的阻尼峰,前者归因于晶界滑移,后者归因于再结晶晶粒长大过程。

在低频(<100 Hz)范围内,镁基复合材料的阻尼性能一般随着振动频率的升高而逐渐降低。Zhang 等[123]对 AlN+Mg_2Si 颗粒增强镁基复合材料在 0.1~5 Hz 的频率下进行低温阻尼测试,证实了镁基复合材料的室温阻尼性能会随着振动频率的升高逐渐降低;Wu 等[124]对 Grp/AZ91 复合材料在 0.5~10 Hz 的频率下进行高温阻尼测试,表明镁基复合材料的高温阻尼性能也会随着振动频率的升高而降低。

10.4 选题意义及研究内容

10.4.1 选题意义

由 10.1.2 节可知,镁基纳米复合材料在保持镁合金密度小、比强度和比刚度高等特性的基础上,通过纳米增强相的添加,显著提高了基体合金的室温强度、高温强度、抗蠕变性能以及耐磨性,是实现镁基材料工业化应用最具有优势的途径之一。镁基纳米复合材料制备过程中,即使可以通过高能超声实现纳米增强相在镁合金熔体中的均匀分布,浇铸过程中,一旦脱离超声波的作用,熔体中的纳米增强相便会迅速团聚在一起;同时凝固过程中,纳米增强相会被固液界面推至晶界,发生偏聚以及团聚。

大量研究表明,对金属基纳米复合材料进行二次塑性加工,基体的塑性流动能够改善纳米增强相在基体中的分布。常规塑性变形对纳米增强相的重新分布往往导致纳米增强相呈现出流线型分布,而大塑性变形能够将纳米增强相均匀分布于金属基体内。同时,大塑性变形能够将基体晶粒细化至亚微米,甚至纳米尺度,大大提高复合材料的力学性能。因此,可以采用高能超声+大塑性变形联合的方法来制备组织均匀、性能优异的镁基纳米复合材料。

目前,尽管有大量关于大塑性变形制备镁基纳米复合材料的研究,但是绝大多数的研究仅仅局限于讨论大塑性变形工艺参数对镁基纳米复合材料微观组织、力学性能的影响,很多问题尚未得到解决或深层次的研究,例如:① 大塑性变形过程中镁基纳米复合材料的晶粒细化机制尚不明晰;② 对纳米增强镁基纳米复合材料的强韧化机制认知不够全面;③ 镁基复合材料阻尼性能的研究绝大多数集中在微米增强镁基复合材料,很少涉及纳米增强镁基复合材料;④ 尽管目前人们对镁基复合材料的低温阻尼机制和高温阻尼机制有很好的认知,但是对镁基复合材料在低、高温之间阻尼机制的转变以及临界转变温度尚存疑问;⑤ 对大塑性变形镁基纳米复合材料的摩擦磨损性能研究甚少。

因此,很有必要针对某一具体的大塑性变形工艺和有应用潜力的镁基纳米复合材料对上述提及的问题进行深入的研究和探讨,这对开发高性能镁基纳米复合材料的制备技术、扩大镁基纳米复合材料的应用场景都有重要意义。具体而言,在本篇中,大塑性变形工艺选择往复挤压;基体合金选用商业上应用最为广泛的 AZ91D 合金;纳米增强体选择与镁基体不发生反应的 SiC 纳米颗粒,以及本征阻尼值高且具有优异的自润滑效果的 CNT。

10.4.2　研究内容

本篇以高能超声法制备的 n - $SiCp/AZ91D$ 和 $CNT/AZ91D$ 镁基纳米复合材料为研究对象,以往复挤压为变形手段,制备出纳米增强相均匀、弥散分布的超细晶镁基复合材料。本篇的技术路线如图 10 - 11 所示,主要包括以下内容:

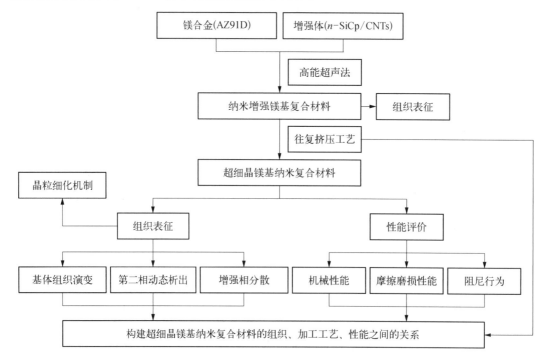

图 10 - 11　本篇研究技术路线图

（1）研究往复挤压工艺参数（加工道次、温度）和纳米增强相对镁基纳米复合材料微观组织、力学性能、阻尼行为和摩擦磨损性能的影响规律。

（2）基于往复挤压后镁基纳米复合材料的微观组织特征，探讨镁基纳米复合材料在往复挤压过程中的晶粒细化机制。

（3）在理清镁基纳米复合材料的微观组织对力学性能的影响规律后，讨论纳米增强超细晶镁基复合材料的强韧化机理。

（4）通过分析往复挤压前、后镁基纳米复合材料的阻尼-温度谱，探讨镁基纳米复合材料在不同温度区间的阻尼机制以及临界转变温度。

（5）综合分析摩擦磨损实验后镁基纳米复合材料的磨损面、磨损横断面以及磨屑的形貌、成分，探讨纳米增强超细晶镁基复合材料的磨损机制。

参考文献

[1] Casati R, Vedani M. Metal matrix composites reinforced by nano-particles — A review[J]. Metals-Open Access Metallurgy Journal, 2014, 4(1): 65 – 83.

[2] PENG T, WANG Q D. Application of regression analysis to optimize hot compaction processing in an indirect solid-state recycling of Mg alloy[C]. Shanghai: Energy and environment materials. : Trans Tech Publications, 2009.

[3] HAN Z D, ALBERTO F. Thermal conductivity of carbon nanotubes and their polymer nanocomposites: A review[J]. Progress in Polymer Science, 2011, 36(7): 914 – 944.

[4] POTTS J R, DREYER D R, BIELAWSKI C W, et al. Graphene-based polymer nanocomposites[J]. Polymer: The International Journal for the Science and Technology of Polymers, 2011, 52(1): 5 – 25.

[5] ZENG X Q, WANG Q D, LÜ Y Z, et al. Behavior of surface oxidation on molten Mg – 9Al – 0.5Zn – 0.3Be alloy[J]. Materials Science & Engineering A: Structural Materials: Properties, Microstructure and Processing, 2001, 301(2): 154 – 161.

[6] TJONG S C. Novel nanoparticle-reinforced metal matrix composites with enhanced mechanical properties[J]. Advanced Engineering Materials, 2007, 9(8): 639 – 652.

[7] LIU M P, YUAN G Y, WANG Q D, et al. Superplastic behavior and microstructural evolution in a commercial Mg – 3Al – 1Zn magnesium alloy[J]. Materials Transactions, 2002, 43(10): 2433 – 2436.

[8] Li X, XU J. 6.5 Metal matrix nanocomposites[J]. Comprehensive Composite Materials 2018, 6: 97 – 137.

[9] 魏霖, 陈哲, 严有为. 块体金属基纳米复合材料的制备技术[J]. 特种铸造及有色合金, 2006, 26(7): 420 – 423.

[10] 何广进. 纳米 SiC 颗粒增强 AZ91D 镁基复合材料的强化机制研究[D]. 北京: 清华大学. 2012.

[11] SUSLICK K S, DIDENKO Y, Fang M M, et al. Acoustic cavitation and its chemical consequences[J]. Philosophical Transactions of the Royal Society, Series A: Mathematical, Physical, and Engineering Sciences, 1999, 357(1751): 335 – 353.

[12] LAN J, YANG Y, LI X. Microstructure and microhardness of SiC nanoparticles reinforced magnesium composites fabricated by ultrasonic method[J]. Materials Science & Engineering A: Structural Materials: Properties, Microstructure and Processing, 2004, 386(1/2): 284 – 290.

[13] CHEN L Y, XU J Q, CHOI H, et al. Processing and properties of magnesium containing a dense uniform dispersion of nanoparticles[J]. Nature, 2015, 528: 539 – 543.

[14] SURYANARAYANA C, AL-AQEELI N. Mechanically alloyed nanocomposites[J]. Progress in Materials Science, 2013, 58(4): 383-502.

[15] 姚勋. 粉末冶金法制备超细晶 AA6063-SiC 纳米复合材料的组织结构与力学性能的研究[D]. 上海: 上海交通大学, 2016.

[16] PEREZ-BUSTAMANTE R, GOMEZ-ESPARZA C D, ESTRADA-GUEL I, et al. Microstructural and mechanical characterization of Al-mwcnt composites produced by mechanical milling[J]. Materials Science and Engineering, 2009, 520(1): 159-163.

[17] XU J Q, ESTRUGA M, CHEN L Y, et al. Bulk Al matrix nanocomposites formed through in situ oxidation and melting of aluminum nanoparticles [C]. Detroit: 42nd North American manufacturing conferece, 2014.

[18] YING D Y, ZHANG D L. Processing of Cu - Al_2O_3 metal matrix nanocomposite materials by using high energy ball milling[J]. Materials Science and Engineering, 2000, 286(1): 159-163.

[19] KIM H H, BABU J, KANG C G. Hot Extrusion of A356 Aluminum Metal Matrix Composite with Carbon Nanotube/Al_2O_3 Hybrid Reinforcement [J]. Metallurgical and Materials Transactions, A. Physical Metallurgy and Materials Science, 2014, 45A(5): 2636-2645.

[20] BAKSHI S R, LAHIRI D, AGARWAL A. Carbon nanotube reinforced metal matrix composites-a review [J]. International Materials Reviews, 2010, 55(1): 41-64.

[21] 孙伟, 张覃轶, 叶卫平, 等. 纳米复合电沉积技术及机理研究的现状[J]. 材料保护, 2005, 38(6): 41-44.

[22] 彭元芳, 曾振欧, 赵国鹏, 等. 电沉积纳米复合镀层的研究现状[J]. 电镀与涂饰, 2002, 21(6): 17-21.

[23] RAMALINGAM S, MURALIDHARAN V S, SUBRAMANIA A. Electrodeposition and characterization of Cu - TiO_2 nanocomposite coatings[J]. Journal of Solid State Electrochemistry, 2009, 13(11): 1777-1783.

[24] CARPENTER C R, SHIPWAY P H, ZHU Y. Electrodeposition of nickel-carbon nanotube nanocomposite coatings for enhanced wear resistance[J]. Wear: An International Journal on the Science and Technology of Friction, Lubrication and Wear, 2011, 271(9/10): 2100-2105.

[25] WANG H, WANG Q D, BOEHLERT C J, et al. The impression creep behavior and microstructure evolution of cast and cast-then-extruded Mg - 10Gd - 3Y - 0.5Zr (wt%)[J]. Materials Science & Engineering A: Structural Materials: Properties, Microstructure and Processing, 2016, 649: 313-324.

[26] YIN D D, WANG Q D, BOEHLERT C J, et al. In-situ study of the tensile deformation and fracture modes in peak-aged cast Mg - 11Y - 5Gd - 2Zn - 0.5Zr (weight percent) [J]. Metallurgical and Materials Transactions, A. Physical Metallurgy and Materials Science, 2016, 47A(12): 6438-6452.

[27] ZHANG X, HUANG L K, ZHANG B, et al. Enhanced strength and ductility of A356 alloy due to composite effect of near-rapid solidification and thermo-mechanical treatment[J]. Materials Science & Engineering A: Structural Materials: Properties, Microstructure and Processing, 2019, 753: 168-178.

[28] WANG H, BOEHLERT C J, WANG Q D, et al. In-situ analysis of the slip activity during tensile deformation of cast and extruded Mg - 10Gd - 3Y - 0.5Zr (wt%) at 250℃ [J]. Materials Characterization, 2016, 116: 8-17.

[29] 张琪. 原位铝基复合材料的搅拌摩擦加工制备、微观组织和力学性能[D]. 安徽: 中国科学技术大学, 2013.

[30] CHEN L, KONISHI H, FEHRENBACHER A, et al. Novel nanoprocessing route for bulk graphene nanoplatelets reinforced metal matrix nanocomposites[J]. Scripta Materialia, 2012, 67(1): 29-32.

[31] RUSLAN A, VALIEV Z. Principles of equal-channel angular pressing as a processing tool for grain refinement[J]. Progress in Materials Science, 2006, 51(7): 881-981.

[32]　靳丽. 等通道角挤压变形镁合金微观组织与力学性能研究[D]. 上海：上海交通大学,2006.

[33]　ZHILYAEV A P, LANGDON T G. Using high-pressure torsion for metal processing：Fundamentals and applications[J]. Progress in Materials Science, 2008, 53(6)：893 - 979.

[34]　VALIEV R Z, ESTRIN Y, HORITA Z, et al. Producing bulk ultrafine-grained materials by severe plastic deformation[J]. Journal of Management, 2006, 58(4)：33 - 39.

[35]　廖文骏. 降温两步循环闭式模锻制备纳米 SiC 颗粒增强镁基复合材料[D]. 上海：上海交通大学,2016.

[36]　聂凯波. 多向锻造对 SiCp/AZ91 镁基复合材料组织与力学性能的影响[D]. 哈尔滨：哈尔滨工业大学,2009.

[37]　郭炜. 反复压缩大塑性变形制备镁基复合材料的组织与性能研究[D]. 上海：上海交通大学,2013.

[38]　陈勇军. 往复挤压镁合金的组织结构与力学性能研究[D]. 上海：上海交通大学,2007.

[39]　林金保. 往复挤压 ZK60 与 GW102K 镁合金的组织演变及强韧化机制研究[D]. 上海：上海交通大学,2009.

[40]　BERA S, CHOWDHURY S G, ESTRIN Y, et al. Mechanical properties of Al7075 alloy with nano-ceramic oxide dispersion synthesized by mechanical milling and consolidated by equal channel angular pressing[J]. Journal of Alloys and Compounds, 2013, 548：257 - 265.

[41]　XIA K, WU X. Back pressure equal channel angular consolidation of pure Al particles[J]. Scripta Materialia, 2005, 53(11)：1225 - 1229.

[42]　XU W, HONMA T, WU X, et al. High strength ultrafine/nanostructured aluminum produced by back pressure equal channel angular processing[J]. Applied Physics Letters, 2007, 91(3)：31901 - 1 - 31901 - 3.

[43]　TOKUNAGA T, KANEKO K, HORITA Z. Production of aluminum-matrix carbon nanotube composite using high pressure torsion[J]. Materials Science & Engineering A：Structural Materials：Properties, Microstructure and Processing, 2008, 490(1/2)：300 - 304.

[44]　JOO S H, YOON S C, LEE C S, et al. Microstructure and tensile behavior of Al and Al-matrix carbon nanotube composites processed by high pressure torsion of the powders[J]. Journal of Materials Science, 2010, 45(17)：4652 - 4658.

[45]　ROOHOLLAH J, MOHAMMAD R T, HOSSEIN E. Effect of SiC nanoparticles on the mechanical properties of steel-based nanocomposite produced by accumulative roll bonding process[J]. Materials & Design, 2014, 54(Feb.)：168 - 173.

[46]　LIN J B, WANG Q, REN W J, et al. In-situ study on deformation behavior of ZK60 alloy processed by cyclic extrusion and compression[J]. Materials Transactions, 2014, 55(8)：1180 - 1183.

[47]　GUO W, WANG Q D, LI X C, et al. Wear properties of hot-extruded pure Mg and Mg - 1 wt. % SiC nanocomposite[J]. Journal of Materials Engineering and Performance, 2015, 24(7)：2774 - 2778.

[48]　ROOHOLLAH J, MOHAMMAD R T, HOSSEIN E, et al. Comparison of microparticles and nanoparticles effects on the microstructure and mechanical properties of steel-based composite and nanocomposite fabricated via accumulative roll bonding process[J]. Materials & Design, 2014, 56(Apr.)：359 - 367.

[49]　KANG Y C, CHAN S L. Tensile properties of nanometric Al_2O_3 particulate-reinforced aluminum matrix composites[J]. Materials Chemistry and Physics, 2004, 85(2/3)：438 - 443.

[50]　CAO G, KONISHI H, LI X. Mechanical properties and microstructure of SiC-reinforced Mg - (2, 4) Al - 1Si nanocomposites fabricated by ultrasonic cavitation based solidification processing[J]. Materials Science & Engineering A：Structural Materials：Properties, Microstructure and Processing, 2008, 486 (1/2)：357 - 362.

[51]　LUKAC P, TROJANOVA Z. Magnesium-based nanocomposites[J]. International Journal of Materials & Product Technology, 2005, 23(1/2)：121 - 137.

[52] YADOLLAHPOUR M, ZIAEI-RAD S, KARIMZADEH F, et al. A numerical study on the damping capacity of metal matrix nanocomposites[J]. Simulation Modelling Practice and Theory: International Journal of the Federation of European Simulation Societies, 2011, 19(1): 337 – 349.

[53] WANG H, WANG Q, YIN D, et al. Tensile creep behavior and microstructure evolution of extruded Mg – 10Gd – 3Y – 0. 5Zr (wt%) alloy [J]. Materials Science & Engineering A: Structural Materials: Properties, Microstructure and Processing, 2013, 578: 150 – 159.

[54] XU J, TAO J, JIANG S Y, et al. Investigation on corrosion and wear behaviors of nanoparticles reinforced Ni-based composite alloying layer[J]. Applied Surface Science: A Journal Devoted to the Properties of Interfaces in Relation to the Synthesis and Behaviour of Materials, 2008, 254(13): 4036 – 4043.

[55] XU J, ZHUO C Z, TAO J, et al. The effect of second-phase on the corrosion and wear behaviors of composite alloying layer[J]. Applied Surface Science: A Journal Devoted to the Properties of Interfaces in Relation to the Synthesis and Behaviour of Materials, 2008, 255(5P2): 2688 – 2696.

[56] MIAO J, YE B, WANG Q D, et al. Mechanical properties and corrosion resistance of Mg – 10Gd – 2Y – 0. 5Zr alloy by hot extrusion solid-state recycling[J]. Journal of Alloys and Compounds: An Interdisciplinary Journal of Materials Science and Solid-state Chemistry and Physics, 2013, 561: 184 – 192.

[57] UDDIN S M, MAHMUD T, WOLF C, et al. Effect of size and shape of metal particles to improve hardness and electrical properties of carbon nanotube reinforced copper and copper alloy composites[J]. Composites Science and Technology, 2010, 70 (16): 2253 – 2257.

[58] JIAN W W, CHENG G M, XU W Z, et al. Physics and model of strengthening by parallel stacking faults [J]. Applied Physics Letters, 2013, 103(13): 133108 – 1 – 133108 – 4.

[59] ZHOU H, WANG Q D, YE B, et al. Hot deformation and processing maps of as-extruded Mg – 9. 8Gd – 2. 7Y – 0. 4Zr Mg alloy [J]. Materials Science & Engineering A: Structural Materials: Properties, Microstructure and Processing, 2013, 576: 101 – 107.

[60] MA C, CHEN L, XU J, et al. Effect of fabrication and processing technology on the biodegradability of magnesium nanocomposites[J]. Journal of biomedical materials research, Part B. Applied Biomaterials, 2013, 101B(5): 870 – 877.

[61] RAZAVI M, FATHI M H, MERATIAN M. Bio-corrosion behavior of magnesium-fluorapatite nanocomposite for biomedical applications[J]. Materials Letters, 2010, 64(22): 2487 – 2490.

[62] NIE K B, WANG X J, WU K, et al. Processing, microstructure and mechanical properties of magnesium matrix nanocomposites fabricated by semisolid stirring assisted ultrasonic vibration[J]. Journal of Alloys and Compounds: An Interdisciplinary Journal of Materials Science and Solid-state Chemistry and Physics, 2011, 509(35): 8664 – 8669.

[63] VISWANATHAN V, LAHA T, BALANI K, et al. Challenges and advances in nanocomposite processing techniques[J]. Materials Science & Engineering, R. Reports: A Review Journal, 2006, 54(5/6): 121 – 285.

[64] GOH C S, WEI J, LEE L C, et al. Development of novel carbon nanotube reinforced magnesium nanocomposites using the powder metallurgy technique[J]. Nanotechnology, 2006, 17(1): 7 – 12.

[65] WANG H, WANG Q D, BOEHLERT C J, et al. Tensile and compressive creep behavior of extruded Mg – 10Gd – 3Y – 0.5Zr (wt%) alloy[J]. Materials Characterization, 2015, 99: 25 – 37.

[66] CHOI H, ALBA-BAENA N, NIMITYONGSKUL S, et al. Characterization of hot extruded Mg/SiC nanocomposites fabricated by casting[J]. Journal of Materials Science, 2011, 46(9): 2991 – 2997.

[67] TUN K S, GUPTA M. Improving mechanical properties of magnesium using nano-yttria reinforcement and microwave assisted powder metallurgy method[J]. Composites Science and Technology, 2007, 67(13): 2657 – 2664.

[68] ZHONG X L, WONG W L E, GUPTA M. Enhancing strength and ductility of magnesium by integrating it

with aluminum nanoparticles[J]. Acta Materialia, 2007, 55(18): 6338-6344.

[69] LV Z, REN X P, WANG W J, et al. Microstructure and mechanical properties of Mg/2wt.% SiCp nanocomposite fabricated by ARB process[J]. Journal of Nanomaterials, 2016(Pt. 3): 6034790-1-6034790-12.

[70] ZHOU H, CHENG G M, MA X L, et al. Effect of Ag on interfacial segregation in Mg-Gd-Y-(Ag)-Zr alloy[J]. Acta Materialia, 2015, 95: 20-29.

[71] HAN G Q, SHEN J H, YE X X, et al. The influence of CNT on the microstructure and ductility of CNT/Mg composites[J]. Materials Letters, 2016, 181: 300-304.

[72] YOO S J, HAN S H, KIM W J. Magnesium matrix composites fabricated by using accumulative roll bonding of magnesium sheets coated with carbon-nanotube-containing aluminum powders[J]. Scripta Materialia, 2012, 67(2): 129-132.

[73] 卫二冬.等通道角变形纳米 SiCp/AZ91 镁基复合材料的组织及性能[D].哈尔滨:哈尔滨工业大学,2010.

[74] 聂凯波.多向锻造变形纳米 SiCp/AZ91 镁基复合材料组织与力学性能研究[D].哈尔滨:哈尔滨工业大学,2012.

[75] 周国华.碳纳米管/AZ31 镁基复合材料的制备与等径角挤压研究[D].南昌:南昌大学,2010.

[76] ZHANG L, WANG Q D, LIAO W G, et al. Microstructure and mechanical properties of the carbon nanotubes reinforced AZ91D magnesium matrix composites processed by cyclic extrusion and compression [J]. Materials Science and Engineering A, 2017, 689: 427-434.

[77] VALIEV R Z, ALEXANDROV I V. Nanostructured materials from severe plastic deformation[J]. Nanostructured Materials, 1999, 12(1/4): 35-40.

[78] 康志新,彭勇辉,赖晓明,等.剧塑性变形制备超细晶/纳米晶结构金属材料的研究现状和应用展望[J].中国有色金属学报,2010,20(4): 587-598.

[79] RADI Y, MAHMUDI R. Effect of Al_2O_3 nano-particles on the microstructural stability of AZ31 Mg alloy after equal channel angular pressing[J]. Materials Science & Engineering A: Structural Materials: Properties, Microstructure and Processing, 2010, 527(10/11): 2764-2771.

[80] QIAO X G, YING T, ZHENG M Y, et al. Microstructure evolution and mechanical properties of nano-SiCp/AZ91 composite processed by extrusion and equal channel angular pressing (ECAP)[J]. Materials Characterization, 2016, 121: 222-230.

[81] WANG W H, WANG H X, LIU Y M, et al. Effect of SiC nanoparticles addition on the microstructures and mechanical properties of ECAPed Mg9Al-1Si alloy[J]. Journal of Materials Research, 2017, 32 (3): 615-623.

[82] SABETGHADAM-ISFAHANI A, ZALAGHI H, HASHEMPOUR S, et al. Fabrication and properties of ZrO_2/AZ31 nanocomposite fillers of gas tungsten arc welding by accumulative roll bonding[J]. Archives of Civil and Mechanical Engineering, 2016, 16(3): 397-402.

[83] NIE K B, WANG X J, DENG K K, et al. Microstructures and mechanical properties of AZ91 magnesium alloy processed by multidirectional forging under decreasing temperature conditions[J]. Journal of Alloys and Compounds: An Interdisciplinary Journal of Materials Science and Solid-state Chemistry and Physics, 2014, 617: 979-987.

[84] NIE K B, WANG X J, XU F J, et al. Microstructure and tensile properties of SiC nanoparticles reinforced magnesium matrix composite prepared by multidirectional forging under decreasing temperature conditions [J]. Materials Science & Engineering A: Structural Materials: Properties, Microstructure and Processing, 2015, 639: 465-473.

[85] NIE K B, DENG K K, WANG X J, et al. Influence of SiC nanoparticles addition on the microstructural evolution and mechanical properties of AZ91 alloy during isothermal multidirectional forging[J]. Materials

Characterization, 2017, 124：14－24.

［86］ ZHANG L, WANG Q D, LIAO W G, et al. Effects of cyclic extrusion and compression on the microstructure and mechanical properties of AZ91D magnesium composites reinforced by SiC nanoparticles ［J］. Materials Characterization, 2017, 126：17－27.

［87］ 董婷婷,王渠东,郭炜,等.往复挤压纯镁的组织演变和力学性能[J].材料研究学报,2015,29(8)：569－575.

［88］ ROBSON J D, HENRY D T, DAVIS B. Particle effects on recrystallization in magnesium-manganese alloys：Particle pinning［J］. Materials Science and Engineering A, 2011, 528(12)：4239－4247.

［89］ ROBSON J D, HENRY D T, DAVIS B. Particle effects on recrystallization in magnesium-manganese alloys：Particle- stimulated nucleation［J］. Acta Materialia, 2009, 57(9)：2739－2747.

［90］ ZHANG L, WANG Q D, LIAO W J, et al. Effects of cyclic extrusion and compression on the microstructure and mechanical properties of AZ91D magnesium composites reinforced by SiC nanoparticles ［J］. Materials Characterization, 2017, 126：17－27.

［91］ ZHANG L, WANG Q D, LIAO W J, et al. Microstructure and mechanical properties of the carbon nanotubes reinforced AZ91D magnesium matrix composites processed by cyclic extrusion and compression ［J］. Materials Science & Engineering A：Structural Materials：Properties, Microstructure and Processing, 2017, 689：427－434.

［92］ ESTRIN Y, VINOGRADOV A. Extreme grain refinement by severe plastic deformation：A wealth of challenging science［J］. Acta Materialia, 2013, 61(3)：782－817.

［93］ AMIRKHANLOU S, RAHIMIAN M, KETABCHI M, et al. Strengthening mechanisms in nanostructured Al/SiCp composite manufactured by accumulative press bonding［J］. Metallurgical and Materials Transactions, A. Physical Metallurgy and Materials Science, 2016, 47A(10)：5136－5145.

［94］ PENG T, WANG Q D, HAN Y K, et al. Consolidation behavior of Mg－10Gd－2Y－0.5Zr chips during solid-state recycling［J］. Journal of Alloys and Compounds：An Interdisciplinary Journal of Materials Science and Solid-state Chemistry and Physics, 2010, 503(1)：253－259.

［95］ KIM W J, HONG S I, KIM Y S. Texture development and its effect on mechanical properties of an AZ61 Mg alloy fabricated by equal channel angular pressing［J］. Acta Materialia, 2003, 51(11)：3293－3307.

［96］ SOMEKAWA H, MUKAI T. Hall-Petch breakdown in fine-grained pure magnesium at low strain rates［J］. Metallurgical and Materials Transactions, A. Physical Metallurgy and Materials Science, 2015, 46A(2)：894－902.

［97］ 廖文骏,王渠东,郭炜,等.大塑性变形制备铝、镁基颗粒增强复合材料的研究进展[J].材料导报,2015,29(9)：44－49.

［98］ 王渠东,丁文江.镁合金及其成形技术的国内外动态与发展[J].世界科技研究与发展,2004,26(3)：39－46.

［99］ 张陆军,王渠东,陈勇军.大塑性变形制备纳米结构材料[J].材料导报,2005,19(z2)：12－16.

［100］ 张小农.金属基复合材料的阻尼行为研究[D].上海：上海交通大学,1997.

［101］ ZHANG J, PEREZ R J, LAVERNIA E J. Documentation of damping capacity of metallic, ceramic and metal-matrix composite materials［J］. Journal of Materials Science, 1993, 28(9)：2395－2404.

［102］ 顾金海.高阻尼功能与结构一体化轻金属基复合材料的研究[D].上海：上海交通大学,2005.

［103］ WANG Q D, LIN J B, LIU M P, et al. Effect of trace Ti on the microstructure and mechanical properties of AM50 alloy［J］. Zeitschrift fur Metallkunde, 2008, 99(7)：761－765.

［104］ LAVERNIA E J, PEREZ R J, ZHANG J. Damping behavior of discontinuously reinforced ai alloy metal-matrix composites［J］. Metallurgical and Materials Transactions A, 1995, 26(11)：2803－2818.

［105］ GRANATO A, LU K. Theory of mechanical damping due to dislocations［J］. Journal of Applied Physics, 1956, 27(6)：583－593.

[106] GRANATO A, LU K C. Application of dislocation theory to internal friction phenomena at high frequencies[J]. Journal of Applied Physics, 1956, 27(7): 789 - 805.

[107] ZHANG J, PEREZ R J, LAVERNIA E J. Dislocation-induced damping in metal matrix composites[J]. Journal of Materials Science, 1993, 28(3): 835 - 846.

[108] TROJANOVA Z, RIEHEMANN W. Internal friction in microcrystalline magnesium reinforced by alumina particles[J]. Journal of Alloys and Compounds: An Interdisciplinary Journal of Materials Science and Solid-state Chemistry and Physics, 2000, 310(1/2): 396 - 399.

[109] 张永锟. 碳化硅晶须增强镁基复合材料阻尼性能研究[D]. 哈尔滨: 哈尔滨工业大学, 2006.

[110] 吴叶伟. Grp/AZ91复合材料阻尼行为与力学性能研究[D]. 哈尔滨: 哈尔滨工业大学, 2011.

[111] DENG C F, WANG D Z, ZHANG X X, et al. Damping characteristics of carbon nanotube reinforced aluminum composite[J]. Materials Letters, 2007, 61(14/15): 3229 - 3231.

[112] WU Y W, WU K, DENG K K, et al. Damping capacities and tensile properties of magnesium matrix composites reinforced by graphite particles[J]. Materials Science & Engineering A: Structural Materials: Properties, Microstructure and Processing, 2010, 527(26): 6816 - 6821.

[113] SRIKANTH N, ZHONG X L, GUPTA M. Enhancing damping of pure magnesium using nano-size alumina particulates[J]. Materials Letters, 2005, 59(29/30): 3851 - 3855.

[114] ZHANG X L. Effect of reinforcements on damping capacity of pure magnesium[J]. Journal of Materials Science Letters, 2003, 22(7): 503 - 505.

[115] DENG K K, LI J C, NIE K B, et al. High temperature damping behavior of as-deformed Mg matrix influenced by micron and submicron SiCp[J]. Materials Science & Engineering A: Structural Materials: Properties, Microstructure and Processing, 2015, 624: 62 - 70.

[116] CAO W, ZHANG C F, FAN T X, et al. In situ synthesis and damping capacities of TiC reinforced magnesium matrix composites[J]. Materials Science & Engineering A: Structural Materials: Properties, Microstructure and Processing, 2008, 496(1/2): 242 - 246.

[117] 廖利华. 高阻尼铸造镁基复合材料[D]. 上海: 上海交通大学, 2006.

[118] LIAO L H, ZHANG X Q, WANG H W, et al. Influence of Sb on damping capacity and mechanical properties of Mg_2Si/Mg - 9Al composite materials [J]. Journal of Alloys and Compounds: An Interdisciplinary Journal of Materials Science and Solid-state Chemistry and Physics, 2007, 430(1/2): 292 - 296.

[119] GU J H, ZHANG X N, QIU Y F, et al. Damping behaviors of magnesium matrix composites reinforced with Cu-coated and uncoated SiC particulates[J]. Composites Science and Technology, 2005, 65(11/12): 1736 - 1742.

[120] ZHANG X N, DI Z, WU R, et al. Mechanical properties and damping capacity of ($SiCw + B_4Cp$)/ZK60A Mg alloy matrix composite[J]. Scripta Materialia, 1997, 37(11): 1631 - 1635.

[121] HU X S, WU K, ZHENG M Y, et al. Low frequency damping capacities and mechanical properties of Mg - Si alloys[J]. Materials Science & Engineering A: Structural Materials: Properties, Microstructure and Processing, 2007, 452/453(0): 374 - 379.

[122] WANG C J, DENG K K, LIANG W. High temperature damping behavior controlled by submicron SiCp in bimodal size particle reinforced magnesium matrix composite[J]. Materials Science & Engineering A: Structural Materials: Properties, Microstructure and Processing, 2016, 668: 55 - 58.

[123] ZHANG J, WANG Q, JIN Z, et al. Effect of zinc additions on the microstructure mechanical properties and creep behavior of as-cast Mg - 3Sm - 0.4Zr (wt. %) alloy[J]. Materials Science & Engineering A: Structural Materials: Properties, Microstructure and Processing, 2010, 527(18/19): 4605 - 4612.

[124] WU Y W, WU K, DENG K K, et al. Damping capacities and microstructures of magnesium matrix composites reinforced by graphite particles[J]. Materials & Design, 2010, 31(10): 4862 - 4865.

第十一章 实验材料与制备方法

本章将介绍本篇的实验材料和研究方法:主要包括机械搅拌-高能超声复合法制备镁基纳米复合材料,往复挤压大塑性变形工艺,组织结构分析方法,力学性能、摩擦磨损性能和阻尼性能测试装置及方法。

11.1 实验材料

本实验采用的基体合金为 AZ91D 镁合金,实际化学成分采用全谱直读型电感耦合等离子体发射光谱仪(inductively coupled plasma analyzer, ICP)(Perkin Elmer, Plasma 400)测量,测试结果见表 11-1;增强相为 SiC 纳米颗粒(n-SiCp)和多壁碳纳米管(CNT)。其中,SiC 纳米颗粒的平均粒径为 40 nm;碳纳米管的外径为 20~40 nm,长度为 1~5 μm。

表 11-1 基体 AZ91D 镁合金的化学成分(质量百分数/%)

Al	Zn	Mn	Si	Cu	Fe	Ni	Mg
8.66	0.56	0.16	0.05	0.015	0.04	<0.001	其余

本篇涉及的镁基纳米复合材料坯料采用机械搅拌-高能超声复合法来制备[1,2],制备过程主要包括图 11-1 所示的两个步骤:机械搅拌过程和高能超声过程[3]。首先通过机械搅拌实现纳米增强相的加入及增强相的宏观分散,之后利用高能超声所产生的声空化及声流效应,实现纳米增强相的局部分散。具体操作过程如下。

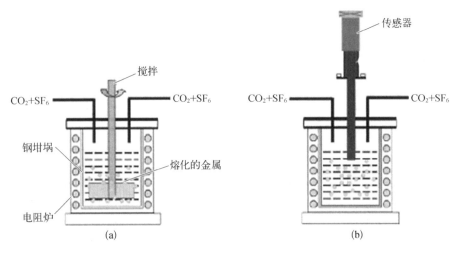

图 11-1 机械搅拌-高能超声复合法制备镁基纳米复合材料的装置示意图

(a)机械搅拌过程;(b)高能超声过程

（1）准备工作：将商业 AZ91D 镁合金放入烘箱中预热至约 200℃,保温 2 h 左右;将坩埚、浇勺等工具预热至约 200℃,在工具表面喷涂 0.1 mm 厚的保护漆,烘干后保温待用。

（2）搅拌铸造过程：将预热过的镁合金放入熔炼炉中,加热至 720℃使其熔化,并通入 CO_2+SF_6 混合气体(体积分数百分比为 100∶1)进行保护;待合金完全熔化后,调整坩埚温度至 AZ91D 镁合金的半固态温度区间(580~650℃);当合金熔体达到半固态状态后,清除熔体表面的氧化皮,并启动电机进行机械搅拌;随后将 500℃预热处理的纳米增强相加入熔体旋涡中,纳米增强相将在漩涡的带动下逐步进入合金熔体。

（3）高能超声处理：上述搅拌铸造过程结束后,将熔体升温至 690℃保温一段时间;随后移除机械搅拌桨,并插入超声波工作导杆,如图 11-1(b)所示;对熔体进行超声处理,其功率为 2.6 kW,工作频率为 15 kHz,超声处理时间为 15 min。

（4）浇铸：待超声处理完成后,将超声波工作导杆移除熔体进行浇铸;浇铸采用金属型模具,模具的预热温度 300℃。

采用上述方法,分别制备质量分数为 0.5%、1.0% 的 n-SiCp/AZ91D 和质量分数为 0.5%、2.0% 的 CNT/AZ91D 两种不同的镁基纳米复合材料;作为对比,将 AZ91D 镁合金在相同的制备工艺下熔化、处理和浇铸。

为提高镁基纳米复合材料的变形能力,铸锭在塑性加工之前在 413℃下进行 24 h 固溶热处理;固溶过程中,炉膛内需添加少量的硫铁矿,以防止镁合金基体发生自燃。

11.2　往复挤压工艺

见 2.2 节。

11.3　组织结构分析

11.3.1　X 射线衍射分析

采用 X 射线衍射(D8 ADVANCE Da Vinci)分析镁合金、镁基纳米复合材料的相组成。实验电压为 35 kV,采用 Cu 靶作为阳极,入射线为 Cu 的 K_α 射线。扫描速度为 2(°)/min,扫描角度范围为 5°≤2θ≤90°,其中 θ 为衍射角。

11.3.2　金相组织观察

采用光学显微镜(OM)(Olympus XJL-30)对镁基纳米复合材料进行金相分析。对于初始固溶态试样,随机选择其显微组织观察面;对往复挤压后试样,分别对其横、纵截面进行显微组织观察;此外,为考察往复挤压后试样组织均匀性,分别对纵截面的中心部位及边部位置进行组织观察,具体取样位置如图 11-2 所示[4,5]。金相试样采用机械抛光的方法依次在 320 #、1200 #、3000 #、5000 #水磨砂纸上进行打磨,最后采用粒度为 0.05 μm 的氧化镁在丝

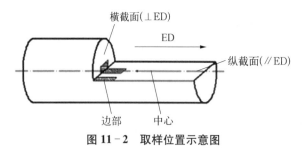

图 11-2 取样位置示意图

绒抛光布上进行抛光。金相腐蚀液的配方为：1 ml 硝酸（nitric acid）+1 ml 醋酸（acetic acid）+1 g 草酸（oxalic acid）+150 ml 蒸馏水，腐蚀时间为 8~15 s。在观察第二相的演变时，采用 4% 的硝酸酒精溶液进行腐蚀，腐蚀液的配方为：4 ml 的硝酸+96 ml 的酒精（alcohol），腐蚀时间为 3 s 左右。晶粒尺寸、第二相尺寸及其面积百分数采用 Image-Pro Plus 进行统计。

11.3.3　扫描电子显微镜分析

采用 Siron 200 型场发射扫描电子显微镜（field-emission scanning electron microscope，FE-SEM）对初始固溶态和往复挤压后镁基纳米复合材料的显微组织进行观察，并结合其附件能谱仪（energy dispersive spectrometer，EDS）（INCA X-MAX80）进行表面微区成分分析。扫描分析样品的取样位置和制备过程与金相试样相同。

11.3.4　透射电子显微镜分析

采用 Tecnai G220 S-TWIN 透射电子显微镜（TEM）观察加工前后 n-SiCp/AZ91D 和 CNT/AZ91D 复合材料的显微组织。本篇采用以下方式制备 TEM 样品：① 切取厚度约 0.5 mm 的样品，采用 800# 的砂纸将样品机械研磨至 100 μm；② 将薄片冲成直径为 3 mm 的小圆片，用 1200# 的砂纸将样品厚度磨薄至约 40 μm；③ 采用 Gatan PIPS 691.CS 离子减薄仪减薄至穿孔。

离子减薄仪中样品室内真空度为 $5×10^{-4}$ Pa。离子减薄过程的参数为：离子枪的电压为 3.5 keV；样品台转速 3 r/min；样品表面与离子束的初始夹角为 8°；离子减薄一段时间，待样品快要穿孔时，将样品表面与离子束的夹角降低至 3°，直至样品穿孔；减薄后的样品真空保存，尽量做到防水、防氧化。

11.3.5　电子背散射衍射分析

电子背散射衍射（EBSD）分析是通过采集、分析样品表面（30~40 nm）的背散射衍射菊池花样来获取晶粒取向、微观织构、晶粒间位向差以及相的分布特性等微观组织信息的技术[6,7]。本书采用 EBSD 技术来研究往复挤压前、后镁基纳米复合材料的微观织构及晶粒间位向差的演变。

由于 EBSD 收集的是试样表面很薄区域内背散射电子衍射的信息，测试结果强烈依赖待测样品的表面质量，因此，样品制备尤为关键。考虑到镁合金基体易氧化、菊池花样密度低，且经往复挤压变形后基体内存在大量晶格畸变的特征，本书采用机械抛光和三离子束抛光相结合的方法来制备 EBSD 样品。具体的制备过程如下：① 镶样：使用冷镶料（酚醛树脂：固化剂：碳粉=5：2：3）在室温下镶嵌样品；② 机械打磨：采用 800#、1200#、2400#、4000# 的水磨砂纸在自动抛光机（Strueres，TegraPol-21）上进行打磨，每步所需的时间为

2 min;③ 机械抛光：分别用粒度为 6 μm、3 μm 和 1 μm 的金刚石悬浮液在自动抛光机上进行抛光，抛光过程中采用煤油作为润滑剂，每步所需的时间分别为 12 min、8 min 和 8 min；随后采用 0.05 μm 的硅乳胶溶液(OPS)进行抛光，抛光过程持续 12 min；④ 三离子束抛光：采用三离子束切割仪(Leica EM TIC 3X)依次在 4.5 keV、3.5 keV、2.5 keV 电子束能量下轰击试样表面 15 min，完成试样的最终抛光。

　　EBSD 数据采集使用安装于 NOVA NanoSEM 230 场发射扫描电镜的 EDAX TSL 系统。采集过程中，样品倾斜 70°，工作距离为 15~20 mm，加速电压为 20 kV。为提高仪器的使用效率，在保证采集数据有足够统计性(晶粒数>300)的前提下，扫描步长和扫描面积根据待测试样品晶粒尺寸的大小进行调整，具体的扫描参数如表 11-2 所示。后续的数据分析采用 TSL OIM Analysis 7.0 软件。

表 11-2　往复挤压后 *n*-SiCp/AZ91D 镁基复合材料 EBSD 分析所采用的扫描参数

样品	扫描面积/μm×μm	扫描步长/μm
300-CEC-1P	600×600	2
300-CEC-2P	600×600	2
300-CEC-4P	25×25	0.08
300-CEC-8P	25×25	0.03
350-CEC-8P	40×40	0.2
400-CEC-8P	70×70	0.2

11.3.6　拉曼光谱分析

　　在拉曼光谱(Raman spectra，RAM)分析中，采用 Senterra R200L 型拉曼光谱仪对加工前、后镁基纳米复合材料中碳纳米管(CNT)结构的损伤程度进行表征，实验过程中采用波长为 532 nm 的激光源。

11.4　力学性能测试

11.4.1　硬度

　　材料的硬度采用 HV-30 型半自动维氏硬度计进行测量，载荷为 5 kgf[①]，加载时间为 15 s。为保证数据的准确性和可靠性，每组试样取 5~8 个测试点，取其算术平均值作为测试结果。

11.4.2　室温拉伸性能

　　室温力学性能测试在 Zwick/Roell-20 kN 万能实验机上完成，拉伸速率为 0.5 mm/min。

---

① 　1 kgf=9.806 65 N。

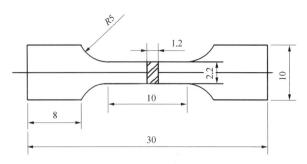

图 11-3   室温拉伸试样尺寸示意图(单位: mm)

测试 3 次,取其平均值作为测试结果。

测试样品的尺寸按国标 GB/T16865 - 1997[8]要求加工(图 11-3),标距 10 mm× 2.2 mm×1.2 mm。试样用电火花线切割 (electrical discharge machining, EDM)加 工制备,采用 360 #和 1200 #的水磨砂纸 去除试样表面的走刀痕迹。需要指出的 是,对于往复挤压后的试样,拉伸试样取 自变形试样的纵截面。为保证数据的准 确性和可靠性,每组试样在相同条件下

11.5   阻尼性能测试

采用德国 NETZSCH 公司的 DMA 242 E Artemis 型动态热机械分析仪研究镁基纳米复合 材料的高温阻尼行为[9],阻尼测试采用单臂悬模 式,夹具结构如图 11-4 所示。阻尼测试样品由 EDM 加工制备,标距(l×w×h)为 15 mm×6 mm× 1.5 mm,实验前需经 3000#水磨砂纸抛光。高温 阻尼的测试条件为:推杆位移振幅(A)80 μm; 应变振幅(ε)1.25×10^{-5};测试温度(T)25 ~ 250℃;振动频率(f)0.5~20 Hz。其中,应变振幅 与推杆位移振幅(A)和试样标距(l)之间的关系为

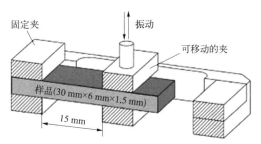

图 11-4   单臂悬阻尼测试装置示意图

$$\varepsilon = A^2/2l^2 \tag{11-1}$$

11.6   摩擦磨损性能测试

摩擦磨损测试在 MMS-060 往复式摩擦 磨损实验机上完成。测试试样取自变形试样 的纵截面方向,尺寸为 35 mm×6 mm×4 mm;摩 擦副材料为直径 10 mm 的钢球(GCr15),表面 硬度为 780 HV;待测样品、摩擦副以及实验机 的相对位置、运动关系如图 11-5 所示。实验 载荷为 4~12 N,摩擦速率为 0.10~1.20 m/s,摩 擦距离固定为 2 000 m。待测样品在实验前、

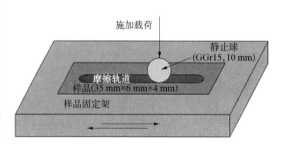

图 11-5   往复式摩擦磨损结构示意图

后均需在酒精中进行超声清洗,并在精度 0.1 mg 的分析电子天平上测量其失重。摩擦系数(coefficient of friction, COF)由实验机配备的数据采集装置进行实时采集、记录。实验完成后,对试样磨损面、磨屑和磨损横断面进行 SEM+EDS 分析,揭示镁基纳米复合材料在当前测试条件下的磨损机制。

11.7　本章小结

本章介绍了本书所涉及的实验材料和研究方法,主要包括镁基纳米复合材料的机械搅拌+高能超声复合法制备方法,往复挤压大塑性变形工艺,显微组织分析方法,力学性能、摩擦磨损性能和阻尼性能测试装置及方法。

参考文献

[1]　何广进.纳米 SiC 颗粒增强 AZ91D 镁基复合材料的强化机制研究[D].北京:清华大学,2012.

[2]　LAN J, YANG Y, LI X. Microstructure and microhardness of SiC nanoparticles reinforced magnesium composites fabricated by ultrasonic method[J]. Materials Science & Engineering A: Structural Materials: Properties, Microstructure and Processing, 2004, 386(1/2): 284 - 290.

[3]　张利.往复挤压制备超细晶 n - SiCp/AZ91D 和 CNTs/AZ91D 镁基纳米复合材料的研究[D].上海:上海交通大学,2018.

[4]　陈勇军.往复挤压镁合金的组织结构与力学性能研究[D].上海:上海交通大学,2007.

[5]　林金保.往复挤压 ZK60 与 GW102K 镁合金的组织演变及强韧化机制研究[D].上海:上海交通大学,2009.

[6]　RANDEL V, ENGLER O. Introduction to texture analysis, macrotexture, microtexture and orientation mapping[M]. Swansea: Gordon and Breach Science Publishers, 2014.

[7]　李凡,黄海波,王雷.电子背散射衍射分析技术的应用[J].理化检验(物理分册),2007,43(10):505 - 508, 516.

[8]　中国标准出版社第二编辑室.有色金属工业标准汇编·金属力学性能及工艺性能实验方法[M].北京:中国标准出版社,2001.

[9]　葛庭燧.固体内耗理论基础[M].北京:北京大学出版社,2014.

第十二章 往复挤压镁基纳米复合材料的组织演变

12.1 引言

采用高能超声法制备镁基纳米复合材料时,在超声波的声空化效应、声流效应以及超声除气作用下,纳米增强相能够在镁合金熔体中实现均匀分散。但是,一旦停止对熔体的超声,纳米增强相便会迅速团聚在一起;并且在凝固过程中,纳米增强相往往会被固液界面推至晶界,所以即使采用高能超声法,也很难制备出纳米增强相均匀分布的镁基纳米复合材料[1, 2]。与此同时,经由铸造法制备的镁基纳米复合材料基体晶粒粗大,且存在气孔、疏松和缩孔等冶金缺陷。

大量研究表明[3-5],对金属基纳米复合材料进行二次塑性加工时,基体的塑性流动能够对纳米增强相产生重新分布,同时消除冶金缺陷。需要指出的是,常规塑性变形对纳米增强相的重新分布往往使纳米增强相在基体中呈流线型分布;而大塑性变形能够将纳米增强相均匀、弥散地分布于基体中。同时,经由大塑性变形制备的金属基纳米复合材料,基体晶粒可以被细化至亚微米,甚至纳米尺度,复合材料的力学性能会得到极大的提高[6-8]。因此,可以采用高能超声法+大塑性变形联合的方法来制备组织均匀、性能优异的镁基纳米复合材料。

与其他大塑性变形技术相比,往复挤压能够实现连续加工,并且在加工过程中材料始终处于三向压应力状态,能够充分发挥其塑性变形能力,尤其适合加工镁合金及其复合材料[9, 10]。因此,本书采用往复挤压对由机械搅拌-高能超声复合法制备的 $n-\text{SiCp/AZ91D}$ 和 CNT/AZ91D 两种镁基纳米复合材料进行塑性加工,通过 OM、SEM、EBSD 和 RAM 等分析手段,分析往复挤压工艺参数、纳米增强相的添加及其添加量对镁基纳米复合材料微观组织的影响,探讨镁基纳米复合材料在往复挤压过程中的晶粒细化机制。

12.2 往复挤压 $n-\text{SiCp/AZ91D}$ 镁基复合材料的微观组织

12.2.1 $n-\text{SiCp/AZ91D}$ 镁基复合材料坯料的微观组织

图 12-1 为在 413℃经 24 h 固溶处理后 $n-\text{SiCp/AZ91D}$ 复合材料的金相组织。由图可见,随着 SiC 纳米颗粒含量的增加,基体晶粒尺寸逐渐减小。具体而言,对于 AZ91D 镁合金,其晶粒尺寸约为 300 μm;当添加 0.5 wt% SiC 纳米颗粒后,基体晶粒尺寸减小至约 105 μm;进一步增加 SiC 纳米颗粒的含量到 1.0 wt% 时,基体晶粒尺寸减小至约 92 μm。Wang 等[11]通过研究 SiC 纳米颗粒增强 AZ91 复合材料的差式扫描量热法(differential scanning calorimetry, DSC)冷却曲线,得出纳米颗粒的添加可提高基体合金在凝固过程中形核质点的

数量,同时降低过冷度,从而促进基体组织的细化。此外,镁基纳米复合材料中绝大部分 $Mg_{17}Al_{12}$ 相经固溶处理后会溶解进入基体。

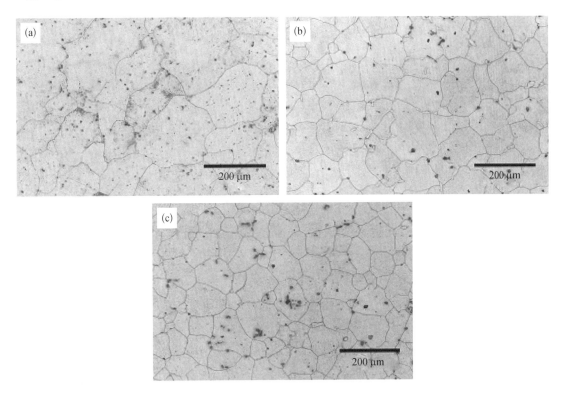

图 12-1　固溶态合金/复合材料的金相组织

(a) AZ91D 镁合金;(b) $0.5n$-SiCp/AZ91D 复合材料;(c) $1.0n$-SiCp/AZ91D 复合材料

　　图 12-2 为固溶处理后 n-SiCp/AZ91D 复合材料的 XRD 谱图。物相检索表明,固溶处理后 Mg 基体中仍然残留有一定量的 $Mg_{17}Al_{12}$ 相。值得注意的是,对于添加 SiC 纳米颗粒的镁基复合材料,其 XRD 谱图中并未检索到 SiC,可能的原因有:① SiC 纳米颗粒的添加量较少,故其衍射峰的高度与背底无明显差异;② SiC 纳米颗粒易于偏聚的特性可能导致测试区域内 SiC 含量进一步降低。因此,需要更有效的手段来表征 n-SiCp/AZ91D 复合材料中的 SiC 纳米颗粒。

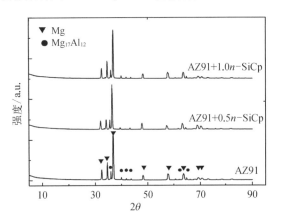

图 12-2　固溶态合金/复合材料的 XRD 谱图

　　图 12-3 为添加 1.0 wt% SiC 纳米颗粒的 n-SiCp/AZ91D 复合材料的 SEM 组织和选定标识点的 EDS 谱图。由图 12-3(a)可知,固溶处理后镁基纳米复合材料中仍残留有部分第二相,EDS 结果表明,这些不规则形状的第二相主要为 $Mg_{17}Al_{12}$ 相。此外,基体中还有少部分呈多边形的富 Mn 相,文献检索表明,该相可能为 Al_8Mn_5 相[12]。图 12-3(b)、(c)分别给

出 SiC 纳米颗粒在基体晶内、晶界的分布情况。根据 EDS 分析结果,图中亮白色的颗粒为 SiC 纳米颗粒,为清晰表达,分布于晶粒内的 SiC 纳米颗粒用红圈标识,分布于晶界的 SiC 纳米颗粒用绿圈标识。由图可知,SiC 纳米颗粒在晶粒内部存在一定程度的团聚,更主要的是偏聚;而在晶界,团聚现象明显。

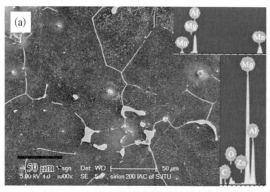
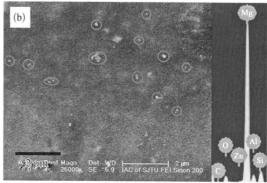
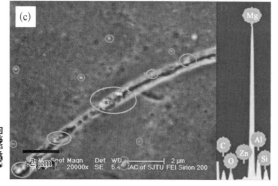

(d)

标记点的能谱分析(wt%)

区域	Mg	Al	Zn	Mn	Si
A	54.59	43.21	2.29	—	0.01
B	3.78	42.71	0.2	53.13	0.17
C	84.17	6.45	0.61	—	8.77
D	84.75	9.39	0.95	—	4.91

图 12 - 3　固溶态 1.0n - SiCp/AZ91D 复合材料的微观组织
(a) 未溶解的第二相;(b)、(c) SiC 纳米颗粒的分布;(d) 标识点的 EDS 结果

图 12 - 4(a)、(b)分别为固溶处理后 1.0 wt%n - SiCp/AZ91D 复合材料中的残留第二相的明场像和选区电子衍射花样。图中黑色第二相具有 BCC 结构,晶格常数 1.053 4 nm,确定为 Mg$_{17}$Al$_{12}$ 相(BCC, a = 1.056 0 nm)。图 12 - 4(c)中的能谱结果也表明该残留第二相为 Mg$_{17}$Al$_{12}$ 相。

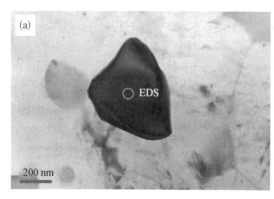
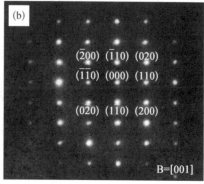

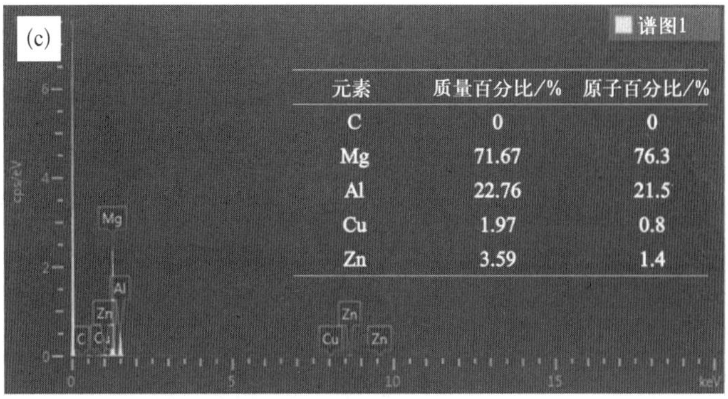

图 12 - 4　未溶解 $Mg_{17}Al_{12}$ 相

(a) TEM 明场像;(b) 选区电子衍射花样;(c) EDS 结果

12.2.2　往复挤压对 n - SiCp/AZ91D 镁基复合材料基体组织的影响

12.2.2.1　往复挤压道次的影响

图 12 - 5 为 300℃往复挤压不同道次 1.0 wt%n - SiCp/AZ91D 复合材料的微观组织。往复挤压 1 道次后,镁基纳米复合材料基体内出现大量的孪晶结构,将初始粗大的晶粒(约 91.52 μm)划分至约 52.25 μm。与横截面芯部组织(a - Ⅰ)相比,纵截面组织(a - Ⅱ)、(a - Ⅲ)明显沿着挤压方向(ED)发生拉长;纵截面边部组织(a - Ⅲ)的细化程度高于纵截面芯部组织(a - Ⅱ)。往复挤压 1 道次后镁基纳米复合材料更为清晰的组织形貌见图 12 - 6(a),由图可知,往复挤压后基体晶粒中除了一次孪晶界,二次孪晶界也清晰可见。图 12 - 6(a)中方框所标识的二次孪晶界的高倍 SEM 见图 12 - 6(b)、(c),二次孪晶界处有大量细小的再结晶晶粒(约 1.07 μm)和加工过程中动态析出的细小的 $Mg_{17}Al_{12}$ 相。值得注意的是,孪晶界在 SEM 图中实不可见,但是孪晶界面处产生的再结晶组织和动态析出的第二相揭示了孪晶界面的存在。往复挤压 2 道次后,镁基纳米复合材料的显微组织与往复挤压 1 道次后组织类似,但累积应变量的增加导致基体中产生更多的孪晶结构,并进一步将基体晶粒划分至约 32.25 μm。同时,再结晶产生的细小晶粒(约 1.23 μm)的面积分数由第 1 道次后的 36.5% 扩大至 52.6%[图 12 - 6(d)]。往复挤压 4 道次后,基体组织呈典型的"网状"结构——粗大的晶粒被细小的再结晶晶粒所环绕,孪晶组织消失,但是纵截面组织沿着挤压方向(ED)仍存在一定程度的拉长。图 12 - 6(e)给出拉长组织的 SEM 图,由图可见,该组织内含有许多粒径尺寸约 3.27 μm 的晶粒,且该区域内仅有少量的 $Mg_{17}Al_{12}$ 相析出。至此,再结晶产生的细小晶粒的面积分数扩展至 70.1%。当往复挤压的加工道次达到 8 道次后,镁基纳米复合材料的微观组织达到均匀,基体晶粒被细化至约 130 nm,如图 12 - 6(f)所示。

图 12 - 7 和表 12 - 1 为往复挤压变形过程中,1.0 wt%n - SiCp/AZ91D 复合材料的基体晶粒尺寸和粗、细晶区面积百分数随加工道次的变化规律。由图 12 - 6、图 12 - 7、表 12 - 1 可见,初始粗大晶粒的细化主要出现在前 4 道次,且随着加工道次的增加,晶粒细化效率逐渐降低;细小的再结晶晶粒在往复挤压 1 道次后便已出现,随着加工道次的增加,细晶区从初始粗大晶粒的晶界和变形加工所产生的孪晶界处逐步向周边扩展。

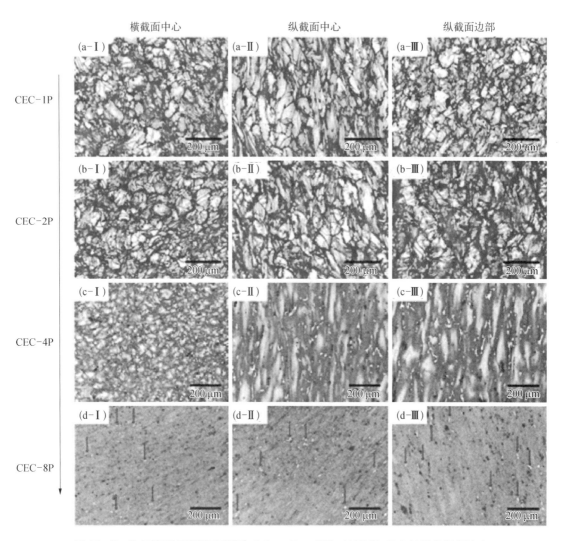

图 12 - 5　往复挤压 300℃不同道次 **1. 0 wt‰n - SiCp/AZ91D** 复合材料的组织演变
（取样位置 I、II、III见图 11 - 2）

（a）1 道次；（b）2 道次；（c）4 道次；（d）8 道次

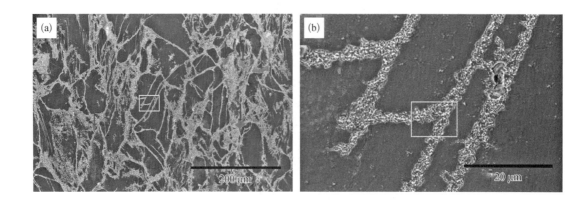

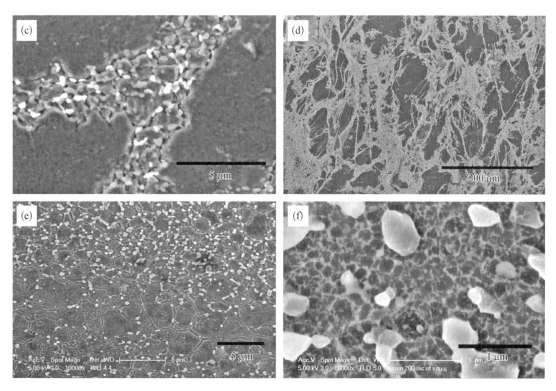

图 12 - 6　300℃往复挤压不同道次 n - SiCp/AZ91D 复合材料的组织演变（纵截面中心）

(a)、(b)、(c) 1 道次；(d) 2 道次；(e) 4 道次；(f) 8 道次

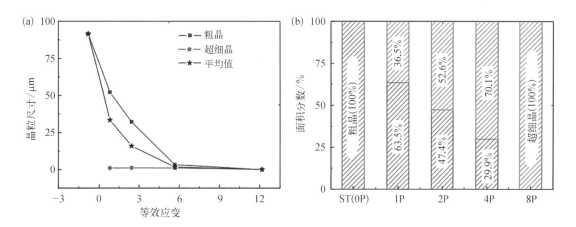

图 12 - 7　1.0 wt% n - SiCp/AZ91D 镁基纳米复合材料的基体晶粒尺寸和粗、
细晶面积百分数随往复挤压道次的变化规律

(a) 基体晶粒尺寸；(b) 粗、细晶面积百分数随往复挤压道次的变化规律（粗晶指原始晶粒或通过孪生所形成的粗大晶粒；细晶指晶界或孪晶界处通过动态再结晶形成的细小晶粒）

镁基纳米复合材料中第二相在往复挤压过程中的演变分两部分进行考虑：① 初始未固溶完全的第二相（$Mg_{17}Al_{12}$ 相和 Al_8Mn_5 相）；② 往复挤压加工过程中动态析出的 $Mg_{17}Al_{12}$ 相。

图 12-5 和图 12-6 中红色箭头所标识的即为初始未固溶的第二相，该部分第二相在往复挤压过程中逐步破碎、细化，并随着金属基体的空间流动逐步分散开来。根据先前对反复镦压 AZ91D 合金中第二相演变过程的观察[13]，第二相的细化主要与加工过程中坯料内应变的不均匀分布有关：分布不均的应变作用于形态不规则的第二相时，会导致其不同区域应力存在差异；当该应力累积到足够大时，第二相的完整性即被破坏，尤其在第二相部分固溶产生的颈缩部位。

表 12-1　往复挤压不同道次 1.0 wt%n-SiCp/AZ91D 复合材料的微观组织定量分析结果

状　态	基体晶粒尺寸 /μm	$Mg_{17}Al_{12}$（析出相）	
		粒子尺寸/μm	面积分数/%
ST(0P)	91.52 (100%) *	—	—
300-CEC-1P	52.25 (63.5%) + 1.07 (36.5%) *	—	—
300-CEC-2P	32.25 (47.4%) + 1.23 (52.6%) *	—	—
300-CEC-4P	3.27 (29.9%) + 1.17 (70.1%) *	—	—
300-CEC-8P	0.13 (100%)	0.21 [0.07~0.83] **	14.9

* d (x%)：d 为粗/超细晶粒的平均尺寸；x% 为面积分数。
** d_{mean} [d_{min} ~ d_{max}]：d_{mean}、d_{min} 和 d_{max} 分别为 $Mg_{17}Al_{12}$ 的平均值、最小值和最大值。

根据 Mg-Al 二元相图[14]，AZ91D 镁合金所对应的固溶线温度为 324℃，故 300℃往复挤压过程中，$Mg_{17}Al_{12}$ 相的析出无可避免。由图 12-6 和图 12-8 可知，$Mg_{17}Al_{12}$ 相倾向于在再结晶细小晶粒的晶界或变形所产生的孪晶界处连续析出。此外，在低的往复挤压加工道次时，$Mg_{17}Al_{12}$ 相除了沿晶发生连续动态析出，还会在某些粗大晶粒内发生非连续动态析出，如图 12-8(b) 所示。通常，非连续析出的 $Mg_{17}Al_{12}$ 相呈现出层片状的组织特征[13, 15, 16]。但是在高加工道次时（≥4），层片状的 $Mg_{17}Al_{12}$ 相消失，表明非连续析出的 $Mg_{17}Al_{12}$ 相在往复挤压过程中逐渐破碎、细化，最终呈现出颗粒状。统计图 12-8(d) 中往复挤压 8 道次后 n-SiCp/AZ91D 复合材料中 $Mg_{17}Al_{12}$ 相的粒径可知，析出相的平均粒径约为 0.21 μm，最小粒径达到约 70 nm，与所添加的 SiC 纳米颗粒的粒径（约 40 nm）在同一个数量级。

图 12-9 为 $Mg_{17}Al_{12}$ 析出相的 TEM 明场像、选区电子衍射花样（晶带轴 $[\bar{1}11]$）和 EDS 分析结果。明显地，$Mg_{17}Al_{12}$ 相沿着晶界析出，出现该现象的主要原因是：晶界/孪晶界处晶格畸变严重，能够显著降低 $Mg_{17}Al_{12}$ 相与 Mg 基体间的界面自由能，有利于 $Mg_{17}Al_{12}$ 相的形核；同时，Al 原子沿界面（晶界/孪晶界）的扩散速率高于体扩散速率，晶界处析出的 $Mg_{17}Al_{12}$ 相晶核更容易长大[15, 16]。

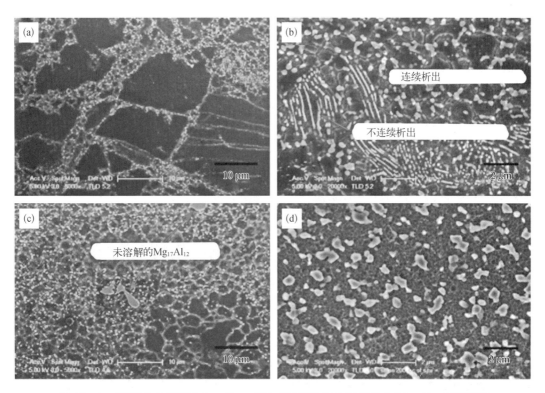

图 12 - 8　300℃往复挤压 1.0 wt%n - SiCp/AZ91D 复合材料的中 Mg$_{17}$Al$_{12}$ 相的演变

（a）往复挤压 1 道次；（b）图（a）中圈出部分放大图；（c）往复挤压 4 道次；（d）往复挤压 8 道次

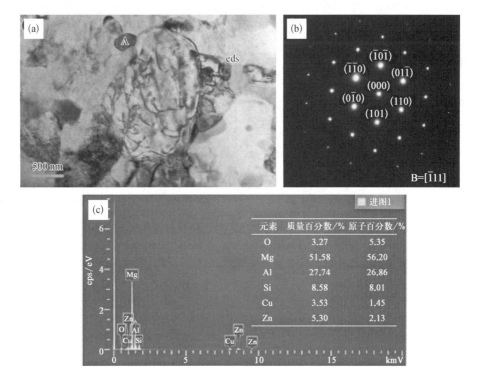

元素	质量百分数/%	原子百分数/%
O	3.27	5.35
Mg	51.58	56.20
Al	27.74	26.86
Si	8.58	8.01
Cu	3.53	1.45
Zn	5.30	2.13

图 12 - 9　300℃往复挤压 2 道次 n - SiCp/AZ91D 复合材料中析出的 Mg$_{17}$Al$_{12}$ 相

12.2.2.2　往复挤压温度的影响

图 12-10 为 1.0 wt%n-SiCp/AZ91D 复合材料在较高的温度(350℃、400℃)往复挤压 1 道次和 8 道次的微观组织。350℃往复挤压 1 道次后,镁基纳米复合材料基体中的孪晶结构清晰可见;当往复挤压加工温度升高到 400℃时,基体组织呈现出"网状结构"——大量细小的再结晶晶粒环绕在初始晶粒的晶界处;同时,初始粗大的基体晶粒也出现一定程度的细化,基体中很难找到孪晶结构。往复挤压 8 道次后,同样获得了组织均匀的镁基纳米复合材料。表 12-2 定量统计了不同加工温度下,往复挤压 8 道次后 1.0 wt%n-SiCp/AZ91D 复合材料基体晶粒的尺寸。由表中数据可知,往复挤压温度对加工后镁基纳米复合材料基体的晶粒尺寸有重大的影响:随着挤压温度的升高,基体晶粒尺寸逐步增大。

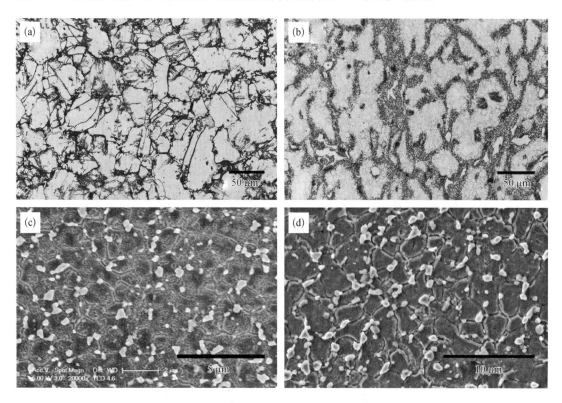

图 12-10　n-SiCp/AZ91D 复合材料的组织演变

(a) 350℃往复挤压 1 道次;(b) 400℃往复挤压 1 道次;(c) 350℃往复挤压 8 道次;(d) 400℃往复挤压 8 道次

表 12-2　不同挤压温度往复挤压 1.0 wt%n-SiCp/AZ91D 复合材料的微观组织定量分析结果

状　　态	基体晶粒度/μm	$Mg_{17}Al_{12}$(析出相)	
		粒子尺寸/μm	面积分数/%
300℃往复挤压 8 道次	0.13	0.21 [0.07~0.83] *	14.9
350℃往复挤压 8 道次	1.07	0.27 [0.07~0.93] *	6.5
400℃往复挤压 8 道次	2.73	0.55 [0.17~2.71] *	5.2

* d_{mean} [d_{min} ~ d_{max}];d_{mean}、d_{min} 和 d_{max} 分别为 $Mg_{17}Al_{12}$ 的平均值、最小值和最大值。

图 12 - 11 为 350℃、400℃往复挤压过程中 n - SiCp/AZ91D 复合材料中 $Mg_{17}Al_{12}$ 相的析出过程。值得注意的是,AZ91D 镁合金的固溶温度为 324℃[14],因此,当加工温度高于此温度时,理论上 $Mg_{17}Al_{12}$ 相并不会析出,但是在往复挤压后的确发生了 $Mg_{17}Al_{12}$ 相的析出。这一现象在反复镦压[15]、等通道转角挤压[17] AZ91D 镁合金的文献中都有所提及,通常认为,塑性加工会使基体合金内产生大量的晶格缺陷,改变 $Mg_{17}Al_{12}$ 相析出的热力学条件。从图 12 - 11(b)和图 12 - 11(d)可以看到,绝大部分 $Mg_{17}Al_{12}$ 相沿着晶界连续动态析出;而在基体晶粒的内部,仅有极少量的 $Mg_{17}Al_{12}$ 相发生非连续动态析出,非连续析出的 $Mg_{17}Al_{12}$ 相呈

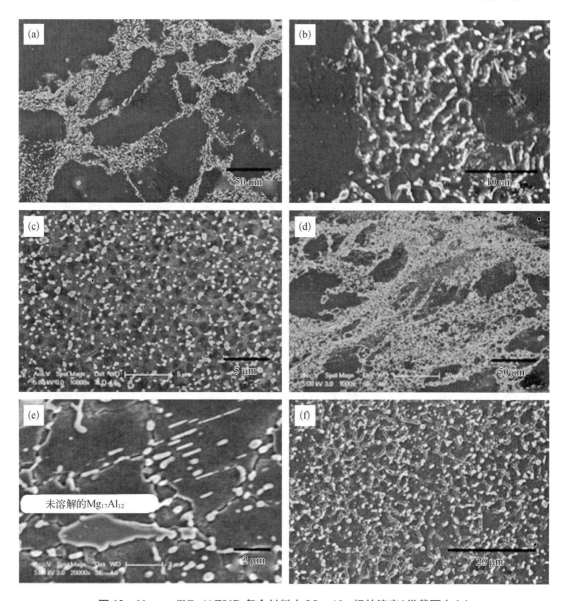

图 12 - 11　n - SiCp/AZ91D 复合材料中 $Mg_{17}Al_{12}$ 相的演变(纵截面中心)

(a)350℃往复挤压 2 道次;(b)350℃往复挤压 2 道次(放大图);(c)350℃往复挤压 8 道次;(d)400℃往复挤压 2 道次;(e)400℃往复挤压 2 道次(放大图);(f)400℃往复挤压 8 道次

现粗短棒状。对比图 12-8(b)中 300℃ 往复挤压 1 道次后 n-SiCp/AZ91D 复合材料中的 $Mg_{17}Al_{12}$ 相,可知随着往复挤压温度的升高,$Mg_{17}Al_{12}$ 相的非连续动态析出会受到抑制,主要表现为连续动态析出。往复挤压 8 道次后,$Mg_{17}Al_{12}$ 相呈现出颗粒状,均匀分布在基体中。表 12-2 为不同加工温度往复挤压 8 道次后 1.0 wt%n-SiCp/AZ91D 复合材料中 $Mg_{17}Al_{12}$ 相的尺寸及其所占的面积百分数。随着加工温度的升高,$Mg_{17}Al_{12}$ 相的尺寸逐步增加,但是其所占的面积百分数逐渐降低。随着加工温度的升高,$Mg_{17}Al_{12}$ 相的析出倾向逐渐降低,而 Al 原子扩散速率的提高会促进 $Mg_{17}Al_{12}$ 相的粗化。

12.2.2.3　SiC 纳米颗粒添加量的影响

图 12-12 为往复挤压 8 道次后,SiC 纳米颗粒添加量不同的 n-SiCp/AZ91D 复合材料的显微组织。对比发现,在相同的加工温度往复挤压 8 道次后,AZ91D 镁合金以及 n-SiCp/

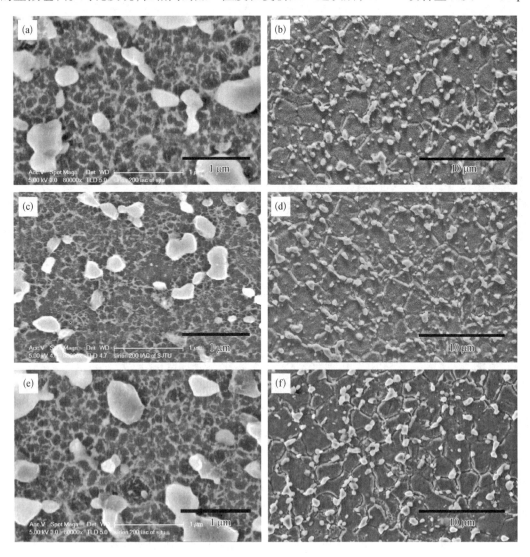

图 12-12　往复挤压 8 道次的显微组织

(a)、(b) AZ91D 镁合金;(c)、(d) 0.5 wt%n-SiCp/AZ91D 复合材料;(e)、(f) 1.0 wt%n-SiCp/AZ91D 复合材料

AZ91D 复合材料的显微组织并无明显差异。图 12 - 12(a)、(c)、(e)中温度为 300℃;图 12 - 12(b)、(d)、(f)中温度为 400℃。

表 12 - 3 定量统计了往复挤压 8 道次合金/复合材料的基体晶粒尺寸、析出相的粒径及其所占的面积分数。定量数据表明,SiC 纳米颗粒的添加及其添加量对 1.0 wt%n - SiCp/AZ91D 复合材料的微观组织往复挤压 8 道次后镁基纳米复合材料的基体晶粒尺寸、第二相的粒径及其所占的面积分数并无明显的影响。造成该结果的原因可能是:往复挤压过程中大量的 $Mg_{17}Al_{12}$ 相沿晶析出,且析出相的最小粒径与所添加的 SiC 纳米颗粒在同一个数量级,因此,析出的 $Mg_{17}Al_{12}$ 相能够有效抑制基体再结晶晶粒的长大,降低 SiC 纳米颗粒对基体组织的影响。

表 12 - 3　往复挤压 8 道次后,不同含量 n - SiCp 镁基纳米复合材料的微观组织定量分析结果

化学组成	状　　态	基体晶粒度	$Mg_{17}Al_{12}$(析出相)	
			粒子尺寸/μm	面积分数/%
AZ91D		141 nm	0.23 [0.07~0.92]*	14.5
0.5 wt%n - SiCp/AZ91D	300℃往复挤压 8 道次	132 nm	0.23 [0.07~0.86]*	14.2
1.0 wt%n - SiCp/AZ91D		130 nm	0.21 [0.07~0.83]*	14.9
AZ91D		2.40 μm	0.58 [0.20~2.65]*	6.0
0.5 wt%n - SiCp/AZ91D	400℃往复挤压 8 道次	2.51 μm	0.60 [0.20~2.81]*	6.2
1.0 wt%n - SiCp/AZ91D		2.73 μm	0.55 [0.17~2.71]*	5.2

* $d_{mean}[d_{min} \sim d_{max}]$:$d_{mean}$、$d_{min}$ 和 d_{max} 分别为 $Mg_{17}Al_{12}$ 的平均值、最小值和最大值。

12.2.3　往复挤压对 n - SiCp 分布的影响

图 12 - 13(a)、(c)、(e)为不同加工温度往复挤压 8 道次后 1.0 wt%n - SiCp/AZ91D 复合材料未腐蚀 SEM 图。图中暗色背底为 Mg 基体,灰色颗粒为 $Mg_{17}Al_{12}$ 相,亮白色颗粒为所添加的 SiC 纳米颗粒。为定量表征往复挤压后 SiC 纳米颗粒在基体中的分散性,首先用红色圆圈将可视的 SiC 纳米颗粒进行标记,然后在保证红色圆圈相对位置不变的前提下,将其重新绘制于白色背底上,如图 12 - 13(b)、(d)、(f)所示,之后进行统计。本书采用两种方式表征 SiC 纳米颗粒在基体中的分散性:① 单个 SiC 纳米颗粒与最近邻的 3 个粒子之间的平均间距,统计时,需要保证待测颗粒与最近邻 3 个粒子之间连线所形成的 3 个夹角均为钝角;② 特定区域内(4 μm×4 μm)SiC 纳米颗粒的数量,具体网格划分方式见图 12 - 13(b)、(d)、(f)。

定量分析结果如图 12 - 14 所示,在任一加工温度往复挤压 8 道次后,镁基纳米复合材料中 SiC 纳米颗粒之间的平均间距约为 1.06 μm,且 92% 以上的颗粒间距分布在 1.0±0.5 μm;在给定 4 μm×4 μm 的区域面积内,SiC 纳米颗粒的数量为 8~12 个。SiC 纳米颗粒的分散性相比于图 12 - 3(b)、(c)中的初始状态有了显著提升。因此,往复挤压能够有效地分散初始偏聚/团聚的纳米颗粒[5]。

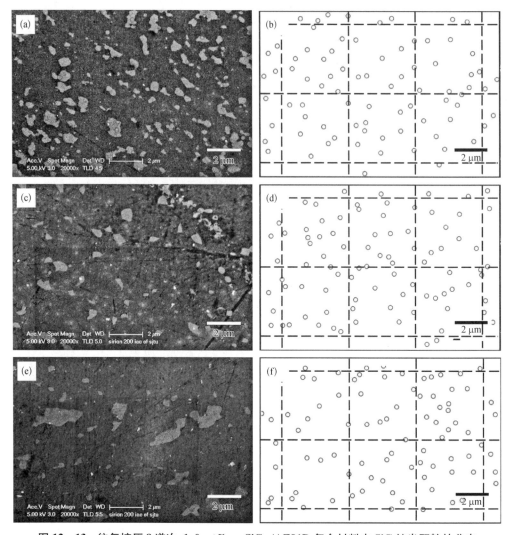

图 12-13　往复挤压 8 道次,1.0 wt%n - SiCp/AZ91D 复合材料中 SiC 纳米颗粒的分布

(a) $T=300℃$,SEM 图;(b) $T=300℃$,重绘图;(c) $T=350℃$,SEM 图;(d) $T=350℃$,重绘图;(e) $T=400℃$, SEM 图;(f) $T=400℃$,重绘图

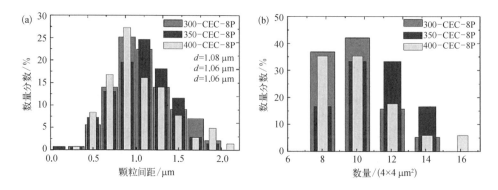

图 12-14　n - SiCp/AZ91D 复合材料中 SiC 纳米颗粒的分散性统计结果

(a) 颗粒间距;(b) 给定面积内(4 μm×4 μm)SiC 纳米颗粒的数量

12.2.4 往复挤压对 n - SiCp/AZ91D 镁基复合材料织构演变的影响

12.2.4.1 织构演变

分析表明,往复挤压变形可分解为挤压变形和压缩变形[18, 19]。因此,对于型腔结构为圆柱形的往复挤压,其加工过程相对于挤压轴(ED)具有旋转对称性。因此,利用反极图(inverse pole figure, IPF)分析挤压轴(ED)相对于镁基体晶体坐标系的分布能够有效揭示往复挤压后镁基纳米复合材料的织构演变。图 12 - 15(a)~(d)为 300℃不同加工道次下 1.0 wt%n - SiCp/AZ91D 复合材料的反极图。往复挤压 1 道次后,镁基纳米复合材料的织构类型与常规挤压后产生的织构类型相似,为典型的丝织构(ED//<10$\bar{1}$0>)[20],最强织构部分偏离<10$\bar{1}$0>方向约 10°;往复挤压 2 道次引入了压缩变形,因此除了之前出现的丝织构(ED//<11$\bar{2}$0>),镁基纳米复合材料中出现了额外的压缩织构组分,该压缩织构组分的特点为 ED//<0001>或 ED⊥{0002}[21],如图 12 - 15(b)所示;随着往复挤压的进行,镁基纳米复

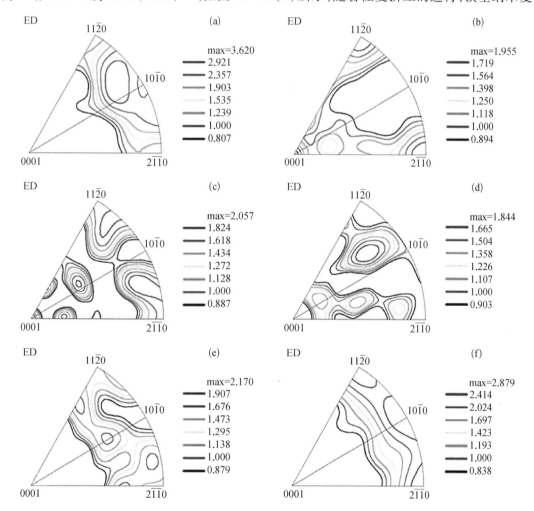

图 12 - 15 往复挤压后 1.0 wt%n - SiCp/AZ91D 复合材料的反极图

(a) 300 - CEC - 1P;(b) 300 - CEC - 2P;(c) 300 - CEC - 4P;(d) 300 - CEC - 8P;(e) 350 - CEC - 8P;(f) 400 - CEC - 8P

合材料中除了上述提及的基本织构组分,还出现了更为复杂的织构组分。为分析往复挤压后镁基纳米复合材料中出现的额外晶粒取向,图 12-16(a)统计了 300℃ 往复挤压后镁基纳米复合材料中基体晶粒的 {0002} 基面与挤压轴(ED)间的空间位向差。图中 0° 表示 ED//<0001>晶向或 ED⊥{0002}基面;90° 表示 ED⊥<0001>晶向或 ED//{0002}基面。由图可见,对于多道次(≥2)往复挤压后的样品,其基体晶粒的 {0002} 与挤压轴(ED)之间均出现了 64° 位向差;此外,往复挤压 4 道次后的样品中还出现了较强的 42° 位向差。这些特殊取向角或基体晶粒在空间发生特殊取向的原因将在 12.2.4.2 节进行详细论述。至于织构强度,300℃ 往复挤压 1 道次后镁基纳米复合材料的基体晶粒发生强烈取向,织构强度达到 3.920;而对于多道次加工样品,随着金属流变行为的复杂化、基体晶粒中发生的额外取向,织构强度有所下降,基本稳定在 2.0 左右。

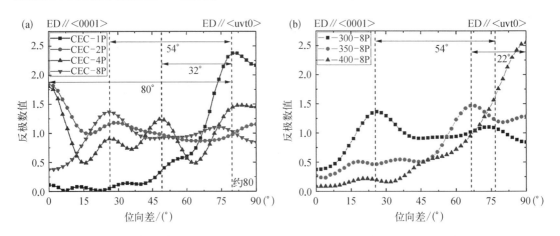

图 12-16 {0002}基面与挤压轴(ED)间的位向差随加工道次和加工温度的变化

(a) 随加工道次的变化;(b) 随加工温度的变化

图 12-15(d)~(f)为不同加工温度往复挤压 8 道次后 1.0 wt%n-SiCp/AZ91D 复合材料的反极图。随着加工温度的升高,镁基纳米复合材料中由挤压变形所引起的丝织构逐步强化,而由压缩变形所引起的压缩织构组分逐渐消失,最终,400℃ 往复挤压 8 道次的样品中只出现了 ED//{0002} 的织构组分。类似地,图 12-16(b)为不同加工温度下,往复挤压 8 道次后镁基纳米复合材料中基体晶粒的 {0002} 基面与挤压轴(ED)之间的空间位向差。由图可知,随着加工温度的增加,镁基纳米复合材料中基体晶粒的取向趋于简单化,且在 400℃ 往复挤压 8 道次后的样品中,绝大部分基体晶粒的 {0002}//ED。

12.2.4.2　特殊取向角分析

通过对往复挤压后 1.0 wt%n-SiCp/AZ91D 复合材料的织构分析可知,样品中均出现了 {0002} 基面与挤压轴(ED)夹角 ≤10° 的织构组分,该织构组分与常规挤压过程中形成的织构类型相同,这主要是因为往复挤压的最后 1 道次为挤压变形[18, 22];多道次加工后样品中出现的压缩织构组分(ED⊥{0002})亦可理解,因为往复挤压包含有压缩变形过程[18, 21]。但是,除了这两种基本织构组分,多道次往复挤压后,基体晶粒还出现了其他取向,这些特殊的取向需要进一步分析。

图 12-16 为镁基纳米复合材料往复挤压后 {0002} 基面与挤压轴(ED)之间的位向差,

因此,图中曲线上任意两点之间的差值可视为所对应的发生取向的两组基体晶粒{0002}基面(或 c 轴)之间的位向差。取变形过程中出现的偏离<10$\bar{1}$0>方向 10°的最强织构组分作为参考点,图 12-16(a)中{0002}基面与挤压轴(ED)之间出现的 64°、42°位向差可认为是基体晶粒{0002}基面或其 c 轴与变形后所产生的最强晶粒取向之间存在 54°、32°取向差。

由 12.2.2 节分析可知,镁基纳米复合材料在较低温度下(≤350℃)进行往复挤压时,基体晶粒内出现了大量的孪晶,而孪生的发生可能导致基体晶粒产生特定取向。当基体晶粒内发生{10$\bar{1}$1}孪生时,初始晶粒的{0002}基面将绕<$\bar{1}$210>轴旋转约 56.2°,因此,初始晶粒与孪生产生的一次孪晶 c 轴之间的取向差约为 56.2°,如图 12-17(a)、(d)所示[20,23,24]。考虑到 EBSD 分析晶粒位向时的容差(通常取 4°[20,24]),往复挤压后出现的特殊取向差 54°恰好落在 56.2±4°,故该取向差的出现可能是由于基体晶粒发生{10$\bar{1}$1}孪生。

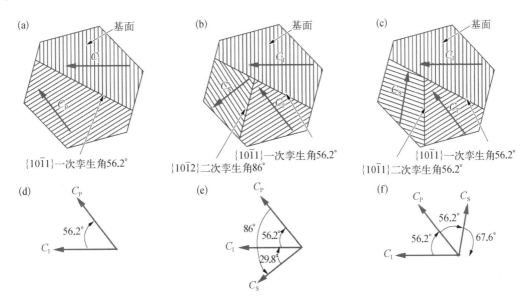

图 12-17　n-SiCp/AZ91D 复合材料晶粒间特殊取向角分析

(a) {10$\bar{1}$1}孪生;(b) {10$\bar{1}$1}-{10$\bar{1}$2}孪生;(c) {10$\bar{1}$1}-{10$\bar{1}$1}孪生。C_P、C_I、C_S 分别代表初始晶粒、一次孪生晶粒、二次孪生晶粒 c 轴位向

除了一次孪晶,往复挤压后镁基纳米复合材料中还出现了二次孪晶,故采用类似的方式分析往复挤压后镁基纳米复合材料中出现的其他位向差。图 12-17(b)为{10$\bar{1}$1}-{10$\bar{1}$2}二次孪生形成示意图:首先在初始晶粒内发生{10$\bar{1}$1}孪生,初始晶粒的{0002}基面将绕<$\bar{1}$210>轴旋转约 56.2°;随后在一次孪晶内发生{10$\bar{1}$2}孪生,一次孪晶的{0002}基面将绕<$\bar{1}$210>轴旋转约 86°;最终,初始晶粒与二次孪生产生的晶粒之间的位向差约为 29.8°,如图 12-17(d)所示[22,24,25]。在容差范围内,该位向差与往复挤压所产生的 32°取向差匹配良好,因此,往复挤压后镁基纳米复合材料晶粒间 32°取向差可能是由于基体晶粒发生{10$\bar{1}$1}-{10$\bar{1}$2}二次孪生。类似地,图 12-17(c)为{10$\bar{1}$1}-{10$\bar{1}$1}二次孪生的形成示意图,最终,初始晶粒与二次孪生所产生的晶粒之间的位向差约为 67.6°,如图 12-15(f)所示。

当以挤压后形成的理想取向(ED//\<uvt0\>)作为参考时,往复挤压后镁基纳米复合材料中基体晶粒的{0002}基面与挤压轴(ED)之间出现的64°位向差可认为是基体晶粒{0002}基面与理想挤压后基体晶粒{0002}基面之间存在的取向差为64°。因此,基体晶粒的{10$\bar{1}$1}-{10$\bar{1}$1}二次孪生也可能是往复挤压后基体晶粒{0002}基面与挤压轴(ED)之间出现的64°位向差的原因之一。至于{10$\bar{1}$2}-{10$\bar{1}$2}二次孪生,理论上讲,该孪生模式的发生会使得基体晶粒中出现约8°取向差,但该孪生模式在文献中鲜有提及,故在此不做过多考虑。表12-4汇总了Mg基体发生一次、二次孪生后基体晶粒间可能存在的取向差。

表12-4 一次、二次孪生后基体晶粒间可能存在的位向差

	孪 晶 型	可能的晶体取向
扩展孪生	{10$\bar{1}$2}	约86°
拉伸孪生	{10$\bar{1}$1}	约56.2°
双孪晶	{10$\bar{1}$1}-{10$\bar{1}$1}	约67.6°
双孪晶	{10$\bar{1}$2}-{10$\bar{1}$2}	约8°
双孪晶	{10$\bar{1}$1}-{10$\bar{1}$2}	约37.5°和约29.8°

此外,正如前面所分析的,往复挤压的挤压阶段往往导致Mg基体的{0002}基面//ED,而压缩阶段则使Mg基体的{0002}基面⊥ED。因此,在交替进行的挤压和压缩变形过程中,基体晶粒的取向将发生90°转变。根据经典位错运动理论,晶粒如此大角度的转变不可能通过单独的位错滑移实现,因此,必须激活其他变形机制以协调基体连续变形。孪生的发生会使得初始晶粒的{0002}基面将绕\<1$\bar{2}$10\>轴旋转约86°,实现基体晶粒在交替变形中大角度的位向转变[19, 20, 26]。

图12-18为300℃往复挤压2道次后,1.0 wt%n-SiCp/AZ91D复合材料中的孪晶结构(晶带轴均为[1$\bar{1}$20])。图12-18(a)、(b)是以{10$\bar{1}$2}为对称面的拉伸孪晶,界面两侧的取向差为86°;图12-18(c)、(d)是以{10$\bar{1}$1}为对称面的压缩孪晶,孪晶{0002}基面与Mg基体{0002}基面的取向差为56°。图12-18(e)、(f)为片层结构,形貌上与孪晶形貌相似,且该结构也沿某一界面呈左右对称关系,但是,该对称面并非Mg基体的某个特定指数的晶面,两者之间的取向差为37.5°,该结构的产生与Mg基体的{10$\bar{1}$1}-{10$\bar{1}$2}二次孪生有关[10, 25]。观察到的孪晶结构与预测一致,证实了上述孪生导致镁基纳米复合材料的基体晶粒发生特殊取向。

该理论还可通过图12-19中的实例得以验证。图12-19(a)为300℃往复挤压2道次后1.0 wt%n-SiCp/AZ91D复合材料的EBSD局部截图,从图中可知,即使在同一晶粒内,局部区域仍然存在一定的颜色梯度,故分析过程中采用4°的容差很有必要。此外,根据文献调研[23-25],图中层状的组织为孪晶组织。在典型的层片状孪晶组织处分别绘制直线①、②、③,然后沿着直线,将各个探测点之间的取向差绘制于图12-19(b)~(d)。考虑到容差,图中标识的探测点之间的取向差与表12-4中所给出一次、二次孪生后基体晶粒间存在的位向差有很好的匹配性。

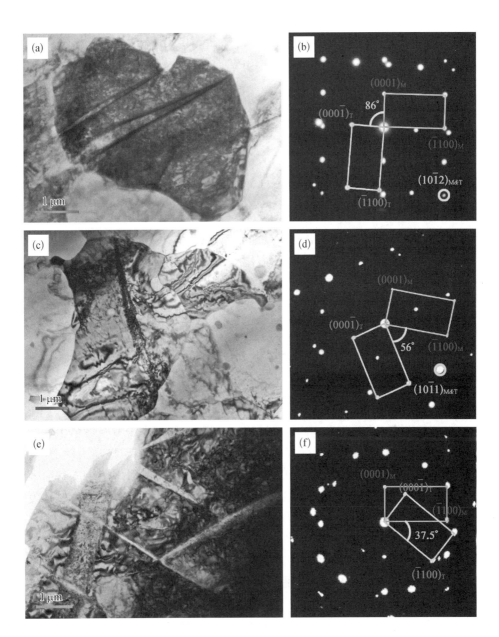

图 12‑18　300℃往复挤压 2 道次 1.0 wt%n‑SiCp/AZ91D 的 TEM 明场像和
选区电子衍射花样(B=[$11\bar{2}0$])

(a)｛$10\bar{1}2$｝拉伸孪晶 TEM 明场像;(b)｛$10\bar{1}2$｝拉伸孪晶选区电子衍射花样;(c)｛$10\bar{1}1$｝压缩孪晶 TEM 明
场像;(d)｛$10\bar{1}1$｝压缩孪晶选区电子衍射花样;(e)｛$10\bar{1}1$｝‑｛$10\bar{1}2$｝二次孪晶 TEM 明场像;(f)｛$10\bar{1}1$｝‑
｛$10\bar{1}2$｝二次孪晶选区电子衍射花样

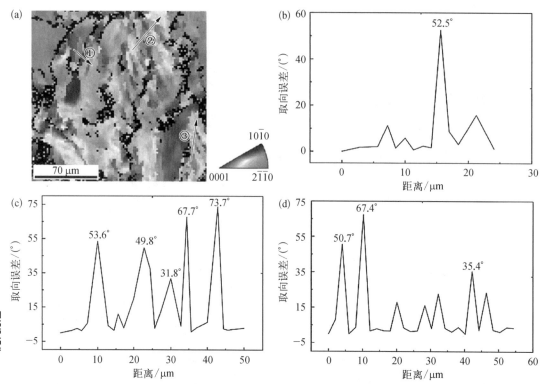

图 12 - 19　(a) 300℃往复挤压 2 道次后,1.0 wt%n - SiCp/AZ91D 复合材料中典型的层片状孪晶;
(b)、(c)、(d) 图(a)中直线①、②、③上相邻探测点间的取向差

由图 12 - 16(b)可知,随着往复挤压加工温度的提高,镁基纳米复合材料中特殊取向逐渐减少[27-29],且对于 400℃往复挤压 8 道次的样品,绝大部分晶粒取向接近于理想的{0002}//ED。这与图 12 - 10 中显微组织分析结果一致,400℃往复挤压后镁基纳米复合材料的基体晶粒内并未出现孪晶结构,间接佐证了上述孪生导致往复挤压后 Mg 基体发生特殊取向的理论。

12.2.5　往复挤压 n - SiCp/AZ91D 镁基复合材料的晶粒细化机制

在陈勇军[9]往复挤压 AZ31 镁合金的研究中,基于挤压后镁合金的微观组织、织构特征,他们提出,往复挤压过程中镁合金的晶粒细化机制为以动态回复再结晶(CDRR)和旋转动态再结晶(RDRX)为主、非连续动态再结晶(DDRX)为辅的复合机制。尽管本书采用的热加工工艺同为往复挤压,但加工材料和所加工材料在往复挤压中的微观组织存在以下几个明显差异:① 本书所采用的基体合金为超饱和固溶体(固溶预处理);② 本书的研究对象为添加有 SiC 纳米颗粒的复合材料;③ $Mg_{17}Al_{12}$ 相在往复挤压过程中会动态析出;④ 在较低加工温度(≤350℃)下,基体晶粒中出现大量的一次、二次孪晶。因此在构建 n - SiCp/AZ91D 复合材料在往复挤压过程中的晶粒细化机制时,需综合考虑上述成分、组织的影响。

在较低加工温度(≤350℃)下对镁基纳米复合材料进行变形加工时,基体晶粒粗大且溶质原子(Al)处于超饱和状态,故需要孪生参与到变形过程中以适应大塑性变形过程中复合材料的连续变形[27, 29]。镁基纳米复合材料中添加的 SiC 纳米颗粒以及加工过程中动态析出的 $Mg_{17}Al_{12}$ 相会阻碍位错滑移,恶化镁基纳米复合材料的可加工性,进一步促进孪生的发生[30]。当提高往复挤压加工温度时,非基面滑移系的临界分切应力(CRSS)会逐渐下降,使得非基面滑移参与到变形过程中,提高镁基纳米复合材料的加工性能,并减少孪生的发生。当基体晶粒尺寸细化到一定程度时,非基面滑移与基面滑移的 CRSS 比值会大幅下降,即非基面滑移会参与到变形过程中[13, 31]。此外,根据 Barnett 等[32, 33]的研究,当基体晶粒尺寸达到某一临界值(约 10 μm)时,孪生过程会受到抑制。解释了 300℃往复挤压 4 道次后,镁基纳米复合材料中孪晶组织的消失,因为此时基体粗晶的晶粒尺寸已经细化至约 3.27 μm,小于上述所给的临界晶粒尺寸。

　　由表 12-3 可知,在各加工条件下,动态析出 $Mg_{17}Al_{12}$ 相的平均粒径小于 1 μm,该颗粒尺寸为颗粒诱导再结晶形核(particle stimulating nucleation mechanism, PSN)的临界尺寸[34, 35]。因此,动态析出的 $Mg_{17}Al_{12}$ 相并不会诱导基体发生再结晶,而是作为钉扎粒子阻碍位错运动或再结晶晶粒晶界的迁移,如图 12-9 和图 12-20 所示。类似地,所添加的 SiC 纳米颗粒粒径同样小于 1 μm,因此,SiC 纳米颗粒同样会对位错运动和晶界迁移产生阻碍作用[36, 37]。

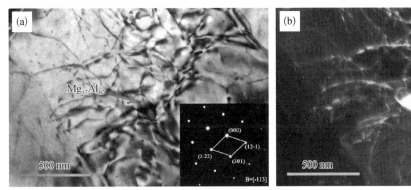
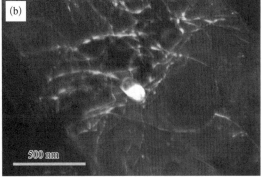

图 12-20　300℃往复挤压 2 道次 1.0 wt%n-SiCp/AZ91D 中 $Mg_{17}Al_{12}$ 析出相对位错的钉扎

(a) 明场像和 $Mg_{17}Al_{12}$ 相的选区电子衍射花样;(b) 暗场像

　　下面结合图 12-21 往复挤压 n-SiCp/AZ91D 复合材料的微观组织,在陈勇军的研究基础上,提出往复挤压制备超细晶镁基纳米复合材料的晶粒细化机制。

　　当加工温度低于 350℃时,往复挤压过程中大的应变导致基体晶粒发生孪生,孪生使得初始粗大晶粒得到一定程度的细化[图 12-21(a)];晶界/孪晶界作为位错运动的强钉扎点,会导致位错在晶界/孪晶界堆积[图 12-21(b)],同时应变诱导基体内产生高密度位错,位错之间相互缠结图 12-21(c)、(d),形成亚晶形核的有效区域[20, 28, 29];亚晶形成[图 12-21(e)]后,通过不断吸收变形加工所产生的位错[图 12-21(f)],亚晶界逐渐从小角度晶界(LAGB)转变为大角度晶界(HAGB),形成细小的再结晶晶粒;基体中产生细小的晶粒后,由于细晶之间的变形协调性优于尚未再结晶的粗晶,故在外力作用下,粗、细晶变形协调性的差异将导致在界面处产生剪切应力[19, 27, 38],使得粗晶沿着界面逐步细化,即细晶区逐步向粗晶区扩展,实现基体组织的细化;基体晶粒的进一步细化主要发生在往复挤压 4 道次

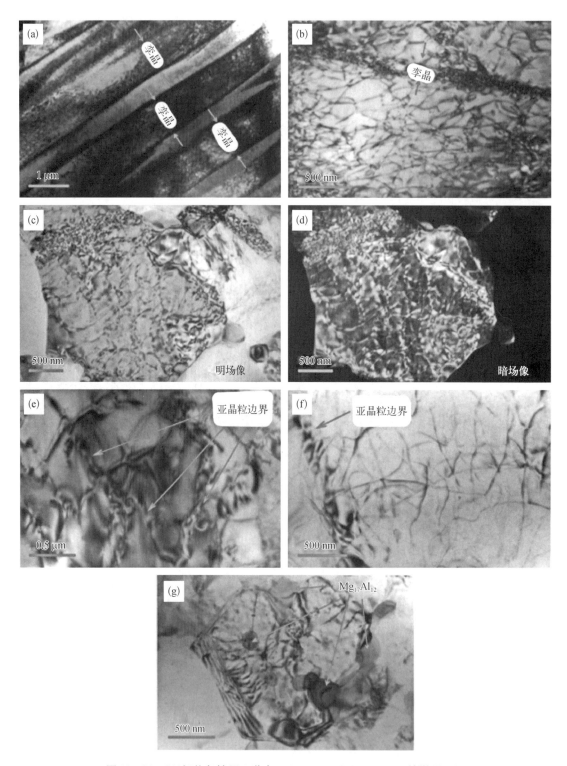

图 12-21　300℃往复挤压 2 道次 1.0 wt%n - SiCp/AZ91D 的微观组织

（a）孪晶划分粗大晶粒；（b）孪晶界附近位错缠结；（c）基体晶粒内位错塞积、缠结（明场像）；（d）基体晶粒内位错塞积、缠结（暗场像）；（e）亚晶界的形成；（f）亚晶界吸收位错；（g）$Mg_{17}Al_{12}$ 析出相对位错和晶界的钉扎作用

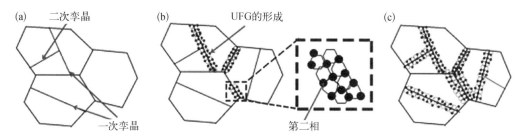

图 12-22　往复挤压镁基纳米复合材料的晶粒细化机制示意图

（a）孪晶形成；（b）亚晶界形成；（c）晶粒细化

之后,镁基纳米复合材料在周期性交替进行的挤压和压缩变形中,细晶内部位错逐渐堆积、重排,最终形成超细晶组织。在往复挤压过程中,动态析出的 $Mg_{17}Al_{12}$ 相和添加的 SiC 纳米颗粒通过阻碍再结晶晶粒晶界的迁移,从而抑制再结晶晶粒的长大[图 12-21(g)]。该镁基纳米复合材料在往复挤压过程中的晶粒细化机制可概括为：以孪生辅助的旋转动态再结晶(twinning assisted-RDRX)为主,以连续动态再结晶(CDRX)为辅,示意图见图 12-22。

　　对于高温(400℃)下进行的往复挤压,加工温度的提高降低了非基面滑移系的临界分切应力,使得非基面滑移参与到变形过程中,提高镁基纳米复合材料的塑性变形能力,由图 12-10 可知,基体晶粒中并未出现孪晶结构。因此,镁基纳米复合材料的晶粒细化机制仍然是以旋转动态再结晶(RDRX)为主、以连续动态再结晶(CDRX)为辅的复合机制。

12.3　往复挤压 CNT/AZ91D 镁基复合材料的微观组织

12.3.1　CNT/AZ91D 镁基复合材料坯料的微观组织

　　图 12-23 为机械搅拌+高能超声复合法制备的 CNT/AZ91D 复合材料的显微组织。明显地,随着 CNT 含量的增加,CNT/AZ91D 复合材料的基体晶粒逐渐减小。根据文献[39],

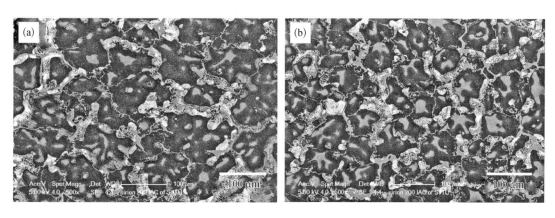

图 12-23　铸态 CNT/AZ91D 复合材料的微观组织

（a）0.5 wt%CNT；（b）2.0 wt%CNT

镁熔体与碳纳米管(CNT)在 618~750℃时接触角(φ)接近 86°,因此在铸造过程中,CNT 的细化作用主要是通过抑制晶粒长大得以实现,而非作为异质形核点[40, 41]。$Mg_{17}Al_{12}$ 相在基体中主要以块状或层片状的形式分布于晶界处。

图 12 - 24 为铸态 CNT/AZ91D 复合材料的高倍显微组织。由图可知,尽管 CNT 在基体中分布并不均匀,但是在机械搅拌和高能超声的共同作用下,已成功添加到 AZ91D 合金中。为研究 CNT 在基体中的分散性,同时便于后续加工,对铸态 CNT/AZ91D 复合材料在 413℃下进行 24 h 固溶处理。

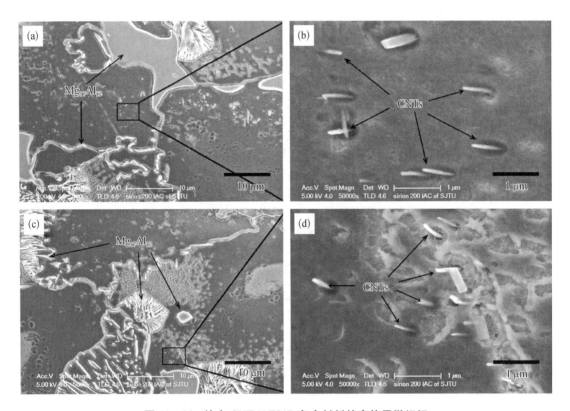

图 12 - 24　铸态 CNT/AZ91D 复合材料的高倍显微组织

(a) 0.5 wt%CNT;(b) 图(a)圈出部分放大图;(c) 2.0 wt%CNT;(d) 图(c)圈出部分放大图

图 12 - 25 为固溶处理后 CNT/AZ91D 复合材料的金相组织图。对比图 12 - 1(a)中 AZ91D 合金可知,CNT 添加后基体晶粒尺寸明显减小。具体而言,添加 0.5 wt%CNT 后,基体晶粒尺寸由约 300 μm 下降到约 112 μm;进一步添加 CNT 到 2.0 wt%,基体晶粒尺寸下降到约 75 μm。绝大部分 $Mg_{17}Al_{12}$ 相在固溶处理后进入基体,只残留有少部分 $Mg_{17}Al_{12}$ 和 Al_8Mn_5 相,具体的物相鉴定见 12.2.1 节。

图 12 - 26 为固溶态 CNT/AZ91D 复合材料中 CNT 在晶粒内部和晶界附近的分布。从图中可以看到,绝大部分 CNT 以团簇的形式存在于基体晶粒内部或晶界,只有少部分 CNT 单独存在;晶界附近的团聚体明显大于晶内的团聚体;随着 CNT 含量的增加,CNT 的团聚更加严重且团聚体更大。

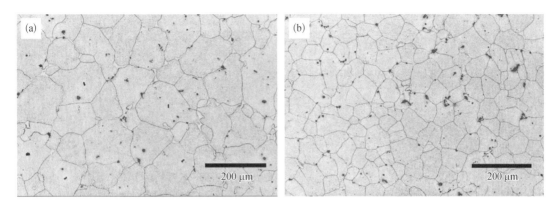

图 12 - 25　固溶态 CNT/AZ91D 复合材料的金相组织

（a）0.5 wt%CNT；（b）2.0 wt%CNT

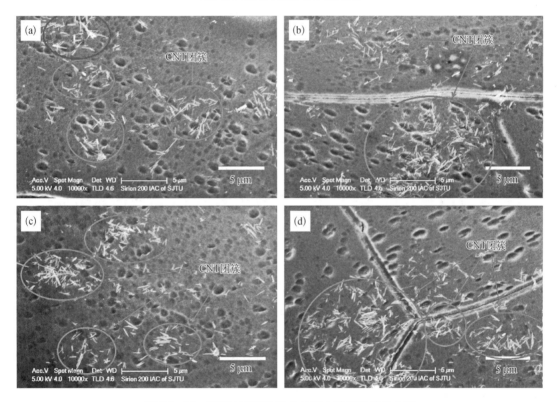

图 12 - 26　CNT/AZ91D 复合材料中碳纳米管的分布

（a）0.5 wt%CNT/AZ91D 复合材料晶粒内部；（b）0.5 wt%CNT/AZ91D 复合材料晶界附近；（c）2.0 wt%CNT/AZ91D 复合材料晶粒内部；（d）2.0 wt%CNT/AZ91D 复合材料晶界附近

　　图 12 - 27 为固溶态 0.5 wt%CNT/AZ91D 复合材料中 CNT 的 TEM 图像。由图可知，CNT 在镁基纳米复合材料中分布并不均匀，基体中既有独立存在的 CNT［图 12 - 27（a）］，也有发生交叉［图 12 - 27（c）］乃至缠结［图 12 - 27（d）］的 CNT。从图 12 - 27（b）可知，CNT 与 Mg 基体之间的界面比较干净，不存在明显的界面反应产物，同时界面结合较好，并未出现间隙或孔洞。从 CNT 在镁熔体中的稳定性上来说，采用高能超声法制备 CNT/AZ91D 复合材料坯料是可行的。

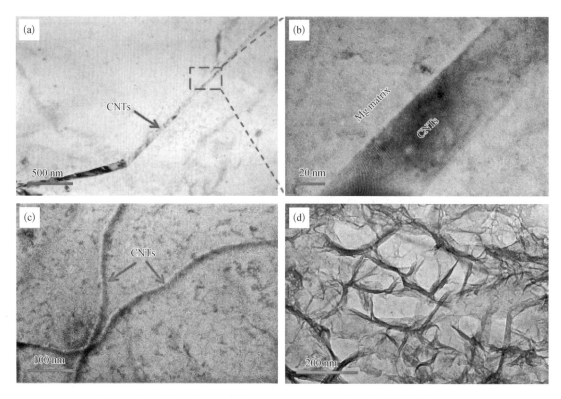

图 12 - 27　固溶态 0.5 wt%CNT/AZ91D 复合材料中的碳纳米管(CNT)

(a) 单根 CNT;(b) 图(a)圈出部分放大图;(c) 交叉 CNT;(d) CNT 聚集区

12.3.2　往复挤压对 CNT/AZ91D 镁基复合材料基体组织的影响

12.3.2.1　往复挤压道次的影响

图 12 - 28 为 300℃不同加工道次下 0.5 wt%CNT/AZ91D 复合材料的组织演变(取样位置见图 11 - 3)。往复挤压 2 道次后,基体晶粒中出现了大量的孪晶,说明在该加工温度下,镁基体中的非基面滑移系并未得到有效激活,无法满足连续塑性变形所要求的 5 个独立滑移系,需要通过孪生来调整部分晶粒的位向以实现连续塑性变形。同时,基体合金粗大的晶粒以及超饱和固溶状态进一步恶化 CNT/AZ91D 复合材料的加工状态,促进孪生的形成[26,42]。与横截面组织比较,纵界面组织沿着挤压方向出现一定程度的拉长。该加工状态下,镁基纳米复合材料更为细观的组织见图 12 - 29。由图可见,往复挤压 2 道次后,基体中不但出现了一次孪生,也出现了二次孪生。同时,在初始晶粒的晶界以及变形所产生的孪晶界处,出现了细小的再结晶组织。往复挤压 4 道次后,孪晶组织消失;但基体组织仍不均匀,在二维平面内呈"网状"分布——局部粗大的晶粒被细小的再结晶组织所包围;纵截面组织沿着挤压方向仍有一定程度的拉长;由图 12 - 29(c)统计可知,此加工状态下,镁基纳米复合材料的基体晶粒尺寸为 1.6±0.8 μm。往复挤压 8 道次后,CNT/AZ91D 复合材料的组织完全实现均匀,由图 12 - 29(d)统计可知,此时,复合材料的基体晶粒已被细化到约 126.6 nm。

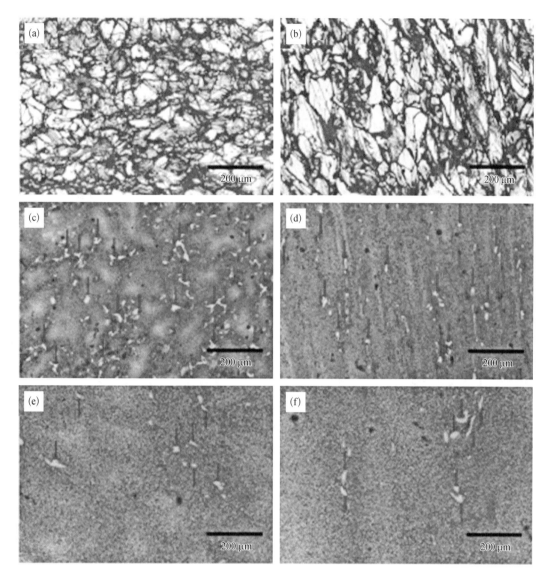

图 12-28 300℃不同往复挤压道次 CNT/AZ91D 复合材料的组织演变

（a）2 道次,横截面中心;（b）2 道次,纵截面中心;（c）4 道次,横截面中心;（d）4 道次,纵截面中心;（e）8 道次,横截面中心;（f）8 道次,纵截面中心

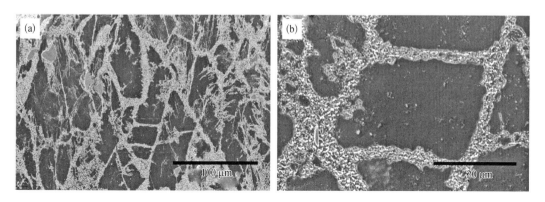

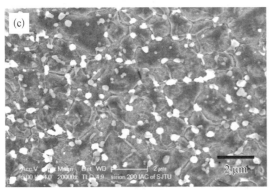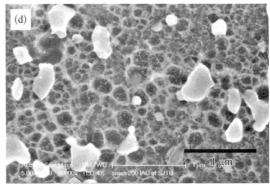

图 12 - 29　300℃往复挤压 CNT/AZ91D 的组织

(a) 2 道次;(b) 图(a)中圈出部分放大图;(c) 4 道次;(d) 8 道次

CNT/AZ91D 复合材料在往复挤压后,除了基体晶粒得到显著细化,第二相也发生明显改变。考虑到基体合金中第二相的来源,第二相的演变分两部分进行讨论:① 初始未固溶的 $Mg_{17}Al_{12}$ 相和 Al_8Mn_5 相;② 加工过程中动态析出的 $Mg_{17}Al_{12}$ 相。

图 12 - 28 中红色箭头所标识的即为未固溶的第二相,从图片中可以观察到,随着往复挤压的进行,初始粗大的第二相(约 20.8 μm)逐渐破碎,细化至约 12.6 μm,并随着基体在空间的三维流动逐渐分散开来[36, 43]。

由图 12 - 29 和图 12 - 30 可知,随着往复挤压过程的进行,$Mg_{17}Al_{12}$ 相主要沿着再结晶晶粒的晶界及加工所形成的孪晶界处发生动态析出,并且随着基体再结晶"细晶区"的扩展逐步析出,最终均匀、弥散地分布在 Mg 基体中。此外,由图 12 - 30 可知往复挤压过程中,Mg 基体中绝大部分 $Mg_{17}Al_{12}$ 相为连续析出相,呈现出颗粒状;局部区域也存在非连续析出的 $Mg_{17}Al_{12}$ 相,主要表现为层片状。

图 12 - 31 为 $Mg_{17}Al_{12}$ 析出相的 TEM 明场像、选区电子衍射花样(晶带轴$[\bar{1}11]$)和 EDS 分析结果。同样地,$Mg_{17}Al_{12}$ 相主要沿着基体再结晶晶粒的晶界析出,析出相的平均粒径约为 0.24 μm。第二相沿晶析出主要是由于晶界区域 Mg 基体晶格畸变严重,所以相比于晶内形核,晶界形核能够显著降低第二相形核所引起的畸变能。同时,Al 原子的晶界扩散速率显著高于体扩散速率,有利于 $Mg_{17}Al_{12}$ 相核心的长大[15, 16]。

12.3.2.2　碳纳米管(CNT)添加量的影响

图 12 - 32 为 300℃往复挤压 8 道次后,AZ91D 合金和 2.0 wt%CNT/AZ91D 复合材料的微观组织。对比图 12 - 29(d)中相同加工状态下 0.5 wt%CNT/AZ91D 复合材料的组织,可知三种材料的微观组织极其相似。表 12 - 5 定量统计了此三种合金/复合材料的基体晶粒尺寸、动态析出 $Mg_{17}Al_{12}$ 相的粒径及其所占的面积分数。由表中定量数据可知,随着 CNT 含量的增加,基体晶粒尺寸逐渐减小,具体而言:添加 0.5CNT 后,基体晶粒尺寸由约 140.9 nm 下降到约 126.6 nm;进一步添加 CNT 到 2.0 wt%,基体晶粒尺寸下降到约 106.5 nm。因此,CNT 的添加有助于 CNT/AZ91D 复合材料在变形加工过程中基体晶粒的细化,与文献所述一致[44, 45]。这主要是因为 CNT 作为位错运动的强钉扎点,导致位错在晶粒内部塞积,增加了单位体积内位错胞/亚晶数量,从而使得再结晶晶粒得以细化[18, 19]。

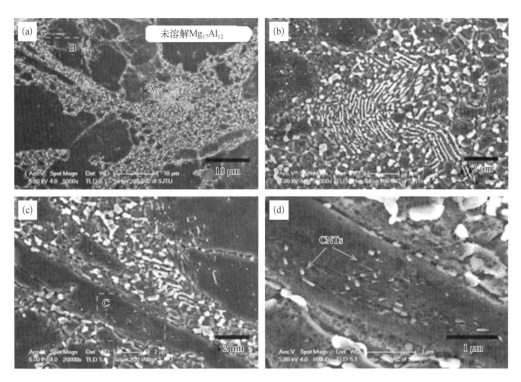

图 12 - 30　300℃往复挤压 2 道次后 CNT/AZ91D 复合材料中连续析出以及非连续析出的 $Mg_{17}Al_{12}$ 相

（a） $Mg_{17}Al_{12}$ 相；（b）图（a）中 A 区域；（c）图（a）中 B 区域；（d）图（c）中 C 区域

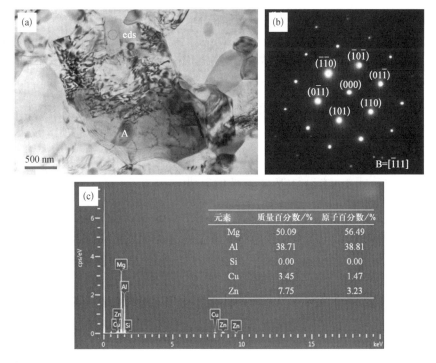

元素	质量百分数/%	原子百分数/%
Mg	50.09	56.49
Al	38.71	38.81
Si	0.00	0.00
Cu	3.45	1.47
Zn	7.75	3.23

图 12 - 31　300℃往复挤压 2 道次 CNT/AZ91D 复合材料中析出的 $Mg_{17}Al_{12}$ 相

（a） TEM 明场像；（b） A 点的选区电子衍射花样（ $B = [\bar{1}11]$ ）；（c）选定标识点的 EDS 结果

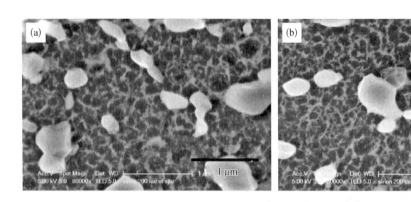

图 12-32　300℃往复挤压 8 道次后 CNT/AZ91D 复合材料的组织

（a）AZ91D 合金；（b）2.0CNT/AZ91D 复合材料

表 12-5　往复挤压 8 道次后，不同 CNT 含量镁基纳米复合材料的微观组织定量分析结果

成　　分	状　　态	基体晶粒尺寸/nm	$Mg_{17}Al_{12}$（析出相）	
			析出相尺寸/μm	面积分数/%
AZ91D		约 140.9	0.23 [0.07~0.92]*	14.5
0.5 wt%CNT/AZ91D	300-CEC-8P	约 126.6	0.24 [0.07~0.88]*	14.3
2.0 wt%CNT/AZ91D		约 106.5	0.22 [0.07~0.86]*	14.7

* $d_{mean}[d_{min}\sim d_{max}]$：$d_{mean}$、$d_{min}$ 和 d_{max} 为 $Mg_{17}Al_{12}$ 的平均值、最小值和最大值。

对于往复挤压后 CNT/AZ91D 复合材料中的 $Mg_{17}Al_{12}$ 相，无论是其颗粒尺寸还是所占面积百分数，CNT 的添加及其添加量并未引起明显差异。这与一些文献[46]中所述的，CNT 的添加会导致 Mg-Al 系合金在塑性加工过程中析出更多的 $Mg_{17}Al_{12}$ 相不同。导致该差异出现的主要原因是除了碳纳米管（CNT），$Mg_{17}Al_{12}$ 相在塑性加工过程中的动态析出行为还受应变影响[16]，而 8 道次往复挤压后，累积应变量高达 12.16 左右，尽管 CNT 在一定程度上能够促进第二相的析出，但其影响相比于应变的影响可以忽略不计。因此，$Mg_{17}Al_{12}$ 相的析出受 CNT 添加量的影响并不明显。

12.3.3　往复挤压对 CNT 分布及完整性的影响

图 12-33 为往复挤压后 CNT/AZ91D 复合材料中 CNT 的分散情况。由图可知，尽管往复挤压后，CNT 团聚情况有所下降，分散性有所提高，但在基体中的分布仍然不均匀，存在明显的 CNT 贫瘠区[12-33（a）、（c）、（e）]和 CNT 富集区[12-33（b）、（d）、（f）]。往复挤压 2 道次后，初始平直、完整的 CNT 弯曲，部分 CNT 破碎；往复挤压 8 道次后，CNT 进一步破碎，但在基体中的分散性有了明显的提高。CNT 结构的破坏在等通道转角挤压（ECAP）[47]、高压扭转（HPT）[48]、累积叠轧（ARB）[49,50]等大塑性变形加工过程中均有提及，主要是加工过程中累计应变量，尤其是沿着 CNT 径向的切应力过大引起的。破碎的 CNT 在基体中分布无明显的方向性。

图 12-34 为 300℃往复挤压 8 道次 0.5 wt%CNT/AZ91D 复合材料中的 CNT。由图可知，往复挤压 8 道次后，Mg 基体中的 CNT 依然存在偏聚。CNT 在往复挤压后发生断裂[图

12-34(b)]、蜷曲[图 12-34(c)]。CNT 与 Mg 基体的界面仍然较为干净,并未出现界面反应产物[图 12-34(d)]。

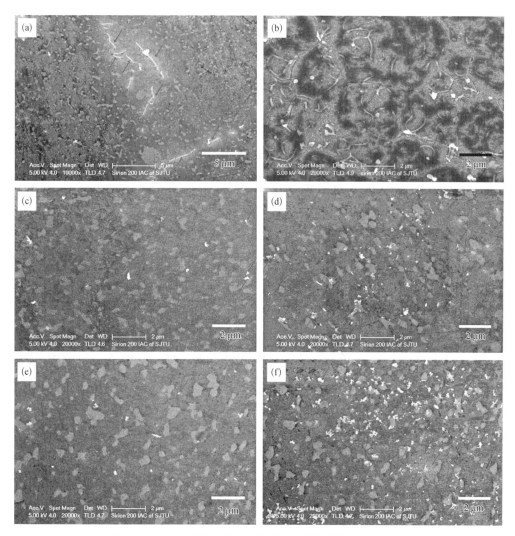

图 12-33 300℃往复挤压过程中,碳纳米管的破碎及分散

(a)、(b) 0.5 wt%CNT-CEC-2P;(c)、(d) 0.5 wt%CNT-CEC-8P;(e)、(f) 2.0 wt%CNT-CEC-8P。
(a)、(c)、(e)为碳纳米管贫瘠区;(b)、(d)、(f)为碳纳米管富集区

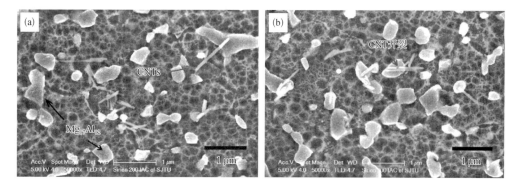

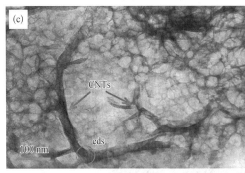

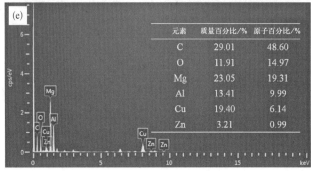

元素	质量百分比/%	原子百分比/%
C	29.01	48.60
O	11.91	14.97
Mg	23.05	19.31
Al	13.41	9.99
Cu	19.40	6.14
Zn	3.21	0.99

图 12-34　300℃往复挤压 8 道次 0.5 wt%CNT/AZ91D 复合材料中的 CNT 的分布

（a）SEM 微观组织（未开裂的 CNT）；（b）SEM 微观组织（开裂的 CNT）；（c）TEM 明场像；（d）CNT 与 Mg 基体的界面；（e）选定标识点的 EDS 结果

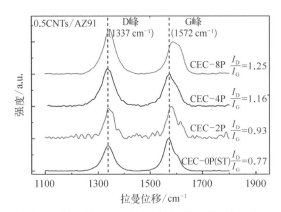

图 12-35　往复挤压不同道次下，CNT/AZ91D复合材料中 CNT 的拉曼谱图

进一步对往复挤压不同道次下 CNT/AZ91D 复合材料进行 Raman 分析，结果如图 12-35 所示。谱图在约 1 337 cm^{-1} 和约 1 572 cm^{-1} 的位置出现两个特征峰值，分别对应于典型 CNT 拉曼光谱中的 D 峰和 G 峰：其中，D 峰与二维平面边缘具有悬键的无规则碳原子有关，可反映石墨层无序排列的特征；G 峰对应石墨 E_{2g} 振动模式，与石墨层的 sp^2 键相似，它与二维六方晶格中 sp^2 键碳原子的振动有关，可反映原始石墨结构特征；D 峰与 G 峰的比值（I_D/I_G）反映了 CNT 的完整性[41]。由图可知，随着往复挤压加工道次的增加，I_D/I_G 的数值由 0.77 逐渐增加到 1.25，进一步表明随着往复挤压过程的进行，CNT 的晶化程度逐渐降低，管壁结构遭到破坏。此外，往复挤压 8 道次后，CNT 的 G 峰明显右移，根据文献资料[51]，当 CNT 受到压应力作用时，G 峰位置会发生右移，这与往复挤压镁基纳米复合材料的受力分析结果一致。

12.4　不同种类的纳米增强相对往复挤压镁基复合材料组织的影响

对比表 12-3 和表 12-5 中 SiC 纳米颗粒和 CNT 对 300℃往复挤压 8 道次基体合金微观组织的影响,可以发现:① SiC 纳米颗粒对往复挤压过程中基体晶粒的细化无明显影响,而 CNT 的添加却有助于基体晶粒的细化;② SiC 纳米颗粒和 CNT 均不会对析出相的粒径和析出量产生明显影响。

由表 12-3、表 12-5 中的定量数据可以得知,$Mg_{17}Al_{12}$ 析出相的最小粒径为 70 nm,这与所添加的 SiC 纳米颗粒的粒径(40 nm)处于同一数量级,但析出相在基体中所占的面积百分数远高于 SiC 纳米颗粒,因此,加工过程中动态析出的 $Mg_{17}Al_{12}$ 相将弱化 SiC 纳米颗粒对基体晶粒细化的影响。相比于 SiC 纳米颗粒,CNT 具有较大的长径比,与再结晶晶粒的晶界接触面积更大,因此,能够更有效地阻碍基体晶粒的长大。

$Mg_{17}Al_{12}$ 相的析出不受纳米增强相的影响则是因为往复挤压对 Mg 基体晶格所造成的畸变远远超过纳米增强相,能更有效地促进 $Mg_{17}Al_{12}$ 相的析出,故纳米增强相对析出相的影响无法得到体现。

12.5　本章小结

本章研究了 n-SiCp/AZ91D 和 CNT/AZ91D 两种镁基纳米复合材料在往复挤压过程中的组织演变,考察了往复挤压加工参数(道次、加工温度)对基体晶粒尺寸、织构演变、第二相的动态析出行为和纳米增强相分散性的影响规律;以 AZ91D 合金为参比对象,讨论了纳米增强相的种类及其添加量对往复挤压前、后镁基纳米复合材料微观组织的影响;通过分析镁基纳米复合材料中出现的特殊取向角,提出了往复挤压镁基纳米复合材料的晶粒细化机制。主要结论如下。

(1) 300℃往复挤压 1 道次后,镁基纳米复合材料中便出现了细小的晶粒;随着往复挤压加工道次的增加,细晶沿着原始粗大晶粒的晶界和加工所产生的孪晶界处逐步向内扩展;往复挤压 8 道次后,镁基纳米复合材料的基体晶粒完全被细化至 100~130 nm。晶粒细化效率随着往复挤压加工道次的增加逐渐降低。随着往复挤压加工温度的升高,n-SiCp/AZ91D 复合材料的基体晶粒逐渐增大。

(2) $Mg_{17}Al_{12}$ 相在往复挤压过程中主要沿着再结晶晶粒的晶界和加工所产生的孪晶界发生连续动态析出;在低加工道次下($\leqslant 2$),在粗大的晶粒内也有少量的 $Mg_{17}Al_{12}$ 相发生非连续动态析出,但这些层片状的析出相会随着往复挤压的进行逐步细化,最终呈现出颗粒状。300℃往复挤压 8 道次后,$Mg_{17}Al_{12}$ 析出相的平均粒径约 0.21 μm,最小粒径达到约 70 nm。随着往复挤压加工温度的升高,$Mg_{17}Al_{12}$ 析出相明显粗化,但析出相所占的面积百分数逐渐降低。

（3）对于固溶态 AZ91D 合金，SiC 纳米颗粒和 CNT 的添加均能使其晶粒发生细化；但对于 300℃ 往复挤压 8 道次后的 AZ91D 合金，CNT 的添加能够促进基体晶粒的细化，SiC 纳米颗粒却不会产生明显影响。出现这种差异的主要原因在于两种增强体的长径比不同；同时，纳米尺度的析出相会降低 SiC 纳米颗粒对基体晶粒细化的影响。纳米增强相的添加及其添加量对 $Mg_{17}Al_{12}$ 相的析出行为无明显影响。

（4）往复挤压 8 道次后，SiC 纳米颗粒能够在基体中实现均匀、弥散分布；而对于 CNT，尽管往复挤压后其分散性有了很大提高，但是在基体中的分布依旧不均匀，存在明显的 CNT 贫瘠区和富集区。CNT 的完整性在往复挤压后会遭受一定程度的破坏。

（5）往复挤压 n-SiCp/AZ91D 复合材料中除了典型的挤压织构组分（$ED//<10\bar{1}0>$）和压缩织构组分（$ED\perp\{0002\}$），基体晶粒还出现了其他的特殊取向。分析表明，特殊取向的出现与基体晶粒的孪生过程有关，尤其是 $\{10\bar{1}2\}$、$\{10\bar{1}1\}$ 以及 $\{10\bar{1}1\}$-$\{10\bar{1}2\}$ 二次孪生。

（6）镁基纳米复合材料在往复挤压过程中的晶粒细化机制与加工温度有关：当加工温度不高于 350℃ 时，孪生在基体晶粒细化的初期起到关键作用，因此，晶粒的细化以孪生辅助的旋转动态再结晶为主，以连续动态再结晶为辅；当加工温度高于 400℃ 时，基体晶粒的细化以旋转动态再结晶为主，以连续动态再结晶为辅。动态析出的 $Mg_{17}Al_{12}$ 相和添加的 SiC 纳米颗粒通过阻碍晶界迁移来抑制再结晶晶粒的长大。

参考文献

［1］ LAN J, YANG Y, LI X. Microstructure and microhardness of SiC nanoparticles reinforced magnesium composites fabricated by ultrasonic method[J]. Materials Science & Engineering A: Structural Materials: Properties, Microstructure and Processing, 2004, 386(1/2): 284-290.

［2］ ZENG X Q, WANG Q D, LU Y Z, et al. Influence of beryllium and rare earth additions on ignition-proof magnesium alloys[J]. Journal of Materials Processing Technology, 2001, 112(1): 17-23.

［3］ CHOI H J, KWON G B, LEE G Y, et al. Reinforcement with carbon nanotubes in aluminum matrix composites[J]. Scripta Materialia, 2008, 59(3): 360-363.

［4］ CHOI H, ALBA-BAENA N, NIMITYONGSKUL S, et al. Characterization of hot extruded Mg/SiC nanocomposites fabricated by casting[J]. Journal of Materials Science, 2011, 46(9): 2991-2997.

［5］ GUO W, WANG Q, YE B, et al. Microstructural refinement and homogenization of Mg-SiC nanocomposites by cyclic extrusion compression[J]. Materials Science & Engineering A: Structural Materials: Properties, Microstructure and Processing, 2012, 556: 267-270.

［6］ BACHMAIER A, PIPPAN R. Generation of metallic nanocomposites by severe plastic deformation[J]. International Materials Reviews, 2013, 58(1): 41-62.

［7］ LUKAC P, TROJANOVA Z. Magnesium-based nanocomposites[J]. International Journal of Materials & Product Technology, 2005, 23(1/2): 121-137.

［8］ VISWANATHAN V, LAHA T, BALANI K, et al. Challenges and advances in nanocomposite processing techniques[J]. Materials Science & Engineering, R. Reports: A Review Journal, 2006, 54(5/6): 121-285.

［9］ 陈勇军. 往复挤压镁合金的组织结构与力学性能研究[D]. 上海：上海交通大学, 2007.

［10］ 林金保. 往复挤压 ZK60 与 GW102K 镁合金的组织演变及强韧化机制研究[D]. 上海：上海交通大

学, 2009.

[11]　WANG Z H, WANG X D, ZHAO Y X, et al. SiC nanoparticles reinforced magnesium matrix composites fabricated by ultrasonic method[C]. Beijing: The 11th International Conference on Semi-Solid Processing of Alloy and Composites, 2010.

[12]　LI Z, WANG Q D, LIU G P, et al. Effect of SiC particles and the particulate size on the hot deformation and processing map of AZ91 magnesium matrix composites[J]. Materials Science & Engineering A: Structural Materials: Properties, Microstructure and Processing, 2017, 707: 315-324.

[13]　ZHANG L, YE B, LIAO W J, et al. Microstructure evolution and mechanical properties of AZ91D magnesium alloy processed by repetitive upsetting[J]. Materials Science & Engineering A: Structural Materials: Properties, Microstructure and Processing, 2015, 641: 62-70.

[14]　ZENG X Q, LU Y Z, DING W J, et al. Kinetic study on the surface oxidation of the molten $Mg-9Al-0.5Zn-0.3Be$ alloy[J]. Journal of Materials Science, 2001, 36(10): 2499-2504.

[15]　PENG T, WANG Q D. Application of regression analysis to optimize hot compactionprocessing in an indirect solid-state recycling of Mg alloy[J]. Materials Science Forum, 2010, 650: 239-245.

[16]　GUO F, ZHANG DI F, YANG, X S, et al. Strain-induced dynamic precipitation of $Mg_{17}Al_{12}$ phases in $Mg-8Al$ alloys sheets rolled at 748 K[J]. Materials Science & Engineering A: Structural Materials: Properties, Microstructure and Processing, 2015, 636: 516-521.

[17]　GUBICZA J, MATHIS K, HEGEDUS Z, et al. Inhomogeneous evolution of microstructure in AZ91 Mg-alloy during high temperature equal-channel angular pressing[J]. Journal of Alloys and Compounds: An Interdisciplinary Journal of Materials Science and Solid-state Chemistry and Physics, 2010, 492(1/2): 166-172.

[18]　CHEN Y J, WANG Q D, LIN J B, et al. Fabrication of bulk UFG magnesium alloys by cyclic extrusion compression[J]. Journal of Materials Science, 2007, 42(17): 7601-7603.

[19]　CHEN Y J, WANG Q D, ROVEN H J, et al. Network-shaped fine-grained microstructure and high ductility of magnesium alloy fabricated by cyclic extrusion compression[J]. Scripta Materialia, 2008, 58(4): 311-314.

[20]　MA Q, LI B, MARIN E B, et al. Twinning-induced dynamic recrystallization in a magnesium alloy extruded at 450℃[J]. Scripta Materialia, 2011, 65(9): 823-826.

[21]　SRINIVASAN A, SWAMINATHAN J, GUNJAN M K, et al. Effect of intermetallic phases on the creep behavior of AZ91 magnesium alloy[J]. Materials Science & Engineering A: Structural Materials: Properties, Microstructure and Processing, 2010, 527(6): 1395-1403.

[22]　MA Q, ELKADIRI H, OPPEDAL A L, et al. Twinning and double twinning upon compression of prismatic textures in an AM30 magnesium alloy[J]. Scripta Materialia, 2011, 64(9): 813-816.

[23]　XU S W, KAMADO S, HONMA T. Recrystallization mechanism and the relationship between grain size and Zener-Hollomon parameter of $Mg-Al-Zn-Ca$ alloys during hot compression[J]. Scripta Materialia, 2010, 63(3): 293-296.

[24]　BARNETT M R, KESHAVARZ Z, BEER A G, et al. Non-Schmid behaviour during secondary twinning in a polycrystalline magnesium alloy[J]. Acta Materialia, 2008, 56(1): 5-15.

[25]　ZHOU H, CHENG G M, MA X L, et al. Effect of Ag on interfacial segregation in $Mg-Gd-Y-(Ag)-Zr$ alloy[J]. Acta Materialia, 2015, 95: 20-29.

[26]　DOBRON P, CHMELIK F, YI S B, et al. Grain size effects on deformation twinning in an extruded magnesium alloy tested in compression[J]. Scripta Materialia, 2011, 65(5): 424-427.

[27]　LIU M P, YUAN G Y, WANG Q D, et al. Superplastic behavior and microstructural evolution in a commercial $Mg-3Al-1Zn$ magnesium alloy[J]. Materials Transactions, 2002, 43(10): 2433-2436.

[28]　YU Z Z, CHOO H H. Influence of twinning on the grain refinement during high-temperature deformation in

a magnesium alloy[J]. Scripta Materialia, 2011, 64(5): 434-437.

[29] CHANGIZIAN P, ZAREI-HANZAKI A, ABEDI H R. On the recrystallization behavior of homogenized AZ81 magnesium alloy: The effect of mechanical twins and γ precipitates [J]. Materials Science & Engineering A: Structural Materials: Properties, Microstructure and Processing, 2012, 558: 44-51.

[30] LI X, JIAO F, AL-SAMMAN T, et al. Influence of second-phase precipitates on the texture evolution of Mg-Al-Zn alloys during hot deformation[J]. Scripta Materialia, 2012, 66(3/4): 159-162.

[31] KIM W J, HONG S I, KIM Y S, et al. Texture development and its effect on mechanical properties of an AZ61 Mg alloy fabricated by equal channel angular pressing[J]. Acta Materialia, 2003, 51(11): 3293-3307.

[32] BARNETT M R, KESHAVARZ Z, BEER A G, et al. Influence of grain size on the compressive deformation of wrought M-3Al-1Zn[J]. Acta Materialia, 2004, 52(17): 5093-5103.

[33] GHADERI A, BARNETT M R. Sensitivity of deformation twinning to grain size in titanium and magnesium [J]. Acta Materialia, 2011, 59(20): 7824-7839.

[34] WANG Y S, WANG Q D, WU G H, et al. Hot-tearing susceptibility of Mg-9Al-xZn alloy[J]. Materials Letters, 2002, 57(4): 929-934.

[35] WANG Y S, YU J Z, WANG Q D, et al. Heat treatment strengthening effects of rare earths on Mg-9Al alloy [J]. Acta Metallurgica Sinica, 2003, 16(1): 8-14.

[36] LIAO W J, YE B, ZHANG L, et al. Microstructure evolution and mechanical properties of SiC nanoparticles reinforced magnesium matrix composite processed by cyclic closed-die forging[J]. Materials Science & Engineering A: Structural Materials: Properties, Microstructure and Processing, 2015, 642: 49-56.

[37] NIE K B, WANG X J, XU L, et al. Effect of hot extrusion on microstructures and mechanical properties of SiC nanoparticles reinforced magnesium matrix composite [J]. Journal of Alloys and Compounds: An Interdisciplinary Journal of Materials Science and Solid-state Chemistry and Physics, 2012, 512(1): 355-360.

[38] DEL VALLE J A, PEREZ-PRADO M T, RUANO O A. Texture evolution during large-strain hot rolling of the Mg AZ61 alloy [J]. Materials Science & Engineering A: Structural Materials: Properties, Microstructure and Processing, 2003, 355(1/2): 68-78.

[39] LIANG J H, LI H J, QI L H, et al. Influence of Ni-CNT additions on the microstructure and mechanical properties of extruded Mg-9Al alloy[J]. Materials Science & Engineering A: Structural Materials: Properties, Microstructure and Processing, 2016, 678: 101-109.

[40] LV Y Z, WANG Q D, ZENG X Q, et al. Behavior of Mg-6Al-xSi alloys during solution heat treatment [J]. Materials Science & Engineering A: Structural Materials: Properties, Microstructure and Processing, 2001, 301(2): 255-258.

[41] WANG Y S, WANG Q D, MA C J. Effects of Zn and RE additions on the solidification behavior of Mg-9Al magnesium alloy [J]. Materials Science & Engineering A: Structural Materials: Properties, Microstructure and Processing, 2003, 342(1/2): 178-182.

[42] DUDAMELL N V, ULACIA I, GALVEZ F, et al. Twinning and grain subdivision during dynamic deformation of a Mg AZ31 sheet alloy at room temperature[J]. Acta Materialia, 2011, 59(18): 6949-6962.

[43] ZHOU H, YE B, WANG Q C, et al. Uniform fine microstructure and random texture of Mg-9.8Gd-2.7Y-0.4Zr magnesium alloy processed by repeated-upsetting deformation[J]. Materials Letters, 2012, 83: 175-178.

[44] TOKUNAGA T, KANEKO K, Horita Z. Production of aluminum-matrix carbon nanotube composite using high pressure torsion [J]. Materials Science & Engineering A: Structural Materials: Properties,

Microstructure and Processing, 2008, 490(1/2): 300 – 304.

[45] MORISADA Y, FUJII H, NAGAOKA T, et al. MWCNT/AZ31 surface composites fabricated by friction stir processing[J]. Materials Science & Engineering A: Structural Materials: Properties, Microstructure and Processing, 2006, A419(1/2): 344 – 348.

[46] YUAN Q H, ZENG X S, LIU Y, et al. Microstructure and mechanical properties of AZ91 alloy reinforced by carbon nanotubes coated with MgO[J]. Carbon: An International Journal Sponsored by the American Carbon Society, 2016, 96: 843 – 855.

[47] HE S M, PENG L M, ZENG X Q, et al. Effects of variable La/Ce ratio on microstructure and mechanical properties of Mg – 5Al – 0. 3Mn – 1RE alloys[J]. Materials Science Forum, 2005, 488 – 489: 231 – 234.

[48] ASGHARZADEH H, JOO S H, KIM H S. Consolidation of carbon nanotube reinforced aluminum matrix composites by high-pressure torsion[J]. Metallurgical and Materials Transactions, A. Physical Metallurgy and Materials Science, 2014, 45A(9): 4129 – 4137.

[49] YOO S J, HAN S H, KIM W J. Magnesium matrix composites fabricated by using accumulative roll bonding of magnesium sheets coated with carbon-nanotube-containing aluminum powders[J]. Scripta Materialia, 2012, 67(2): 129 – 132.

[50] SALIMI S, IZADI H, GERLICH A P. Fabrication of an aluminum-carbon nanotube metal matrix composite by accumulative roll-bonding[J]. Journal of Materials Science, 2010, 46(2): 409 – 415.

[51] NAYAN N, SHUKLA A K, CHANDRAN P, et al. Processing and characterization of spark plasma sintered copper/carbon nanotube composites[J]. Materials Science & Engineering A: Structural Materials: Properties, Microstructure and Processing, 2017, 682: 229 – 237.

第十三章　往复挤压镁基纳米复合材料的力学性能

13.1　引言

由第十二章可知,往复挤压在对镁基纳米复合材料中的纳米增强相进行重新分布的同时,能够细化基体晶粒、改变基体晶粒的取向、影响第二相的析出行为,而这一系列组织结构的改变,都将对镁基纳米复合材料的力学性能产生明显影响。因此,本章对往复挤压后的镁基纳米复合材料进行硬度和室温拉伸测试,研究不同往复挤压参数下镁基纳米复合材料的力学性能变化规律;分析镁基纳米复合材料的微观组织对力学性能的影响;最后探讨纳米增强超细晶镁基复合材料的强韧化机制。

13.2　往复挤压镁基纳米复合材料的硬度

图 13 - 1(a)、(b)为往复挤压加工参数(加工道次、温度)对 1.0 wt% n - SiCp/AZ91D 复合材料硬度的影响。由图可知,随着往复挤压加工道次的增加,基体晶粒逐步细化,$Mg_{17}Al_{12}$ 相沿晶逐步动态析出,SiC 纳米颗粒在基体中的分散性逐步提高,使得 1.0 wt% n - SiCp/AZ91D 复合材料的硬度逐渐得到提高;但基体晶粒的细化效率随着往复挤压加工道次的增加逐步降低,因此,复合材料硬度提升的幅度会逐步降低。具体而言,300℃往复挤压 2 道次后,镁基纳米复合材料的硬度提高了 25.4 HV;而之后的 6 道次加工仅使复合材料的硬度提高了 3.6 HV;最终,往复挤压 8 道次后,镁基纳米复合材料的硬度达到 95.62 HV。随着往复挤压温度的升高,1.0 wt% n - SiCp/AZ91D 复合材料的基体晶粒逐渐增大,$Mg_{17}Al_{12}$ 相的析出量逐渐较少,使得镁基纳米复合材料的硬度逐渐降低。具体而言,当加工温度从 300℃提高到 350℃、400℃,复合材料的硬度从 95.62 HV 降低至 81.69 HV、80.41 HV。

SiC 纳米颗粒的添加量对往复挤压前、后 n - SiCp/AZ91D 复合材料硬度的影响见图 13 - 1(c)。对于固溶态 AZ91D 合金,添加 1.0 wt% SiC 纳米颗粒能够使基体合金的硬度从 57.12 HV 提高到 66.60 HV,提高了 16.60%;对于 300℃往复挤压 8 道次后的 AZ91D 合金,添加 1.0 wt% SiC 纳米颗粒能够使加工态基体合金的硬度从 87.47 HV 提高到 95.62 HV,提高了 9.32%。因此,SiC 纳米颗粒的添加能够提高镁基纳米复合材料的硬度,且随着 SiC 纳米颗粒添加量的增加,镁基纳米复合材料的硬度亦逐渐提高。

图 13 - 2(a)为往复挤压加工道次对 0.5 wt%CNT/AZ91D 复合材料硬度的影响。与加工道次对 1.0 wt% n - SiCp/AZ91D 复合材料硬度的影响规律相同,即复合材料的硬度会随着加工道次的增加逐渐提高,但是提高幅度会逐渐下降。图 13 - 2(b)为 CNT 的添加量对往复挤压前、后 CNT/AZ91D 复合材料硬度的影响。对于固溶态复合材料,随着 CNT 添加量的增

加,其硬度逐渐增加;对于往复挤压 8 道次后的基体合金,0.5 wt% CNT 能够使其硬度提高 18.17%,而添加 2.0 wt% 的 CNT 后其硬度仅提高 14.23%。这主要是由于往复挤压 8 道次后,CNT 在基体中仍未均匀分散,同时,CNT 的结构遭到破坏,从而使得 2.0CNT/AZ91D 复合材料的硬度相比于 0.5CNT/AZ91D 出现降低。

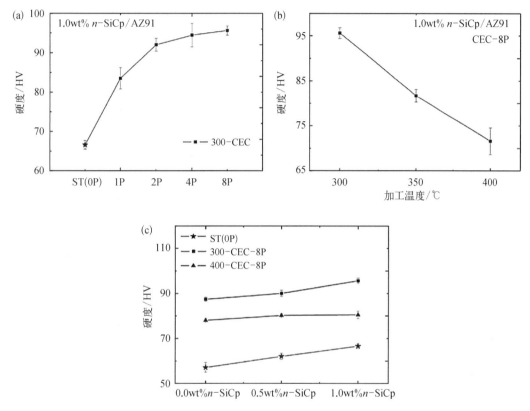

图 13-1　(a) 往复挤压加工道次、(b) 加工温度、(c) n-SiCp 添加量对 n-SiCp/AZ91D 复合材料硬度的影响

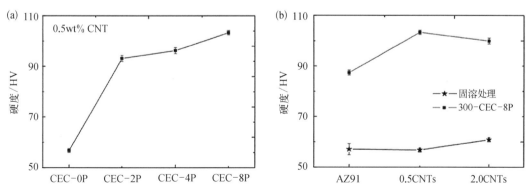

图 13-2　(a) 往复挤压加工道次、(b) CNT 添加量 对 CNT/AZ91D 复合材料硬度的影响

13.3　往复挤压 n-SiCp/AZ91D 镁基复合材料的室温拉伸性能

13.3.1　往复挤压道次的影响

图 13-3 为往复挤压道次对 300℃往复挤压 1.0 wt%n-SiCp/AZ91D 复合材料室温力学性能的影响。由图可知,对于初始固溶态 1.0 wt%n-SiCp/AZ91D 复合材料,屈服强度和抗拉强度分别为 84.27 MPa 和 230.48 MPa;随着往复挤压的进行,n-SiCp/AZ91D 复合材料的基体晶粒逐步细化,$Mg_{17}Al_{12}$ 相沿晶逐渐动态析出,同时,SiC 纳米颗粒在基体中的分散性逐步提高,使得镁基纳米复合材料的屈服强度、抗拉强度及伸长率均逐步提高;往复挤压 8 道次后,其屈服强度和抗拉强度分别提升了 151.80% 和 57.77%,达到 212.19 MPa 和 363.62 MPa。固溶态 1.0 wt%n-SiCp/AZ91D 复合材料的伸长率为 6.58%,而 8 道次往复挤压后,伸长率达到 10.21%,提高幅度达 55.17%。镁基纳米复合材料韧性的提高则是因为基体晶粒的细化提高了晶间协调变形的能力,从而延缓了晶间裂纹的产生[1,2]。

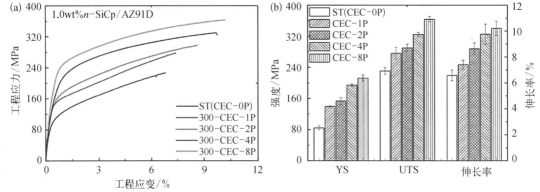

图 13-3　300℃不同往复挤压道次 1.0 wt%n-SiCp/AZ91D 复合材料的力学性能

（a）拉伸曲线;（b）屈服强度（YS）、抗拉强度（UTS）和伸长率（elongation）

13.3.2　往复挤压温度的影响

图 13-4 为往复挤压温度对 1.0 wt%n-SiCp/AZ91D 复合材料室温力学性能的影响。由图可知,对于往复挤压 8 道次后的镁基纳米复合材料,随着加工温度的升高,其屈服强度、抗拉强度和伸长率均逐渐降低。具体而言,1.0 wt%n-SiCp/AZ91D 复合材料在 300℃往复挤压 8 道次后,屈服强度和抗拉强度为 212.19 MPa 和 363.62 MPa;当加工温度升高到 350℃,屈服强度和抗拉强度分别降低到 178.32 MPa 和 334.38 MPa;进一步升高加工温度至 400℃,其屈服强度和抗拉强度降低至 149.59 MPa 和 324.93 MPa。导致镁基纳米复强度出现连续下降的主要原因是基体晶粒会随着加工温度的升高逐渐增大,同时,$Mg_{17}Al_{12}$ 相的析出量逐渐减少（表 12-2）。镁基纳米复合材料的伸长率随着加工温度的升高逐步从 10.21% 降低到 10.02%、8.73%,这主要归结于晶粒的长大以及脆性 $Mg_{17}Al_{12}$ 相的粗化。

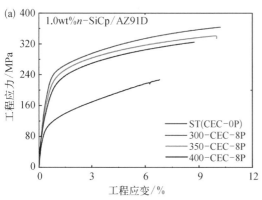
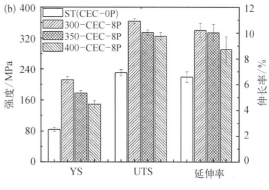

图 13 - 4　不同加工温度下往复挤压 8 道次 1.0 wt%*n* - SiCp/AZ91D 复合材料的力学性能

（a）拉伸曲线；（b）屈服强度（YS）、抗拉强度（UTS）和伸长率（elongation）

13.3.3　SiC 纳米颗粒添加量的影响

图 13 - 5 为 SiC 纳米颗粒的添加量对固溶态和 300℃往复挤压 8 道次镁基纳米复合材料室温力学性能的影响。在固溶态 AZ91D 合金添加 0.5 wt% SiC 纳米颗粒后，基体合金的屈服强度和抗拉强度分别提高了 25.48% 和 8.08%，达到 88.21 MPa 和 226.37 MPa；添加 1.0 wt% SiC 纳米颗粒后，屈服强度相比于添加 0.5% SiC 纳米颗粒的复合材料略有降低，但抗拉强度有所提高。伸长率随着 SiC 纳米颗粒含量的增加从 7.47%（AZ91D 合金）降低至 6.58%（1.0 wt% *n* - SiCp/AZ91D）。300℃往复挤压 8 道次后镁基纳米复合材料的屈服强度随着 SiC 纳米颗粒含量的增加逐步增加，当添加 1.0 wt% SiC 纳米颗粒后，屈服强度提高 12.45%；抗拉强度随着 SiC 纳米颗粒含量的增加先提高而后降低；伸长率随着 SiC 纳米颗粒含量的增加从 13.11% 降低至 10.21%。根据表 12 - 3 中所给出的统计数据，SiC 纳米颗粒的添加并未对往复挤压后镁基纳米复合材料的基体组织产生明显影响。因此，上述出现的复合材料强度的提高和韧性的降低，均是由纳米颗粒所引起的。

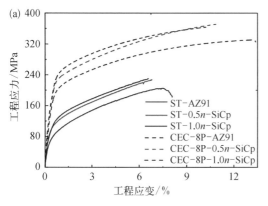
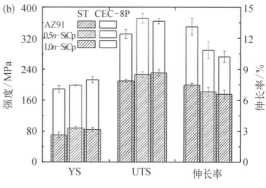

图 13 - 5　SiC 纳米颗粒的添加及其添加量对 300℃往复挤压前、
后 *n* - SiCp/AZ91D 复合材料力学性能的影响

（a）拉伸曲线；（b）屈服强度（YS）、抗拉强度（UTS）和伸长率（elongation）

13.4　往复挤压 CNT/AZ91D 镁基复合材料的室温拉伸性能

13.4.1　往复挤压道次的影响

图 13-6 为往复挤压道次对 0.5 wt%CNT/AZ91D 复合材料室温力学性能的影响。由图可知,往复挤压 4 道次后,镁基纳米复合材料的屈服强度和抗拉强度分别由初始固溶态的 81.83 MPa 和 233.20 MPa 提高到 214.92 MPa 和 367.24 MPa;当对镁基纳米复合材料再进行 4 道次加工时,复合材料的屈服强度和抗拉强度却会出现小幅度下降(约 2.7 MPa 和约 3.1 MPa),但与初始固溶态相比,仍然提高了 159.24% 和 56.15%。0.5CNT/AZ91D 复合材料的伸长率随着加工道次的增加逐渐增加,从最初的 8.53% 增加到 11.37%。

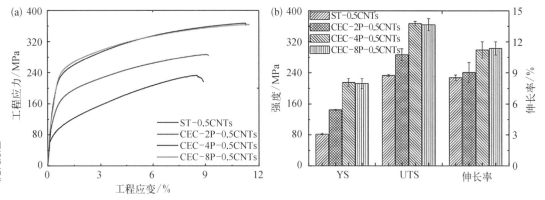

图 13-6　300℃不同往复挤压道次 0.5 wt%CNT/AZ91D 复合材料的力学性能

(a) 拉伸曲线;(b) 屈服强度(YS)、抗拉强度(UTS)和伸长率(elongation)

13.4.2　碳纳米管添加量的影响

图 13-7 为碳纳米管(CNT)的添加量对固溶态和往复挤压 8 道次后镁基纳米复合材料室温力学性能的影响。在 AZ91D 基体合金中添加 0.5 wt% 的 CNT 后,镁基纳米复合材料的屈服强度、抗拉强度和伸长率分别提高了约 16.4%、约 11.3% 和约 14.2%;进一步增加 CNT 含量到 2.0 wt% 时,复合材料的抗拉强度和伸长率会出现下降,这主要是因为初始团簇的 CNT 会降低增强体和基体合金之间的结合强度。对于 300℃ 往复挤压 8 道次后基体合金,CNT 的添加能够有效提高其屈服强度和抗拉强度,但是伸长率会有所降低(约 14%)。这主要是因为尽管往复挤压能够提高 CNT 的分散性,但 CNT 的管壁结构在往复挤压后遭到破坏,破碎的 CNT 可能作为裂纹萌生点,导致镁基纳米复合材料提前失效。

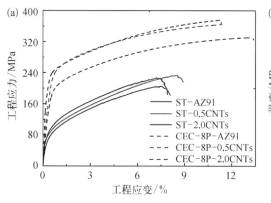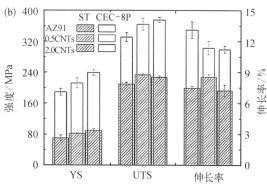

图 13-7　碳纳米管(CNT)的添加及其添加量对 300℃往复挤压前、后 CNT/AZ91D 复合材料力学性能的影响

(a) 拉伸曲线；(b) 屈服强度(YS)、抗拉强度(UTS)和伸长率(elongation)

13.5　不同种类的纳米增强相对镁基复合材料力学性能的影响

由前面的分析可知，无论是 SiC 纳米颗粒还是 CNT，都会影响往复挤压前、后镁基纳米复合材料的力学性能，但是哪种纳米增强相对基体合金力学性能的影响更大尚不明晰，因此，本节主要对比 SiC 纳米颗粒和 CNT 对基体合金力学性能的影响大小。

图 13-8 为两种纳米增强相对基体合金硬度、屈服强度、抗拉强度和伸长率的影响。由图可知，受纳米增强相种类影响最为明显的力学参量是硬度和伸长率，主要影响体现在：① 固溶态 n-SiCp/AZ91D 复合材料的硬度明显高于 CNT/AZ91D 复合材料，但是往复挤压后，CNT/AZ91D 复合材料的硬度却会超过 n-SiCp/AZ91D 复合材料；② 往复挤压前、后 CNT/AZ91D 复合材料的塑性始终高于 n-SiCp/AZ91D 复合材料。

SiC 纳米颗粒为陶瓷颗粒，硬度远高于中空的 CNT，因此，基于混合定律，n-SiCp/AZ91D 复合材料硬度会高过 CNT/AZ91D 复合材料；但是，往复挤压后 CNT/AZ91D 复合材料基体晶粒的细化程度高于 n-SiCp/AZ91D 复合材料，因此会使 CNT/AZ91D 复合材料的形变抗力较高，这点可由往复挤压后 CNT/AZ91D 复合材料的屈服强度高于 n-SiCp/AZ91D 复合材料可间接得到验证。

CNT/AZ91D 复合材料塑性优于 n-SiCp/AZ91D 复合材料，这主要得益于 CNT 在复合材料拉伸过程中所产生的"拔出"和"桥连"机制[3,4]，即使基体组织中出现了裂纹，横跨裂纹的 CNT 能够对裂纹扩展产生抑制，从而 CNT/AZ91D 复合材料的塑性高过 n-SiCp/AZ91D 复合材料。

通常，纳米增强相的强化效果可以采用强化效率(strengthening efficiency)R 来定量表征，该参数的物理意义是单位体积/质量的增强体对基体合金强度的贡献值，定义式为[5,6]

$$R = \frac{\sigma_c - \sigma_m}{\omega \sigma_m} \tag{13-1}$$

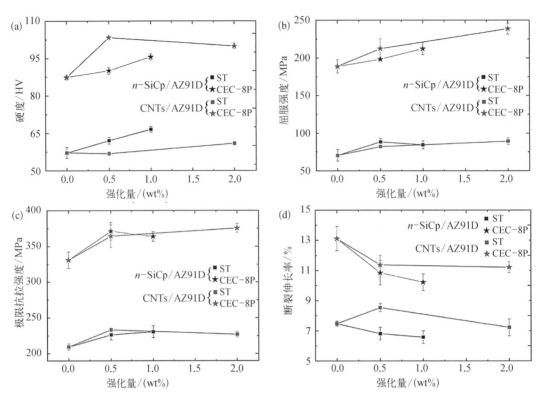

图 13-8   纳米增强相(种类、添加量)对 300℃往复挤压前、后镁基纳米复合材料力学性能的影响

(a) 硬度;(b) 屈服强度(YS);(c) 抗拉强度(UTS);(d) 伸长率(elongation)

式中,σ_c、σ_m 分别为镁基纳米复合材料和基体合金的屈服强度;ω 为所添加纳米增强相的质量分数。

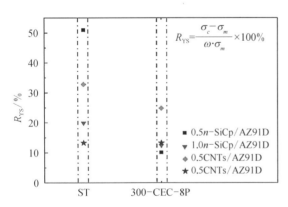

图 13-9   往复挤压前、后镁基纳米复合材料中纳米增强相的强化效率

图 13-9 统计了本研究中涉及的 n-SiCp/AZ91D 和 CNT/AZ91D 两种纳米增强镁基复合材料在固溶态和加工态(往复挤压 8 道次)下纳米增强相的强化效率。由图可知:① 对于固溶态镁基纳米复合材料,纳米增强相的强化效率会随着其添加量的增加显著降低,这主要是因为高体积分数的纳米增强相更加容易发生团聚;② 往复挤压后,纳米增强相的强化效率均明显降低,这是因为塑性加工会显著提高基体合金的强度,弱化纳米增强相对基体的增强效果;③ 同等含量的 SiC 纳米颗粒和 CNT,其强化效率会因镁基纳米复合材料状态的不同出现截然相反的结果,这与前面分析的纳米增强相的种类对镁基纳米复合材料硬度的影响规律相同。

13.6　纳米增强超细晶镁基复合材料的强韧化机制

与初始固溶态相比,往复挤压后镁基纳米复合材料的强度和塑性均得到显著提高。本节将结合往复挤压后镁基纳米复合材料的微观组织,从基体晶粒、$Mg_{17}Al_{12}$ 析出相、纳米增强相三个方面,探讨所制备的纳米增强超细晶镁基复合材料的强韧化机制。

13.6.1　细晶强韧化

大量研究表明[7-9],基体晶粒的细化不但能够提高镁基纳米复合材料的强度,还能有效改善镁基纳米复合材料的塑性和韧性。屈服强度和晶粒尺寸之间的关系,通常可用经典的 Hall-Petch 公式来描述[10]:

$$\sigma_s = \sigma_0 + k_y d^{-1/2} \tag{13-2}$$

式中,σ_s 为材料的屈服强度;σ_0 为该材料单晶体的屈服强度;k_y 为材料系数;d 为晶粒尺寸。根据公式可知,材料的屈服强度与晶粒尺寸的平方根成反比。

由第十二章的组织观察可以得知,镁基纳米复合材料基体晶粒的尺寸随着加工道次的增加逐渐减小,随着加工温度的降低也逐渐减小,依据 Hall-Petch 公式,镁基纳米复合材料的强度势必会随着加工道次的增加、温度的降低而得到提高。图 13-10 为往复挤压后 n-$SiCp/AZ91D$ 复合材料屈服强度与晶粒尺寸之间的关系。实验结果与理论推测所得到的变化趋势一致,但是同加工温度、不同应变量下,镁基纳米复合材料屈服强度与晶粒尺寸的平方根之间的线性关系比较差,说明尚有其他因素(如析出相、纳米增强相等)会对镁基纳米复合材料的屈服强度产生影响。等应变量不同加工温度下,镁基纳米复合材料的屈服强度和晶粒尺寸之间基本满足 Hall-Petch 公式,拟合结果为 $\sigma_s = 25.61 + 0.143 \times d^{-1/2}$,线性相关系数超过 0.9;$k_y$ 数值与文献所报道的镁基复合材料的 0.133 $MPa/m^{-1/2}$ 相近[11]。

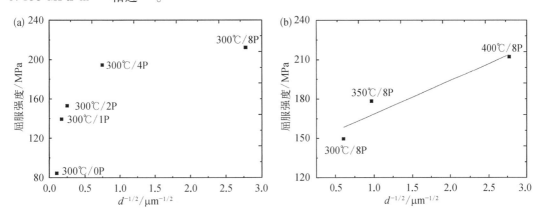

图 13-10　往复挤压后 n-$SiCp/AZ91D$ 复合材料屈服强度和晶粒尺寸之间的关系

(a) 不同加工道次;(b) 不同加工温度

根据文献[12,13],粗晶镁基材料棱柱面滑移和基面滑移的临界分切应力(CRSS)之比高达57.1~66.7,而细晶镁合金在1.1~5.5,表明当镁基体晶粒细化到一定程度后,就有可能激活棱柱面滑移,甚至锥面滑移,提高镁基材料的塑性变形能力;同时,基体晶粒的细化会缩短位错滑移程,提高镁基材料变形的均匀性。除了位错滑移,晶间塑性变形和晶界滑移也是镁基材料一种重要的塑性变形机制,而基体晶粒的细化能够提高晶粒晶间协调变形的能力,延缓晶间裂纹的产生。这些都说明,在镁基纳米复合材料基体晶粒得到细化后,其塑性会显著提高。

13.6.2 析出强化

析出强化通常认为是通过位错与析出相颗粒之间的交互作用来实现的[14,15]。但在本节实验过程中,300℃往复挤压8道次后,析出相的平均粒径为0.21 μm,而基体晶粒的尺寸只有0.13 μm,析出相尺寸远大于基体晶粒中所允许的最大位错线的长度,故在本节实验条件下,析出相的强化作用并非是通过阻碍位错的运动实现的。根据组织观察,$Mg_{17}Al_{12}$ 相主要分布在晶界上,因此,可以推断,析出相的强化作用是通过提高晶界强度实现的。

析出相在提高镁基纳米复合材料的强度的同时,往往会对复合材料的塑性产生负面影响。这主要是因为析出相是脆性相,在塑性变形过程中,容易成为裂纹萌生位置[13]。

13.6.3 复合强化

由前面的分析可知,镁基纳米复合材料的强度比同状态下基体合金要高,说明纳米增强相能够对镁基纳米复合材料的强度做出了贡献。

由第十二章可知,SiC 纳米颗粒不会影响往复挤压后镁基纳米复合材料的晶粒尺寸,但CNT 能够进一步细化往复挤压后镁基纳米材料的晶粒尺寸。因此,CNT 对基体合金的强化效果会包括细晶强化,可以通过下式计算[10,16]:

$$\Delta\sigma_{\text{Hall-Petch}} = k_y(d_{\text{compos}}^{-1/2} - d_{\text{matrix}}^{-1/2}) \qquad (13-3)$$

式中,d_{compos} 为镁基纳米复合材料的晶粒尺寸(m);d_{matrix} 为基体合金的晶粒尺寸(m);对于镁基复合材料 k_y 为 0.133 MPa/m$^{-1/2}$,基体合金和镁基纳米复合材料的晶粒尺寸可从表12-3 和表12-5 中获取。

往复挤压后纳米增强相均匀分散在镁基体中,而硬质相的存在会阻碍位错运动,提高复合材料的强度,即产生 Orowan 强化。目前,Ashby-Orowan 方程被广泛应用于预测由 Orowan 强化机制所导致复合材料强度的提高,该公式表述为[11,17,18]

$$\Delta\sigma_{\text{Orowan}} = \frac{0.13G_m b}{d[(1/2\nu)^{1/3} - 1]}\ln\left(\frac{d}{2b}\right) \qquad (13-4)$$

式中,G_m 为基体合金的剪切模量(MPa);b 为基体合金的柏式矢量(m);d 为纳米颗粒的直径(m);ν 为纳米增强相的体积分数。对于 n - SiCp/AZ91D 复合材料,SiC 纳米颗粒的体积分数为 0.28%(质量分数 0.5%)和 0.56%(质量分数 1.0%),平均粒径为 40 nm;对于CNT/AZ91D 复合材料,CNT 的体积分数为 0.39%(质量分数 0.5%)和 1.55%(质量分数为 2.0%),CNT 的直径取其外壁直径 40 nm;基体 AZ91D 合金的剪切模量为 17.3 GPa,柏式

矢量为 $0.32\ nm$[19]。需要特别说明的是,根据之前的相关文献[20, 21],直接采用 Ashby-Orowan 用于计算纳米增强相 Orowan 强化数据时,会导致计算值远高于实验值。通常需要引入修正参数 $\varepsilon(0.05)$,并使其与 ν 关联:

$$\nu^* = \varepsilon\nu \tag{13-5}$$

纳米增强相和基体合金的热膨胀系数(CTE)和弹性模量往往相差很大,因此在热加工结束,复合材料冷却的过程中,镁基体的内部会产生高密度的位错,对复合材料产生热错配强化。热错配对镁基纳米复合材料的增强效应可表示为[22]

$$\Delta\sigma_{CTE} = M\beta G_m b\sqrt{\rho^{CTE}} \tag{13-6}$$

式中,M 为 Taylor 因子;β 为位错强化常数(通常取 1.25);ρ^{CTE} 为热错配所产生的位错密度;计算方法为

$$\rho^{CTE} = \frac{A\Delta\alpha\Delta T\nu}{bd} \tag{13-7}$$

式中,A 为几何常数(10~12);$\Delta\alpha$ 为基体与纳米增强相热膨胀系数的差值($℃^{-1}$);ΔT 为往复挤压温度和力学性能测试温度的差值($℃$);d 为纳米增强相的直径(m)。对于镁基纳米复合材料在热机械加工(往复挤压)过程中由于热错配导致屈服强度的增加可表示为

$$\Delta\sigma_{CTE} = \sqrt{3}\beta G_m b\sqrt{\frac{12 \times (T_{process} - T_{test})(\alpha_m - \alpha_r)\nu}{bd}} \tag{13-8}$$

式中,$T_{process}$ 为往复挤压的加工温度;T_{test} 为室温;α_r 为镁基纳米复合材料的热膨胀系数;α_m 为基体合金的热膨胀系数。热加工温度为 300℃,基体 AZ91D 合金的热膨胀系数为 $30.7\times10^{-6}/℃$,SiC 纳米颗粒的热膨胀系数为 $4.6\times10^{-6}/℃$,CNT 的热膨胀系数为 $1.8\times10^{-6}/℃$[3, 23]。

整体而言,纳米增强相对基体合金的强化机制包括细晶强化、Orowan 强化和热错配强化。表 13-1 总结了各种机制下,纳米增强相对基体合金屈服强度的贡献。需要注意的是,在对三种强化效果进行叠加时,若采用简单的线性加和,计算值往往会与实验值相去甚远。因为线性加和假设了三种增强机制相互独立、互不影响。实际上,Orowan 强化和热错配强化同属于位错相关的强化机制,因此它们对镁基纳米复合材料屈服强度的贡献是相互关联的。鉴于此,本书采用修正的 Clyne 模型来汇总复合材料强度的提升[24, 25]:

$$\Delta\sigma_{Total} = \Delta\sigma_{Hall\text{-}Petch} + \sqrt{(\Delta\sigma_{Orowan})^2 + (\Delta\sigma_{CTE})^2} \tag{13-9}$$

式中,Δ_{Total} 为三种强化机制引发的复合材料总的强度提升。

表 13-1　往复挤压镁基纳米复合材料屈服强度的实验值和理论计算值(MPa)

材　料	实验值/MPa		计算值/MPa			
	σ_s	$\Delta\sigma_{Compos\text{-}Matrix}$	$\Delta\sigma_{Hall\text{-}Petch}$	$\Delta\sigma_{Orowan}$	$\Delta\sigma_{CTE}$	$\Delta\sigma_{Total}$
AZ91D	188.70					
$0.5\ wt\%n-SiCp/AZ91D$	198.21	9.51	11.75	5.21	11.63	24.49

材　料	实验值/MPa		计算值/MPa			
	σ_s	$\Delta\sigma_{\text{Compos-Matrix}}$	$\Delta\sigma_{\text{Hall-Petch}}$	$\Delta\sigma_{\text{Orowan}}$	$\Delta\sigma_{\text{CTE}}$	$\Delta\sigma_{\text{Total}}$
1.0 wt%n - SiCp/AZ91D	212.19	23.49	14.56	6.68	14.63	30.64
0.5 wt%CNT/AZ91D	212.14	23.44	19.48	5.87	13.76	34.44
2.0 wt%CNT/AZ91D	238.72	50.02	53.23	9.84	27.37	82.31

注：$\Delta\sigma_{\text{Compos-Matrix}} = \Delta\sigma_{\text{Compos}} = \Delta\sigma_{\text{matrix}}$。

对比纳米增强相对基体合金屈服强度提高的实验值和计算值，可以发现，计算值比理论值高，纳米增强相的含量越高，两者的差距越大。基于表 13 - 1 中的计算值，可以得知，晶粒细化机制和热错配强化机制对复合材料强度的贡献较大，Orowan 机制较小。

对比同状态下基体合金和镁基纳米复合材料的塑性，可以发现，纳米增强相的添加往往会使得镁基纳米复合材料的塑性下降。这主要是由于纳米增强相的存在会加剧基体合金在塑性变形过程中的位错塞积，从而导致裂纹在纳米增强相和基体界面处萌生。唯一的例外是在固溶态基体合金中添加 0.5 wt% CNT 后，复合材料的塑性出现小幅度提高。可能的原因是 CNT 在基体中会通过"拔出"和"桥连"机制，对镁基纳米复合材料产生增韧效果[3, 4]。

对比纳米增强超细晶镁基复合材料的 3 种强化机制，可以得知，晶粒细化对镁基纳米复合材料强度的贡献最高，复合强化次之，析出强化相对最弱。

13.7　本章小结

本章对往复挤压 n - SiCp/AZ91D 和 CNT/AZ91D 复合材料进行了力学性能测试，研究了往复挤压工艺参数和纳米增强相对镁基纳米复合材料力学性能的影响；在建立复合材料微观组织和力学性能之间的关系后，探讨了往复挤压镁基纳米复合材料的强韧化机制。主要结论如下。

（1）随着往复挤压加工道次的增加，n - SiCp/AZ91D 和 CNT/AZ91D 复合材料的屈服强度、抗拉强度和伸长率都逐步提高；随着往复挤压加工温度的升高，n - SiCp/AZ91D 镁基纳米复合材料的屈服强度、抗拉强度和伸长率都逐步降低；纳米增强相的添加通常会提高往复挤压前、后基体合金的屈服强度和抗拉强度，但往往会降低基体合金的伸长率。

（2）对于固溶态镁基纳米复合材料，SiC 纳米颗粒的强化效率高于 CNT；而对于往复挤压后的镁基纳米复合材料，CNT 的强化效率会高过 SiC 纳米颗粒。

（3）往复挤压 n - SiCp/AZ91D 和 CNT/AZ91D 复合材料主要的强化机制有细晶强化、析出相强化和复合强化，其中，细晶强化的效果最明显，复合强化次之；复合材料塑性的提高主要归因于基体晶粒的细化。

参考文献

[1] ZHANG L, WANG Q D, LIAO W J, et al. Effects of cyclic extrusion and compression on the microstructure and mechanical properties of AZ91D magnesium composites reinforced by SiC nanoparticles [J]. Materials Characterization, 2017, 126: 17 - 27.

[2] ZHANG L, WANG Q D, LIAO W J, et al. Microstructure and mechanical properties of the carbon nanotubes reinforced AZ91D magnesium matrix composites processed by cyclic extrusion and compression [J]. Materials Science & Engineering A: Structural Materials: Properties, Microstructure and Processing, 2017, 689: 427 - 434.

[3] 李成栋. 超声辅助搅拌铸造制备 CNT/Mg-6Zn 镁基复合材料及其组织性能[D]. 哈尔滨: 哈尔滨工业大学, 2014.

[4] LIU Z Y, XIAO B L, WANG W G, et al. Singly dispersed carbon nanotube/alumlnum composites fabricated by powder metallurgy combined with friction stir processing[J]. Carbon: An International Journal Sponsored by the American Carbon Society, 2012, 50(5): 1843 - 1852.

[5] CHEN L, KONISHI H, FEHRENBACHER A, et al. Novel nanoprocessing route for bulk graphene nanoplatelets reinforced metal matrix nanocomposites[J]. Scripta Materialia, 2012, 67(1): 29 - 32.

[6] LI C D, WANG X J, WU K, et al. Distribution and integrity of carbon nanotubes in carbon nanotube/magnesium composites[J]. Journal of Alloys and Compounds: An Interdisciplinary Journal of Materials Science and Solid-state Chemistry and Physics, 2014, 612: 330 - 336.

[7] 聂凯波. 多向锻造变形纳米 SiCp/AZ91 镁基复合材料组织与力学性能研究[D]. 哈尔滨: 哈尔滨工业大学, 2012.

[8] 廖文骏. 降温两步循环闭式模锻制备纳米 SiC 颗粒增强镁基复合材料[D]. 上海: 上海交通大学, 2016.

[9] 席利欢. CNT/Mg 复合材料搅拌摩擦加工制备及阻尼性能研究[D]. 南昌: 南昌航空大学, 2013.

[10] WEI J, WANG Q D, YIN D D, et al. Extra strain hardening in high pressure die casting Mg-Al-Re alloy[J]. Metallurgical and Materials Transactions, A. Physical Metallurgy and Materials Science, 2020, 51A(4): 1487 - 1492.

[11] ZHANG Z, CHEN D L. Consideration of orowan strengthening effect in particulate-reinforced metal matrix nanocomposites: A model for predicting their yield strength[J]. Scripta Materialia, 2006, 54(7): 1321 - 1326.

[12] KIM W J, AN C W, KIM Y S, et al. Mechanical properties and microstructures of an AZ61 Mg Alloy produced by equal channel angular pressing[J]. Scripta Materialia, 2002, 47(1): 39 - 44.

[13] 陈勇军. 往复挤压镁合金的组织结构与力学性能研究[D]. 上海: 上海交通大学, 2007.

[14] LÜ Y Z, WANG Q D, ZENG X Q, et al. Behavior of Mg-6Al-xSi alloys during solution heat treatment [J]. Materials Science & Engineering A: Structural Materials: Properties, Microstructure and Processing, 2001, 301(2): 255 - 258.

[15] LU Y Z, WANG Q D, ZENG X Q, et al. Effects of silicon on microstructure, fluidity, mechanical properties, and fracture behaviour of Mg-6Al alloy[J]. Materials Science and Technology: MST: A publication of the Institute of Metals, 2001, 17(2): 207 - 214.

[16] FERGUSON J B, SHEYKH-JABERI F, KIM C S, et al. On the strength and strain to failure in particle-reinforced magnesium metal-matrix nanocomposites (Mg MMNC)[J]. Materials Science & Engineering A: Structural Materials: Properties, Microstructure and Processing, 2012, 558: 193 - 204.

[17] ZENG X Q, WANG Q D, LÜ Y Z, et al. Behavior of surface oxidation on molten Mg - 9Al - 0. 5Zn - 0. 3Be alloy[J]. Materials Science & Engineering A: Structural Materials: Properties, Microstructure and Processing, 2001, 301(2): 154 - 161.

[18] SAJJADI S A, EZATPOUR H R, TORABI PARIZI M. Comparison of microstructure and mechanical properties of A356 aluminum alloy/Al$_2$O$_3$ composites fabricated by stir and compo-casting processes[J]. Materials & design, 2012, 34(Feb.): 106 - 111.

[19] CAO G, CHOI H, OPORTUS J, et al. Study on tensile properties and microstructure of cast AZ91D/AlN nanocomposites[J]. Materials Science & Engineering A: Structural Materials: Properties, Microstructure and Processing, 2008, 494(1/2): 127 - 131.

[20] 王奎. TiCN 纳米颗粒细化纯铝及铝硅合金的机理研究[D]. 上海: 上海交通大学, 2017.

[21] LIU M, WANG Q D, ZENG X Q, et al. Development of microstructure in solution-heat-treated Mg - 5Al - xCa alloys[J]. International Journal of Materials Research, 94(8): 886 - 891.

[22] DAI L H, LING Z, BAI Y L. Size-dependent inelastic behavior of particle-reinforced metal-matrix composites[J]. Composites science and technology, 2001, 61(8): 1057 - 1063.

[23] 何广进, 李文珍. 纳米颗粒分布对镁基复合材料强化机制的影响[J]. 复合材料学报, 2013, 30(2): 105 - 110.

[24] PENG T, WANG Q D. Application of regression analysis to optimize hot compactionprocessing in an indirect solid-state recycling of Mg alloy[J]. Materials Science Forum, 2010, 650: 239 - 245.

[25] ZHANG Z, CHEN D L. Contribution of Orowan strengthening effect in particulate-reinforced metal matrix nanocomposites[J]. Materials Science & Engineering A: Structural Materials: Properties, Microstructure and Processing, 2008, 483/484(0): 148 - 152.

第十四章　往复挤压镁基纳米复合材料的
　　　　　阻尼行为

14.1　引言

镁基复合材料的阻尼机制主要有位错阻尼、晶界阻尼和相界面阻尼;对于 CNT 增强的镁基复合材料,CNT 的本征阻尼对复合材料阻尼产生重要的影响。通常,在较低温度下,位错对材料的阻尼贡献较大,因此,位错密度、位错长度以及位错的可动性会直接影响镁基纳米复合材料的室温阻尼性能;而在较高温度下,晶界和相界面的黏性滑动对材料的阻尼贡献较大,因此,晶界数量、晶界滑动阻力以及晶界滑动的距离会直接影响镁基复合材料的高温阻尼性能[1-7]。

由第十二章往复挤压过程中镁基纳米复合材料的组织演变可知,往复挤压会改变基体合金中的位错和晶界,且加工过程中会有 $Mg_{17}Al_{12}$ 相的动态析出。析出相一方面增加了相界面,但是另一方面又会对位错和晶界的运动产生阻碍。因此,往复挤压会严重影响镁基纳米复合材料的阻尼性能。

除了复合材料体系和热加工工艺,镁基纳米复合材料的阻尼性能还会受到阻尼测试参数(应变振幅、温度、振动频率)的影响[8-11]。因此,本章将以 n-SiCp/AZ91D 和 CNT/AZ91D 复合材料为研究对象,讨论往复挤压加工道次、加工温度及纳米增强相的添加量对复合材料室温阻尼性能、高温阻尼性能以及阻尼-温度谱的影响;通过变频测试,引入阻尼-温度谱的一次微分曲线,分析复合材料在阻尼测试中出现的热激活弛豫行为;最后结合已有的金属基复合材料的阻尼机制,探讨镁基纳米复合材料的阻尼机制随温度的转变规律。

14.2　往复挤压 n-SiCp/AZ91D 镁基复合材料的阻尼行为

14.2.1　往复挤压道次的影响

图 14-1(a)为不同往复挤压道次在 1.0 wt% n-SiCp/AZ91 复合材料的阻尼-温度谱($\tan\delta$-T)。如图所示,随着测试温度的升高,复合材料的阻尼-温度谱整体呈现出上升趋势;但是往复挤压前、后复合材料的谱图又存在明显差异。对于固溶态 1.0 wt% n-SiCp/AZ91D 复合材料,其阻尼-温度谱明显可分为 2 个区间: ① 低、中温区(25~200℃),阻尼值与测试温度无关,即阻尼值随着测试温度的升高基本保持不变; ② 高温区(200~250℃),阻尼值随测试温度的升高缓慢增加。而对于往复挤压后 1.0 wt% n-SiCp/AZ91D 复合材料,其阻尼-温度谱大致可以分为 3 个区间: ① 低温区(25~50℃),阻尼值与测试温度无关; ② 中温区(50~170℃),阻尼值随着温度的升高逐渐增加; ③ 高温区(170~250℃),阻尼值随着温

度的升高快速增加。此外,在测试温度范围(25~250℃)内,往复挤压后复合材料的阻尼性能明显高于固溶态复合材料的阻尼性能,且随着测试温度的升高,两者之间的差距越来越大。

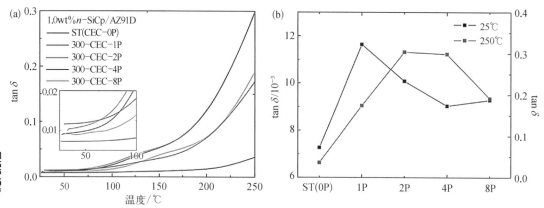

图 14 - 1　300℃不同往复挤压道次 1.0 wt%n - SiCp/AZ91D 复合材料的阻尼性能
(a) 阻尼-温度谱(tanδ - T);(b) 室温(25℃)、高温(250℃)阻尼性能(振动频率:1 Hz)

图 14 - 1(b)统计了不同往复挤压道次,1.0 wt%n - SiCp/AZ91D 复合材料在室温(25℃)、高温(250℃)时的阻尼性能,由图可知,相比于初始固溶态,往复挤压后复合材料的室温阻尼性能和高温阻尼性能都有了显著的提高。

具体而言,往复挤压 1 道次后,1.0 wt%n - SiCp/AZ91D 复合材料的室温阻尼值提高了约 69.7%,之后,随着往复挤压加工道次的增加,复合材料的室温阻尼值逐渐降低。通常,镁合金及其复合材料在室温条件下的阻尼机制为位错阻尼[12-14],因此,材料中位错线的密度、位错的可动性以及可动位错线的长度决定了材料的室温阻尼性能。对于固溶态 1.0 wt%n - SiCp/AZ91D 复合材料,如图 14 - 2(a)、(b)所示,初始晶粒比较粗大,可容纳较长的位错线,但是复合材料中的溶质原子处于超饱和状态,根据经典的 G - L 位错理论[15, 16],大量的溶质原子将作为弱钉扎点,缩短可动位错线的长度,降低位错的可动性;同时,固溶态复合材料中的位错密度相对较低,因此固溶态复合材料的室温阻尼值也会相对较低。往复挤压 2 道次后,基体晶粒中位错密度明显增加[图 14 - 2(c)],基体晶粒的细化使得晶粒中可允许最大位错线的长度有所缩短[图 14 - 2(d)],同时加工过程中所产生的孪晶界、动态析出的 $Mg_{17}Al_{12}$ 相作为位错运动的强钉扎点[图 14 - 2(e)、(f)],降低位错的可动性。高加工道次下(≥4),基体中位错密度会进一步提高,使得位错缠结更加严重,且基体晶粒的细化、$Mg_{17}Al_{12}$ 相的动态析出均会缩短可动位错的长度、降低位错的可动性。因此,高加工道次下,1.0 wt%n - SiCp/AZ91D 复合材料的室温阻尼值会逐渐降低。

1.0 wt%n - SiCp/AZ91D 复合材料的高温阻尼性能在往复挤压 2 道次后有了大幅度的提高(>800%);往复挤压 4 道次后,阻尼值稍有降低;而往复挤压 8 道次后,阻尼值明显下降。镁基复合材料在高温条件下的阻尼机制主要为晶界阻尼和界面阻尼[2, 9, 17]。对于 n - SiCp/AZ91D 复合材料而言,其高温阻尼性能主要由基体晶粒内的孪晶界、基体晶粒间的晶界、$Mg/Mg_{17}Al_{12}$ 相界面、Mg/n - SiCp 相界面在外加切应力作用下相对滑动所耗散的能量所

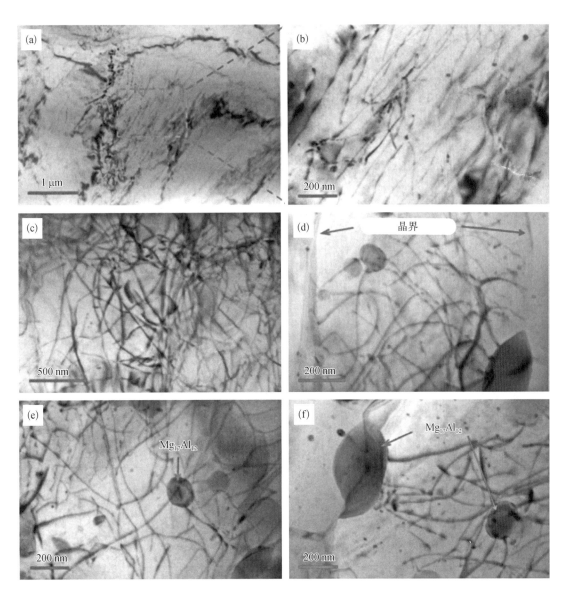

图 14 - 2　固溶态及 300℃往复挤压 2 道次 1.0 wt%n - SiCp/AZ91D 复合材料中的位错

（a）固溶态；（b）图（a）中圈出部分放大图；（c）位错缠结；（d）晶界对位错线的钉扎作用；（e）$Mg_{17}Al_{12}$ 析出相与位错的交互作用；（f）位错线钉扎于析出相之间

决定。值得注意的是，往复挤压过程中 SiC 纳米颗粒的数量并不会发生改变，因此 Mg/n - SiCp 相界面对不同加工道次下复合材料高温阻尼值的贡献近似相等。根据 3.2.2 节中的组织观察，往复挤压前 2 道次后，1.0 wt%n - SiCp/AZ91D 复合材料的基体晶粒内出现了大量的孪晶界面，同时，基体晶粒的细化、$Mg_{17}Al_{12}$ 相的动态析出使得晶界数量、Mg/$Mg_{17}Al_{12}$ 相界面数量明显增多，因此，往复挤压 2 道次复合材料的高温阻尼性能会显著提高。往复挤压 4 道次后，尽管复合材料的基体晶粒尺寸得到进一步细化，析出相的数量也进一步增多，但是其高温阻尼性能却有所下降，说明晶界/相界面在高温下的相对滑动受到阻碍[18]。考虑到绝大部分动态析出的 $Mg_{17}Al_{12}$ 相分布在基体晶粒的晶界处，且随着加工道次的增加，析出相的数量也逐渐增多。因此,在高加工道次下,复合材料高温阻尼性能的下降主要归结于大量沿晶界析出的 $Mg_{17}Al_{12}$ 相,析出相通过阻碍晶界的滑动,使得复合材料的高温阻尼性能有所下降。

图 14 - 3 给出不同振动频率(f)下,往复挤压 1.0 wt%n - SiCp/AZ91D 复合材料的阻尼-温度谱($\tan\delta - T$)。对比可知,尽管复合材料处于不同的往复挤压加工状态,但它们的阻尼-

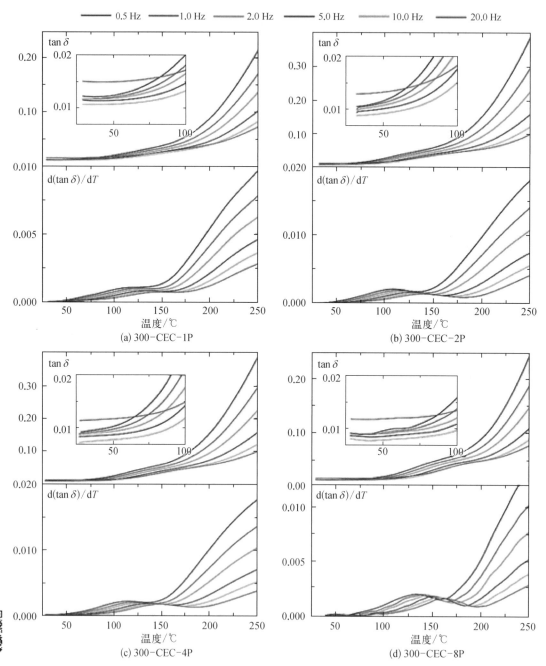

图 14 - 3   振动频率(f)对 300℃不同往复挤压道次 1.0 wt%n - SiCp/AZ91D 复合材料阻尼-
温度谱($\tan\delta - T$)及其一次微分曲线[$\mathrm{d}(\tan\delta)/\mathrm{d}T - T$]的影响

(a) 1 道次;(b) 2 道次;(c) 4 道次;(d) 8 道次

温度谱有很多相似之处：① 复合材料的室温阻尼值随着振动频率的增加逐渐降低；但是，当振动频率从 10 Hz 提高到 20 Hz 时，室温阻尼值异常增大（见阻尼-温度谱在低温时的局部放大图）。② 如前所述，复合材料的阻尼-温度谱可以根据阻尼值随测试温度变化的快慢程度划分为 3 个区间。为了揭示阻尼值随温度改变的速率，本节将阻尼-温度谱相对应的一次微分曲线 $[\mathrm{d}(\tan\delta)/\mathrm{d}T - T]$ 一起绘制于图中。很明显，当测试温度低于某一个临界温度（T_{cr}）时，$\mathrm{d}(\tan\delta)/\mathrm{d}T \approx 0$，此时阻尼值与测试温度无关（低温区）；当测试温度高于该临界温度（T_{cr}）时，$\mathrm{d}(\tan\delta)/\mathrm{d}T > 0$，阻尼值随着测试温度的升高逐渐增加。与此同时，在阻尼-温度谱的一次微分曲线上出现了两个极值点（峰值 T_p、谷值 T_v）。而之前所观察到的中温区对应于 $T_{cr} \sim T_v$，在此温度区间范围内，阻尼值随着温度的升高缓慢增加。当测试温度高于 T_v 时，阻尼值随着温度的升高快速增加（高温区）。从上述分析中可以看出，中温区（$T_{cr} \sim T_v$）又可以根据 $\mathrm{d}(\tan\delta)/\mathrm{d}T$ 的变化分为 2 个区间：$T_{cr} \sim T_p$ 和 $T_p \sim T_v$。不同的温度区间对应着不同的阻尼机制，这将在后面进行详细论述。③ 随着测试温度的升高，复合材料的阻尼值对振动频率的变化越来越敏感，即随着测试温度的升高，振动频率对复合材料阻尼值的影响越来越明显。④ 复合材料的高温阻尼值随着振动频率的升高单调下降。

　　由于镁合金及其复合材料在室温条件下的阻尼机制主要为位错阻尼[12-14]，因此，我们用经典的 G-L 位错理论[15, 16] 来探讨复合材料的室温阻尼性能随振动频率的变化规律。在 G-L 位错理论中，位错线被认为是弹性振动弦，被材料中的弱钉扎点（空位、溶质原子）和强钉扎点（孪晶界、晶界、相界面、析出相）共同钉扎。当施加以一定大小的载荷时，位错会从弱/强钉扎点之间"弓出"，引起内摩擦，产生一定的能量损耗；当施加的载荷为循环载荷，位错线会在强/弱钉扎点间发生振荡，产生持续而又稳定的能量损耗，表现为阻尼。因此，材料的阻尼性能与位错线在单位时间内扫过的面积成正比，而位错线在单位时间内扫过的面积取决于位错线的振幅和振动次数。与此同时，振动频率的提高通常会导致位错线振动幅度的降低[2]。在本节实验中，当振动频率低于 10 Hz 时，位错线振幅的降低起主导作用，故复合材料的常温阻尼值随振动频率的增加会逐渐降低；当振动频率达到 20 Hz 时，振动频率的提高（单位时间内振动次数的增加）占据主导作用，故复合材料的常温阻尼值出现异常增大。类似的实验结果在吴叶伟[5] 的研究中也有发表，当振动频率从 20 Hz 提高到 80 Hz 时，Grp/AZ91D 复合材料的常温阻尼性能同样异常增大。

　　通常，位错的运动能力会随着温度的升高逐渐提高[19]，但是，复合材料的阻尼值在低温区（$< T_{cr}$）并未随着温度的升高而发生改变，说明在此区间内，温度的提高依然有限，并未对位错线的脱钉产生明显影响。但是，当测试温度高于 T_{cr} 时，复合材料的阻尼值开始增加，说明只有当温度提高到 T_{cr} 时，位错线才能够从弱钉扎点脱钉，产生更大的阻尼。

　　在中温区（$T_{cr} \sim T_v$），复合材料阻尼-温度谱的一次微分曲线 $[\mathrm{d}(\tan\delta)/\mathrm{d}T - T]$ 上出现了两个明显的极值点。表 14-1 和表 14-2 分别统计了不同振动频率下，复合材料阻尼-温度谱一次微分曲线中出现的峰值温度（T_p）和谷值温度（T_v）。分析表中数据可知，随着振动频率的增加，峰值温度（T_p）和谷值温度（T_v）逐渐增大，说明往复挤压后复合材料阻尼-温度谱一次微分曲线中出现的峰和谷可能具有热激活特性。

表 14 - 1 300℃往复挤压 1.0 wt%n - SiCp/AZ91D 复合材料阻尼-温度谱一次微分曲线[d(tan δ)/dT - T]中峰值所对应的温度(T_p)

状 态	T_p/℃					
	0.5 Hz	1.0 Hz	2.0 Hz	5.0 Hz	10.0 Hz	20.0 Hz
300 - CEC - 1P	121.7	126.1	128.3	135.3	142.1	148.6
300 - CEC - 2P	109.4	115.4	120.1	127.8	134.2	140.1
300 - CEC - 4P	114.9	120.2	125.7	136.3	142.1	148.5
300 - CEC - 8P	133.4	140.4	144.8	150.4	156.3	161.2

表 14 - 2 300℃往复挤压 1.0 wt%n - SiCp/AZ91D 复合材料阻尼-温度谱一次微分曲线[d(tan δ)/dT - T]中谷值所对应的温度(T_v)

状 态	T_e/℃					
	0.5 Hz	1.0 Hz	2.0 Hz	5.0 Hz	10.0 Hz	20.0 Hz
300 - CEC - 1P	—	140.4	144.4	153.8	160.7	164.8
300 - CEC - 2P	134.6	142.7	149.6	160.2	169.4	181.0
300 - CEC - 4P	134.8	142.1	148.9	161.8	172.2	184.4
300 - CEC - 8P	159.5	165.6	171.0	183.8	188.0	195.9

根据内耗理论,对于热激活的弛豫过程,可通过 Arrhenius 关系式来进行验证[20]:

$$\tau = \tau_0 \exp(Q/kT) \tag{14-1}$$

式中,τ 为弛豫时间;τ_0 为指前因子;Q 为激活能(kJ/mol);k 为玻尔兹曼常数(1.380 662×10^{-23} J/K);T 为温度(K)。将等式的两边同时乘以 ω(角频率,$\omega = 2\pi f$),然后取对数,得

$$\ln(\omega\tau) = \ln(\omega\tau_0) + Q/kT \tag{14-2}$$

通常在极值点(T_e)处,$\omega\tau = 1$,故 $\ln(\omega\tau) = 0$,则可得

$$\ln \omega + \ln \tau_0 + \frac{Q}{1\,000k} \times \frac{1\,000}{T_e} = 0 \tag{14-3}$$

即

$$\ln(2\pi f) + \ln \tau_0 + \frac{Q}{1\,000k} \times \frac{1\,000}{T_e} = 0 \tag{14-4}$$

因此,通过变频实验,将不同振动频率(f)所对应的极值点温度(T_e)代入式(14-4),线性拟合 $\ln(2\pi f)$-1 000/T,即可由拟合直线的斜率求出热弛豫过程所对应的激活能(Q)。

将表 14-1、表 14-2 所统计的峰值温度(T_p)和谷值温度(T_v)与所对应的振动频率分别进行 Arrhenius 线性拟合,拟合结果如图 14-4 所示。对于图中任意一条拟合直线,线性相关系数都超过 0.99,证实了在任一加工道次下,复合材料阻尼-温度谱一次微分曲线中出现的

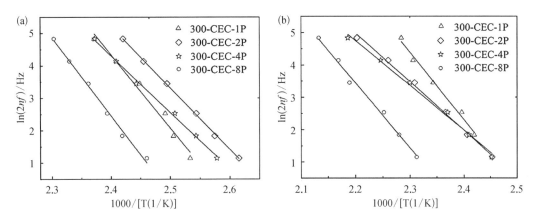

图 14-4　阻尼-温度谱一次微分曲线[图 14-3 中 d(tan δ)/dT - T]极值点的 Arrhenius 线性回归

(a) 峰值;(b) 谷值

峰和谷都对应于复合材料中的某种热弛豫过程。具体的热弛豫过程将在本章 14.4 节中进行讨论。

表 14-3 为通过图 14-4 线性拟合所计算出来的复合材料阻尼-温度谱一次微分曲线中峰值(T_p)和谷值(T_v)所对应的激活能 Q_p 和 Q_v。因为当前所研究的材料体系为复合材料体系,所以很难将计算出来的激活能与镁的晶格自扩散激活能(1.38 eV)和晶界扩散激活能(0.95 eV)联系起来[21]。

表 14-3　300℃往复挤压 1.0n - SiCp/AZ91D 复合材料阻尼-温度谱一次微分曲线中极值(峰、谷)所对应的激活能

状　态	Q_p	Q_v
300 - CEC - 1P	187.86 kJ/mol (1.95 eV)	173.35 kJ/mol (1.80 eV)
300 - CEC - 2P	158.47 kJ/mol (1.64 eV)	124.73 kJ/mol (1.29 eV)
300 - CEC - 4P	145.31 kJ/mol (1.51 eV)	115.01 kJ/mol (1.19 eV)
300 - CEC - 8P	199.85 kJ/mol (2.07 eV)	167.14 kJ/mol (1.73 eV)

在高温区($>T_v$),复合材料的阻尼性能受振动频率的影响越来越明显,且高温阻尼性能随着振动频率的增加单调递减。这一结果在很多学者的研究中都有发表[5, 17, 22],通常认为晶界/相界面滑动在较低频率下更为充分,滑动距离相对较大,因此,低频下所产生的能耗会高于高频下所产生的能耗。

14.2.2　往复挤压温度的影响

图 14-5(a)为不同加工温度下,往复挤压 8 道次 1.0 wt%n - SiCp/AZ91D 复合材料的阻尼-温度谱(tan δ - T),振动频率为 1 Hz。由图可见,任一加工温度下复合材料的阻尼-温度谱随测试温度的升高都呈现出上升趋势。复合材料的阻尼性能在往复挤压后均有了不同程度的提升,且在 400℃往复挤压 8 道次后,复合材料阻尼性能的提升最为显著。

图 14-5(b)为加工温度对往复挤压 8 道次 1.0 wt%n - SiC/AZ91D 复合材料的室温

（25℃）、高温（250℃）阻尼性能的影响。当加工温度从300℃提高到350℃时，复合材料的室温阻尼性能稍有提高；而当加工温度升高到400℃，复合材料的室温阻尼性能有了大幅度的提高。这主要是由于随着加工温度的升高，复合材料基体晶粒尺寸逐渐增加，可容纳最大位错线的长度逐渐增加；基体的再结晶过程在高温下进行得更加充分，使得加工过程中产生的位错缠结有所降低；同时，较高的加工温度并不利于 $Mg_{17}Al_{12}$ 相的析出，而 $Mg_{17}Al_{12}$ 相的粗化也会进一步降低基体中第二相的数量，使得阻碍位错运动的强钉扎点的数量有所下降。因此，随着往复挤压温度的提高，复合材料的室温阻尼性能逐渐提高。对于高温阻尼性能，随着加工温度的升高，复合材料的阻尼值先降低然后升高。可能的原因是在300℃的加工温度下，尽管有大量沿晶析出的 $Mg_{17}Al_{12}$ 相阻碍晶界的相对滑动，但是复合材料中的晶界和 $Mg/Mg_{17}Al_{12}$ 相界面的数量众多，使得其高温阻尼性能不会太低；而在400℃的加工温度下，尽管复合材料中的晶界和 $Mg/Mg_{17}Al_{12}$ 相界面的数量相对较少，但是阻碍晶界滑动的 $Mg_{17}Al_{12}$ 析出相也相对较少，同样使其高温阻尼性能不会太差。对于上述解释的一个佐证是，由图14-5(a)可以看出，300℃往复挤压后复合材料的阻尼-温度谱在较高的测试温度下，其增长速率远高于另外两组，说明在较高的测试温度下，$Mg_{17}Al_{12}$ 相的软化会使其钉扎效应逐渐降低，故晶界滑动对高温阻尼的贡献会逐渐得以体现。

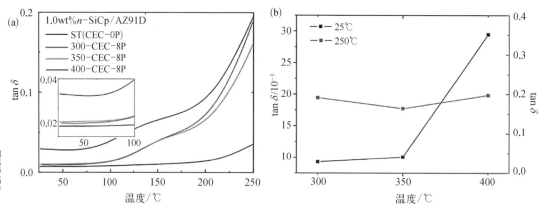

图14-5　不同加工温度下往复挤压8道次1.0 wt%n-SiCp/AZ91D 复合材料的阻尼性能
（a）阻尼-温度谱（$\tan\delta - T$）；（b）室温（25℃）、高温（250℃）阻尼性能（振动频率：1 Hz）

图14-6为振动频率（f）对不同往复挤压加工温度下1.0 wt%n-SiCp/AZ91D 复合材料阻尼-温度谱（$\tan\delta - T$）及其一次微分曲线［d($\tan\delta$)/d$T - T$］的影响。根据复合材料的阻尼值随温度改变的速率，其阻尼-温度谱可分为3个区间：低温区（$<T_{cr}$）、中温区（$T_{cr}\sim T_v$）和高温区（$>T_v$）；根据 d($\tan\delta$)/d$T - T$ 的变化趋势，中温区又可以划分为2个区间：$T_{cr}\sim T_p$ 和 $T_p\sim T_v$。

不同加工温度下，1.0 wt%n-SiCp/AZ91D 复合材料的室温、高温阻尼性能、阻尼性能对振动频率的敏感性随振动频率的变化规律与14.2.1节中振动频率对不同加工道次下同一复合材料阻尼性能的影响类似，详细分析见14.2.1节。

在中温区（$T_{cr}\sim T_v$），不同往复挤压加工温度下1.0 wt%n-SiCp/AZ91D 复合材料阻尼-温度谱的一次微分曲线上也出现了峰值（T_p）和谷值（T_v）。表14-4和表14-6分别给出不同振动频率下，d($\tan\delta$)/d$T - T$ 曲线中的峰值温度（T_p）和谷值温度（T_v）。分析表中数据可知,随着振动频率的增加,峰值温度(T_p)和谷值温度(T_v)逐渐增大。因此,不同加工温度下复合材料阻尼-温度谱一次微分曲线中出现的峰和谷可能具有热激活特性。

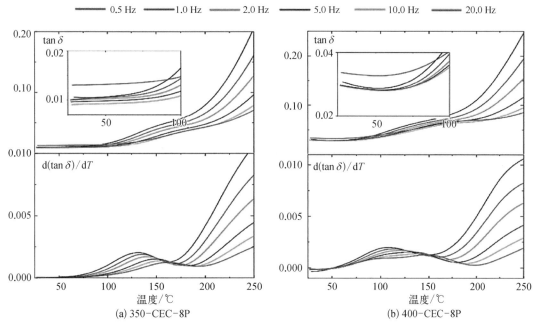

图 14-6　振动频率(f)对不同温度往复挤压 8 道次 1.0 wt%n-SiCp/AZ91D 复合材料阻尼-温度谱($\tan\delta$-T)及其一次微分曲线[d($\tan\delta$)/dT-T]的影响

（a）350℃;（b）400℃

表 14-4　往复挤压 8 道次 1.0 wt%n-SiCp/AZ91D 复合材料阻尼-温度谱一次微分曲线[d($\tan\delta$)/dT-T]中峰值所对应的温度(T_p)

状　　态	T_p/℃					
	0.5 Hz	1.0 Hz	2.0 Hz	5.0 Hz	10.0 Hz	20.0 Hz
300-CEC-8P	133.4	140.4	144.8	150.4	156.3	161.2
350-CEC-8P	131.9	135.5	141.0	149.2	155.2	161.8
400-CEC-8P	108.0	112.8	120.5	131.3	139.9	147.7

表 14-5　往复挤压 8 道次 1.0 wt%n-SiCp/AZ91D 复合材料阻尼-温度谱一次微分曲线[d($\tan\delta$)/dT-T]中谷值所对应的温度(T_v)

状　　态	T_v/℃					
	0.5 Hz	1.0 Hz	2.0 Hz	5.0 Hz	10.0 Hz	20.0 Hz
300-CEC-8P	159.5	165.6	171.0	183.8	188.0	195.9
350-CEC-8P	163.2	168.2	174.0	182.4	188.0	193.7
400-CEC-8P	150.2	161.0	169.8	179.3	187.7	198.2

将表 14-4、表 14-5 所统计的峰值温度(T_p)和谷值温度(T_v)与所对应的振动频率分别进行 Arrhenius 线性拟合,拟合结果如图 14-7 所示。对于图中任意一条拟合直线,线性相关系数都超过 0.99,证实了任一加工温度下,往复挤压 8 道次后,复合材料阻尼-温度谱一次微分曲线中出现的峰和谷都对应于某一热激活弛豫过程。通过图 14-7 中的线性拟合,计算出来峰值和谷值所对应的激活能 Q_p 和 Q_v 列于表 14-6。

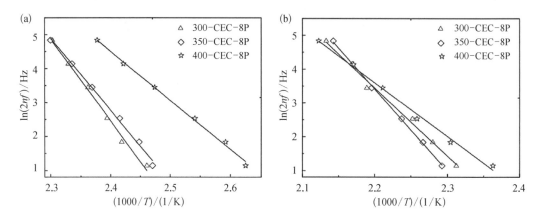

图 14-7 阻尼-温度谱一次微分曲线中极值点的 Arrhenius 线性回归
(a) 峰值;(b) 谷值

**表 14-6 往复挤压 8 道次 1.0 wt%n-SiCp/AZ91D 复合材料阻尼-温度谱
一次微分曲线中极值(峰、谷)所对应的激活能**

状 态	Q_p	Q_v
300-CEC-8P	199.85 kJ/mol (2.07 eV)	167.14 kJ/mol (1.73 eV)
350-CEC-8P	176.07 kJ/mol (1.82 eV)	201.40 kJ/mol (2.09 eV)
400-CEC-8P	119.69 kJ/mol (1.24 eV)	131.80 kJ/mol (1.37 eV)

14.2.3 SiC 纳米颗粒添加量的影响

图 14-8(a)为 SiC 纳米颗粒的添加量对 300℃往复挤压前、后 n-SiCp/AZ91D 复合材料阻尼-温度谱($\tan\delta$-T)的影响。

对于固溶态 AZ91D 合金和 n-SiCp/AZ91D 复合材料,其阻尼-温度谱基本可以分为 2 个区间:① 低、中温区(25~200℃),阻尼值与测试温度无关;② 高温区(200~250℃),阻尼值随着测试温度的升高缓慢增加。

图 14-8(b)为 SiC 纳米颗粒的添加量对固溶态基体合金室温(25℃)和高温(250℃)阻尼性能的影响。由图可知,随着 SiC 纳米颗粒含量的增加,基体合金的室温阻尼值逐渐降低,而高温阻尼值略有增加,但是增加幅度非常小。从 3.2.1 节的组织观察可以知道,SiC 纳米颗粒的添加会使得基体晶粒得到细化,晶粒内允许存在的最大位错的长度会有所缩短;同时,SiC 纳米颗粒会作为位错运动的强钉扎点,进一步降低位错的运动能力。因此,SiC 纳米

颗粒的添加会降低固溶态基体合金的室温阻尼性能。对于镁合金及其复合材料,高温阻尼机制主要为晶界阻尼和相界阻尼[2, 9, 17]。对于添加有 SiC 纳米颗粒的复合材料而言,其晶界和 Mg/n-SiCp 相界面的数量均明显超过基体合金,因此,固溶态 n-SiCp/AZ91D 复合材料的高温阻尼性能会高于 AZ91D 合金。

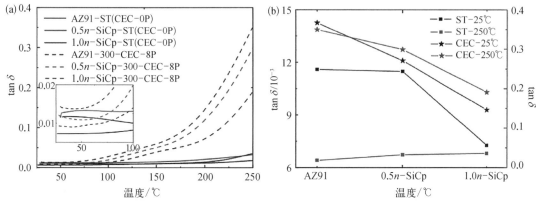

图 14-8　n-SiCp 的添加及其添加量对 300℃往复挤压前、
后 n-SiCp/AZ91D 复合材料阻尼性能的影响

（a）阻尼-温度谱（$\tan\delta$-T）；（b）室温（25℃）、高温（250℃）阻尼性能（振动频率：1 Hz）

值得注意的是,固溶态合金/复合材料在很大的温度区间内,其阻尼值并不受测试温度的影响。这主要是因为合金/复合材料处于超饱和固溶状态,因此有大量的溶质原子作为弱钉扎点,阻碍位错的运动。此外,尽管固溶态合金/复合材料的高温阻尼性能高于低温阻尼性能,但是两者差距并不大,说明固溶态粗大的基体晶粒并不利用晶界滑动的发生。

对于往复挤压后的 AZ91D 合金和 n-SiCp/AZ91D 复合材料,结合图 14-9 中所给出的阻尼-温度谱的一次微分曲线[$d(\tan\delta)/dT$-T],其阻尼-温度谱可以分为 3 个区间:① 低温区($<T_{cr}$),阻尼值与测试温度无关;② 中温区($T_{cr}\sim T_v$),阻尼值随着温度的升高逐渐增加;③ 高温区($>T_v$),阻尼值随着温度的升高快速增加,而中温区又可以根据 $d(\tan\delta)/dT$-T 的变化趋势,划分为 2 个区间:$T_{cr}\sim T_p$ 和 $T_p\sim T_v$。

SiC 纳米颗粒的添加量对往复挤压后基体合金室温(25℃)、高温(250℃)阻尼性能的影响如图 14-8(b)所示。由图可知,随着 SiC 纳米颗粒含量的增加,基体合金的室温阻尼性能和高温阻尼性能均逐步降低。从 3.2.2 节中的组织观察可以得知,SiC 纳米颗粒的添加量对往复挤压后复合材料的组织(基体晶粒尺寸、第二相的尺寸、第二相的数量)几乎没有影响,也就是说,SiC 纳米颗粒的有无是往复挤压后 n-SiCp/AZ91D 复合材料和 AZ91D 合金的唯一差别。在低温条件下,SiC 纳米颗粒通过阻碍位错运动,导致往复挤压复合材料的室温阻尼性能低于同加工状态下的合金;高温条件下,尽管 Mg/n-SiCp 相界面随着 SiC 纳米颗粒的添加有所增加,但是沿着晶界分布的 SiC 纳米颗粒会阻碍晶界滑动,使得往复挤压复合材料的高温阻尼性能低于同加工状态下的合金。

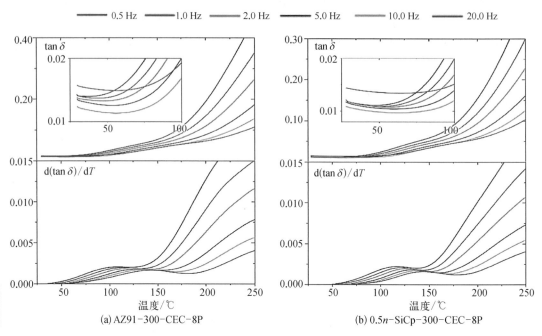

(a) AZ91-300-CEC-8P　　　　　　　　(b) 0.5n-SiCp-300-CEC-8P

图 14 - 9　振动频率(f) 对 n - SiCp 添加量不同的 n - SiCp/AZ91D 复合材料阻尼-
温度谱($\tan\delta$ - T) 及其一次微分曲线[$d(\tan\delta)/dT\sim T$] 的影响

(a) 0.0 wt%；(b) 0.5 wt%

振动频率(f) 对 SiC 纳米颗粒添加量不同的镁基纳米复合材料的室温阻尼性能、高温阻尼性能、阻尼性能对振动频率的敏感性也可从图 14 - 9 中获得。分析可知,上述参量随振动频率的变化规律与 14.2.1 节中振动频率对不同加工道次下 1.0 wt% n - SiCp/AZ91D 复合材料阻尼性能的影响类似,故在此不做过多赘述,详细分析见 14.2.1 节。

同样地,在中温区($T_{cr}\sim T_v$),往复挤压后合金/复合材料阻尼-温度谱的一次微分曲线上出现了峰值(T_p) 和谷值(T_v)。表 14 - 7 和表 14 - 8 分别给出不同振动频率下,$d(\tan\delta)/dT - T$ 曲线中的峰值温度(T_p) 和谷值温度(T_v)。分析表中数据可知,随着振动频率的增加,峰值温度(T_p) 和谷值温度(T_v) 逐渐增大。因此,往复挤压合金/复合材料阻尼-温度谱一次微分曲线中出现的峰和谷可能具有热激活特性。

表 14 - 7　300℃往复挤压 8 道次镁基纳米复合材料阻尼-温度谱一次微分
曲线[$d(\tan\delta)/dT - T$] 中峰值所对应的温度(T_p)

材　　料	T_p/℃					
	0.5 Hz	1.0 Hz	2.0 Hz	5.0 Hz	10.0 Hz	20.0 Hz
AZ91D	107.8	112.9	121.3	129.4	136.4	143.5
0.5 wt% n - SiCp/AZ91D	116.9	121.1	126.9	132.8	138.9	144.5
1.0 wt% n - SiCp/AZ91D	133.4	140.4	144.8	150.4	156.3	161.2

表 14-8　300℃往复挤压 8 道次镁基纳米复合材料阻尼-温度谱一次微分曲线 [d(tan δ)/dT - T] 中谷值所对应的温度(T_v)

材　料	T_v/℃					
	0.5 Hz	1.0 Hz	2.0 Hz	5.0 Hz	10.0 Hz	20.0 Hz
AZ91D	122.2	132.1	141.9	153.8	168.3	181.6
0.5 wt%n-SiCp/AZ91D	137.1	143.6	150.8	160.0	168.3	178.5
1.0 wt%n-SiCp/AZ91D	159.5	165.6	171.0	183.8	188.0	195.9

　　将表 14-7、表 14-8 中统计的峰值温度(T_p)和谷值温度(T_v)与所对应的振动频率分别进行 Arrhenius 线性拟合,拟合结果如图 14-10 所示。对于图中任意一条拟合直线,线性相关系数都超过 0.99,证实了无论是 AZ91D 合金还是 n-SiCp/AZ91D 复合材料,往复挤压 8 道次后,阻尼-温度谱一次微分曲线中出现的峰和谷都对应于某种热弛豫过程。表 14-9 为通过线性拟合(图 14-10)所计算出来峰值和谷值所对应的激活能 Q_p 和 Q_v。

表 14-9　300℃往复挤压 8 道次镁基纳米复合材料阻尼-温度谱一次微分曲线中极值(峰、谷)所对应的激活能

材　料	Q_p	Q_v
AZ91D	134.35 kJ/mol (1.39 eV)	93.65 kJ/mol (0.97 eV)
0.5 wt%n-SiCp/AZ91D	179.92 kJ/mol (1.86 eV)	138.78 kJ/mol (1.44 eV)
1.0 wt%n-SiCp/AZ91D	199.85 kJ/mol (2.07 eV)	167.14 kJ/mol (1.73 eV)

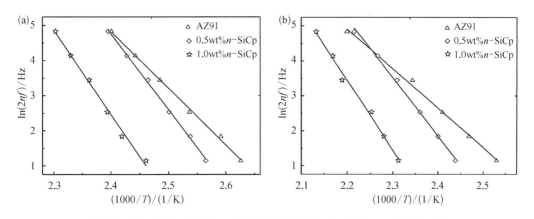

图 14-10　阻尼-温度谱一次微分曲线[图 14-9 中 d(tan δ)/dT - T] 极值点的 Arrhenius 线性回归

(a) 峰值;(b) 谷值

14.3　往复挤压 CNT/AZ91D 镁基复合材料的阻尼行为

14.3.1　往复挤压加工道次的影响

图 14-11(a)为不同的往复挤压道次 0.5 wt%CNT/AZ91D 复合材料的阻尼-温度谱(tan δ-T),振动频率为 1 Hz。相比于初始固溶态,往复挤压后复合材料的阻尼性能有了很大的提高,并且随着测试温度的升高,两者之间的差距越来越大。

图 14-11(b)统计了不同往复挤压道次 0.5 wt%CNT/AZ91D 复合材料的室温(25℃)、高温(250℃)阻尼性能。如图所示,随着往复挤压道次的增加,0.5 wt%CNT/AZ91D 复合材料的室温阻尼性能和高温阻尼性都逐渐提高。这与 14.2.1 节中讨论的往复挤压加工道次对 1.0 wt%n-SiCp/AZ91D 复合材料的室温阻尼性能和高温阻尼性能的影响规律略有不同。对于 1.0 wt%n-SiCp/AZ91D 复合材料,其室温阻尼性能在高道次(≥4 道次)往复挤压后,会因为基体晶粒的细化、$Mg_{17}Al_{12}$ 相的析出导致阻碍位错运动强钉扎点数量增多而出现下降;高温阻尼性能在往复挤压 8 道次后,也会由于大量沿晶析出的 $Mg_{17}Al_{12}$ 相阻碍晶界滑动而有所下降。对比表 12-3 和表 12-5 往复挤压后 0.5 wt%CNT/AZ91D 和 1.0 wt%n-SiCp/AZ91D 的组织定量分析结果,可以得知,两者的基体晶粒尺寸相差无几,动态析出的 $Mg_{17}Al_{12}$ 相尺寸、数量也几乎相等;最大的差异为复合材料所添加的增强体不同。据此,可以推断,往复挤压后两种复合材料阻尼性能的差异主要是增强相引起的。查阅文献,SiC 在室温条件下的本征阻尼值为 0.002[22,23],CNT 的本征阻尼值为 0.3[24],并且两者的阻尼值受温度(≤400℃)影响不大;而采用的 AZ91D 基体合金的本征阻尼值在 0.01~0.2(25~250℃)波动。所以,基于混合法则(rule of mixtrue, ROM)[12,25],SiC 纳米颗粒的添加会降低复合材料的阻尼性能,而 CNT 的添加会提高复合材料的阻尼性能。因此,往复挤压后 0.5CNT/AZ91D 复合材料的室温阻尼性能和高温阻尼性能会出现和 1.0 wt%n-SiCp/AZ91D 复合材料不同的变化规律。

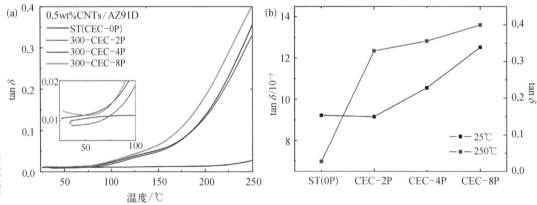

图 14-11　300℃不同往复挤压道次 0.5 wt%CNT/AZ91D 复合材料的阻尼性能

(a) 阻尼-温度谱(tan δ-T);(b) 室温(25℃)、高温(250℃)阻尼性能(振动频率:1 Hz)

图 14-12 为振动频率(f)对不同往复挤压道次 0.5 wt%CNT/AZ91D 复合材料阻尼-温度谱($\tan\delta$-T)及其一次微分曲线[d($\tan\delta$)/dT-T]的影响。根据复合材料的阻尼值随温度改变的速率,其阻尼-温度谱可分为 3 个区间:低温区($<T_{cr}$)、中温区($T_{cr}\sim T_v$)和高温区($>T_v$);根据 d($\tan\delta$)/dT-T 的变化趋势,中温区又可以划分为 2 个区间:$T_{cr}\sim T_p$ 和 $T_p\sim T_v$。

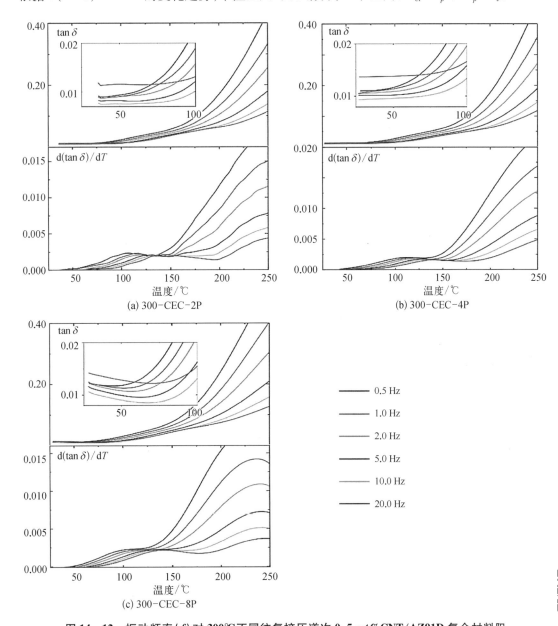

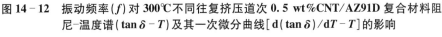

图 14-12　振动频率(f)对 300℃不同往复挤压道次 0.5 wt%CNT/AZ91D 复合材料阻尼-温度谱($\tan\delta$-T)及其一次微分曲线[d($\tan\delta$)/dT-T]的影响

(a) 2 道次;(b) 4 道次;(c) 8 道次

对于不同加工道次下的 0.5 wt%CNT/AZ91D 复合材料,其室温阻尼性能、高温阻尼性能、阻尼性能对振动频率的敏感性随振动频率的变化规律与 14.2.1 节中振动频率对不同加工道次下 1.0 wt%n - SiCp/AZ91D 复合材料阻尼性能的影响类似,故在此不做过多赘述,详细分析见 14.2.1 节。

不同加工道次下 0.5 wt%CNT/AZ91D 复合材料阻尼-温度谱的一次微分曲线的中温区 ($T_{cr} \sim T_v$)同样出现了峰值(T_p)和谷值(T_v)。表 14 - 10 和表 14 - 11 分别给出不同振动频率下,d(tan δ)/dT - T 曲线中的峰值温度(T_p)和谷值温度(T_v)。分析表中数据可知,随着振动频率的增加,峰值温度(T_p)和谷值温度(T_v)逐渐增大。因此,往复挤压 0.5 wt%CNT/AZ91D 复合材料阻尼-温度谱一次微分曲线中出现的峰和谷可能具有热激活特性。

表 14 - 10　300℃往复挤压 0.5 wt%CNT/AZ91D 阻尼-温度谱一次微分曲线中峰值所对应的温度(T_p)

状　　态	T_p/℃					
	0.5 Hz	1.0 Hz	2.0 Hz	5.0 Hz	10.0 Hz	20.0 Hz
300 - CEC - 2P	106.8	115.6	121.3	131.2	138.6	144.1
300 - CEC - 4P	113.3	117.3	120.7	130.2	136.3	142.0
300 - CEC - 8P	102.8	111.8	117.9	128.8	135.7	141.7

表 14 - 11　300℃往复挤压 0.5 wt%CNT/AZ91D 阻尼-温度谱一次微分曲线中谷值所对应的温度(T_v)

状　　态	T_v/℃					
	0.5 Hz	1.0 Hz	2.0 Hz	5.0 Hz	10.0 Hz	20.0 Hz
300 - CEC - 2P	131.3	139.2	142.4	148.5	155.6	—
300 - CEC - 4P	129.2	137.5	143.9	153.3	160.9	172.1
300 - CEC - 8P	123.5	132.9	138.9	152.4	162.5	177.1

表 14 - 10、表 14 - 11 中统计的峰值温度(T_p)和谷值温度(T_v)与所对应的振动频率分别进行 Arrhenius 线性拟合,拟合结果如图 14 - 13 所示。对于图中任意一条拟合直线,线性相关系数都超过 0.99,证实了任一加工道次下,0.5 wt%CNT/AZ91D 复合材料阻尼-温度谱一次微分曲线中出现的峰和谷都对应于某种热弛豫过程。表 14 - 12 列出通过线性拟合(图 14 - 13)所计算出来峰值和谷值所对应的激活能 Q_p 和 Q_v。

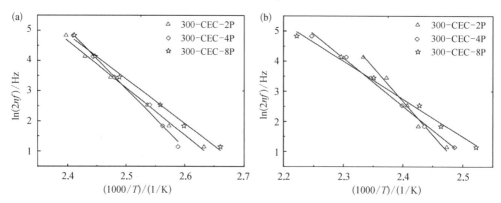

图 14 - 13　阻尼-温度谱一次微分曲线[图 14 - 12 中 d(tan δ)/dT - T]极值点的 Arrhenius 线性回归

(a) 峰值;(b) 谷值

表 14-12　300℃往复挤压 0.5 wt%CNT/AZ91D 复合材料阻尼–温度谱
一次微分曲线中极值(峰、谷)所对应的激活能

状　态	Q_p	Q_v
300-CEC-2P	129.97 kJ/mol（1.35 eV）	186.46 kJ/mol（1.93 eV）
300-CEC-4P	164.39 kJ/mol（1.70 eV）	132.40 kJ/mol（1.37 eV）
300-CEC-8P	122.35 kJ/mol（1.27 eV）	104.21 kJ/mol（1.08 eV）

14.3.2　碳纳米管(CNT)添加量的影响

图 14-14(a)为 CNT 的添加量对 300℃往复挤压前、后 CNT/AZ91D 复合材料阻尼–温度谱($\tan\delta-T$)的影响。

对于固溶态 AZ91D 合金和 CNT/AZ91D 复合材料,其阻尼–温度谱基本可以分为 2 个区间:① 低、中温区(25～200℃),阻尼值与测试温度无关;② 高温区(200～250℃),阻尼值随着测试温度的升高缓慢增加。

图 14-14(b)为 CNT 的添加量对固溶态基体合金室温(25℃)和高温(250℃)阻尼性能的影响。由图可知,在基体合金中添加 0.5 wt% CNT 后,其室温阻尼性能明显下降。这是因为尽管 CNT 的本征阻尼值较高,但是 CNT 的添加会细化基体晶粒,使得可容纳最大位错线的长度有所下降,同时,CNT 作为阻碍位错运动的强钉扎点,会降低位错的运动能力。当 CNT 的添加量增加到 2.0 wt%后,尽管复合材料的室温阻尼性能有所提高,但是阻尼值仍然低于基体合金。对于高温阻尼性能,随着 CNT 含量的增加,材料的阻尼值几乎线性增加。这主要归结于基体晶粒的细化和 CNT 含量的增加,使得晶界和 Mg/CNT 相界面数量有所增加。

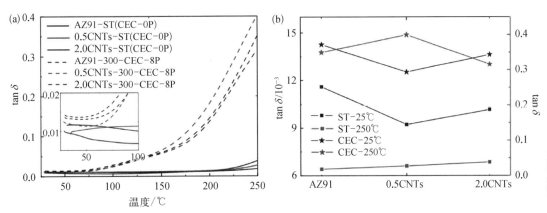

图 14-14　CNT 的添加及其添加量对 300℃往复挤压前、后 CNT/AZ91D 复合材料阻尼性能的影响

(a) 阻尼–温度谱($\tan\delta-T$);(b) 室温(25℃)、高温(250℃)阻尼性能(1 Hz)

对于往复挤压后的 AZ91D 合金和 CNT/AZ91D 复合材料,结合图 14-15 中的阻尼–温度谱的一次微分曲线[$\mathrm{d}(\tan\delta)/\mathrm{d}T-T$],其阻尼–温度谱可以分为以下 3 个区间:① 低温区

$(<T_{cr})$,阻尼值与测试温度无关;② 中温区$(T_{cr} \sim T_v)$,阻尼值随着温度的升高逐渐增加;③ 高温区$(>T_v)$,阻尼值随着温度的升高快速增加,而中温区又可以根据$d(\tan\delta)/dT - T$的变化趋势,划分为两个区间:$T_{cr} \sim T_p$和$T_p \sim T_v$。

CNT 的添加量对往复挤压后基体合金室温(25℃)、高温(250℃)阻尼性能的影响如图 14-14(b)所示。由图可见,CNT 的添加量对往复挤压后基体合金室温阻尼性能的影响规律相同,均是先降后升。对于高温阻尼性能,添加 0.5 wt% CNT 后材料的阻尼值会有所提高,但是进一步增加 CNT 的含量到 2.0 wt%时,阻尼值却异常下降。CNT/AZ91D 复合材料的高温阻尼机制主要为晶界阻尼、相界面阻尼($Mg/Mg_{17}Al_{12}$、Mg/CNT)和 CNT 的本征阻尼。根据表 12-5,往复挤压后 CNT/AZ91D 复合材料的基体晶粒尺寸小于同加工状态 AZ91D 合金的晶粒尺寸,而 CNT 的添加又会增加 Mg/CNT 相界面,故理论上讲,添加 2.0 wt% CNT 的复合材料,其高温阻尼值理应最高。但是实验结果却与之不符,推断可能的原因是 CNT 的管壁结构在往复挤压后遭到破坏(图 12-35),而 CNT 相对较高的本征阻尼值是由于管壁之间相对滑动产生的[24];同时破碎的 CNT 可能会阻碍晶界滑动,使得 2.0 wt%CNT/AZ91D 复合材料的高温阻尼值出现下降。

振动频率(f)对 CNT 含量不同的镁基纳米复合材料的室温阻尼性能、高温阻尼性能、阻尼性能对振动频率的敏感性也可从图 14-15 中获得。分析可知,上述参量随振动频率的变化规律与 14.2.1 节中振动频率对不同加工道次下 1.0 wt%n-SiCp/AZ91D 复合材料阻尼性能的影响类似,详细分析见 14.2.1 节。

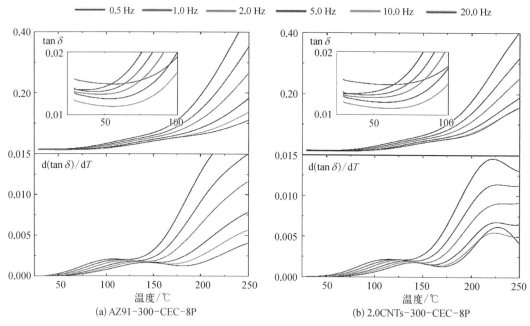

图 14-15 振动频率(f)对 CNT 添加量不同的 CNT/AZ91D 复合材料阻尼-温度谱$(\tan\delta - T)$及其一次微分曲线$[d(\tan\delta)/dT - T]$的影响

(a) 0.0 wt%;(b) 2.0 wt%

同样地,在中温区$(T_{cr} \sim T_v)$,往复挤压后合金/复合材料阻尼-温度谱的一次微分曲线上出现了峰值(T_p)和谷值(T_v)。表 14-13 和表 14-14 分别给出不同振动频率下,$d(\tan\delta)/$

dT - T 曲线中的峰值温度(T_p)和谷值温度(T_v)。分析表中数据可知,随着振动频率的增加,峰值温度(T_p)和谷值温度(T_v)逐渐增大。因此,往复挤压合金/复合材料阻尼-温度谱一次微分曲线中出现的峰和谷可能具有热激活特性。

表 14 - 13　300℃往复挤压 8 道次镁基纳米复合材料阻尼-温度谱一次微分曲线
[d(tan δ)/dT - T]中峰值所对应的温度(T_p)

材　料	T_p/℃					
	0.5 Hz	1.0 Hz	2.0 Hz	5.0 Hz	10.0 Hz	20.0 Hz
AZ91D	107.8	112.9	121.3	129.4	136.4	143.5
0.5 wt%CNT/AZ91D	102.8	111.8	117.9	128.8	135.7	141.7
2.0 wt%CNT/AZ91D	114.3	120.7	125.9	131.8	136.5	140.8

表 14 - 14　300℃往复挤压 8 道次镁基纳米复合材料阻尼-温度谱一次微分曲线
[d(tan δ)/dT - T]中谷值所对应的温度(T_v)

材　料	T_v/℃					
	0.5 Hz	1.0 Hz	2.0 Hz	5.0 Hz	10.0 Hz	20.0 Hz
AZ91D	122.2	132.1	141.9	153.8	168.3	181.6
0.5 wt%CNT/AZ91D	123.5	132.9	138.9	152.4	162.5	177.1
2.0 wt%CNT/AZ91D	129.8	140.8	150.8	160.0	166.0	169.5

将表 14 - 13、表 14 - 14 中统计的峰值温度(T_p)和谷值温度(T_v)与所对应的振动频率分别进行 Arrhenius 线性拟合,拟合结果如图 14 - 16 所示。对于图中任意一条拟合直线,线性相关系数都超过 0.99,证实了无论是 AZ91D 合金还是 CNT/AZ91D 复合材料,往复挤压后,阻尼-温度谱一次微分曲线中出现的峰和谷都对应于某种热弛豫过程。表 14 - 15 列出通过线性拟合(图 14 - 16)所计算出来峰值和谷值所对应的激活能 Q_p 和 Q_v。

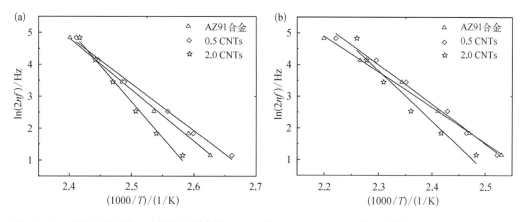

图 14 - 16　阻尼-温度谱一次微分曲线[图 14 - 15 中 d(tan δ)/dT - T]极值点的 Arrhenius 线性回归
(a) 峰值;(b) 谷值

表 14 - 15　300℃往复挤压 8 道次镁基纳米复合材料阻尼-温度谱一次
微分曲线中极值(峰、谷)所对应的激活能

材　料	Q_p	Q_v
AZ91D	134. 35 kJ/mol (1. 39 eV)	93. 65 kJ/mol (0. 97 eV)
0. 5 wt%CNT/AZ91D	122. 35 kJ/mol (1. 27 eV)	104. 21 kJ/mol (1. 08 eV)
2. 0 wt%CNT/AZ91D	187. 53 kJ/mol (1. 94 eV)	133. 10 kJ/mol (1. 38 eV)

14.4　影响镁基纳米复合材料阻尼性能的因素

14.4.1　影响镁基纳米复合材料室温阻尼性能的因素

通常,镁基复合材料在室温条件下的阻尼机制为位错阻尼[12-14],因此,凡是影响 n -SiCp/AZ91D 和 CNT/AZ91D 复合材料中位错线的密度、位错的可动性以及可动位错线的长度的因素都将对镁基纳米复合材料的室温阻尼性能产生影响。此外,镁基纳米复合材料中增强相的本征阻尼值也会对复合材料的室温阻尼性能产生影响。

14.4.1.1　位错密度

往复挤压 1 道次后,镁基纳米复合材料的室温阻尼性能明显得到提高,这主要是由于变形提高了基体合金中的位错密度。因此,在基体晶粒中引入一定量的位错,可提高镁基纳米复合材料的室温阻尼性能。但是过高的位错密度会使得基体合金中的位错发生缠结,降低位错的可动性,缩短可动位错线的长度,导致复合材料的室温阻尼性能出现下降。吴叶伟[5]通过改变冷却方式(水冷、空冷和炉冷),在固溶态 10 vol% Grp/AZ91D 复合材料中引入不同的位错密度,研究了位错密度对镁基复合材料室温阻尼性能的影响,得到的结果与我们的结论一致。

14.4.1.2　晶粒尺寸

基体晶粒的细化会缩短位错线的长度,同时晶界作为位错运动的强钉扎点,会降低基体中位错的运动能力,从而降低镁基纳米复合材料的室温阻尼性能。这从往复挤压 2 道次后 n -SiCp/AZ91D 复合材料的室温阻尼值逐步降低可以推得。

14.4.1.3　固溶原子

尽管固溶态 AZ91D 合金、n -SiCp/AZ91D 和 CNT/AZ91D 复合材料初始晶粒粗大,可容纳较长的位错线,但是基体中存在大量的固溶 Al 原子,这些 Al 原子作为位错运动的弱钉扎点会降低位错的可动性,使得固溶态镁合金和镁基纳米复合材料的室温阻尼性能较低。

14.4.1.4　析出相

析出相作为位错运动的强钉扎点,会降低位错的可动性,使得镁基纳米复合材料的室温阻尼性能降低;但是固溶原子的大量析出会显著降低基体中弱钉扎点的数量,反而有利于镁基纳米复合材料室温阻尼性能的提高。

14.4.1.5　纳米增强相

纳米增强相作为位错运动的强钉扎点,降低 n -SiCp/AZ91D 和 CNT/AZ91D 复合材料的室温阻尼性能。但是对于 CNT/AZ91D 复合材料,由于 CNT 的本征阻尼值较高,镁基纳米复合材料的室温阻尼性能会显著高于 n – SiCp/AZ91D 复合材料,且在高道次下,CNT/AZ91D 复合材料的室温阻尼性能并不会像 n – SiCp/AZ91D 出现下降,可同样归结于 CNT 较高的本征阻尼值。

14.4.2　影响镁基纳米复合材料高温阻尼性能的因素

镁基复合材料在高温条件下的阻尼机制主要为晶界阻尼和界面阻尼[2, 9, 17]。因此,凡是影响镁基纳米复合材料中晶界、相界面数量以及界面可动性的因素都将影响到镁基纳米复合材料的高温阻尼性能。同样地,增强相的本征阻尼性能也会对镁基纳米复合材料的高温阻尼性能产生影响。

14.4.2.1　晶粒尺寸

往复挤压后,无论是 n – SiCp/AZ91D 还是 CNT/AZ91D 复合材料,其高温阻尼性能均会出现明显提高,这主要归结于基体晶粒的细化,使得单位体积内晶界数量明显增加,从而使得镁基纳米复合材料的高温阻尼性能得到提高。

14.4.2.2　析出相

$Mg_{17}Al_{12}$ 相的析出会提高单位体积内 $Mg/Mg_{17}Al_{12}$ 相界面的数量,使得镁基纳米复合材料的高温阻尼性能得到提高。但是在高道次往复挤压后,镁基纳米复合材料中大量沿晶析出的 $Mg_{17}Al_{12}$ 相会阻碍基体晶粒的黏性滑动,从而降低镁基纳米复合材料的高温阻尼性能。

14.4.2.3　纳米增强相

纳米增强相的添加会增加 n – SiCp/Mg 或 CNT/Mg 相界面的数量,提高 n – SiCp/AZ91D 和 CNT/AZ91D 复合材料的高温阻尼性能;但是当纳米增强相的添加量过高时,同样会对晶界的黏性滑动产生阻碍,降低镁基纳米复合材料的高温阻尼性能。CNT 由于其本征阻尼值较大,且受温度影响较小,因此,CNT 的添加同样会提高 CNT/AZ91D 复合材料的高温阻尼性能。

14.5　纳米增强超细晶镁基复合材料的阻尼机制

从前面的分析中可以得知,往复挤压前、后镁基纳米复合材料的阻尼-温度谱存在明显的差异。

对于固溶态 AZ91D 合金、n – SiCp/AZ91D 和 CNT/AZ91D 复合材料,根据阻尼值随温度的改变速率,其阻尼-温度谱($\tan\delta$ – T)可分为低、中温区($<T_{cr}$)和高温区($>T_{cr}$)2个区间(图 14 – 17):当测试温度低于某一临界温度(T_{cr})时,材料的阻尼值与测试温度无关;当测试温度高于该临界温度(T_{cr})时,材

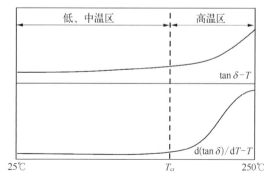

图 14 – 17　典型固溶态合金/复合材料的阻尼-温度谱

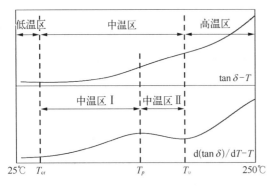

图 14-18 典型往复挤压后合金/复合材料的阻尼-温度谱

料的阻尼值随着测试温度的升高缓慢增加。

对于往复挤压后的 AZ91D 合金、n-SiCp/AZ91D 和 CNT/AZ91D 复合材料,按照相同的划分标准,其阻尼-温度谱($\tan\delta - T$)可分为低温区($<T_{cr}$)、中温区($T_{cr} \sim T_v$)和高温区($>T_v$)。在低温区,材料的阻尼值与测试温度无关;在中温区,材料的阻尼值随测试温度的升高开始增加,但增加速率较慢;在高温区,材料的阻尼值随测试温度的升高快速增加(图 14-18)。根据阻尼-温度谱的一次微分曲线 $[\mathrm{d}(\tan\delta)/\mathrm{d}T - T]$,中温区出现了两个极值点,将整个区间划分为 $T_{cr} \sim T_p$ 和 $T_p \sim T_v$ 两个区间。通过 Arrhenius 线性拟合得知,这两个极值点都表现出明显的热激活特性,对应某种微观热弛豫过程。

通过总结、归纳往复挤压前、后合金/复合材料阻尼-温度谱及其一次微分曲线,结合已有的金属基复合材料的阻尼机制,固溶态和加工态镁基纳米复合材料在不同温度区间的阻尼机制分述如下:

对于固溶态合金/复合材料,固溶预处理使得 $Mg_{17}Al_{12}$ 相溶解进入基体,基体处于超饱和固溶状态。冷却过程中(水冷),由于 Mg 基体与纳米增强相以及未固溶的第二相之间存在热错配应力(如第十三章所述),基体中会产生一定数量的位错,如图 14-19(a)所示。在加载过程中,当测试温度低于临界温度($<T_{cr}$)时,位错同时被弱钉扎点(Al 原子、空位)和强钉扎点(未固溶第二相、纳米增强相、晶界)所钉扎,只能在弱/强钉扎点间发生小幅度的振荡,因此,位错线扫过的面积有限,合金/复合材料的阻尼值较小;即使位错从当前的 Al 原子脱钉,由于基体中存在大量的 Al 原子,位错线仍会被邻近的 Al 原子所钉扎,振荡的幅度并不会发生明显改变,故在很大的温度范围内,固溶态合金/复合材料的阻尼值都保持不变;当测试温度高于临界温度(T_{cr})时,Mg 基体的软化使得晶粒间的相对滑动变得容易,晶界滑动可作为一种能量耗散机制,使得合金/复合材料的阻尼值逐渐增加。

○ 弱钉扎点(固溶原子、空位)
● 强钉扎点(未固溶第二相、纳米增强相)

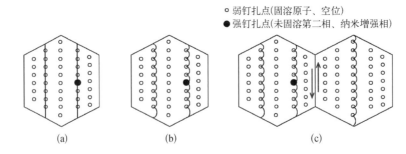

图 14-19 固溶态合金/镁基复合材料在不同温度区间的阻尼机制示意图
(a) 初始未加载状态;(b) 低温区($<T_{cr}$);(c) 高温区($>T_{cr}$)

对于往复挤压后合金/复合材料,$Mg_{17}Al_{12}$ 相的动态析出使得基体内阻碍位错运动的弱钉扎点(Al 原子)数量大为降低,而强钉扎点($Mg_{17}Al_{12}$ 相)数量大大增加,如图 14-20(a)所示。当测试温度低于临界温度($<T_{cr}$)时,阻尼主要是由位错在弱钉扎点(Al原子、空位)间振荡产生;当测试温度略高于临界温度(T_{cr})时,位错开始从弱钉扎点挣脱,但依然被强钉扎点(析出相、孪晶界、晶界)所钉扎;当测试温度提高到峰值温度(T_p)时,大量位错从弱钉扎点之间发生挣脱,发生"雪崩式"脱钉;当测试温度高于峰值温度(T_p)但仍低于谷值温度(T_v)时,残余的少量仍被钉扎的位错逐渐发生脱钉;当测试温度高于谷值温度时($>T_v$)时,Mg基体和$Mg_{17}Al_{12}$析出相的软化使得晶界和相界面发生相对滑动,此时材料的阻尼机制为晶界阻尼和相界面阻尼。

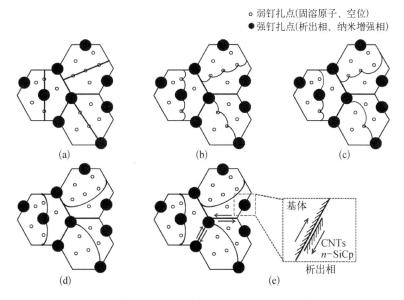

图14-20　往复挤压合金/镁基复合材料在不同温度区间的阻尼机制示意图

(a)初始未加载状态;(b)低温区($<T_{cr}$);(c)中温区Ⅰ($>T_{cr}$);(d)中温区Ⅱ($>T_p$);(e)高温区($>T_v$)

14.6　本章小结

本章以n-SiCp/AZ91D和CNT/AZ91D复合材料为研究对象,对比AZ91D合金,讨论了往复挤压加工道次、加工温度及纳米增强相的添加对复合材料室温阻尼性能(25℃)、高温阻尼性能(250℃)以及阻尼-温度谱($\tan\delta-T$)的影响。通过变频实验,引入阻尼-温度谱的一次微分曲线$[d(\tan\delta)/dT-T]$,分析了复合材料在阻尼测试中出现的热激活弛豫行为。结合现有的金属基复合材料的阻尼机制,探讨了镁基纳米复合材料的阻尼机制随温度的转变规律。主要结论如下。

(1)往复挤压前、后镁基纳米复合材料的阻尼-温度谱存在明显的差异。具体而言,对于固溶态合金/复合材料,其阻尼-温度谱均可分为低、中温区($<T_{cr}$)和高温区($>T_{cr}$)两个区间。在低、中温区,材料的阻尼值与测试温度无关;而在高温区,阻尼值随着测试温度的升高缓慢增加。对于往复挤压后的合金/复合材料,其阻尼-温度谱可分为低温区($<T_{cr}$)、中温区

$(T_{cr} \sim T_v)$ 和高温区 $(>T_v)$。在低温区,材料的阻尼值与测试温度无关;在中温区,材料的阻尼值随测试温度的升高开始增加,但增加速率较慢;在高温区,材料的阻尼值随测试温度快速升高。此外,往复挤压后,材料阻尼-温度谱的一次微分曲线在中温区出现了峰值 (T_p) 和谷值 (T_v),且这两个极值点具有明显的热激活特性。

(2) $n\text{-}SiCp/AZ91D$ 和 $CNT/AZ91D$ 复合材料的室温阻尼值随着振动频率的增加逐渐降低,但是,当振动频率从 10 Hz 提高到 20 Hz 时,室温阻尼值异常增大;振动频率对镁基纳米复合材料阻尼值的影响随着测试温度的升高越来越明显;镁基纳米复合材料的高温阻尼值随着振动频率的升高单调下降。

(3) 往复挤压 $n\text{-}SiCp/AZ91D$ 和 $CNT/AZ91D$ 复合材料的室温阻尼值和高温阻尼值相比于初始固溶态有了明显提高。对于 $n\text{-}SiCp/AZ91D$ 复合材料,随着往复挤压加工道次的增加,复合材料的室温阻尼值和高温阻尼值均先提高后降低;对于 $CNT/AZ91D$ 复合材料,随着往复挤压加工道次的增加,复合材料的室温阻尼值和高温阻尼值逐步提高。

(4) 随着往复挤压加工温度的提高,$n\text{-}SiCp/AZ91D$ 复合材料的室温阻尼值逐渐提高,尤其是当加工温度升高到 400℃,复合材料的室温阻尼性能提高了将近 2 倍;$n\text{-}SiCp/AZ91D$ 复合材料的高温阻尼值随着加工温度的升高先降低后提高,但变化幅度并不大。

(5) SiC 纳米颗粒的添加通常会导致基体合金的室温、高温阻尼值有所降低,且下降幅度随着 SiC 纳米颗粒添加量的增加逐渐增大。0.5 wt% 的 CNT 会使基体合金的室温阻尼性能有所降低,而 2.0 wt% 的 CNT 会使基体合金的室温阻尼性能回到初始值,此外 CNT 的添加通常会提高基体合金的高温阻尼性能。

(6) 对于固溶态合金/复合材料,当测试温度低于临界温度 $(<T_{cr})$ 时,材料的阻尼主要由位错在大量的弱钉扎点和极少量的强钉扎点间的小幅度振荡产生;当测试温度高于临界温度 (T_{cr}) 时,材料的阻尼机制主要为晶界滑动。

对于往复挤压后合金/复合材料,当测试温度低于临界温度 $(<T_{cr})$ 时,材料的阻尼由位错在弱钉扎点间振荡产生;当测试温度高于峰值温度 (T_{cr}) 但仍低于谷值温度 (T_v) 时,阻尼主要是由位错在强钉扎点间振荡产生;当测试温度高于谷值温度时 $(>T_v)$ 时,材料的阻尼机制为晶界阻尼和相界面阻尼。临界温度 (T_{cr}) 对应于位错开始从弱钉扎点脱钉的温度;阻尼-温度谱一次微分曲线中出现的峰值 (T_p) 对应于位错从弱钉扎点发生"雪崩式"脱钉的临界温度。

参考文献

[1]   LAVERNIA E J, PEREZ R J, ZHANG J. Damping behavior of discontinuously reinforced Al alloy metal-matrix composites[J]. Metallurgical and Materials Transactions A, 1995, 26(11): 2803 - 2818.

[2]   ZHANG J, PEREZ R J, LAVERNIA E J. Dislocation-induced damping in metal matrix composites[J]. Journal of Materials Science, 1993, 28(3): 835 - 846.

[3]   DENG C F, WANG D Z, ZHANG X X, et al. Damping characteristics of carbon nanotube reinforced aluminum composite[J]. Materials Letters, 2007, 61(14/15): 3229 - 3231.

[4]   王渠东,曾小勤,吕宜振,等. 高温铸造镁合金的研究与应用[J]. 材料导报,2000,14(3): 21 - 23.

［5］　吴叶伟. Grp/AZ91 复合材料阻尼行为与力学性能研究［D］.哈尔滨：哈尔滨工业大学,2011.

［6］　范国栋.纯镁和镁合金的阻尼及微塑变行为研究［D］.哈尔滨：哈尔滨工业大学,2013.

［7］　席利欢. CNT/Mg 复合材料搅拌摩擦加工制备及阻尼性能研究［D］.南昌：南昌航空大学,2013.

［8］　HU X S, WU K, ZHENG M Y, et al. Low frequency damping capacities and mechanical properties of Mg - Si alloys［J］. Materials Science & Engineering A：Structural Materials：Properties, Microstructure and Processing, 2007, 452/453(0)：374 - 379.

［9］　WANG C J, DENG K K, LIANG W. High temperature damping behavior controlled by submicron SiCp in bimodal size particle reinforced magnesium matrix composite［J］. Materials Science & Engineering A：Structural Materials：Properties, Microstructure and Processing, 2016, 668：55 - 58.

［10］　PENG T, WANG Q D. Application of regression analysis to optimize hot compactionprocessing in an indirect solid-state recycling of Mg alloy［J］. Materials Science Forum, 2010, 650：239 - 245.

［11］　WU Y W, WU K, DENG K K, et al. Damping capacities and microstructures of magnesium matrix composites reinforced by graphite particles［J］. Materials & Design, 2010, 31(10)：4862 - 4865.

［12］　张小农.金属基复合材料的阻尼行为研究［D］.上海：上海交通大学,1997.

［13］　廖利华.高阻尼铸造镁基复合材料［D］.上海：上海交通大学,2006.

［14］　胡小石.热处理和变形对镁合金低频阻尼性能的影响及机理研究［D］.哈尔滨：哈尔滨工业大学,2007.

［15］　GRANATO A, LUCKE K. Theory of mechanical damping due to dislocations［J］. Journal of Applied Physics, 1956, 27(6)：583 - 593.

［16］　GRANATO A, LUCKE K. Application of dislocation theory to internal friction phenomena at high frequencies［J］. Journal of Applied Physics, 1956, 27(7)：789 - 805.

［17］　DENG K K, LI J C, NIE K B, et al. High temperature damping behavior of as-deformed Mg matrix influenced by micron and submicron SiCp［J］. Materials Science & Engineering A：Structural Materials：Properties, Microstructure and Processing, 2015, 624：62 - 70.

［18］　LIU M P, YUAN G Y, WANG Q D, et al. Superplastic behavior and microstructural evolution in a commercial Mg - 3Al - 1Zn magnesium alloy［J］. Materials Transactions, 2002, 43(10)：2433 - 2436.

［19］　王渠东,曾小勤,吕宜振,等.高温铸造镁合金的研究与应用［J］.材料导报,2000,14(3)：21 - 23.

［20］　XIE C Y, CARRENO-MORELLI E, SCHALLER R. Low frequency internal friction associated with precipitation in AlMgSi alloys［J］. Scripta Materialia, 1998, 39(2)：225 - 230.

［21］　ZHANG L, WANG Q D, LIU G P, et al. Effect of SiC particles and the particulate size on the hot deformation and processing map of AZ91 magnesium matrix composites［J］. Materials Science & Engineering A：Structural Materials：Properties, Microstructure and Processing, 2017, 707：315 - 324.

［22］　GU J H, ZHANG X N, QIU Y F, et al. Damping behaviors of magnesium matrix composites reinforced with Cu-coated and uncoated SiC particulates［J］. Composites Science and Technology, 2005, 65(11/12)：1736 - 1742.

［23］　WANG Y S, WANG Q D, WU G H, et al. Hot-tearing susceptibility of Mg - 9Al - xZn alloy［J］. Materials Letters, 2002, 57(4)：929 - 934.

［24］　KORATKAR N A, WEI B Q, AJAYAN P M. Multifunctional structural reinforcement featuring carbon nanotube films［J］. Composites Science and Technology, 2003, 63(11)：1525 - 1531.

［25］　LU Y Z, WANG Q D, ZENG X Q, et al. Effects of silicon on microstructure, fluidity, mechanical properties, and fracture behaviour of Mg - 6Al alloy［J］. Materials Science and Technology：MST：A publication of the Institute of Metals, 2001, 17(2)：207 - 214.

第十五章　往复挤压镁基纳米复合材料的摩擦磨损性能

15.1　引言

镁基材料的耐磨性可通过提高基体材料的承载能力(即硬度)得到提高,而基体材料承载能力的提高即可通过添加稀土元素(rare earth,RE)[1-3]、外加增强体[4-7]来实现,也可通过塑性加工得以实现。如 Zafari 等[2]在 AZ91D 合金中添加了 3 wt% 的稀土元素(RE),AZ91+3RE 合金的磨损速率相比于 AZ91 合金降低了 50% 以上;Lim 等[5]在纯 Mg 中添加 1.11 vol%的 Al_2O_3 纳米颗粒后,复合材料的耐磨性提高了 1.8 倍;Lu 等[8]对 Al_2O_3 纳米颗粒和 CNT 混杂增强 AZ31 复合材料进行搅拌摩擦,结果表明,复合材料搅拌区域的显微硬度高出未搅拌区域 1.4 倍,磨损速率相比于 AZ31 基体合金明显降低。

从第十三章的实验结果可知,往复挤压后镁基纳米复合材料的硬度得到显著提高,那么相应的镁基纳米复合材料的耐磨性也理应得到提升。遗憾的是,目前针对镁基纳米复合材料大塑性变形的研究主要集中在复合材料力学性能,只有为数不多的研究涉及大塑性变形后镁基纳米复合材料的摩擦磨损性能[8-11]。从镁合金摩擦磨损方面的研究工作中分析可知,实验载荷、摩擦速率等均会影响到镁合金的摩擦磨损性能,有时甚至改变其磨损机制[3,12-14];但是在大塑性变形镁基纳米复合材料中,却缺乏此类系统的研究。

因此,本章主要研究往复挤压 n-SiCp/AZ91D 和 CNT/AZ91D 复合材料的摩擦磨损性能,讨论往复挤压加工道次、纳米增强相的种类及其添加量、摩擦实验参数(载荷、摩擦速率)对复合材料摩擦磨损性能的影响;结合复合材料的磨损面、磨损横断面以及磨屑的形貌、成分分析,探讨纳米增强超细晶镁基复合材料在摩擦磨损实验过程中的磨损机制。

15.2　往复挤压 n-SiCp/AZ91D 镁基复合材料的摩擦磨损性能

本节对固溶态和 300℃往复挤压 8 道次 n-SiCp/AZ91D 复合材料进行摩擦磨损实验,实验载荷为 8 N,摩擦速率为 0.15 m/s,摩擦距离为 2 000 m。

图 15-1(a)为 SiC 纳米颗粒的添加量对往复挤压前、后 n-SiCp/AZ91D 复合材料磨损量的影响。在固溶态基体合金中添加 0.5 wt%、1.0 wt% SiC 纳米颗粒后,其磨损量仅会下降 1.39% 和 0.46%;而对于往复挤压 8 道次后的基体合金,SiC 纳米颗粒的添加几乎不会降低其磨损量。由此可见,SiC 纳米颗粒的添加并不会改善基体合金的耐磨性。

对比图 15-1(a)中同一材料往复挤压前、后的磨损量,可以发现,往复挤压的实施能够降低合金/复合材料在摩擦过程中的磨损量,提高合金/复合材料的耐磨性。这主要归结于往复挤压强烈的晶粒细化能力以及挤压过程中动态析出且弥散分布的 $Mg_{17}Al_{12}$ 相,使得

AZ91D 合金以及 n - SiCp/AZ91D 复合材料的硬度在往复挤压后有了显著提高,相应地,耐磨性也得到提升。

图 15 - 1(b)、(c)分别为往复挤压前、后 n - SiCp/AZ91D 复合材料的摩擦系数(COF)随摩擦距离的变化规律。由图可知,在经历一个短暂的磨合阶段后,合金/复合材料的摩擦系数随着摩擦距离的增加呈上升趋势,这主要是因为随着磨损实验的进行,复合材料与对磨钢球接触的上表面会逐渐恶化[15]。对于固溶态基体合金,SiC 纳米颗粒的添加能够降低其均值摩擦系数;但对于加工态基体合金,SiC 纳米颗粒的添加并不会对摩擦系数产生明显影响。对比图 15 - 1(b)与图 15 - 1(c)可以发现,无论是 AZ91D 合金还是 n - SiCp/AZ91D 复合材料,往复挤压 8 道次后材料的摩擦系数均显著降低。

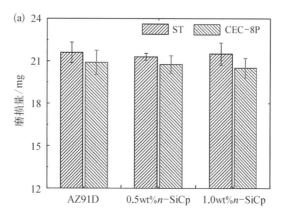

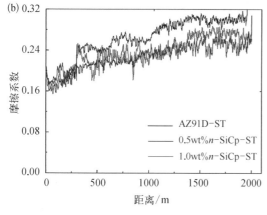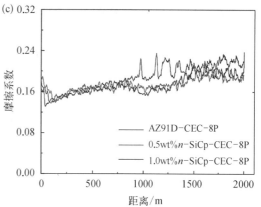

图 15 - 1　SiC 纳米颗粒的添加量对固溶态和往复挤压 8 道次 n - SiCp/AZ91D 复合材料的磨损量和摩擦系数的影响(实验载荷:8 N;摩擦速率:0. 15 m/s)

(a)磨损量;(b)固溶态摩擦系数;(c)往复挤压 8 道次摩擦系数

图 15 - 2(a)、(b)为固溶态 AZ91D 合金和 1.0 wt%n - SiCp/AZ91D 复合材料的磨损面。如图中所标识的,无论是基体合金还是添加有 1.0 wt% SiC 纳米颗粒的复合材料,其磨损面都存在着明显的黏着坑,说明两者都发生了一定程度的黏着磨损;同时,磨损面很大一部分区域呈现出片状/鱼鳞状形貌,表明在摩擦磨损过程中,材料发生了塑性变形[14, 16, 17]。图 15 - 2(c)、(d)为往复挤压 8 道次后 AZ91D 合金和 1.0 wt%n - SiCp/AZ91D 复合材料的磨损面。

对比分析可知,在往复挤压后材料的磨损面很难观察到黏着坑,但是出现了明显的犁沟以及微裂纹。

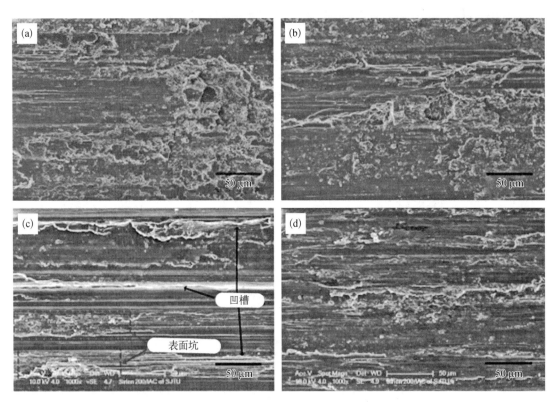

图 15 - 2 SiC 纳米颗粒的添加量对固溶态和往复挤压 8 道次合金/复合材料磨损面的影响(实验载荷: **8 N**;摩擦速率: **0. 15 m/s**)

(a) 固溶态 AZ91D 合金;(b) 固溶态 1. 0 wt%n - SiCp/AZ91D 复合材料;(c) 往复挤压 8 道次 AZ91D 合金;(d) 往复挤压 8 道次 1. 0 wt%n - SiCp/AZ91D 复合材料

图 15 - 3 对比了固溶态和往复挤压 8 道次后实验材料的磨屑形貌及其 EDS 分析结果。由图可知,固溶态合金/复合材料的磨屑为大块片状的磨屑,表面较为平滑,且 O 含量相对较低,推断此类磨屑主要是由于实验材料发生了黏着磨损,整体脱落产生。往复挤压合金/复合材料的磨屑尺寸相对较小,磨屑表面依旧存在明显的犁沟,且 O 含量较高(约 50 at%)。图 15 - 4 对往复挤压 8 道次后 1. 0 wt%n - SiCp/AZ91D 复合材料的磨屑进行 XRD 物相鉴定,结果显示,磨屑主要为 MgO,也有少量的 $MgAl_2O_4$。推断往复挤压后合金/复合材料的主要磨损机制为磨粒磨损和氧化磨损[14]。

综上所述,在当前实验条件下,固溶态 AZ91D 合金和 n - SiCp/AZ91D 复合材料的主要磨损机制为黏着磨损;而往复挤压 8 道次后,合金/复合材料的主要磨损机制转变为磨粒磨损和氧化磨损。SiC 纳米颗粒的添加并不会降低基体合金的磨损量,也不会对磨损机制产生明显影响。因此,本章后续将以 CNT/AZ91D 复合材料为研究对象,分析往复挤压工艺、CNT 的添加及其添加量、实验条件(载荷、摩擦速率)对镁基纳米复合材料摩擦磨损性能、磨损机制的影响。

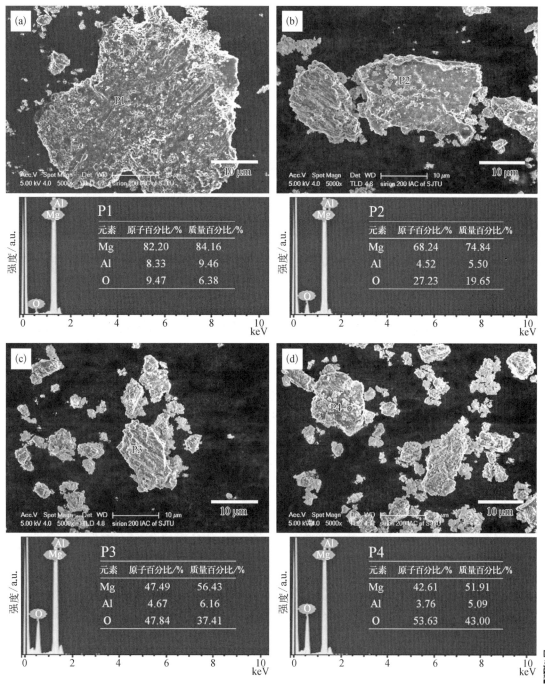

图 15-3　固溶态和往复挤压 8 道次后实验材料的磨屑形貌及其 EDS 分析结果

（a）固溶态 AZ91D 合金磨屑及其 EDS 结果；（b）固溶态 1.0 $wt\%n$-SiCp/AZ91D 复合材料磨屑及其 EDS 结果；（c）往复挤压 8 道次 AZ91D 合金磨屑及其 EDS 结果；（d）往复挤压 8 道次 1.0 $wt\%n$-SiCp/AZ91D 复合材料磨屑及其 EDS 结果

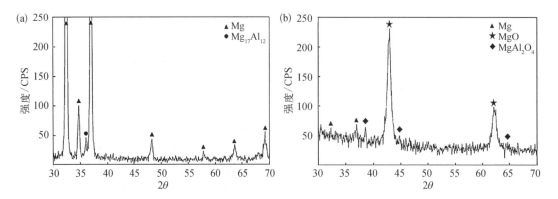

图 15 - 4 往复挤压 8 道次 1.0 wt%n - SiCp/AZ91D 复合材料及其磨屑的 XRD 谱图

（a）1.0 wt%n - SiCp/AZ91D 复合材料；（b）1.0 wt%n - SiCp/AZ91D 复合材料的磨屑

15.3 往复挤压 CNT/AZ91D 镁基复合材料的摩擦磨损性能

15.3.1 往复挤压道次的影响

为研究往复挤压加工道次对 CNT/AZ91D 复合材料摩擦磨损性能的影响,本节对不同加工道次下的 0.5 wt%CNT/AZ91D 复合材料在 8 N 的载荷下进行摩擦磨损实验,摩擦速率为 0.15 m/s。

图 15 - 5(a)为往复挤压加工道次对 0.5 wt%CNT/AZ91D 复合材料磨损量的影响。由图可见,随着加工道次的增加,镁基纳米复合材料的磨损量逐渐降低,耐磨性逐渐提高;往复挤压 8 道次后,0.5 wt%CNT/AZ91D 复合材料的磨损量相比于初始固溶态降低了 8.29%。因此,往复挤压的实施能够降低 CNT/AZ91D 复合材料的磨损量,提高其耐磨性。

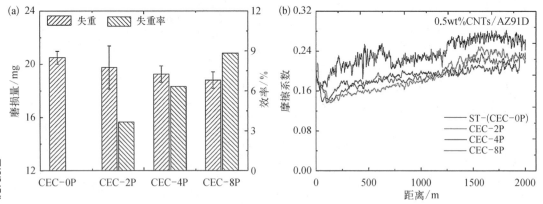

**图 15 - 5 往复挤压加工道次对 0.5 wt%CNT/AZ91D 复合材料的磨损量和
摩擦系数的影响(实验载荷: 8 N;摩擦速率: 0.15 m/s)**

（a）对磨损量的影响；（b）对摩擦系数的影响

图 15 - 5(b)为不同加工道次下 0.5 wt%CNT/AZ91D 复合材料的摩擦系数随摩擦距离的变化曲线。同样的,在经历一个短暂的磨合阶段后,复合材料的摩擦系数随着摩擦距离的

增加整体呈上升趋势。固溶态 0.5 wt%CNT/AZ91D 复合材料的摩擦系数在摩擦过程中波动较大(0.190~0.263),均值摩擦系数 0.235;往复挤压 2 道次后,复合材料的摩擦系数有了明显降低;高道次(≥4)往复挤压对摩擦系数的影响很小;往复挤压 8 道次后,0.5 wt%CNT/AZ91D 复合材料的摩擦系数波动相对较小(0.186~0.226),均值摩擦系数为 0.191。

图 15-6(a)、(b)为往复挤压前、后 0.5 wt%CNT/AZ91D 复合材料的磨损面。如图中所标识的,在固溶态复合材料的磨损面可以观察到尺寸较大的黏着坑以及微裂纹,表明其主要磨损机制为黏着磨损和疲劳磨损[14, 16, 17];而 8 道次往复挤压后复合材料的磨损面出现大量平行于滑动方向的犁沟以及刮擦痕迹,表明其主要磨损机制为磨粒磨损。图 15-6(c)~(d)为往复挤压前、后 0.5 wt%CNT/AZ91D 复合材料磨损面典型位置的 EDS 谱图。由图可知,尽管 P1 位于黏着坑内,该点仍然含有 5.09 wt%的氧;往复挤压后复合材料表面的 P2 氧含量为 14.65 wt%,说明在当前实验条件下,氧化磨损伴随着整个摩擦过程[18, 19]。此外,分

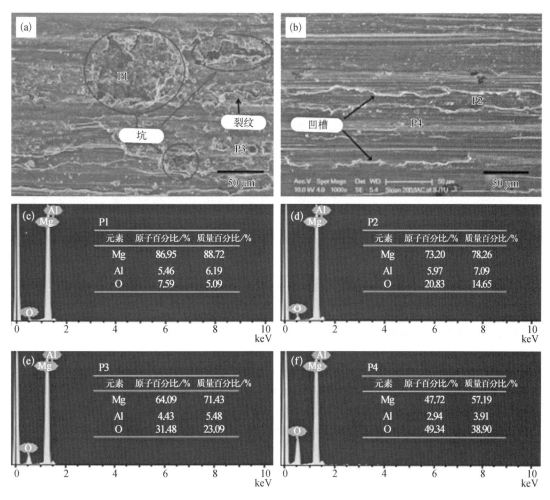

图 15-6 固溶态和往复挤压 8 道次 0.5 wt%CNT/AZ91D 复合材料的磨损面,以及典型位置的 EDS 结果(实验载荷:8 N;摩擦速率:0.15 m/s)

(a)固溶态;(b)往复挤压 8 道次;(c)标识点 P1 的 EDS 结果;(d)标识点 P2 的 EDS 结果;(e)标识点 P3 的 EDS 结果;(f)标识点 P4 的 EDS 结果

析附着在磨损面的磨屑,可以发现:固溶态复合材料的磨屑多为片状或盘状;而往复挤压后复合材料的磨屑为细小的颗粒状,进一步验证了固溶态复合材料的磨损机制为黏着磨损和疲劳磨损,而往复挤压后复合材料的磨损机制为磨粒磨损。图 15-6(e)~(f)为附着在磨损面表面磨屑的 EDS 谱图,由图可知,往复挤压后复合材料磨屑中的氧含量高达约 50 at%,其化学组成同样主要为 MgO。通常,处于摩擦副材料之间的氧化物会作为硬质颗粒,引发三体磨粒磨损[20]。

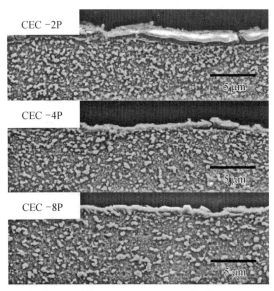

图 15-7　往复挤压道次对 0.5 wt%CNT/AZ91D 复合材料磨损横断面的影响

图 15-7 为不同往复挤压道次 0.5 wt% CNT/AZ91D 复合材料的磨损横断面。从图中可以观察到,对于往复挤压 2、4 道次后 0.5 wt%CNT/AZ91D 复合材料,其表层有以下几个特点:① 接触表面存在一定厚度的机械加工层;② 复合材料的亚表层局部出现宏观裂纹;③ 已经脱落或即将脱落的磨屑呈现出片状或盘状。很明显,复合材料是以剥层脱落的形式进行磨损的,说明低加工道次(≤4 道次)下,复合材料发生了疲劳磨损。随着加工道次的增加,复合材料表面机械加工层的厚度逐渐变薄,且剥层脱落的规模也逐渐减小;往复挤压 8 道次后,尽管 0.5 wt% CNT/AZ91D 复合材料表面仍然存在很薄的机械加工层,但是基本观察不到剥层脱落的特征。这主要由于随着加工道次的增加,

0.5 wt%CNT/AZ91D 复合材料的硬度显著提高,因此在相同的实验载荷下,复合材料表面加工硬化层的厚度逐渐减小,使得位错累积的亚表层逐渐靠近接触表面,而接触表层受摩擦热的影响,温度较高,提高了亚表层位错的可动性,降低了位错塞积的程度,抑制了复合材料接触表面大规模的剥层脱落。

15.3.2　碳纳米管添加量的影响

为研究碳纳米管(CNT)的添加量对镁基纳米复合材料摩擦磨损性能的影响,本节对固溶态及 300℃往复挤压 8 道次后的 AZ91D 合金和 CNT/AZ91D 复合材料分别在 8 N 的载荷下进行摩擦磨损实验,摩擦速率为 0.15 m/s。

图 15-8(a)为 CNT 的添加量对固溶态和往复挤压 8 道次 CNT/AZ91D 复合材料磨损量的影响。对于固溶态基体合金,添加 0.5 wt%、2.0 wt%的 CNT 后,其磨损量会下降 5.09%和 13.20%;而对于往复挤压后基体合金,0.5 wt%和 2.0 wt% 的 CNT 会使基体合金的磨损量下降 10.05%和 16.99%。因此,无论基体合金处于固溶态还是加工态,CNT 的添加均能有效降低基体合金的磨损量,提高其耐磨性。

图 15-8(b)为 CNT 的添加量对固溶态 AZ91D 合金和 CNT/AZ91D 复合材料摩擦系数的影响。由图可见,在起始约 300 m 的摩擦距离内,三种材料的摩擦系数几乎相等;之后,

AZ91D 合金的摩擦系数始终高于另外两种添加有 CNT 的复合材料;统计三种材料在实验过程中的均值摩擦系数,按 CNT 添加量递增的顺序,均值摩擦系数分别为 0.263、0.235 和 0.203。以上结果表明对于固溶态基体合金,CNT 的添加能够降低摩擦副材料之间的摩擦系数,起到润滑作用,但是 CNT 的润滑作用需要在一定的摩擦距离后才会有所体现。这是因为在摩擦的初始阶段,CNT/AZ91D 复合材料表面状态与 AZ91D 合金基本相同,但是随着摩擦过程的进行,复合材料中的 CNT 会逐渐从基体中分离、脱落,在接触表面形成一层碳膜,从而起到润滑作用。此外,在摩擦过程中,固溶态 2.0 wt% CNT/AZ91D 复合材料摩擦系数的波动幅度大于其他两组,这可能与初始固溶态复合材料中 CNT 的不均匀分布(偏聚、团聚)有关。图 15-8(c)为 CNT 的添加量对往复挤压 8 道次 AZ91D 合金和 CNT/AZ91D 复合材料摩擦系数的影响。由图可见,在整个摩擦范围内,三种材料摩擦系数随滑动距离的变化曲线在很大程度上发生重合,均值摩擦系数分别为 0.193、0.191 和 0.192,表明 CNT 的润滑减摩作用在往复挤压 8 道次后消失。

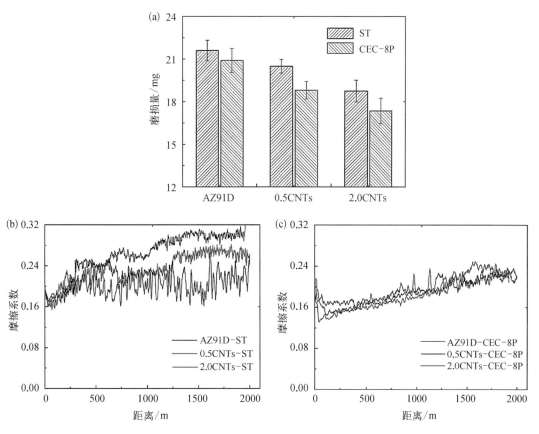

图 15-8　CNT 的添加量对固溶态和往复挤压 8 道次 CNT/AZ91D 复合材料的磨损量和摩擦系数的影响(实验载荷: 8 N;摩擦速率: 0.15 m/s)

(a) 磨损量;(b) 固溶态摩擦系数;(c) 往复挤压 8 道次摩擦系数

CNT 的添加量对往复挤压 8 道次 CNT/AZ91D 复合材料磨损面的影响见图 15-9。对于未添加 CNT 的基体合金,其磨损表面存在较大尺寸的凹坑,凹坑内聚集有大量的磨屑;而对于添加 CNT 的复合材料,表面凹坑基本消失,且随着 CNT 含量的增加,复合材料表面的犁沟越来越浅,刮擦痕迹之间的间距越来越小。图 15 - 10 对比了往复挤压 8 道次 AZ91D 合金和 0.5 wt%CNT/AZ91D 复合材料的磨屑。AZ91D 合金的磨屑尺寸略大于复合材料的磨屑,且两者的 O 含量均接近 50 at%,推断两者的磨损机制主要为磨粒磨损和氧化磨损。

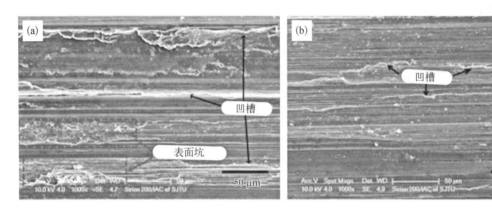

图 15 - 9　CNT 的添加量对往复挤压 8 道次 CNT/AZ91D 复合材料磨损面的影响

(a) 0.0 wt%;(b) 2.0 wt%(实验载荷: 8 N;摩擦速率: 0.15 m/s)

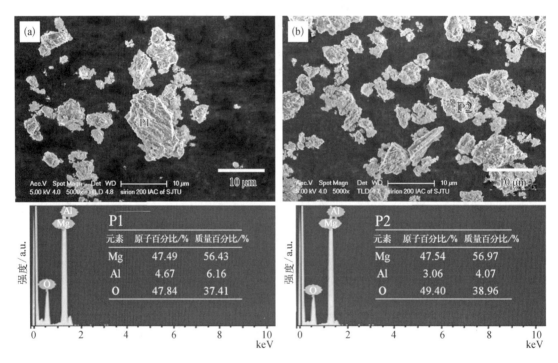

图 15 - 10　往复挤压 8 道次 AZ91D 合金和 0.5 wt%CNT/AZ91D 复合材料的磨屑及其 EDS 结果

(a) AZ91D 合金;(b) 0.5 wt%CNT/AZ91D 复合材料

图 15 - 11(a)为 CNT 的添加量对往复挤压后材料磨损横断面的影响。明显地,AZ91D 合金的磨损表面有一层较厚的、非连续的机械加工层(mechanical mixed layers, MML),而 CNT/AZ91D 复合材料的机械加工层较薄且基本呈连续分布。对 AZ91D 合金的表层进行

EDS 分析,如图 15 - 11(b)、(c)所示,该机械加工层的化学成分与图 15 - 10 中磨屑的化学成分接近,推测该机械加工层可能是在磨损面发生堆积乃至焊合的磨屑。

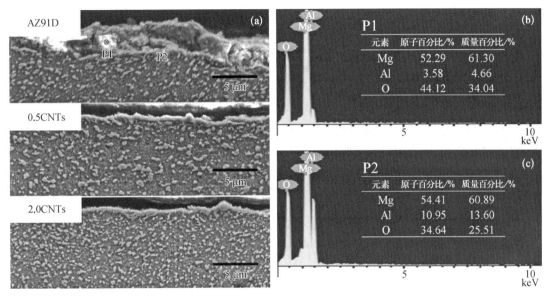

图 15 - 11　(a) CNT 的添加量对往复挤压 8 道次 CNT/AZ91D 复合材料磨损横断面的影响;(b) 标识点 P1 的 EDS 谱图;(c) 标识点 P2 的 EDS 谱图(实验载荷: 8 N;摩擦速率: 0.15 m/s)

通常,磨屑的焊合是由塑性变形引起的[8]。如4.2节所述,往复挤压后,AZ91D 合金的硬度仍低于同加工状态 CNT/AZ91D 复合材料的硬度,因此,AZ91D 合金在磨损实验中易于发生塑性变形。此外,材料在摩擦过程中不可避免会出现热量累积,累积的热量主要由摩擦产生的热量和热传输的速度决定[21-23]。对于三种材料而言,相同的实验载荷、相差无几的摩擦系数决定了摩擦副材料之间的摩擦力近似相等,且实验又是在相同的摩擦速率下进行的,故在摩擦过程中,三种材料单位时间内产生的摩擦热也近似相同。但是热传输的

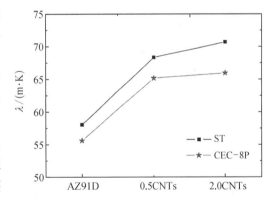

图 15 - 12　固溶态及加工态(往复挤压 8 道次)CNT 含量不同的镁基复合材料的导热系数

速度却存在明显差异。图 15 - 12 为 AZ91D 合金和 CNT/AZ91D 复合材料的导热系数,由图可知,尽管往复挤压使得 CNT 的完整性遭到破坏,但是复合材料的导热系数仍然明显高于基体合金。因此,AZ91D 合金表层的热量累积会更加明显,磨屑更容易发生堆积、焊合,形成图 15 - 11(a)中观察到的机械加工层。

15.3.3　实验载荷的影响

为了研究实验载荷对镁基纳米复合材料摩擦磨损性能的影响,本节对 300℃往复挤压 8

道次后的 AZ91D 合金及 CNT/AZ91D 复合材料分别在 4 N、8 N、12 N 三种载荷下进行摩擦磨损实验,摩擦速率为 0.15 m/s。

图 15-13(a)为实验载荷对往复挤压 8 道次 CNT/AZ91D 复合材料磨损量的影响。由图可见,随着实验载荷的增加,无论是 AZ91D 合金还是 CNT/AZ91D 复合材料,其磨损量均逐渐增加。

图 15-13(b)为实验载荷对往复挤压 8 道次 0.5 wt%CNT/AZ91D 复合材料摩擦系数的影响。在 4 N 的实验载荷下,0.5 wt%CNT/AZ91D 复合材料的摩擦系数明显高于另外两种载荷下复合材料的摩擦系数;当实验载荷从 4 N 增加到 12 N 时,均值摩擦系数从 0.207 降低到 0.181。摩擦系数随着实验载荷的增加而降低的现象在其他学者的研究中也有发表[15, 24],通常认为,摩擦副材料之间的摩擦力会随着实验载荷的增加而增大,因此,在相同的滑动距离下,摩擦产生的热量也会随之增加,使得实验材料软化。磨损面在摩擦过程中可以通过塑性变形,降低其表面粗糙度,从而减小摩擦系数。

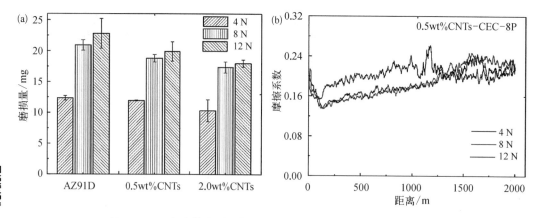

图 15-13 实验载荷对往复挤压 8 道次 CNT/AZ91D 复合材料的磨损量和摩擦系数的影响(摩擦速率: 0.15 m/s)
(a) 对磨损量的影响;(b) 对摩擦系数的影响

实验载荷对往复挤压 8 道次 0.5 wt%CNT/AZ91D 复合材料磨损面和磨屑的影响见图 15-14 和图 15-15。对比可知,当实验载荷低于 8 N 时,复合材料磨损面的主要特征为平行于滑动方向的犁沟和刮擦痕迹;磨屑多为细小颗粒状的磨屑,O 含量接近 50 at%;表明其磨损机制主要为磨粒磨损和氧化磨损。当实验载荷达到 12 N 时,复合材料的磨损面除了犁沟,还存在大量的垂直于滑动方向的裂纹;磨屑中存在尺寸较大的片状磨屑,O 含量相对较低(26.60 at%);推断此时复合材料的磨损机制主要为疲劳磨损和氧化磨损[25]。

图 15-16 为加工态 0.5 wt%CNT/AZ91D 复合材料在不同实验载荷下的磨损横断面。进一步证实,当实验载荷达到 12 N 时,复合材料会发生严重的剥层脱落。因此,对于往复挤压 8 道次后 0.5 wt%CNT/AZ91D 复合材料,当实验载荷从 8 N 提高到 12 N 时,复合材料的主要磨损机制由磨粒磨损变为疲劳磨损。

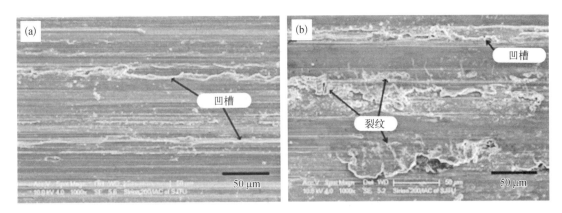

图 15‑14　实验载荷对往复挤压 8 道次 0.5 wt%CNT/AZ91D 复合材料磨损面的影响(摩擦速率：0.15 m/s)

(a) 实验载荷 4 N；(b) 实验载荷 8 N

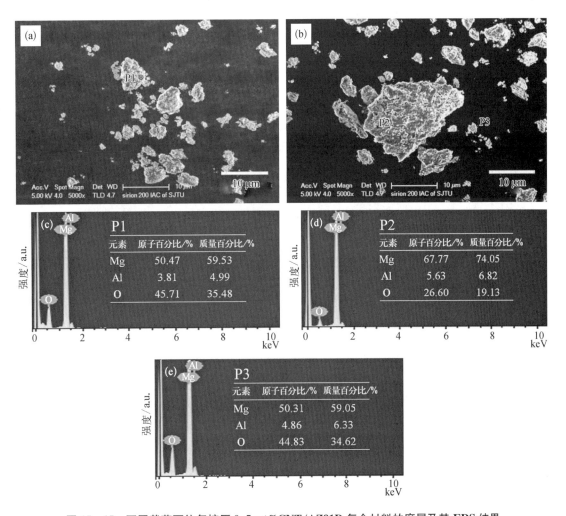

图 15‑15　不同载荷下往复挤压 0.5 wt%CNT/AZ91D 复合材料的磨屑及其 EDS 结果

(a) 实验载荷 4 N；(b) 实验载荷 12 N；(c) 标识点 P1 的 EDS 结果；(d) 标识点 P2 的 EDS 结果；(e) 标识点 P3 的 EDS 结果

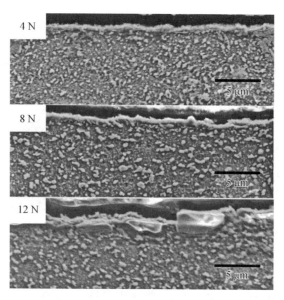

图 15-16 实验载荷对往复挤压 8 道次 0.5 wt%CNT/AZ91D
复合材料磨损横断面的影响

15.3.4 摩擦速率的影响

为了研究摩擦速率对镁基纳米复合材料摩擦磨损性能的影响,本节对 300℃往复挤压 8 道次后 AZ91D 合金及 CNT/AZ91D 复合材料分别在 0.10 m/s、0.15 m/s、0.20 m/s 三种摩擦速率下进行实验,实验载荷保持 8 N。

图 15-17(a)为摩擦速率对往复挤压 8 道次 CNT/AZ91D 复合材料磨损量的影响。当磨损速率从 0.10 m/s 提高到 0.15 m/s 时,复合材料的磨损量明显降低;但进一步将摩擦速率提高到 0.20 m/s 时,复合材料的磨损量反而有所增加。可以推断,复合材料的磨损机制在摩擦速率提高到 0.20 m/s 时发生改变[26]。

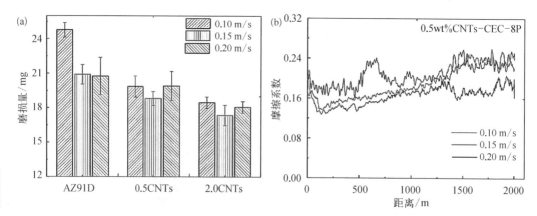

图 15-17 摩擦速率对往复挤压 8 道次 CNT/AZ91D 复合材料的
磨损量和摩擦系数的影响(实验载荷:8 N)

(a)对磨损量的影响;(b)对摩擦系数的影响

图 15-17(b)为摩擦速率对往复挤压 8 道次 0.5 wt%CNT/AZ91D 复合材料摩擦系数（COF）的影响。由图可知,0.5 wt%CNT/AZ91D 复合材料的摩擦系数随着摩擦速率的增加而明显降低;当摩擦速率增加到 0.20 m/s 时,摩擦系数降低至 0.165,相比于摩擦速率为 0.10 m/s 时的摩擦系数(0.208),降低了约 20.7%。摩擦系数随摩擦速率的增加而逐渐降低的现象在其他学者的研究中也有发表[15, 24],通常认为摩擦速率的增加会提高单位时间内摩擦产生的热量,使得基体材料软化,因此,磨损面可通过塑性变形降低其表面粗糙度。

摩擦速率对往复挤压 8 道次 0.5 wt%CNT/AZ91D 复合材料的磨损面、磨屑形貌以及磨损横断面的影响见图 15-18、图 15-19 和图 15-20。由图可见,随着摩擦速率的提高,复合材料磨损面上犁沟之间的间距逐渐减小;当摩擦速率提高到 0.20 m/s 时,在复合材料的磨损面可观察到裂纹以及片状磨屑。磨屑尺寸随着摩擦速率的升高先减小后增大,且当摩擦速率提高到 0.20 m/s 时,磨屑中出现了带状磨屑;不同摩擦速率下磨屑中的 O 含量均接近 50 at%。摩擦试样表面加工层的厚度随着摩擦速率的提高逐渐变厚。可以推断,摩擦速度的提高会使 CNT/AZ91D 复合材料的磨损机制由磨粒磨损逐步转变为疲劳磨损,氧化磨损伴随着整个摩擦过程。摩擦机制的转变主要是由于摩擦速率的提高会使得单位时间内摩擦产生的热量有所提高,在热传输速率不变的前提下,热量累积更加明显。热量的累积会提高复合材料接触面的温度,降低复合材料的硬度,使得疲劳磨损更易发生。因此,磨损量随摩擦速率先降低再升高的确是由摩擦机制的转变引起的。

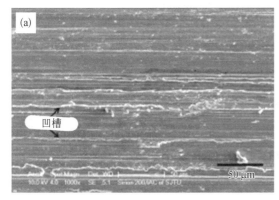
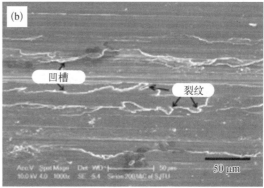

图 15-18 摩擦速率对往复挤压 8 道次 0.5 wt%CNT/AZ91D 复合材料磨损面的影响(实验载荷: 8 N)
(a) 0.10 m/s;(b) 0.20 m/s

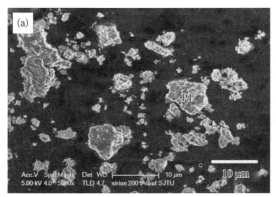
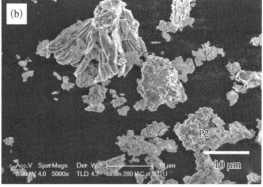

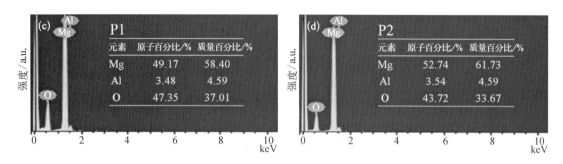

图 15-19　不同摩擦速率下往复挤压 0.5 wt%CNT/AZ91D 复合材料的磨屑及其 EDS 结果

(a) 0.10 m/s;(b) 0.20 m/s;(c) 标识点 P1 的 EDS 结果;(d) 标识点 P2 的 EDS 结果

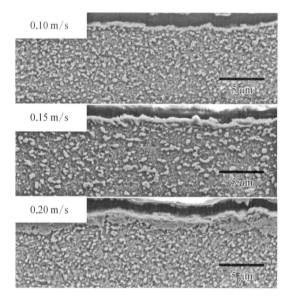

图 15-20　摩擦速率对往复挤压 8 道次 0.5 wt%CNT/AZ91D 复合材料磨损横断面的影响

15.4　本章小结

本章主要讨论了往复挤压道次、纳米增强相的种类及其添加量、实验参数(载荷、摩擦速率)对 n-SiCp/AZ91D 和 CNT/AZ91D 复合材料摩擦磨损性能的影响;通过分析复合材料的磨损面、磨损横断面和磨屑的形貌、化学成分,给出纳米增强超细晶镁基复合材料在摩擦磨损实验中的磨损机制。

(1) 对于固溶态基体合金,SiC 纳米颗粒或 CNT 的添加能够降低其均值摩擦系数和磨损量,提高材料的耐磨性;相比之下,CNT 的减摩效果更加明显。固溶态合金/复合材料的磨损机制主要为黏着磨损。

(2) 往复挤压后 AZ91D 合金、n-SiCp/AZ91D 复合材料和 CNT/AZ91D 复合材料的均

值摩擦系数、磨损量均有了明显下降,因此,往复挤压的实施能够提高合金/复合材料的耐磨性。

(3) SiC 纳米颗粒的添加并不会降低往复挤压后基体合金的均值摩擦系数和磨损量;而 CNT 的添加虽然不会影响往复挤压后基体合金的均值摩擦系数,但是会明显降低其磨损量,提高基体合金的耐磨性。这主要是因为 CNT 具有优异的导热性能,故 CNT/AZ91D 复合材料与对磨钢球接触表面的摩擦热能够得到有效释放,从而降低接触表面的软化,提高材料的耐磨性。

(4) 随着实验载荷的增加,往复挤压 CNT/AZ91D 复合材料的均值摩擦系数逐渐降低,但磨损量逐渐增加。当实验载荷低于 8 N 时,往复挤压 CNT/AZ91D 复合材料的磨损机制主要为磨粒磨损;当实验载荷提高到 12 N 时,复合材料的磨损机制转变为疲劳磨损;氧化磨损伴随着整个摩擦过程。

(5) 随着摩擦速率的提高,往复挤压 CNT/AZ91D 复合材料的均值摩擦系数逐渐降低,但是磨损量先减少后增加;当摩擦速率低于 0.15 m/s 时,往复挤压复 CNT/AZ91D 复合材料的磨损机制主要为磨粒磨损;当摩擦速率提高到 0.20 m/s 时,复合材料的磨损机制转变为疲劳磨损;氧化磨损伴随着整个摩擦过程。

参考文献

[1] LV Y Z, WANG Q D, ZENG X Q, et al. Behavior of Mg－6Al－xSi alloys during solution heat treatment [J]. Materials Science & Engineering A: Structural Materials: Properties, Microstructure and Processing, 2001, 301(2): 255－258.

[2] ZAFARI A, GHASEMI H M, MAHMUDI R. An investigation on the tribological behavior of AZ91 and AZ91 + 3 wt% RE magnesium alloys at elevated temperatures[J]. Materials & Design, 2014, 54(Feb.): 544－552.

[3] AN J, LI R G, LU Y, et al. Dry sliding wear behavior of magnesium alloys[J]. Wear: An International Journal on the Science and Technology of Friction, Lubrication and Wear, 2008, 265(1/2): 97－104.

[4] LIM C Y H, LIM S C, GUPTA M. Wear behaviour of SiCp-reinforced magnesium matrix composites[J]. Wear: An International Journal on the Science and Technology of Friction, Lubrication and Wear, 2003, 255(1/6): 629－637.

[5] LIM C Y H, LEO D K, ANG U S, et al. Wear of magnesium composites reinforced with nano-sized alumina particulates[J]. Wear: An International Journal on the Science and Technology of Friction, Lubrication and Wear, 2005, 259(1): 620－625.

[6] NGUYEN Q B, SIM Y H M, GUPTA M, et al. Tribology characteristics of magnesium alloy AZ31B and its composites[J]. Tribology International, 2015, 82(Pt. B): 464－471.

[7] SEENUVASAPERUMAL P, ELAYAPERUMAL A, JAYAVE R. Influence of calcium hexaboride reinforced magnesium composite for the mechanical and tribological behviour[J]. Tribology International, 2017, 111: 18－25.

[8] LU D, JIANG Y, ZHOU R. Wear performance of nano-Al₂O₃ particles and CNTs reinforced magnesium matrix composites by friction stir processing[J]. Wear, 2013, 305(1－2): 286－290.

[9] 郭炜. 反复压缩大塑性变形制备镁基复合材料的组织与性能研究[D]. 上海: 上海交通大

学, 2013.

[10] 廖文骏. 降温两步循环闭式模锻制备纳米 SiC 颗粒增强镁基复合材料[D]. 上海：上海交通大学, 2016.

[11] WON-BAE L, CHANG-YONG L, MYOUNG-KYUN K, et al. Microstructures and wear property of friction stir welded AZ91 Mg/SiC particle reinforced composite[J]. Composites Science and Technology, 2006, 66 (11/12): 1513 - 1520.

[12] 张利. 往复挤压制备超细晶 n - SiCp/AZ91D 和 CNTs/AZ91D 镁基纳米复合材料的研究[D]. 上海：上海交通大学, 2018.

[13] BLAU P J, WALUKAS M. Sliding friction wear of magnesium alloy AZ91D produced by two different methods[J]. Tribology International, 2000, 33(8): 573 - 579.

[14] ZENG X Q, WANG Q D, LU Y Z, et al. Influence of beryllium and rare earth additions on ignition-proof magnesium alloys[J]. Journal of Materials Processing Technology, 2001, 112(1): 17 - 23.

[15] CHOI H J, LEE S M, BAE D H. Wear characteristic of aluminum-based composites containing multi-walled carbon nanotubes[J]. Wear: An International Journal on the Science and Technology of Friction, Lubrication and Wear, 2010, 270(1/2): 12 - 18.

[16] ZENG X Q, WANG Q D, LÜ Y Z, et al. Behavior of surface oxidation on molten Mg - 9Al - 0.5Zn - 0.3Be alloy[J]. Materials Science & Engineering A: Structural Materials: Properties, Microstructure and Processing, 2001, 301(2): 154 - 161.

[17] WANG Y S, YU J Z, WANG Q D, et al. Heat treatment strengthening effects of rare earths on Mg - 9Al alloy [J]. Acta metallurgica Sinica, 2003, 16(1): 8 - 14.

[18] ZENG X Q, LU Y Z, DING W J, et al. Kinetic study on the surface oxidation of the molten Mg - 9Al - 0.5Zn - 0.3Be alloy[J]. Journal of Materials Science, 2001, 36(10): 2499 - 2504.

[19] CZERWINSKI F. The oxidation behaviour of an AZ91D magnesium alloy at high temperatures[J]. Acta Materialia, 2002, 50(10): 2639 - 2654.

[20] MOAZAMI-GOUDARZI M, AKHLAGHI F. Wear behavior of Al 5252 alloy reinforced with micrometric and nanometric SiC particles[J]. Tribology International, 2016, 102: 28 - 37.

[21] LIU M P, WANG Q D, ZENG X Q, et al. Development of microstructure in solution-heat-treated Mg - 5Al - xCa alloys[J]. International Journal of Materials Research, 94(8): 886 - 891.

[22] 修坤. TiCp/AZ91 镁基复合材料组织及耐磨性的研究, [D]. 长春：吉林大学, 2006.

[23] 卢楠楠. SiCp/AZ91D 镁基复合材料的摩擦磨损行为研究[D]. 哈尔滨：哈尔滨工业大学, 2015.

[24] HE S M, PENG L M, ZENG X Q, et al. Effects of variable La/Ce ratio on microstructure and mechanical properties of Mg - 5Al - 0.3Mn - 1RE alloys[J]. Materials Science Forum, 2005, 488 - 489: 231 - 234.

[25] PENG T, WANG Q D. Application of regression analysis to optimize hot compactionprocessing in an indirect solid-state recycling of Mg alloy[J]. Materials Science Forum, 2010, 650: 239 - 245.

[26] WANG Y S, WANG Q D, MA C J, et al. Effects of Zn and RE additions on the solidification behavior of Mg - 9Al magnesium alloy[J]. Materials Science & Engineering A: Structural Materials: Properties, Microstructure and Processing, 2003, 342(1/2): 178 - 182.